粮食储藏与加工工程系列

储藏物害虫综合治理

王殿轩　主　编
吕建华　副主编

科 学 出 版 社
北 京

内 容 简 介

本书以储粮害虫综合治理为主,讲述了储藏物害虫综合防治的措施、原理及技术和应用,包括管理防治与检疫防治、储藏物害虫检查与监测、物理防治、生物防治、化学防治的基本原理、储粮防护剂及其应用、储粮熏蒸剂及其应用、气调防治、杀虫剂的毒力与药效等,特别是在化学防治、气调杀虫、控温防治、害虫检测、管理与法规等内容上尽量结合了近年来科学研究、技术研发、工艺与应用成果。为便于学生自学和复习,每章的开头给出了本章的内容提要,每章的结尾列出了思考题和主要参考文献。

本书可作为高校食品科学与工程专业的教学用书,也可作为农业昆虫与害虫防治、植物检疫、粮食、食品、物流、仓储等相关专业的大中专院校的师生,以及相关行业技术人员的业务参考用书。

图书在版编目(CIP)数据

储藏物害虫综合治理 / 王殿轩主编. —北京:科学出版社,2020.12
粮食储藏与加工工程系列

ISBN 978-7-03-066667-3

Ⅰ. ①储… Ⅱ. ①王… Ⅲ. ①粮食储备–仓库害虫–防治 Ⅳ. ①S379.5

中国版本图书馆 CIP 数据核字(2020)第 220646 号

责任编辑:席 慧 马程迪 / 责任校对:严 娜
责任印制:赵 博 / 封面设计:蓝正设计

科学出版社 出版
北京东黄城根北街 16 号
邮政编码:100717
http://www.sciencep.com

北京富资园科技发展有限公司印刷
科学出版社发行 各地新华书店经销
*

2020 年 12 月第 一 版 开本:787×1092 1/16
2025 年 4 月第三次印刷 印张:15 3/4
字数:403 000
定价:69.80 元
(如有印装质量问题,我社负责调换)

《储藏物害虫综合治理》编写委员会名单

主　　编　王殿轩

副 主 编　吕建华

编写人员（以编写章节出现先后为序）

王殿轩　李　慧　曾芳芳

唐培安　王争艳　吕建华

张　蒙　卢少华　鲁玉杰

赵　超　白春启

前　　言

　　储藏物害虫是发生于储藏物品、包装物及其相关场所的一类昆虫，其发生与危害涉及的储藏物品包括（且不限于）粮食、食品、油料、畜产品、中药材、烟草、皮毛制品、木材、图书档案、动物标本、家庭储藏动植物源物品等。储藏物害虫综合治理通常以仓库储存的储藏物保护为主，保护这些耐储的干性商品的经济意义和社会意义重大。本书可作为高校食品科学与工程专业的教学用书，也可作为农业昆虫与害虫防治、植物检疫、粮食、食品、物流、仓储等相关专业的大中专院校师生及相关行业技术人员的参考用书。之前包括"储藏物害虫综合治理"内容的《储藏物害虫与防治》一书曾作为河南工业大学的一部特色教材于 2002 年出版了第一版，该书于 2008 年被教育部列入普通高等教育"十一五"国家级规划教材。为适应食品科学与工程专业和农业昆虫与害虫防治专业在储藏物保护领域的综合治理的理论与技术发展形势，结合行业新研究和技术进展等情况，编者将其中害虫治理的内容进行了整合，编写了本书，并吸收"粮食储藏安全河南省协同创新中心"的协同单位之一的南京财经大学的唐培安教授为参编者。在编写过程中广泛参考了国内外有关文献资料，淘汰和缩减了一些随着科技发展而变得落后和不宜的内容，增加了反映现代储藏物害虫防治的新理论、新进展、新技术与应用，淘汰了溴甲烷、氯化苦等相关知识内容，强化了储粮控温制氮气调杀虫、低温控制技术等内容，增补了储粮多因子（参数）粮情检测、新型储粮害虫检查监测技术等内容。

　　本书按照河南工业大学现行食品科学与工程专业的培养方案设定内容与篇幅，编写任务与分工情况如下：第一章由王殿轩编写，第二章由李慧、曾芳芳编写，第三章由唐培安、王争艳编写，第四章由吕建华、张蒙编写，第五章由卢少华编写，第六章由王殿轩、曾芳芳编写，第七章由鲁玉杰、张蒙编写，第八章由王殿轩、赵超编写，第九章由吕建华编写，第十章由白春启、赵超编写。全书由王殿轩统稿。

　　本书在编写过程中力求反映本学科和专业领域国内外研究新进展，以及技术新研发、技术新应用和发展情况。由于编者水平所限，书中难免有疏漏之处，恳请读者不吝指正，以便再版时修订。

编　者

2020 年 9 月于郑州

目　　录

前言

第一章　绪论 ·· 1

　　第一节　害虫综合治理发展概况与治理策略 ························· 1

　　第二节　储粮害虫防治的保粮方针和防治原则 ····················· 8

　　思考题 ··· 13

　　主要参考文献 ·· 13

第二章　管理防治与检疫防治 ·· 14

　　第一节　储藏物害虫的管理防治 ··· 14

　　第二节　储藏物害虫的检疫防治 ··· 21

　　思考题 ··· 28

　　主要参考文献 ·· 28

第三章　储藏物害虫检查与监测 ··· 29

　　第一节　储藏物害虫的检查 ··· 29

　　第二节　储藏物害虫的监测和预测预报 ································· 42

　　思考题 ··· 45

　　主要参考文献 ·· 45

第四章　物理防治 ·· 47

　　第一节　温控防治 ·· 47

　　第二节　器械防治 ·· 59

　　第三节　辐照防治 ·· 62

　　第四节　防虫包装 ·· 67

　　思考题 ··· 70

　　主要参考文献 ·· 71

第五章　生物防治 ·· 73

　　第一节　生物防治的概念 ·· 73

　　第二节　利用捕食性和寄生性天敌防治害虫 ·························· 75

　　第三节　利用病原体防治害虫 ·· 79

　　第四节　广义的生物防治 ·· 84

　　思考题 ··· 99

主要参考文献 ·· 99

第六章 化学防治的基本原理 ·· 101
    第一节 杀虫剂及化学防治的特点 ·· 101
    第二节 杀虫剂的杀虫机理 ·· 105
    第三节 杀虫剂的性质与药效的关系 ·· 108
    第四节 储藏物害虫对杀虫剂的敏感性 ······································ 116
    第五节 储粮环境与杀虫剂发挥药效的关系 ·································· 122
    第六节 杀虫剂的科学选用 ·· 130
    思考题 ·· 133
    主要参考文献 ·· 133

第七章 储粮防护剂及其应用 ·· 136
    第一节 储粮防护剂的种类与特性 ·· 136
    第二节 目前研究中的防护剂 ·· 149
    第三节 空仓及器材用杀虫剂 ·· 154
    第四节 储粮防护剂的应用技术 ·· 156
    思考题 ·· 160
    主要参考文献 ·· 161

第八章 储粮熏蒸剂及其应用 ·· 162
    第一节 熏蒸剂发展概况 ·· 162
    第二节 熏蒸剂特性 ·· 165
    第三节 熏蒸杀虫应用技术 ·· 179
    思考题 ·· 193
    主要参考文献 ·· 193

第九章 气调防治 ·· 195
    第一节 气调防治概述 ·· 195
    第二节 气调防治技术的应用 ·· 199
    思考题 ·· 212
    主要参考文献 ·· 213

第十章 杀虫剂的毒力与药效 ·· 214
    第一节 杀虫剂的毒力概念与内容 ·· 214
    第二节 毒力测定的要求与方法 ·· 215
    第三节 毒力测定结果的统计与分析 ·· 218
    第四节 储粮熏蒸剂及防护剂的毒力与抗药性测定 ···························· 230
    第五节 储粮杀虫剂的药效试验 ·· 239
    思考题 ·· 244
    主要参考文献 ·· 244

第一章 绪 论

本章提要:

- 害虫综合治理发展概况
- 害虫防治经济阈值
- 保粮方针和防治原则
- 害虫综合治理策略
- 储粮害虫及主要防治措施

第一节 害虫综合治理发展概况与治理策略

一、害虫防治发展概况

有害生物（pest）是指在一定条件下可能对人类的生产、生活或生存造成危害的所有生物，涉及动物、植物和微生物，如有害昆虫、鼠类、杂草、有害真菌等。而传统上所称有害生物主要是指危害、骚扰人类生产、生活的节肢动物、脊椎动物和微生物，尤其是指某些昆虫、螨类和鼠类。显然，在这些有害生物中有害昆虫当属动物，即对人类生产、生活造成危害动物中的昆虫的一部分，特称为害虫（insect pest），或者说，害虫是有害生物中的一个重要类群。害虫防治（insect pest control）则是指人类采取的一系列治理害虫的活动和措施的总称。

从生态学角度来说，物种在自然环境中生存和竞相利用环境为自然属性，物竞天择，无谓益害。自从人类出现以来，人类与人类认为的有害生物之争便开始了。在长期的人类与有害生物的斗争中，人类有被动，有主动，有失败，有教训，有成功等。对于有害生物的治理，应从生态系统的总体出发，充分利用有利条件，有机地采用各种必要的措施，经济、有效、安全地控制有害生物，尽可能减少所采取措施带来的副作用，谋求人类与大自然的协调共存与发展。

中国自古就将虫害与旱灾、涝灾并列为三大自然灾害。《诗经·小雅·大田》中记载："去其螟螣，及其蟊贼，无害我田稚"，是中国对农业害虫分类的开端。防治害虫的技术还比较简单，除用手捕杀外，还有"秉畀炎火"，用火烧杀。

《吕氏春秋·不屈》说："蝗螟，农夫得而杀之，奚故？为其害稼也"。《吕氏春秋·任地》说"五耕五耨，必审以尽。其深殖之度，阴土必得"。东汉王充在《论衡·商虫》中指出，虫害发生同温湿度等环境条件有密切关系，"虫以温湿生也""谷干燥者，虫不生；温湿锆碍，虫生不禁"，这种从环境条件来考虑和认识虫害发生的原因，在虫害防治史上具有重要的科学意义。公元前9世纪，希腊诗人Homer提到将硫黄焚烧熏蒸防治害虫。公元前人类利用天敌、器具以及天然药物防治害虫也早有之，不过这些方法应用规模较小、收效较差，进展很缓慢。在中国，早在16世纪就用砷化物杀虫、用烟碱成功地防治象鼻虫、用除虫菊花浸渍液防治害虫等。17世纪后，利用药剂防治害虫得到开发、生产和发展。1637年成书的《天工开物》记载了利用白砒防治虫鼠，基本上与之同期的烟草、除虫菊、鱼藤等也被加工后用于灭虫。18世纪中叶，鱼藤根、烟草多被制成粉剂杀虫。约在1800年高加索地区有居民把除虫菊花粉用于消灭虱、蚤，之后被加工成杀虫粉剂利用。以上利用天然物质防治害虫的时期统称为农药发展的初级阶段，或称为天然药物时代。至19世纪初，人类防治害虫的各项措施基本得到确立，害虫防治的思想也日趋成熟，防治害虫的策略是以农业防治、生物防治为主。后来，人们对一些天然药物进行加工处理用于防治害虫，基本上从19世纪70年代至20世纪40年代可归为无机合成农药时代，1865年巴黎绿（Paris green，亚砷酸铜与乙酸铜形成的络盐）开始用于农业害虫防治；1890年砷酸钙、砷酸二钠、砷酸铅等相继上市；一些氟、铜、硫、锌、砷等无机合成农药被开发利用。

20世纪40年代后，农药发展进入有机合成农药时代。最先合成的有机杀虫剂是二硝基类化合物（dinitro compound）和硫氰酸酯（thiocyanate）。其间，意义和影响最大的是滴滴涕（DDT）的新合成与大量生产。有机氯杀虫剂一般是指具有杀虫活性的氯化烃类化合物，主要有滴滴涕及其类似物、六六六（BHC）和环戊二烯类。滴滴涕在1874年由Zeidler首次合成，1939年才由瑞士的Müller发现其杀虫活性，并革命性地用于防治害虫。1948年Müller因应用滴滴涕防治虫媒疾病做出的卓越贡献获得诺贝尔生理学或医学奖。其后，有机氯类杀虫剂滴滴涕和六六六作为代表品种，其杀虫作用被发现并应用。世界卫生组织（WHO）报道，1948～1970年，使用滴滴涕控制虫媒疾病使得10亿人免受罹病之苦，使5000万人免于死亡。

有机磷杀虫剂的研究始于第二次世界大战前后，由于有机磷化合物多具有强烈的生物活性，有机磷杀虫剂的研究得到飞速发展。有机磷杀虫剂结构多样，改变磷原子上的取代基团和基团之间的互相搭配，可扩大其结构改造与杀虫活性之间想象和利用的空间。据不完全统计，在20世纪40～70年代有140多种有机磷杀虫剂品种得到发展。有机磷杀虫剂具有的明显特点是残留毒性低，易于被水解，易于被多种酶和微生物降解。有机磷杀虫剂的缺点是有些品种的急性毒性高，或存在迟发性神经毒性，或易产生抗性等。有机磷杀虫剂的代表品种有马拉硫磷（malathion）、敌百虫（trichlorphon）、敌敌畏（dichlorvos）等，该类农药多为高效低毒的药剂，在农业和卫生害虫防治中曾被广泛使用。在粮库，高纯度的马拉硫磷可用于储粮防护剂，敌敌畏限于空仓器材杀虫使用。

人们首次发现天然的氨基甲酸酯类化合物是1864年发现于西非的蔓生豆科植物毒扁豆（*Physostigma venenosum*）种子中存在的一种剧毒的毒扁豆碱（physostigmine或eserine）。1947年，瑞士嘉基公司（Geigy）发展了新一类杀虫剂，即氨基甲酸酯类杀虫剂，如地麦威（dimetan）、吡唑威（pyrolan）和异索威（isolan）。1954年合成了一系列脂溶性、不带电荷的毒扁豆碱类似物，后来发展成为产品的有害扑威（CPMC）、异丙威（isoprocarb）和速灭威（MTMC）等，从而确定了N-甲基氨甲硫芳基在杀虫剂中的地位，为以后开发大量新的氨基甲酸酯类杀虫剂奠定了基础。

除虫菊发现于1694年，证实其有杀虫活性是在1840年。除虫菊酯（pyrethroids）化学的研究约始于1910年，可分为阐明除虫菊花和天然除虫菊素（natural pyrethrins）的化学结构、合成除虫菊酯、解决鱼毒和交互抗性3个时期。20世纪60年代，日本、英国和美国对拟除虫菊酯醇部位的研究使除虫菊酯获得了很大的发展。20世纪70年代开发出了光稳定的氯氰菊酸（permethrin），之后许多拟除虫菊酯类杀虫剂相继问世。人们把天然除虫菊素和合成衍生物都称为除虫菊酯。

随着各类杀虫剂的迅猛发展，人类对杀虫剂的安全性问题产生了不安，特别是1962年Carson的《寂静的春天》一书出版后，大有谈"杀虫剂"色变之感，这也促进了人们对农药存在的健康和环境问题的重视，特别是其对人类健康的影响。新农药开发的战略目标转向易降解、低毒、高活性及对非靶标生物和环境友好的方向，甚至有人提出改杀虫剂为抑虫剂，改杀伤性农药为非杀生性农药。昆虫信息素、昆虫激素、昆虫生长调节剂等的研究开发即基于抑虫和非杀生性的方向，其中最成功的有干扰昆虫几丁质合成的苯甲酰基脲类，如除虫脲（diflubenzuron）、氟虫脲（flufenoxuron）及噻嗪酮（burprofezin）等。与此同时，对高毒的有机磷和氨基甲酸酯类杀虫剂的低毒化，如开发杂环类的有机磷类丙硫磷（prothiofos）、甲丙硫磷（sulprofos）等；氨基甲酸酯类硫双威（thiodicarb）、双氧威（fenoxycarb）等。

农药的不断开发与广泛应用，显著减少和控制了农业害虫，产生了显著的经济社会效益。1973～1994 年，我国挽回的粮食损失每年平均达 2907 多万吨，相当于 7268 万人的全年口粮。与此同时，农药本身的副作用和使用不当造成的危害也相当严重，其主要危害表现在污染环境、误伤非靶标生物、引发有害生物抗药性等。

二、"3R"问题

此处，"3R"是 residue、resurgence 和 resistance 这 3 个单词缩写的简称。有机合成杀虫剂为害虫防治历史带来了革命性变化，大大提高了防治害虫的效率，带来了显著的经济社会效益。据估算，大量使用的农药中大约只有 0.1%的量作用于有害生物体上，其余 99.9%的量则或附着于农作物上，或散布到土壤中，或飘散在大气中，或通过降雨等从地表途径流入地表水和地下水，污染水体、土壤和整个生态系统，造成药剂残毒（residue）。有些农药可通过食物链的富集作用逐渐浓缩达到很高的浓度。在已使用过的农药中，多数对有害生物特异性差，对生物杀伤谱广，在杀伤害虫的同时或之后也伤及许多无害甚至有益生物，也包括伤害到害虫的天敌。农药的使用使生态系统中许多物种种群密度在短时间内出现反常的下降，从而破坏了原有生态平衡。原有的害虫天敌由于其食物骤然减少而相应减少，控制害虫的作用下降，导致害虫数量的反弹或再度严重发生，或再次猖獗（resurgence）。使用农药防治害虫时，许多情况下会有害虫个体残留存活，这些接触过药剂而未能死亡的存活者对农药的适应有所增加，长此以往，它们较正常同种害虫种群，会对使用的农药产生更强的适应能力，即产生了害虫抗性（resistance）。

自 1908 年首次发现农业害虫对石硫合剂产生抗药性后，随着农药品种和用量增加，害虫的抗药性问题日益严重。抗药性的产生和发展不仅影响后期的防治效果，也迫使人们为达到某种杀虫效果而提高使用浓度，这既增加了杀虫成本，也相应加重了对非靶标动物的伤害和对环境的污染。

使用农药造成的副作用多数是用药过多、过频，甚至滥用所造成的。要减少杀虫剂的应用，即应考虑构建新的害虫防治策略。自 20 世纪 60 年代，先后有不同的防治策略被提出来，主要有害虫综合治理、全部种群治理、大面积种群治理等策略。

三、害虫综合治理策略

1966 年在联合国粮食及农业组织（FAO）与国际生物防治组织（IOBC）联合召开的会议上提出了害虫综合防治（integrated pest control，IPC），其定义为："害虫综合防治是一套害虫治理系统，这个系统考虑到害虫的种群动态及其有关环境，利用所有适当的方法与技术，以尽可能互相配合的方式，来维持害虫种群达到这样一个水平，即低于引起经济危害的水平"。

美国环境质量委员会（CEQ）在 1972 年发表的"害虫综合治理"一文中将害虫综合治理（integrated pest management，IPM）定义为："运用综合技术防治可能危害作物的各种潜在害虫的一种方法。它包括最大限度地依靠大自然对害虫群体的控制作用，辅以对防治有利的各种技术的综合,如耕作方法、害虫专性疾病、抗虫作物品种、不育技术、诱虫技术、天敌释放等,化学农药则视需要而用"。在这里,化学农药被视为不是必须使用,而是根据情况尽量不用或活用。

马世骏(1979)将 IPM 定义描述为:"综合治理是从生物与环境的整体观念出发,本着预防为主的指导思想和安全、有效、经济、简易的原则,因地制宜,合理运用农业的、化学的、生物的、物理的方法,以及其他有效的生态手段,把害虫控制在不至危害的水平,以达到保证人畜健康和增加生产的目的"。

《害虫综合治理导论》(弗林特和范德博希,1985)中提出的定义为:"害虫综合治理(IPM)是以生态学为依据的害虫防治策略,它重视自然死亡因素,诸如天敌和天气,并寻求对自然因素干预最小的防治技术。IPM 也施用农药,但只有当对害虫虫口和自然防治因素的系统考察表明有需要时才施用。其理想目标为一个害虫综合治理方案,应将一切现存的害虫防治技术(包括不防治)考虑在内,并评价各防治技术、耕作技术、天气、其他害虫和被保护的作物这几者之间的潜在的相互关系"。

从系统科学的观点出发,可将 IPM 含义概括为:"害虫综合治理是根据生态学的原理和经济学的原则,选取最优化的技术组配方案,把害虫的种群数量较长时间地控制在经济危害水平以下,以获取最佳的经济效益、生态效益和社会效益"。

除了以上对 IPM 的定义和含义的解释外,对其内涵和外延的表述也有一定拓展,如有害生物生态治理(ecological pest management,EPM)、强化生物因子的有害生物综合治理(biologically intensive pest management,BPM)、合理有害生物治理(reasonable pest management,RPM)、有害生物可持续治理(sustainable pest management,SPM)等。

IPM 有以下几个特点:①多效益考虑,不仅考虑防治的经济效益,还要考虑生态效益(生态平衡)及社会效益;②多组分调控,把害虫作为生态系统中一个组分,通过调节及控制生态系统中各个组分来达到控制害虫种群数量的目的;③多方法协调,协调配合各种防治方法又必须与自然控制因素相协调;④哲学上容忍,即允许少量不造成经济危害的害虫存在,不要求彻底消灭害虫。

四、害虫防治的经济阈值

害虫综合治理的定义中包括两个概念,即经济危害水平(economic injury level,EIL)和经济阈值(economic threshold,ET)。

决定经济危害水平的因素有防治费用(人工成本、机械损耗、物资费用)、产品单价、每头害虫所造成的产品损失以及防治效果等。可用公式表示如下:

$$经济危害水平(EIL) = \frac{P_i + A + B}{P_c IE}$$

式中:P_i 为防治物资费用(元/m³);A 为防治人工成本(元/m³);B 为机械损耗(元/m³);P_c 为产品单价(元/kg);I 为每头害虫引起的产品损失(kg/头);E 为防治效果(%)。

有了经济危害水平作为依据,结合害虫发展趋势的分析,可以确定害虫的经济阈值。经济阈值也是一个害虫密度,在种群达到此密度时应实施防治,以防止害虫种群数量超过经济危害水平,造成损失。简言之,经济阈值就是在经济危害水平的基础上加上适当的保险系数,即稍低于经济危害水平。经济阈值是一个报警的害虫密度水平,此时进行防治,防治所支出的费用一定小于收益;如果达到经济危害水平再去防治,防治支出费用就会超过收益。生产实际中要精确地确定经济阈值还要考虑多方面的因素，这是一个比较复杂的问题。

经济危害水平有两种解释，一种是"能造成经济损失的害虫最低种群密度"，达到这一水平时，已经造成危害，因此不能允许害虫种群达到这个数量。另一种解释为"一个临界的害虫密度，在这个密度时实施人工防治的成本刚好等于由于防治而得到的经济效益"。

根据经济危害水平的第一种解释，储藏物害虫的经济阈值有些情况下可以容忍少量危害不明显的害虫少量存在，如储粮中书虱和扁谷盗类害虫少量发生时未必造成粮食实质性危害，在我国相关储粮技术规范中对于基本无虫粮的要求也有基于此方面的考虑。对于有些情况，如成品粮中害虫感染应为零，因为只要成品粮中哪怕只有一头害虫存在，就会对商品造成比较大的信誉损失。对储粮害虫的经济阈值的考虑与农业害虫有很大的不同，农业害虫在作物上少量的存在并不一定会造成显著损失（如明显减产）。对于储粮害虫，具有哲学上容忍的IPM策略应结合具体场景和需求来应用。一方面，有些情况下客户要求粮食不能有任何害虫，市场需要对害虫为零容忍；另一方面，由于储粮生态体系中自然生物控制因素极弱，不可能完全依赖天敌来控制害虫种群（动态），也不需要容忍少量害虫存在来维持自然控制因素的存在。

根据经济危害水平的第二种解释，储藏物害虫的经济阈值不一定为零，其具体数值的确定需结合多种因素考虑。例如，对于蛀食性或第一食性害虫的容忍度极小，对于非蛀食的第二食性害虫则可以在一定密度下加以容忍；当同样密度的害虫存在时，低温条件下可以容忍，高温时则不能容忍；等等。经济阈值不是恒定不变的，它随着环境条件、害虫种类及其危害程度、产品的价值等因素的变化而改变。

在农业害虫治理中，为了研究分析害虫在生态系统中的地位，确定其是否有害，还要考虑害虫的平衡位置。所谓平衡位置（equilibrium position，EP），就是在自然条件下，害虫较长时间内的平均种群密度。

根据害虫的经济危害水平、经济阈值和平衡位置的分析，可以把生态系统中的害虫划分为4类：第一类是平衡位置长期处在经济危害水平以上的（图1-1A）；第二类是平衡位置通常处在经济阈值附近的（图1-1B），这两类情况下发生的害虫均划分为主要害虫；第三类是平衡位置有时达到经济阈值的，有时小于经济阈值的，称为偶发性害虫（图1-1C）；第四类是平衡位置长期处在经济阈值以下的害虫，称为潜在害虫（图1-1D），通常将后两类划为次要害虫。

储粮生态可以说是一个半封闭状态的生态环境，与其他开放的大田生态系统一样，有一定的物质、能量转换和信息传递，但它具有较强的相对稳定性和人为可调控性。在开放的生态系统中，由于能量、物质、信息交流频繁，很难达到某一规定区域无害虫发生的状态，在储粮生态环境中则在许多情况下可以通过某些因素的控制，达到害虫零密度，如有效调节环境内气体组分、有效的物理机械处理、成功的熏蒸杀虫等都可做到完全杀死害虫。在储粮环境中当没有任何害虫存在时，其防治经济阈值也无从谈起。当储粮中有少量害虫存在时，其直接造成的损失与采取措施防治的成本相比通常是很小的，即如单从经济平衡的角度考虑，可能在害虫密度较大时才需要采取防治措施。但粮食是特殊的商品，因为害虫存在还会造成粮食品质下降和污染，造成商品信誉间接损失，且这种商品信誉损失可能会更大。在储粮害虫防治中，当有害虫少量存在时，要根据综合情况分析将要在什么时候进行有效防治，而不是当其种群发生到较高密度的经济平衡点时再去治理。

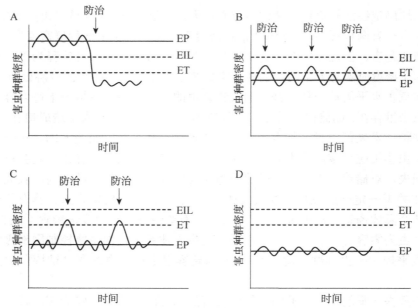

图 1-1　害虫为害与经济危害水平及经济阈值的关系

A～D 代表 4 种不同害虫类型（说明见正文）

五、全部种群治理策略

全部种群治理（total population management，TPM）策略即大面积彻底消灭一种害虫的策略。DDT 的问世对经典的生物防治和农业防治产生了巨大的冲击，并且继 DDT 之后，又出现了一系列高效的有机化学农药，如六六六、对硫磷等。这些农药因杀虫效果好，使用方便，应用也越来越广。20 世纪 40～60 年代，全球害虫防治的战略中心是化学杀虫剂的研制和应用。人们在发现使用化学杀虫剂特殊效果的狂喜中，将原来以农业措施和生物防治为主的策略转变为把害虫干净、全部、彻底地消灭掉，这是一个给后来的害虫防治带来灾难性后果的思想策略，它以"消灭哲学"为基础，简单地说就是以发现害虫即用化学药剂全面杀除的思想为基础。

TPM 与 IPM 的第一个不同就是"容忍哲学"与"消灭哲学"的差别。对于农林害虫，允许它们少量存在，只要它们不造成经济危害就是可以容忍的。对于蚊、蝇、虱、蚤类等卫生害虫，它们给人们带来痛苦、疾病，甚至造成人畜的死亡，不应允许其与人共存；对于农林害虫，一般主张可用"害虫综合治理"的策略。对于卫生害虫，不但持 TPM 策略者要彻底消灭它，并且 IPM 的支持者也认为应该将其彻底消灭，对此，这些卫生害虫的经济阈值等于零，因为每一个卫生害虫都可能造成极大的损害。

对于储藏物害虫，可以容忍它们在田间开放环境的存在，一般不容忍它们在粮食中的存在，尤其是在成品粮食中，人们偏向于把它们彻底消灭。相对于彻底消灭大面积及大数量发生的农林害虫来说，彻底消灭储藏物害虫要容易得多。因为储藏物害虫在小范围内（如一个粮仓）发生，环境是完全可以人工控制的。在人类储藏粮食的历史上，也确实有不少地方实现了"四无粮仓"。全部种群治理这一策略也较适用于储藏物害虫的治理，如果采取一定的措施，在一定范围内彻底消灭储藏物害虫是完全可能的，许多物理防治法或化学防治法完全可以彻底消灭储藏物害虫。全部种群治理策略对于储藏物害虫治理，不但要求合理，操作可行性也大。

　　IPM 和 TPM 的第二个差别就是对于经济效益、社会效益及生态效益的着重点不同。IPM 除了注重经济效益外，还强调生态效益和社会效益，对于经济效益，只要求达到当年不造成经济损失而不考虑长久的效益；TPM 虽然也注重生态效益和社会效益，但对经济效益看得更重，认为把害虫彻底消灭所带来的经济效益几乎是不可估量的，更多考虑了长久的经济效益。

　　IPM 和 TPM 的第三个差别是对生物防治和化学防治（及物理防治）的看法不同。IPM 的支持者因为着重自然控制因子，不主张用化学防治法及物理防治法，因而偏重生物防治，认为这是加强自然控制的一种有效手段，同时，防治的目的也并不要求彻底消灭害虫，因而通过加强自然控制来达到降低害虫种群数量至不危害水平时即可；TPM 的支持者却正相反，承认化学防治有一些副作用，要进行改进，但是认为化学防治法乃是目前害虫防治武器库中最有效的武器，没有一种方法能比它更有效地压制害虫种群的数量，虽然它不能做到在大面积上彻底消灭害虫，但是作为一种消灭措施还是最有效的。可行的一些物理法也有同样的优点。生物防治法只能作为害虫消灭措施中的一种辅助手段，从消灭害虫这一要求来考虑，生物防治基本上是无效的。

　　储藏物害虫防治因储藏条件不同所采用方法的可行性和有效性差异很大。仓房设施密封和防护性能较差时，完全杀除其中害虫的难度较大，IPM 的策略较为适宜，化学药剂杀虫防虫、物理方法杀虫防虫、清洁卫生清除和防虫等能起到一定的作用。仓房设施密闭条件良好，尤其是隔热、保温、气密性良好时，不仅可在防虫和控制害虫上效果明显，在杀除害虫时也容易做到完全治理，适宜 TPM 策略的实现。

　　IPM 和 TPM 的差别还在于 IPM 着重于生态学原则，TPM 着重于防治技术的改进。IPM 更多考虑维持生态多样性，要求操纵及改变生态系统中的各组分来达到一个新的生态平衡，在新的生态平衡中害虫种群被抑制到不危害水平。IPM 并不反对新的、更有效的防治方法，IPM 所要做的只是操纵调节生态系统中的组分，达到建立一个对社会更安全、对生态系统更稳定且害虫不危害的目的。TPM 由于要求彻底消灭害虫，要求防治新技术的发展。总的说来，TPM 是与害虫防治技术发展相平行的，这个策略必将随着防虫技术的发展而发展。一旦这些能彻底消灭害虫的新方法获得了成功，这个策略将得到更多的应用。

　　对于储藏物害虫防治来说，既要用生态学原则来指导防治工作，又需要更新、更有效的防治技术。

六、大面积种群治理策略

　　20 世纪 80 年代初，害虫防治中的化学防治法有了很大的改进，基本上能防止杀虫药剂产生副作用，残毒及影响自然种群等问题逐渐得到了部分解决。在这时期 TPM 显示出对多数害虫还不适用的问题，因为还无有效的彻底消灭害虫的方法。IPM 和 TPM 都必须做出相应的改变，即提出了一个综合以上两个策略的策略，Ridgway 和 Lloyd（1983）提出了大面积种群治理（area-wide population management，APM）的防治策略，主张要有效地控制害虫则应把二者结合起来，在技术上采用全部种群治理的方法，在理论上采用综合治理的思想，使大面积上的害虫种群在较长时期内尽可能低地保持在经济阈值之下，然后再全部消灭害虫种群。

　　APM 既主张用生态学原则指导害虫防治，又同意用系统分析法确定经济阈值，做出防治决策，在这些方面它与害虫综合治理是相同的。在防治的哲学基础方面，它却是主张消灭哲学，它承认目前对多数农作害虫，彻底消灭还不易做到或不可能，因此它提出的是尽量消灭害虫。当达到经济阈值时要防治，防治要尽量彻底，也就是不仅要求害虫数量达到不危害水平，而且要尽量做到彻底消灭。

对于储藏物害虫治理来说，APM 这一新策略似乎更为实用。应用生态学原则来防治害虫，在决定是否防治及如何防治时，应用系统分析法来确定经济阈值及做出决策选择。在防治时要尽量消灭害虫，减少危害，取得最大的经济效益。

害虫防治的历史经历了许多阶段，新策略的提出往往是由于新的防虫技术有所发现。反过来，防治策略的改变也促使防虫技术的改变。害虫综合治理这一策略的提出推动了生物防治法及抗虫作物品种等非化学防治法的发展。因此，防治策略及方法是相互影响的，但新技术的发展是更主要的因素。随着新技术的发展，相信将来的防治策略也会有相应的改变。

七、其他

基因工程的迅速发展使害虫防治策略和过程发生了很大的变化。基因工程新技术为更容易生产大量杀虫剂（通过提高生物产生杀虫剂的量）和发现新的杀虫剂（通过为筛选产生靶标酶或受体）提供了机会。这种新技术还可用于监测田间害虫种群中抗性基因的变化。田间害虫种群中的抗性基因应用工程技术，可将害虫产生的抗性基因转入天敌——捕食螨，以致在使用杀虫剂时因天敌具有抗药性而不被杀死，从根本上起到保护天敌的作用。基因工程可通过细菌、病毒或作物系统产生有杀虫活性的蛋白质和肽，并通过它们传递到害虫。人们面临的挑战是，对于害虫应该选择最佳的毒素、酶或激素，然后开发出可实际生产与应用的体系。

国际上一些科学家试图利用"高通量虚拟筛选"来缩短开发新药的时间。所谓高通量虚拟筛选是利用高性能计算机，结合药效基团模型和基于受体模型的分子对接等分子模拟的方法对化合物的结构数据库进行高速和平行的搜寻，并对搜寻的化合物进行计算机代谢和毒理评价，找到具有潜在生物活性、良好的代谢行为及毒理性质的先导化合物的一种高效而先进的药物发现方法。

第二节　储粮害虫防治的保粮方针和防治原则

一、储藏物害虫及防治策略概况

储藏物害虫（stored product insect pest）是发生于储藏物品、包装物及其储存场所的害虫，这些储藏物品可以包括粮食、食品、油料、畜产品、中药材、烟草、皮毛制品、木材、图书档案和动物标本等，也包括保护、流通这些动植物材料的包装物。储藏物的流通、储藏、使用、消费等环节不同，涉及范围也不一样，如粮食仓库、储藏或加工场所、家庭使用等。从行业产业来说，称谓也有不同，包括储粮害虫、烟草害虫、检疫害虫、中药材害虫、图书档案害虫、纺织品害虫等。针对这些不同场所和行业适用的害虫防治策略、技术措施和条件要求等也有很大变化。储藏物害虫发生生态学方面有许多共同之处，包括这些害虫危害对象在材料来源上均为动物或植物产品，都属于干性的耐储商品（durable commodity），存储于一定设施条件（storage condition）下、属于半开放的生态环境（semi-open ecology）、储藏条件可人为调控（artificial regulation）等。储藏物害虫治理的策略有时适用 IPM 策略，如对于原粮储存容忍少量危害小的害虫一定程度上存在。有时可以采用 TPM 策略，如在密闭环境下进行熏蒸、气调等杀虫。有时则适用 APM 策略，如在仓房密闭性不够、难以完全杀死害虫条件下，尽量最大限度地杀死害虫，少量害虫存在时也可容忍。储藏物害虫综合治理属于储藏物保护（stored product protection）的范畴，储藏物保护中的害虫综合治理措施主要包括设施条件控制、商品质量控制、清洁卫生管理、环境条件控制、防虫物质防虫、生物技术防治、物理技术杀虫、熏蒸气体杀虫、调节气体杀虫等。

二、储粮害虫及主要防治措施

储粮害虫（stored grain insect pest）则是指发生于储粮、储粮包装及其相应粮食储存场所的害虫，包括粮食及粮食制品、油料、粮油食品、相应包装物中发生的害虫等，这些害虫种类也常会出现在其他储藏物品及场所中。储粮害虫防治通常是以仓库储粮为主进行的，主要包括设施条件防虫、隔离防护防虫、清洁卫生清除和防虫、检查监测害虫、温湿度控制防虫、高温杀虫、冷冻杀虫、化学药剂防虫、惰性或生物物质防虫、熏蒸杀虫、气调杀虫等。

储粮设施条件影响对害虫的防护性能，与害虫感染、发生和危害密切相关。早期粮仓因条件性能较差而易于感染害虫，如其温湿度控制性能较差，难以控制害虫发生发展，气密性较差，不易保证熏蒸杀虫效果等。一般农户的储粮场所也因防感染和控制害虫发生条件较差而易于发生害虫。我国自 1998 年建设了设施性能完好的大型储备粮仓后，害虫发生相对较少，尤其是近些年来，设施较好、隔热保温、气密提高、实施低温控制的粮仓等较少感染和发生害虫。

储粮害虫防护包括采用化学防护剂防虫、惰性物质防虫和生物源物质防虫等。第一次世界大战期间国际粮食贸易受到阻碍，1917 年在澳大利亚存储的粮食大量生虫，促使该国重点开展了粮食易发害虫象虫的生物学研究，并开展机械杀虫，混合矿物粉、石灰防虫，密闭防虫等。20 世纪 60 年代，澳大利亚开始用马拉硫磷拌粮防虫，继而其他国家开展了除虫菊、林丹、马拉硫磷防治储粮害虫的研究。1967～1968 年，欧洲也涉及马拉硫磷、杀虫硫磷的防虫研究。我国于 20 世纪 70 年代开展了马拉硫磷、对硫磷、辛硫磷、倍硫磷、杀虫松溴硫磷等的防虫研究。1977 年前后，国外溴氰菊酯（凯安保）、苄呋菊酯广泛应用。1980～1990 年开展了有机磷类与菊酯类药剂混用、甲基毒死蜱、防护剂与机械通风结合、防护剂与熏蒸剂结合、粮食保护烟剂、防护剂剂型等的研究，也包括持续研究一些防护剂的应用技术与性能。20 世纪 90 年代后期，谷物防护剂施药机械与入仓技术结合也得到应用研究。2004 年斯德哥尔摩公约全面禁止 DDT 的使用，替代以马拉硫磷、杀虫硫磷、拟除虫菊酯等。2007 年后，植物提取物、硅藻土、陷阱诱捕、环境控制（模型）开始得到研究。近些年在英国只有甲基嘧啶硫磷、甲基毒死蜱可用于粮食防虫，硅藻土可作为替代物。

20 世纪 50 年代后，植物性活性物质防治储粮害虫的研究取得一定进展。20 世纪 70 年代后，天敌、多种信息素、昆虫生长调节剂防治害虫得到研究。20 世纪 80 年代后，害虫诱捕器、昆虫病原体、苏云金芽孢杆菌防治害虫得到研究。其间，抗虫粮食品种在稻谷、蚕豆等作物上也有研究。惰性粉防治储粮害虫始于 20 世纪 50 年代，20 世纪 90 年代后硅藻土、硅藻土加引诱剂凹凸棒黏土、黏土粉末、惰性粉与有机磷混合等也有报道。在非洲，尤其是农户因储粮规模小、储存条件差等原因，草木灰、植物材料拌粮防虫仍在应用，大型粮仓也在施用粮食防护剂。20 世纪 70 年代后非洲一些地方也开始重视粮仓改造，天然矿物粉、植物提取物、环境干燥等防虫方法也得到应用。

20 世纪 60 年代以来，低温、冷冻、γ 射线、微波干燥、太阳能、红外线、激光等物理防治技术得到发展，但由于实用效果、设施条件、技术水平等有限，许多技术停留于研究阶段。

在这些研究成果中低温储粮技术得到了较为广泛的接受,在我国粮油储藏技术规范中对低温或准低温储粮技术进行了明确的规定。

熏蒸杀虫可以在不移动粮食的情况下实现完全杀死害虫的目的,在储粮领域得到了快速发展和广泛应用。1854 年法国最早使用二硫化碳熏蒸防治谷象,并发现其对米扁虫具有杀灭力,之后逐渐开发了三四十种熏蒸剂,其中许多种类的熏蒸剂因种种不足而被停止使用或淘汰。氯化苦于 1917 年在法国首先用于熏蒸杀虫,于 20 世纪 50 年代开始在储粮害虫防治中应用,1934 年日本开始禁止氯化苦用于米谷中,其原因就是其化学结构中存在的亚硝基可能有致癌作用。我国已于 2008 年不再推荐氯化苦用于储粮熏蒸。1932 年在法国开始应用溴甲烷,1985 年意大利已开始禁用包括溴甲烷在内的液体熏蒸剂。因溴甲烷对大气中的臭氧层有破坏作用,国际社会已于 1992 年将溴甲烷列为大气臭氧层枯竭剂。根据《蒙特利尔议定书哥本哈根修正案》,发达国家于 2005 年淘汰溴甲烷,发展中国家于 2015 年淘汰溴甲烷,我国已于 2006 年淘汰溴甲烷在粮食仓储行业中的应用。2017 年 10 月 27 日,世界卫生组织国际癌症研究机构公布的致癌物清单经初步整理参考,溴甲烷在 3 类致癌物清单中。

磷化氢作为熏蒸剂已有 80 多年的历史,长期以来一些不科学的使用使害虫对其抗性日益严重,同时在生产中也出现了很多熏蒸失败的案例。我国自 20 世纪 60 年代以来,在利用磷化物(磷化铝、磷化锌、磷化钙等)产生磷化氢进行熏蒸杀虫方面进行了不断的、逐步完善的研究和应用探索,包括药效及影响因子、气体扩散规律、熏蒸技术、施药机械、增效机理、防止燃爆等。国内在施药技术上做出了许多有益的探索,较为实用可行的技术主要有缓释施药法、仓外磷化氢发生器施药法、仓外钢瓶混合气施药法等。在促使磷化氢在粮堆内均匀快速分布上,采用环流技术是对大型深层粮堆熏蒸的有效方法。我国在磷化氢环流技术应用上发展迅速,居于世界领先水平,从仓外移动式和仓外固定式环流装置,发展到仓内膜下环流熏蒸,从大型仓房的普遍应用,发展到中小型仓房,从仓外气体施药发展到自然潮解结合环流施药等。

硫酰氟早在 1901 年由法国 Moissin 在实验室制得,1957 年美国陶氏(Dow)公司将其发展成商品,1975 年国内开始研究,1979 年发展为商品,农药登记注册商品名为熏灭净。硫酰氟杀灭各种生活期的昆虫和鼠类,在建筑物、交通工具等熏蒸处理中应用已有约 60 年的历史。目前美国、瑞士、意大利、英国、加拿大、法国、西班牙、比利时、德国等国家已经将硫酰氟应用于食品行业的有害生物控制。我国已登记硫酰氟可用于原粮熏蒸杀虫。随着国际上关于消耗臭氧层物质的《蒙特利尔议定书》中淘汰溴甲烷计划的进一步实施,硫酰氟作为溴甲烷的替代熏蒸剂,其应用范围将不断扩大,前景看好。

自然缺氧气调储藏的科学探索最早见于 1708 年的法国,1860 年法国已报道真空和燃烧大气的缺氧技术试验。缺氧密闭杀虫在我国早有研究报道,自然缺氧储粮在 20 世纪 70 年代得到较多生产应用。1974 年后,开展自然缺氧储粮的单位包括粮所、粮库、面粉厂等,应用规模也从几十斤(1 斤=0.5kg)增加至一百多万斤,涉及多个粮食种类。自然缺氧气调、充氮气调、充二氧化碳气调、人工脱氧和真空储粮都有一定的研究,从小包装到大粮仓都有应用。现代气调和气体浓度控制过程的英文表述分别为 MA(modified atmosphere)和 CA(controlled atmosphere),MA 是指初始调节某气体至一定浓度后该气体浓度在粮食吸附、呼吸、密闭条件影响下随之变化。CA 则是指在整个密闭气调过程中始终控制某气体浓度保持一定水平。气调中对气体成分的控制包括向密闭环境中充入气态或液态二氧化碳,也包括消耗降低氧气浓度,或充入氮气降低氧气浓度。关于不同气体致死不同害虫虫种和虫态的浓度、温度的影响、环境湿度的影响、一定条件下致死害虫的时间等在 20 世纪 70 年代已有许多报道。采用充入高浓度二氧化碳储藏与杀虫在东盟地区较多用于稻米储藏，采用燃烧缺氧储藏杀虫在中东地区得到较多应用，充氮气调在澳大利亚、加拿大等地也早有研究和应用。中国于 2000 年后在多处建成了二氧化碳气调储粮示范仓。近 10 多年来，控温制氮气调杀虫技术得到大面积推广应用，实仓装备和应用规模近 2000 万 t，智能制氮气调杀虫技术也得到了较快的应用发展。

我国低温储粮、气调储粮、害虫治理等绿色或无公害储粮技术在实用性和经济性上不断提高。在储粮害虫防治中，出口粮中"零害虫"和无杀虫剂残留，减少某些化学药物在粮食储存中的应用，"无公害、绿色或有机"储粮技术已经成为国际粮油产后储藏科技发展的主流。低温、气调、非化学防治等技术将得到欢迎和更多发展。

储粮害虫防治在人类有了储藏粮食的活动时即已开始，但早期多为基于经验的、物理的、手工的、简单药物的防治手段。1949 年以前，我国储粮害虫防治的专家、学者主要分散在农业、轻工高等院校、综合性大学、农业实验部门和商品检疫部门，主要开展了某些储粮害虫的生物学、生态学和防治方法研究工作。1949 年以后，我国建立了全国和地方性粮食科研机构和高等教育机构，粮食储藏研究与应用方面的本科、专科和中等教育工作得到快速发展，有一大批储粮害虫科技工作者开展了储粮害虫及其防治研究，一些储粮害虫防治技术也得到了不断研究、发展和应用。储粮害虫防治在利用现代技术进行检查监测、结合新型工程技术、新材料、新工艺、新产品等方面得到快速发展。结合害虫监测分析的粮情监测、实施机械通风和谷物冷却技术的温度控制、采用磷化氢环流熏蒸技术杀虫的"粮食储备'四合一'新技术研究开发与集成创新"获得了 2010 年度国家科学技术进步奖一等奖，此项目涉及的技术大面积推广、应用、技术改进和提升更加提高了我国储粮害虫防治的综合技术水平。当前，我国储粮害虫防治在害虫发生危害、害虫发生发展规律、生物与环境生态因子控制、害虫抗性研究与治理、害虫诱捕与信息技术利用、制氮气调杀虫、低温防治等方面的研究与应用发展迅速。粮食储藏理论与技术相关学科研究人才培养也具备了本科、硕士和博士的完整人才培养体系。

三、保粮方针

粮食储藏属于储藏物保护的范畴。粮食储藏技术应用的目的包括数量完整和质量完好。数量完整即在储藏过程中尽量减少粮食的数量损失，包括出入仓和检查作业中的抛撒、虫霉鼠等有害生物造成的损失，甚至在一定情况下还包括粮食水分的损耗。储粮的质量完好主要是指在入库粮食质量、品质和卫生指标符合要求的前提下，在储藏过程中不能因粮食自身生理活动、霉变发生、害虫危害、其他有害生物侵染危害、环境的影响等造成粮食质量降低、品质下降、卫生指标超标等。在储藏中，粮食的自然生理代谢也会造成粮食数量损耗，也因储藏环境条件优劣而呼吸损耗不同。对于储粮害虫对粮食造成的危害的防治和治理，我国现行的保粮方针是"以防为主，综合防治"。

防，即防止储粮受环境中害虫感染，避免其在粮食中发生和危害。在防虫综合措施要求中主要包括基础设备隔离防护性能良好、环境因子尤其是温湿气等控制能力强、检查害虫感染与发生及时、监测害虫发生措施到位、防止害虫发生发展有效等。

治，狭义的"治"是指采取技术措施杀除已经发生且"不能容忍"的害虫，广义的"治"则是从害虫发生来源、生存环境、发生过程等方面考虑。首先随时掌握有无害虫感染和发生，继而监测害虫发生动态，再到"不能容忍"时的杀除，甚至延伸至杀除后的再检查、监测和防止感染。防和治是一个问题的两个方面，二者相互依存、相互补充，绝不是孤立和对立的。防是主动积极的，无虫时防感染，有虫时防扩散，虫多时杀除之。隔离感染源和传播途径、控制发生发展环境等是储粮害虫防治的基础。

理论上，当储粮中害虫达到经济危害水平时，必须采取有效的防治措施。由于储粮害虫防治经济阈值受多种因素影响，其经济危害水平和经济阈值确定困难。一般情况下是结合害虫发生种类及危害习性、储粮种类及性质、害虫发生密度与虫粮等级、环境条件与粮食流通性质等综合考虑加以确定防治策略和措施。在综合防治实施中，应考虑储粮生态系统的各个因素、多种防治技术的科学配套应用，尽可能地将害虫控制在最低危害水平，综合获得科学的经济效益、社会效益和生态效益。

储粮害虫的综合防治措施可分为 3 个基本途径，即害虫预防、害虫检测和害虫杀除，每个途径涉及的技术措施也是多层面的（图1-2）。

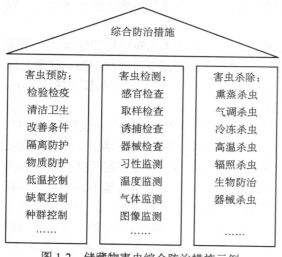

图 1-2　储藏物害虫综合防治措施示例

四、防治原则

储藏物保护和粮食储藏均属于人类生产、经济和社会活动，储藏保护中不仅要保持商品数量完整和质量完好，还要综合考虑经济、环境、社会效益，在有害生物综合治理中也不例外。储粮害虫的防治中要坚持"安全、卫生、经济、有效"的原则。

安全是前提。安全是人类生产、生活等活动中的首要考虑要素。采取任何一种储粮害虫防治手段首先是保证人员安全。防治措施实施过程及实施以后必须对人身安全，即不会对人类健康有害或产生伤害。防治措施必须对防护对象安全，即采取的措施不会对粮食造成污染，不会使其变质、变味、变色或品质受损，如化学药剂不会产生药害、物理措施不造成质量伤害等。防治措施必须对环境安全，即不能造成环境污染、破坏或影响生态平衡，如曾经广泛使用的溴甲烷因破坏大气臭氧层进而影响地球生物生存而被淘汰。任何生产活动中，安全生产是首要考虑要素，所有防治措施实施过程中，要有有效的安全防护措施，严格防止人员机械伤害、化学药剂中毒等，防止设施设备损坏、火灾等。

卫生是基础。储藏粮食要求严把卫生质量关，即重金属、农药残留、真菌毒素超标的粮食不能入库储藏及流入口粮市场。在粮食储藏过程中，一般重金属、田间农药残留不会增加。正常粮食质量和粮情条件下，不会发生霉变问题、真菌毒素含量也难以增加。在储粮过程中严格按照规定种类和规定剂量与方法使用化学药剂，也不至于造成化学药剂的污染或残留超标。在害虫防治中严格执行相关法规、按照相关技术标准规程操作是保障粮食卫生的前提。

经济是目的。防治害虫的最主要的目的是挽回因害虫危害而造成的经济损失。任何代价昂贵的防治技术在一般情况下是难以推广应用的，应在保证安全、有效的前提下采用最为经济的防治措施。

有效是关键。任何防治害虫的方法措施，施用以后有效防治害虫是关键点。特别是在开发一种新的防治技术时，首先考虑的是防治效果，如果没有效果或效果很差，安全和经济都无从谈起，也无须谈到卫生问题。

总之，在采取某种防治措施时，要权衡利弊，安全、卫生、经济、有效综合考虑。

思　考　题

1. 害虫综合治理的主要策略有哪些？其间有什么异同？
2. 长期大量使用化学杀虫剂易于造成什么样的问题？请思考其应对策略。
3. 什么是经济危害水平和经济阈值？
4. 储粮害虫的保粮方针和防治原则各是什么？怎样理解其与 IPM 的关系？

主要参考文献

佛林特 M L，范德博希 R. 1985. 害虫综合治理导论. 北京：科学出版社

高保家. 1992. 害虫防治策略的哲学思考. 河北林学院学报，7（2）：148-152

姜海燕，汪志红. 2000. 试论害虫综合治理（IPM）战略思想. 辽宁林业科技，（4）：18-20

靳祖训. 2007. 粮食储藏科学技术进展. 成都：四川科学技术出版社

李宝升，李岩峰，凌才青，等. 2015. 气调储粮技术的发展与应用研究. 粮食加工，40（5）：71-74，77

唐振华. 1986. 昆虫抗药性及其治理. 北京：农业出版社

汪诚信. 2005. 有害生物治理. 北京：化学工业出版社

中国粮油学会储藏分会. 2009. 粮食储藏科学技术学科发展报告. 粮食储藏，28（5）：3-7

周浩，向长琼，陈世军，等. 2017. 国内外粮油储藏科学技术发展现状及趋势. 粮油仓储科技通讯，33（5）：1-3，9

Collins P J. 2010. Research on stored product protection in Australia：a review of past，present and future directions. *In*：Carvalho M O，Fields P G，Adler C S，et al. Proceedings of the 10th International Working Conference on Stored Product Protection. Berlin：Julius Kühn-Institut Bundesforschungsinstitut für Kulturpfl anzen（JKI）：78-82

Credland P. 2010. Stored products research in Europe—a very personal perspective! *In*：Carvalho M O，Fields P G，Adler C S，et al. Proceedings of the 10th International Working Conference on Stored Product Protection. Berlin：Julius Kühn-Institut Bundesforschungsinstitut für Kulturpfl anzen（JKI）：14-25

Jayas D S，Jeyamkondan S. 2002. Modified atmosphere storage of grains meats fruits and vegetables. Biosystems Engineering，82（3）：235-251

Nukenine E N. 2010. Stored product protection in Africa：Past，present and future. *In*：Carvalho M O，Fields P G，Adler C S，et al. Proceedings of the 10th International Working Conference on Stored Product Protection. Berlin：Julius Kühn-Institut Bundesforschungsinstitut für Kulturpfl anzen（JKI）：26-41

Rajendran S，Parveen K M H. 2005. Insect infestation in stored animal products. Journal of Stored Products Research，41（1）：1-30

Subramanyam B，Hagstrum D W. 1996. Integrated Management of Insects in Stored Products. New York：Marcel Dekker，Inc.

Throne J E. 2010. Overview of north American stored product research. *In*：Carvalho M O，Fields P G，Adler C S，et al. Proceedings of the 10th International Working Conference on Stored Product Protection. Berlin：Julius Kühn-Institut Bundesforschungsinstitut für Kulturpfl anzen（JKI）：42-49

第二章 管理防治与检疫防治

本章提要:
- 储藏物害虫的管理防治
- 储藏物害虫的检疫防治

第一节 储藏物害虫的管理防治

储藏物害虫防治除了通常的防护物质防虫、各种方法杀虫、各种措施检查监测害虫等防治措施外,做好储藏环境条件控制、搞好清洁卫生、防止交叉感染、做好分类储藏等也是重要的防治措施,这些可统称为管理防治。

一、仓储设施管理防治

储粮场所是粮食收获、脱粒、整晒、堆放的场所,对粮食及粮食储存进行经常而又彻底的清洁卫生,做到粮面平整、压盖物坚实、环境和物品干燥、储存环境清洁,都有助于形成不利于害虫的环境,是害虫防治工作的重要环节,也是预防储粮害虫发生为害的最基本的前提措施。粮油仓库建立清洁卫生制度,各种仓房和一切储粮场所都要求做到"仓内面面光,仓外三不留(杂草、垃圾、污水)",保持仓房及环境清洁卫生。使用过的空仓,要彻底清扫,必要时要用化学药剂进行杀虫。对于加工厂,主要是经常维持厂房、机具的清洁,使害虫不适于生存。在机器检修时,应清除积存在各个部位的原粮、成品、副产品和尘杂、害虫等,必要时可用药剂杀虫。对于仓储器材、装具和粮仓机械,必须保持清洁无虫。

(一)改善仓库条件

要求仓房顶棚、门窗能防雨雪、鼠的侵入,地面、墙壁要求具有良好的气密性,能防潮,仓内墙面光滑无缝隙。

储粮仓房要做到坚固安全,仓房门窗与粮情检查门齐全,上不漏下不潮,既能通风,又能密闭,仓房具有良好的隔热、防潮和气密性,能保持仓内低温、干燥、清洁,不利于害虫生长繁殖,仓房要有防鼠、防雀设施,并消灭一切洞、孔、缝隙,使害虫和鼠类无藏身、栖息之处。如果不能满足这些要求,则应该进行条件改善,包括地坪、仓墙、仓顶等方面的改造,使之在仓房隔热保温、熏蒸气密、害虫防治等方面符合要求。

(二)合理的仓房结构设施

仓房结构应根据储备、中转、收纳的需要设计相应的仓储工艺,配置相应的设备;仓房能够满足防潮、防水、气密、隔热、通风、防止有害生物感染的要求;内侧墙面完好、平整并设防潮措施;墙体无裂缝,墙壁与仓顶、相邻墙壁、地面结合处应严密无缝;门窗、通风口结构要严紧并有隔热、密封措施,门窗孔、洞处应设防虫线和防鼠雀网。

不同储藏物因储藏需求、性能和流通要求不同,仓房结构设施的要求有些不同,如对于烟草的储藏,应将储叶房和贮丝房的有缝吊顶改为无缝吊顶,取消储叶房、贮丝房的固定水槽和废料箱,清扫时改用流动小水车,生产区域内的无盖垃圾箱换为加盖垃圾桶,封闭不必要的孔洞等。

（三）综合保温隔热措施

仓房的保温隔热概念略有差异，保温是保证仓内的热量不流失，隔热是防止仓外的热量进入仓内。仓房的保温隔热设计是要根据所在生态区的气候条件和储藏需要来定。在严寒地区仓房应考虑保温防结露设计，在炎热地区的仓房应该主要采用隔热的手段。不管是保温还是隔热都要保证仓房内的温度在一个符合安全储粮的范围内。低温（控温）是生态绿色储粮的基本工艺，而隔热保温则是低温（控温）工艺实施的基础保障。为此，需要采取一系列的隔热保温措施，以防止热量损失。

常用的隔热保温改造技术包括但不限于以下若干方面。

1. 墙体仓顶隔热保温　　将轻质的保温隔热材料固定在主体结构的外侧，有效地将建筑物与外部环境进行隔离，达到外墙外保温隔热的目的，在墙体外面涂反光涂料、贴白色瓷片等减少辐射热量。通过一定的技术措施将轻质的保温隔热材料固定在主体结构的内侧，阻止外部不利环境因子影响建筑物内部，达到外墙内保温隔热的目的。在仓顶用白色反光材料减少辐射热量，采用架空隔热层减少太阳直射热量，仓顶用水喷淋降低仓顶温度等（图2-1和图2-2）。

图2-1　仓顶涂白色涂料和设置架空隔热层示意图　　　　图2-2　仓顶（自控）喷水降温示意图

有的仓顶为折线屋架、彩钢板屋架、隔热保温性能比较强的其他结构屋架等，在夏天仓内空间区域热量会很高，并直接传递到粮面影响粮温。条件允许时可采用仓内隔热吊顶隔热保温。在高温时期关闭吊顶中央的换气口，开启轴流风机，使气流从换气窗直接进入吊顶上空间，带走仓顶辐射，排出仓外，这样可使吊顶下空间比吊顶上空间的温度降低3~4℃。这样既利用了流动空气层的隔热作用，又避免了空气中的尘埃落在粮面薄膜上影响清洁卫生（图2-3）。

2. 通风口保温处理　　粮食仓在墙体、仓顶隔热保温处理完毕后，设置于仓房的通风道口部位、一些管道入仓孔洞处等是夏天外界热量传入的敏感点，对此应进行适当的隔热保温处理。可采用5cm厚岩棉保温毡粘贴（图2-4A），外用保温彩钢板封闭（图2-4B），门板加装磁性橡胶条（图2-4C），或在通风口内部堵塞隔热保温材料等（图2-5）。

3. 粮面压盖隔热保温　　在我国粮食储藏中为了保持粮堆温少受仓温的影响，许多地方采用粮面压盖处理的方式以隔热保温。通过在粮面上压盖，将粮食和高温的仓房空间隔开，减少了仓内空间和粮堆的热交换。延缓上层粮温上升速度，缩短上层粮食的高温期，有效抑制虫、霉危害，从而延缓粮食陈化进程，保持粮食原有品质。采用的方法包括有机高分子型材压盖、毡毯或棉被压盖、稻壳或稻壳包压盖、塑料薄膜气囊、塑料薄膜密闭保温等，粮面压盖密闭是指用适当的压盖材料将粮面覆盖起来（图2-6）。

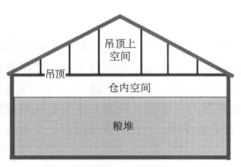

图 2-3　仓内隔热吊顶示意图

（彩图）

图 2-4　通风道口外保温处理示例图

（彩图）

图 2-5　通风道口内保温处理示例图

（彩图）

图 2-6　粮面保温压盖示例图

（四）清洁卫生

清洁卫生即在储粮环境中清除害虫藏匿场所、清除其食源粮等以减少其感染源。仓房要求空一仓、清一仓。仓库内外要做到平整、整洁、干燥，坑洞缝隙等害虫隐匿、产卵、越冬的场所清除，仓、厂及一切临时存放粮食的场所内外积存的垃圾、尘灰、碎屑、蛛网、糠屑、地脚粮及杂草清除等。对于一般清扫不到的部位，如孔洞及缝隙等，应用剔、刮、掏、挖的办法，彻底清除其中的粮料、尘杂及害虫。

仓房内外的机器设备、各种管道要保持清洁，做到无灰尘和无积粉；器材库以及其他附属建筑物都要全面和彻底地扫除；粮食包装器材、各种工具、粮食清理运输机械及运输工具（车船）等都要经常清理，保持清洁。

对于特殊储藏物，如烟丝、药材等，应每周进行 1 次全面彻底的清洁卫生工作，可以用压缩空气对仓房进行大面积常规吹扫后，用"真空吸尘器+抹布"的方式，对不易吹扫但容易囤积灰尘的地方进行清理。同时加强对空调管道内部的清理，高温高湿区域的回风空调管道内部非常容易积累灰尘，在高湿度的环境下灰尘易结块，形成蓬松的固体形态吸附在回风空调管道内壁中，为烟草甲的繁衍提供了适宜的环境，要定期对生产区域内的回风空调管道内壁进行清理，对空调管道内部进行针对性的化学药物消杀。

（五）空仓与器材杀虫

粮食储藏过程中，害虫大量繁殖常导致粮食的严重污染和损失。粮库仓房进行清洁工作后，紧随其后要做好杀虫工作，以弥补清洁工作的不足。除批准用于储粮防护的化学药剂和熏蒸剂可用作空仓杀虫剂外，敌百虫烟剂、敌敌畏、辛硫磷等稀释液也可用作空仓杀虫剂。

加工厂杀虫应结合器械检修，彻底清扫后用熏蒸剂处理。器材杀虫包括太阳暴晒敲打与冷冻敲打、药剂杀虫和蒸汽杀虫。药剂可以用熏蒸剂、粉剂、油-水乳浊液或水分散喷雾剂、气雾剂或烟剂等，处理运输工具（车船等）、装具（麻袋等）和输送装置，并保持一定的有效残留，保证昆虫和螨类在通过这些物体表面进入农产品前被有效杀死。

可用于空仓与器材杀虫药剂的用药剂量和密闭时间可参照表 2-1。

表 2-1　常用空仓与器材杀虫药剂的用药剂量和密闭时间

药剂名称	有效成分含量/%	用药剂量/（g/m³）	密闭时间/d	最少散气时间/d
磷化铝（片、丸剂）	56	3～6	≥14	1～10
磷化铝（粉剂）	85～90	3～5	≥14	1～10
敌敌畏（乳油）	80	0.2～0.3	2～5	
敌百虫（原油）	90	30	1～3	
敌百虫烟剂	20	0.3～0.63	3	
辛硫磷（乳油）	50	30	1～3	
杀螟硫磷（乳油）	50	30	1～3	
马拉硫磷（乳油）	50	30	1～3	
甲基嘧啶磷（乳油）	55	20	1～3	

近年来利用惰性粉防治储粮害虫在国内外都有很多的研究，利用沸石粉、磷酸三钙、无定形硅粉、杀虫粉、草木灰、硅藻土等都可防治害虫。目前使用较多的惰性粉主要是硅藻土。当害虫爬过时，惰性粉剂能够吸附破坏虫体表皮蜡层和护蜡层，致使害虫节间膜磨损，体液外流而死亡。

利用惰性粉处理空仓和粮仓空间时，一般通过喷粉机均匀地喷洒到准备装粮的空仓房内，形成粉尘雾，使粉剂在仓房的地面、内壁和天花板表面形成薄粉层，当空仓内残存的害虫爬出隐蔽藏所，或仓外的害虫爬来，就会接触到粉剂。

采用惰性粉处理粮面时，采用移动式施粉机或人工施药拌和将粮堆表层 0.3～0.5m 厚的粮食与药剂粉末混合均匀，在粮堆表层形成保护层。当外界害虫进入粮仓，爬入粮堆表层时或粮堆少量害虫在粮堆表层活动时，虫体黏附上粉剂，致使表皮蜡层和护蜡层被吸附破坏，节间膜磨损，体液外流而死亡。形成阻止害虫侵入粮堆的屏障，防止无虫粮感染外界害虫。

应用惰性粉防虫应注意：防护剂用于原粮中虫害的防治，不得用于成品粮；载体拌粮法没有安全间隔期，但施药的粮食须将带药载体清除后方可使用。喷雾拌粮的安全间隔期根据防护剂种类和浓度而定；在粮食使用之前，各种防护剂的残留应符合最大残留限量；防护剂在使用过程中应严格遵守操作规程。

二、仓储过程管理防治

储粮害虫防治贯穿粮食入库、储存、出库全过程，重点是在工艺流程的各个环节的管理控制，科学合理地应用储粮新技术，结合基础管理保证粮食储存安全。

（一）粮食入库前的管理

粮食入库前备仓准备是入库工作的第一个环节，要做好仓房和货位的清理、检查、整修、空仓杀虫等工作。每次粮食出完后都应该把剩余的零星粮食、尘杂和杂物从仓房中清扫干净，如平房仓的地面、墙壁、仓顶、墙角、窗台、仓门、出粮口、通风口、通风道等，浅圆仓、立筒仓的底部、仓壁、进出粮管道、输送带槽内残留的粮食、有机尘杂等都要进行认真清理，填堵孔、洞、缝隙，清除隐藏其中的害虫，防止对后面的再入仓粮食的感染。对隔潮性能差的仓房，在仓内地坪上铺设塑料薄膜或铺垫谷壳或其他隔潮材料等。做好称重设备、质检器具、输送机械、包装物等的清洁除虫工作，有活虫时应进行杀虫处理并做好隔离，预防害虫感染。

（二）粮食接收的管理

严格检验是把住粮油入库质量的关键。入库中检验人员严格按照国家规定的粮油检验标准及操作规程，对接收入库的粮油质量进行认真检查验质，验质时可采用感官检验与仪器检验相结合的办法进行，对不符合标准的粮食坚决不准入仓。入仓粮质做到"干、饱、净"，水分与粮温要均一，无害虫感染，或入库后立即进行杀虫处理。按照不同等级粮、新粮与陈粮、有虫与无虫粮、干粮与湿粮、成品粮与原粮等分开放置，有条件的应做到分等储存。长期储存的粮食，水分必须达到国家储粮安全水分的要求。

破碎率、虫蚀率、杂质和尘埃含量低的粮食不易生虫，加之水分含量低，其粮堆生态更加不利于仓虫滋生繁殖。对质量差的粮源，入库前应进行处理（如过筛除杂、降水等），达到标准后再进仓储存。原则上应做到无虫粮入仓，对于已感染害虫的粮油应单独存放，并根据感染程度按规定处理。发现粮油中有我国禁止入境的危险性害虫或杂草种子，应立即封存并按国家有关规定处理。

为减少入库粮食的害虫感染，有条件的可以采用皮带输送机输送粮食时拌惰性粉的方法进行防护。

（三）粮食储藏期间的管理

做好粮食储藏期间的保管工作，要认真贯彻执行"以防为主，综合防治"的方针，重点是做好日常粮情检查和粮食安全检查，努力实现"四无粮仓"和生态控制储粮。

1. 防止害虫感染　　为防止外界害虫感染到仓内，一般要采用防虫网防止飞虫入仓，通过防虫线防止爬虫入仓。减少进仓次数和门窗打开时间，避免和减少外界高温影响与虫害感染。采用防护剂拌粮防虫等。

2. 科学控制环境

1）平整粮面　　粮食入库后，及时平整粮面，平房仓和浅圆仓粮食入仓结束后要进行粮面平整，堆粮高度一致；粮面平整后，在粮面铺设人行走道。

2）粮情检测设置　　根据粮情检测需要，合理设置粮情因子检测系统，温度检测系统必须完善到位，合理布置湿度或水分检测点，有条件的增加设置害虫检测装置、气体检测装置等。粮情检测系统设置图应置于仓内明显处，测点标号与粮情测控系统及计算机测温打印输出表相对应。

3）施用防护　　必要时，对粮堆表面约 30cm 的粮食施用一定量的惰性粉或允许使用的防护剂等，以避免害虫生长。

4）设置诱捕器　　粮堆中害虫发生情况可通过粮堆各部位的粮温变化趋势分析判断或选点扦样过筛检查。在高大平房仓因粮堆大、粮层高，采用选点扦样过筛法检查害虫操作多有不便，测温监控法监测粮温升高或发热与害虫发生的时间可能有差异，越来越多的生产实践中采用害虫诱捕技术进行害虫发生检查、监测和预测（具体见第三章）。

3. 控制环境条件　　夏季高温新粮入库后，在秋冬季节应利用当地低温气候条件，采取通风方式降低粮温。在夏季保管过程中如果外温过高，可采取机械制冷方式补充冷源降低粮温。冬春季节以通风降温为主，抓住低温干燥、外界虫源少的时机，及时降低粮温；夏秋季应以关闭、保温为主，有效保持粮堆低温。

4. 日常粮情检查　　对于在库储存粮食，认真执行粮情检查制度，定期对"三温"（粮温、仓温、气温）和重点部位的温度进行检查，适当适时地检查"三湿"（粮食水分、仓湿、气湿）、害虫密度、储粮品质等。

由于虫种和季节的不同，它们的生活习性和活动规律也不相同，设点取样部位可采取定点与易发生害虫部位相结合的办法灵活掌握。常用的储粮害虫检查方法具体见第三章相关内容。在害虫检查中需要注意的地方如下。

（1）直观检查重点部位是仓房四角、仓门口、排风扇口、窗口，主要观察有无害虫飞舞或爬行，有无虫网、虫茧、虫尸、虫蜕等，有无害虫天敌（米象小蜂、麦蛾茧蜂、窗虻）。

（2）在害虫易发生部位取样用虫筛进行检查，主要是仓房四个角、柱周围、仓门口、人员进出口、排风扇口、窗口、温度异常变化点、曾经发生过害虫部位。害虫检测时间因不同季节而异：春暖后，是越冬害虫开始活动的时候，重点检查害虫越冬场所，如包装区、各种缝隙；夏季是害虫高发期，重点检查粮堆上层、表层、仓房门口、窗口、包装袋口；入秋检查粮堆中下层、向阳处。

（3）检测害虫的时间周期根据粮温适当安排，粮油储藏技术规范中规定一般粮温低于 15℃时每月检测 1 次，粮温在 15～25℃时，15d 内至少检测 1 次，粮温高于 25℃时，7d 内至少检测 1 次，危险虫粮处理后的 3 个月内，每 7d 至少检测 1 次。

（4）应根据不同虫种的不同习性进行检查，如玉米象在粮温升高到 30℃时，一般在粮堆中下层、门口、窗口中；印度谷蛾、麦蛾一般在粮面结网活动；杂质区，食料丰富，便于害虫生长产卵，应重点检查；根据大部分害虫有上爬性，可检查粮堆高处和墙壁。

（5）发现粮温出现异常现象时，必须立即进仓检查。检查时结合扦样观察，扦样范围要大于粮堆发热范围并通过判断异常现象产生的原因和害虫感染严重程度制订方案。在检查粮情时要做好清洁卫生和防止交叉感染的工作。

5. 粮情监测控制　　综合检查视频监控系统、仓内粮食温度检测系统、仓内气体浓度监测系统，实时在线监测储粮温度、湿度、粮食水分，实现对储粮生态系统的准确诊断。充分利用智能通风系统、低温储粮控制系统，对粮堆温度、仓内温度、仓内湿度和气象条件进行实时数据采集，利用专家决策系统数据库对采集的数据进行综合、快速的智能分析，准确判断允许通风的各项条件，捕捉最佳时机进行排积热通风、降温通风，实现对储粮仓房的全天候监控。图 2-7 给出了粮情测控系统构成一般框架图。

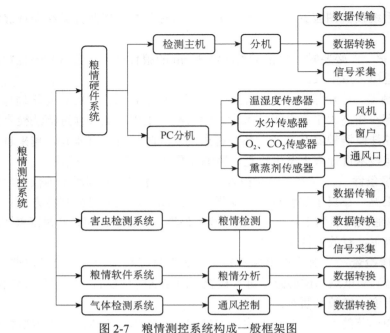

图 2-7　粮情测控系统构成一般框架图

6. 适时杀虫　　当储粮中存在少量一般害虫（不包括蛀食性或主要害虫）时，可按照 IPM 策略，进行适当防控。害虫发生严重时，为不影响到储粮安全或造成明显储粮损失，要进行杀虫处理。

（四）粮食出库的管理

出库通知下达后，要做好各项出库准备工作，仓储管理部门统筹做好各项准备；协助粮油质量检验员取样化验，检验粮食质量，评定等级；完成粮膜、走道板、测温电缆、膜下熏蒸环流管道、挡鼠板等器材的拆除整理存放工作；准备出仓相关的设施设备。

出仓作业中，提高机械化水平和效率，降低劳动强度，做好防虫、防鼠、防雀工作，加强防尘、防污染工作，保护环境。选择合理的作业时间和作业方式，减少机械碾压、抛撒等造成的作业损耗。分批次出仓时，一个批次结束后，应平整粮面，避免温差过大造成粮堆结露，避免检温系统、熏蒸系统和通风系统无法正常使用。

粮食出库后，清理器材，打扫仓房场地，整理地脚粮，对空仓进行清扫、消毒，始终保持工作现场的整洁，达到"仓内面面光，仓外三不留"，地上笼也必须彻底清扫，做到不留残粮，不留缝隙孔洞、残虫，重点对虫茧、垃圾、蜘蛛网等进行清扫，不留死角，及时做好对空仓的维护。对于每一次不能出清的粮仓，剩余的粮食必须扒平粮面，使粮堆几何体规范，避免长期偏载，严格执行高大平方仓出粮作业操作规程。对于感染害虫的器材要做好隔离和灭虫。

三、隔离保护

储粮场所为了防止虫、鼠危害，巩固防治效果，还必须做好隔离工作。

检查粮情时，应先查有虫粮，后查无虫粮。出入仓要随手关门，并严防害虫随人身、工具传播感染。及时处理虫粮，处理前应做好隔离工作。及时处理被感染的器材、用具。

及时在仓库或临时储粮场所周围喷药建立防虫带，在仓库四周 1m 范围内要定期喷洒防虫线，及时在仓库的门窗等处安装防虫网，门窗、通风口和进出粮洞口要安装防鼠板、防雀帘或防雀网等，做好隔离工作，防止害虫的感染和蔓延，以有效杜绝害虫来源。由于储粮害虫的个体大小不同，可钻过的空隙大小也就不同，因此仓房门、窗等处加装的防虫网孔尺寸要选择合适，不能大于阻止害虫穿过的尺寸（表2-2）。

表2-2 预防不同储粮害虫成虫防虫网网孔尺寸参考表

害虫种类	纱网网孔尺寸/mm	
	100%阻止	100%穿过
锈赤扁谷盗	0.25	0.71
锯谷盗	0.53	0.93
谷蠹	0.53	1.20
米象	0.71	1.35
药材甲	0.71	1.40
玉米象	0.93	1.70
赤拟谷盗和杂拟谷盗	1.05	1.40
烟草甲	1.05	1.70
黑毛皮蠹	1.35	2.25
黑粉虫和黄粉虫	2.00	2.25

此处，以惰性粉为例说明防虫线的布设及注意事项。

惰性粉主要防治谷盗、米象、玉米象、谷蠹、麦蛾、印度谷螟等害虫，杀虫机理是惰性粉粒落入害虫关节，磨损节间膜，导致害虫死亡。一般按 $120g/m^2$ 的用粉量，在门、窗、通风道口和排风扇口布置宽 10～20cm 的惰性粉防虫线。

施药时应注意：粉剂易随风扬起，可经口、鼻被吸入体内，故施药人员应戴口罩进行操作，或用纱布缝制成条形口袋，内装粉剂，再铺设成防虫线，可避免风吹散药剂。操作时应尽量穿长袖衣服，戴橡胶手套，减少皮肤接触，施药完毕后，淋浴更衣。一般在门、窗、排气扇口等与外界连通的地方布置一定宽度的防虫线，形成阻碍害虫进入的屏障，阻止害虫进入仓房。同时，沿墙角线四周喷洒，可阻止墙壁凹凸处、缝隙间藏匿的害虫感染粮食。防虫线宽度在10～20cm。在仓房门口的防虫线为避免人员、车辆进出造成破坏，可设置成防虫沟形式。

其他储藏物，如烟草，首先应加强物料隔离，严格隔离有虫原料和无虫原料，避免烟草物料间烟虫交叉污染。烟草甲成虫可以飞行较远的距离，感染邻近物料的能力较强。因此应设置专门的有虫原料存放区域，发现带虫原料后第一时间进行隔离，尽快安排熏蒸杀虫，灭杀原料中的烟草甲。同时做好区域间隔离工作，生产区域各个区域间通道门等位置安装驱虫灯、风幕等设备，避免烟草甲在区域间流窜，减少各区域间交叉感染风险。

第二节 储藏物害虫的检疫防治

一、植物检疫的法规防治意义

（一）植物检疫与害虫的人为传播

某场所原来无虫而后来发生害虫的过程称为感染；害虫从发生地向未发生地的感染称为传播，害虫的传播包括自然传播和人为传播。

自然传播是害虫利用自身的运动器官进行爬行、跳跃、飞翔等活动，或借助于自然界风、雨、气流、地表水系等流动，或依附于其他活物躯体移动从而进行传播。但这种传播不仅由于害虫自身活动能力有限而受到限制，而且还受到天然屏障诸如高山、大海、沙漠等阻隔而难以逾越，因而这种自然传播一般表现为缓慢的和地域性的，但同时也是难以制止的。

人为传播是害虫的传播完全由于人们在生产上和生活上的需要，造成害虫随同寄主植物和植物产品在地区之间移动，这就为害虫的传播人为地创造了十分有利的条件，它完全冲破了自然屏障的阻隔而畅通无阻。国际贸易、国内贸易的发展，科学技术合作的广泛开展以及人们相互之间各种交往的日益频繁，特别是大容量、快速先进交通运输工具的普遍采用，不仅大大提高了害虫的成活率，而且可使其到达各大陆的腹地。所以人为传播是快速的、突发的和环球性的，但它有一个先决条件，害虫的传播只能在它的寄主植物移动过程中才能完成，既然这种移动是人为的，那么人们完全可以设置各种障碍来阻止其传播，从而起到防治害虫的作用，这就是植物检疫产生的根据和它所担当的任务。

（二）植物检疫的起源与发展

"检疫"这个词来源于拉丁文"quaratum"，其原意为40。该词最早应用于检疫是在1403年，当时威尼斯共和国规定，凡从国外驶抵威尼斯港口的船只，必须强制在港外停泊40d，以便检查船上人员是否感染有那时威胁人们生命的黑死病、霍乱、肺鼠疫等传染性疾病。因为如果有被上述传染病感染的人员，在40d内有可能通过潜伏期而显露病症，只有在未发现病症的条件下，方可允许船只靠岸、人员登陆。以后这种控制和防止有害虫生物传播的措施逐渐演变成为检疫措施。"quaratum"也逐渐演变为不同的文字，如意大利文的"quarantena"、英文的"quarantine"、法文的"quarantaine"等。可以说检疫的概念首先被运用于对人的预防医学，继而又用于预防危险性动物传染病的传入，而后又为植物保护所采用，应用于防止为害植物的有害生物的人为传播，并冠以"植物检疫"以示区别于卫生检疫、动物检疫等其他专业检疫。

植物检疫的起源可以追溯到1660年，法国里昂公布了铲除小檗并禁止小檗入境的命令，以防止小麦秆锈病的为害，这是最早公布的检疫法令。1860年，葡萄根瘤蚜传入法国，使法国葡萄种植面积的1/3受到毁灭性的打击。1873年德国针对葡萄根瘤蚜公布了《禁止栽培葡萄苗进口令》。1877年印度尼西亚禁止从锡兰（现在的斯里兰卡）进口咖啡植物和咖啡豆，这成为亚洲地区最早的一个植物检疫禁令。1878年法国、德国、奥地利、匈牙利、瑞士和葡萄牙六国订立了"国际防虫协定"，这也是国际植物检疫组织和法规的开端。1916年，在意大利举行的一次国际农业会议上建议与会各国成立植检机构，以防止病虫传播。联合国粮食及农业组织（FAO）设有主管植物检疫工作的"植物生产与保护处"，负责有关植物检疫方面的工作，如组织各国制定和缔结《国际植物保护公约》（IPPC）、促进国际植物检疫工作的开展及促成和帮助建立区域性的植物检疫组织等。此后，世界各国先后建立了植物检疫制度。1908年澳大利亚颁布了世界上首部《检疫法》，构建了世界上最为严格的动植物检疫体系。为适应生物安全风险的变化及日益严峻的疫病和有害生物传入风险，2015年，澳大利亚颁布了新的《生物安全法》，取代了沿用100多年的《检疫法》，并于2016年6月全面生效。国外多数国家特别是农业发达国家为了适应食品安全新形势的需求、确保农业生产安全、保护人体健康和生态安全、促进对外贸易，越来越重视本国检疫技术的发展，对农产品的疫情和安全卫生要求越来越多，不断地完善植物检疫体系及其法律法规。2015年4月22日美国农业部动植物检疫局签发修订后的水果和蔬菜法规，允许从中国进口新鲜苹果。

中国的植物检疫起步于 1930 年。中国的棉纺工业在第一次世界大战期间和之后得到较大的发展，需要从美国引进长绒棉籽，而美棉上墨西哥棉铃象（*Anthonomus grandis*）为害甚烈，为防止因引种而传入，促使必须进行植物检疫。1934 年 10 月由经济发展部批准公布的《输出入植物病虫害检疫实施细则》，被公认为我国最早的植物检疫法规，它标志着中国植物检疫开创之时。但在第二次世界大战期间，植物检疫被迫一度停顿。

1954 年中央对外贸易部根据国务院颁布的植物检疫暂行条例，制定了植物检疫对象名单；1957 年颁布了《国内植物检疫试行办法》和《国内植物检疫害虫名单》；1974 年农林部制定了《中华人民共和国农林部对外植物检疫操作规程》；1980 年农业部公布了《进口植物检疫对象名单》；1982 年国务院颁布了《中华人民共和国进出口动植物检疫条例》；1986 年对植物检疫对象名单进行了修改和增删。1991 年我国正式颁布了《中华人民共和国进出境动植物检疫法》；农业部也公布了《中华人民共和国进境植物检疫危险性病、虫、杂草名录》；1996 年国务院发布了《中华人民共和国进出境动植物检疫法实施条例》。

为适应我国加入世界贸易组织（WTO）新形势的需要，国家质量监督检验检疫总局与农业部共同重新制定了《中华人民共和国进境植物检疫性有害生物名录》，2007 年 5 月 28 日，农业部以第 862 号公告发布了该名录，自发布之日起执行。经济全球化和"一带一路"倡议的实施与发展、贸易范围的扩大，带来机遇也带来挑战，海关截获的检疫性有害生物数量和种类也在显著增加。据统计，2014～2016 年边境口岸截获越南入境有害生物 290 种、6084 种次，其中检疫性有害生物 13 种、251 种次；截获昆虫 114 种、2503 种次，截获检疫性有害生物种次数较多的有橘小实蝇、辣椒果实蝇和根结线虫属（非中国种）。除此之外，截获的有害生物的新种类也在持续增加。2018 年常州海关官员从一批阿根廷进境棉花中截获多种拟步甲科和象甲科昆虫，其中包括全国首次截获的黑斑隐喙象（*Tyloderma nigromaculatum* Hustache）；2019 年南通海关关员从一艘巴拿马籍入境船舶木材上截获检疫性有害生物小外齿异胫长小蠹（*Crossotarsus subpellucidus* Lea），该害虫是全国口岸首次截获。因此有害生物名录也在持续更新中。截至 2018 年 7 月，该名录中检疫性昆虫新增加木薯绵粉蚧和扶桑绵粉蚧两种田间害虫，名录中的昆虫种类由之前的 146 种增至 148 种。

（三）植物检疫的定义及其特性

1. 植物检疫的定义　　植物检疫目前还缺乏公认一致的定义，根据各国植物检疫权威人士所做的各种阐述加以归纳，一般来说是由一个国家的政府（有时是一个区域内的几个国家的政府）或政府的一个部门，通过立法，颁布具有强制性的植物检疫法规，对植物、植物产品、土壤、生物活体，以及它们的包装材料、容器、填充物、运载工具等依法加以限制和实施检验，必要时采取各种除害处理或安全措施，其目的在于保护农业和环境免受有害生物的人为传播为害。

由此可见，对害虫的人为传播，植物检疫起着阻隔、防止、排除、制止等积极有效的作用。由于实施植物检疫的依据是法规和行政手段，故而人们又习惯地称之为法规防治或行政措施防治。

2. 植物检疫的特性　　植物检疫的特性之一，是它的防治宏观性。植物检疫对害虫的防治，主要是以一个国家或地区的全局和长远利益为前提，以此来规划防止国外或地区外的危险性害虫（主要是本国或本地区尚未发生的）伴同寄主植物或其他载体，随着人们的活动而传入本国或在本地区定居、繁殖和扩散蔓延。所以植物检疫是全面的防患于未然，是积极的、带有根本性的预防措施。

植物检疫特性之二，是它的防治法制性。植物检疫实施依据国家或几个国家为此而制定的检疫法规，是具有国家意志的法律，要求人们在进行有关活动时遵守，作为全社会（也包括缔结植物检疫区域性或双边协定的国家）普遍约束的行为规范，并由执行机构运用法制手段管理或行政措施保证实施。从而控制植物及其他传播载体的人为流动，制止危险性害虫的传播。

二、植物检疫害虫及处理

（一）植物检疫性害虫的概念

为了促进国际贸易自由化，世界卫生组织（WHO）和联合国粮食及农业组织（FAO）均要求各国在采取检疫措施时增加透明度，采取国际标准来制定应限制的有害生物名单。1997年修订的《国际植物保护公约》（IPPC）的文本中，新增加了一个"限定性有害生物"的术语，它包括"检疫性有害生物"和"限定的非检疫性有害生物"两部分。

检疫性有害生物是指"一个受威胁国家目前尚未分布，或虽有分布但分布未广，且正在被官方控制的、对该国具有潜在经济重要性的有害生物"。

限定的非检疫性有害生物是指"一种在供种植的植物上存在，危及这些植物的原定用途而产生无法接受的经济影响，因而在输入国和地区要受到限制的非检疫性有害生物"。

过去在制定检疫性有害生物名单时，主要根据以下三条标准来确定，即国内尚未分布或分布未广；危害性大；防治管理工作很难控制。随着限定的非检疫性有害生物概念的提出及有害生物风险分析（PRA）工作的深入，中国政府根据相关国际准则和在对有害生物风险分析的基础上，制定并颁布了新的《中华人民共和国进境植物检疫性有害生物名录》，并开始考虑限定的非检疫性有害生物名录。

（二）我国规定的植物检疫性害虫

2007年5月28日，农业部发布的《中华人民共和国进境植物检疫性有害生物名录》，与以往的名录相比，检疫性害虫的种类有了大幅度的增加。随着不断更新，截至2017年6月，其中检疫性有害生物增至441种，其中昆虫有148种（属），涉及储藏物的昆虫有11种（属）：菜豆象[*Acanthoscelides obtectus*（Say）]，埃及豌豆象[*Bruchidius incarnates*（Boheman）]，豆象属（*Bruchus* spp.）的非中国种，瘤背豆象（非中国种和四纹豆象）[*Callosobruchus* spp.和 *C. maculatus*（F.）]，阔鼻谷象[*Caulophilus oryzae*（Gyllenhal）]，谷拟叩甲（*Pharaxonotha kirschi* Reither），大谷蠹[*Prostephanus truncatus*（Horn）]，澳洲蛛甲（*Ptinus tectus* Boieldieu），褐拟谷盗（*Tribolium destructor* Uyttenboogaart），斑皮蠹属（非中国种）（*Trogoderma* spp.），巴西豆象[*Zabrotes subfasciatus*（Boheman）]。

表2-3列出了检疫物种部分非中国种的种名及其分布。

表2-3 检疫物种部分非中国种的种名及其分布

物种属名	中文名	拉丁名	分布
豆象属（*Bruchus*）	百脉根豆象	*B. loti* Paykull	日本、欧洲至西伯利亚
	野豌豆象	*B. brachialis* Fåhraeus	美洲、欧洲、小亚细亚（土耳其的亚洲部分）
	暗褐豆象	*B. nubilis* Boheman	欧洲、外高加索

续表

物种属名	中文名	拉丁名	分布
豆象属 （Bruchus）	四点扁豆象	*B. ulicis* Mulsant & Rey	美国、俄罗斯、欧洲、小亚细亚、阿富汗等
	兵豆象	*B. signaticornis* Gyllenhal	美国、俄罗斯、地中海沿岸地区等
	欧洲兵豆象	*B. ervi* Froelich	欧洲、利比亚、叙利亚
	地中海兵豆象	*B. lentis* Froelich	地中海
	印度豌豆象	*B. emarginatus* Allard	印度
	扁豆象	*B. affinis* Fröelich	阿尔及利亚、埃及、奥地利、法国、匈牙利、英国、俄罗斯、土耳其、印度、叙利亚等
	黑斑豆象	*B. dentipes*（Baudi）	埃及、中亚、地中海东部
瘤背豆象属 （Callosobruchus）	野葛豆象	*C. ademptus*（Sharp）	中国台湾、美国、日本（原产地）
	木豆象	*C. cajanis* Arora	印度
	可可豆象	*C. theobromae*（Linnaeus）	中国台湾、印度、斯里兰卡
	罗得西亚豆象	*C. rhodesianus*（Pic）	印度、南非、西非、肯尼亚
	鹰嘴豆象	*C. analis*（Fabricius）	日本、缅甸、印度、印度尼西亚、沙特阿拉伯、斯里兰卡、塞浦路斯、俄罗斯、埃及、阿尔及利亚、埃塞俄比亚、南欧、南非、澳大利亚、巴西、美国等
	西非豆象	*C. subinnotatus*（Pic）	西非，包括喀麦隆、加蓬、尼日利亚、塞内加尔及南美和加勒比群岛
斑皮蠹属 （Trogoderma）	拟肾斑皮蠹	*T. versicolor* Creutzer	欧洲大陆
	肾斑皮蠹	*T. inclusum* LeConte	英国、美国、印度
	杂斑皮蠹	*T. variegatum*（Solier）	北美、欧洲大陆、非洲
	白斑皮蠹	*T. megatomoides* Reitter	德国、匈牙利、捷克、斯洛伐克、奥地利、荷兰、瑞典、法国、英国、墨西哥、中美洲
	黑斑皮蠹	*T. glabrum*（Herbst）	法国、美国、墨西哥
	饰斑皮蠹	*T. ornatum*（Say）	美国
	胸斑皮蠹	*T. sternale* Jayne	北美
	条斑皮蠹	*T. teukton* Beal	美国
	星斑皮蠹	*T. insulare* Chevrolat	古巴、波多黎各、巴拿马、西印度群岛
	日本斑皮蠹	*T. varium*（Matsumura & Yakoyama）	日本、东南亚

（三）植物检疫范围

实施植物检疫必须确定其范围，根据我国现行法规的规定，凡进出我国国境和过境的，以及国内地区之间调运的贸易性和非贸易性植物、植物产品及其运载工具均属于受检范围。具体如下。

植物：栽培植物、野生植物及其种子、苗木、繁殖材料等。

植物产品：粮食、豆类、棉花、油籽、麻类、烟草、籽仁、干果、鲜果、蔬菜、生药材、木材、饲料等。

运载植物、植物产品的运载工具，如车、船、飞机及包装、铺垫材料等。

另外，可能带有检疫性害虫的非植物性货物和运载工具，也属受检范围。

（四）植物检疫控制措施

广泛采用的植物检疫控制措施包括禁运、口岸检疫及发货地检疫、原产地检疫、控制进出口、隔离检疫等。

1. 禁运　　也可称为禁止输入，是禁止可能带有危险性害虫的植物材料进口，而这些害虫不能通过其他途径（如附在别的材料上）进入。禁运是防止害虫定居最坚决、最有效的措施。

2. 口岸检疫及发货地检疫　　是在植物和植物产品的出入境口岸或发货地进行抽样检查，根据检查结果决定允许进口或出口，或采取处理措施后进口或拒收（拒发）等。根据协议，输入国也可派植检人员到输出国口岸做启运前的抽样检查。

3. 原产地检疫　　是在植物的原产地进行检查，其效果较在口岸检查更为有效。因口岸检疫受到人力、时间等的限制，不可能对大批量植物性货物进行全面仔细的检查，而原产地检疫完全可以在植物的生长过程进行害虫田间观察和调查，从而掌握疫情动态。

4. 控制进出口　　是当发现有传入和传出害虫的危险时，须在出入境口岸采用某种有效办法来彻底杀灭所有发育阶段的害虫。

5. 隔离检疫　　是为了满足引进某种特殊植物资源的需要，同时防止危险性病虫的传入，把允许少量进口的植物材料，置于严格的检疫区（或检疫圃）内进行隔离培养，并在整个培养过程中加以检疫。这种隔离检疫区一般设于输入国境内，也有设在第三国（即在输出和输入国之外的国家）的，前者统称为入境后检疫，后者称为中间检疫站检疫。无论设在何处，都要有极为严格的隔离制度。

除上述检疫的检查措施外，对已经发现有危险性病虫侵入的地区，紧急防除措施应立即付诸实施。

（五）检疫性害虫的检验方法

执行植物检疫时，对检疫性害虫的检验，一般分为两个过程：即现场检验和实验室检验。

1. 现场检验　　在进出口植物、植物产品的现场，如堆存场所（仓库、码头、机场、邮局、车站）和运载工具上（船只、火车、汽车、飞机），对环境、包装外表检查有无害虫存在，然后拆包检查，扞取样品。现场检查中发现的害虫和扞取的样品，一并携回实验室检验。

2. 实验室检验　　从现场取回的害虫和样品，应按受检植物不同的种类，采用相适应的检查方法，依据昆虫分类学中形态鉴定、解剖鉴定或饲养至成虫鉴定等方法准确鉴定其虫种。

常用的实验室检验方法有直观检查、分离检查、透视检查、染色和比重检查、剖粒检查和隔离检查等。

隔离检查是将一些认为可能带有检疫性害虫或一时难以检查的受检物送入具有隔离条件的昆虫饲养室、网室或检疫圃进行观察检查。

（六）检疫性害虫的防治和处理

1. 进出口前的预防　　进出口前的预防，一般表现为行政手段。实行进口审批制度，适用于向国外引进种苗。规定引种单位或个人，在引进种苗前，向国内植物检疫机构提出引种申请。植物检疫机构根据害虫疫情情报资料，考虑是否同意或更改供种国家。经批准同意的，应提出检疫性害虫的名单，由引种单位据此签订贸易合同，要求国外供货者在出口前由该国的植物检疫部门按合同规定的检疫要求检验，并签发植物检疫证书保证不带有提出的检疫性害虫或进行了灭虫处理。

2. 进出口时发现检疫性害虫的技术处理 在进出口时发现检疫性害虫必须采取果断的技术处理措施，原则是安全、快速、有效，能彻底杀灭害虫，防止其传播、扩散与定殖，同时也必须考虑处理后不影响受检物的品质和用途。

1）熏蒸除害处理 使用具有低沸点易气化、穿透性强、不溶于水、对金属无腐蚀性、能毒杀昆虫而对植物或脊椎动物毒性不大的熏蒸剂作为处理种苗、植物产品、包装、填充物、土壤中检疫性害虫的杀灭剂最为有效。熏蒸剂的种类很多，国内常用的以溴甲烷、磷化氢较普遍，其他还有氢氰酸、硫酰氟、氯化苦、环氧乙烷等。熏蒸的场合有大船熏蒸、集装箱熏蒸、仓库熏蒸、野外帐幕熏蒸等。仓库熏蒸时汽化器出口熏蒸剂温度不低于20℃，仓库气密半衰期超过10s，采用溴甲烷，其有效含量不得低于98%；若采用磷化氢，则要求其含量不低于56%。采用硫酰氟时其有效含量不低于95%。不同的熏蒸场合常搭配减压、真空、常温、加温等方法来应用。SN/T 2370—2009 规定：利用硫酰氟进行常压熏蒸处理，当温度不低于21℃，剂量为64g/m³时，密闭时间为16h，熏蒸期间其最低浓度不小于32g/m³。进行真空熏蒸处理，货物温度在11～12℃，真空度为94 430～99 750Pa，剂量为70～90g/m³时，密闭时间为3h。

2）高热或低温处理 使用干热、蒸汽热、强气流热、热水、高频、微波、低温和速冻等方法来处理进出口检疫时发现的危险性害虫。干热一般适用于处理包装及填充材料，耐热性强的蔬菜种子、原粮，以及加工过的饲料、下脚料等，还可用于土壤除虫。蒸汽热对为害果蔬类的实蝇有效。热水处理对鳞茎上的线虫、螨类、蚜虫、蓟马和种子小蜂等适用。高频和微波适合于处理粮谷、豆类的储藏害虫，对不同虫态的害虫均有效果，它较快速，适用于旅客携带植物的处理。速冻或低温贮藏一段时间也是一种用来处理果蔬上多种害虫的方法。热处理和低温处理的技术指标依据不同的原料而定。SN/T 2371—2009 规定：对木材的热处理应保证木材的中心温度至少达到56℃，持续30min以上；SN/T 2590—2010 规定：在集装箱内针对墨西哥实蝇（*Anastrepha ludens*）的冷处理，0.36℃或以下连续处理18d，1.11℃或以下处理20d，1.66℃或以下处理22d。

3）辐照检疫处理 利用放射性同位素 ^{60}Co 产生的 γ 射线或者电子加速器产生的高能电子或者 X 射线对染疫进出口货物进行检疫处理的技术。吸收剂量的计量单位为 Gy。可应用于未包装的散装产品（如传输带上运送的粮食），用于启运港口等集中地点。辐照处理可杀灭危险性害虫包括虫卵，适用于处理水果、食品等易于受化学熏蒸方法影响的产品。在处理时应考虑剂量、处理时间、温度、湿度、通风情况和改变的大气压，这些应与处理效能相符。在处理时需保证整个货物完全达到最低吸收剂量（D_{min}），还应考虑产品的预定用途。GB/T 21659—2008 规定：对于活的目标有害生物，辐照处理应确保它们不能繁殖。对于储藏产品甲虫，使能够繁殖的成虫不育需要的最低剂量范围为50～400Gy，而储藏物产品蛾类则为100～1000Gy。

4）退回或销毁处理 进口检疫时发现危险性害虫严重存在的植物、植物产品，又无全面彻底的杀虫方法时或虽有方法但不易施行时，采用行政手段命令其退回原发送地。如退回困难或如不立即采用果断措施就有可能扩散的，应就地进行销毁处理。可烧毁、深埋或驶出港外投入大海。

3. 进口后的防治措施

1）**隔离处理**　　对怀疑可能存在或一时难以检查的隐伏害虫或发现的害虫尚处于未成虫阶段，在鉴定上存在困难的，应将受检物移入具有严密隔离条件的隔离网室、密闭饲养箱中进行饲养观察，待有了结果后再决定采用何种防治措施。

2）**改变用途处理**　　为了彻底杀灭害虫，使用某些技术处理以致影响受检物的品质时，不得不改变其用途。例如，种子改作食用或饲料。改变用途的另一个好处，即通过加工达到杀虫的效果。

3）**划定疫区和保护区**　　一旦发现检疫性害虫传入，并在个别地区定居时，应立即调查其感染地区的范围，通过行政命令，划定为该种检疫性害虫的"疫区"。禁止将带有危险性害虫的寄主植物从疫区向外调运，并在疫区内建立防治组织，采用各种紧急防治措施，控制并消灭之。此外，还应将其未发生地区划为"保护区"，防止检疫性害虫传入。

4）**定时定点普查疫情**　　每年定期开展有害生物疫情监测和普查工作。对发生地区已较普遍的检疫性害虫加强防治。研究危险性害虫的形态特征和生物学特性，掌握其发生规律，协调运用人工、物理和化学等综合防治措施有效降低虫口基数，将危害减少到最低阈值。

思 考 题

1. 储藏物害虫防治的清洁卫生防治的措施有哪些？
2. 储藏物害虫的传播方式有哪几种？各有何特点？
3. 什么叫植物检疫？植物检疫有何意义？
4. 植物检疫有哪些特性？检疫范围有哪些？
5. 什么叫检疫性害虫和限定的非检疫性害虫？
6. 植物检疫性害虫的防治原则是什么？我国目前规定的检疫性储藏物害虫有哪几种？
7. 检疫性害虫的防治和处理方法有哪些？
8. 什么叫疫区、保护区？
9. 储藏物害虫检测的目的和意义是什么？
10. 常用的储藏物害虫检查方法有哪些？它们各有何特点？

主要参考文献

樊非. 2016. 新型粮食仓房围护墙体保温隔热、气密性构造措施研究. 郑州：河南工业大学硕士学位论文

骆伟声，汪海敏，汪浙，等. 2007. 粮库信息化管理系统的研究与实践. 首届粮食储藏技术与管理论坛论文集. 北京：国家粮食局

孙双艳. 2018. 澳大利亚植物检疫机构及相关法律法规. 植物检疫，32：82-84

太振旭. 2019. 烟草产品生产车间中烟草甲防治综合治理. 科技风，（9）：238

汤朝起，陆益敏，刘雪敏，等. 2004. 卷烟主要生产区域烟草甲的防治. 烟草科技，（9）：45-46

许志. 2003. 植物检疫学. 北京：中国农业出版社

杨长举，张宏宇. 2005. 植物害虫检疫学. 北京：科学出版社

Baur F. 1985. Insect management for food storage and processing. New York：American Association of Cereal Chemists

GB/T 21659—2008. 植物检疫措施准则 辐照处理

SN/T 3568—2013. 危险性有害生物检疫处理原则

Subramanyam B，Hagstrum D W. 2012. Alternatives to Pesticides in Stored-Product IPM. New York：Springer, Science & Business Media

第三章 储藏物害虫检查与监测

本章提要：

- 储藏物害虫的检查
- 储藏物害虫的在线监测
- 储藏物害虫的预测预报

第一节　储藏物害虫的检查

通过害虫检查，人们可以及时掌握储藏物中害虫发生的种类、密度、分布和为害情况等。结合害虫的生物学和生态学特性及环境条件，可以预测害虫的发生趋势，从而为制定防治决策提供科学依据。常用的害虫检查方法有直观检查法、取样检查法、诱集检查法等。

一、直观检查法

直观检查法是用感官在现场检查害虫的方法。该方法直观、简便，但准确性低。

检查时用眼睛观察粮堆表面、仓壁、仓顶或包装粮垛的外部，注意是否有害虫活动的迹象，如有无害虫飞行和爬行；有无虫蚀粮粒及害虫取食的粉末；有无蛾类幼虫的丝茧、结网、虫尸、虫蜕、虫粪等。可抛撒粮粒击动粮面，观察有无蛾类成虫起飞。储藏物害虫大多有趋温性，检查时应根据季节及储藏物温度的变化，重点检查温度比较高的部位。

在自然条件下，天敌常常伴随着害虫的发生而出现，因此害虫的天敌可作为一种指示性动物在害虫检查中加以利用。例如，在储藏环境中发现有米象小蜂，则可以断定有象虫类害虫的发生；如果发现有麦蛾茧蜂存在，则表明储藏物中发生了蛾类害虫。因此，在害虫直观检查中，除了观察害虫的活动情况外，还要注意观察储藏物的表面、周围、仓壁特别是窗台等处是否有天敌的活动。

直观检查仅是一种初步的检查方法，它很难准确地判定害虫的种类、密度等，所以只能作为一种辅助的检查手段。

二、取样检查法

取样检查法是扦取一定的储藏物代表样品，然后检查样品中害虫的种类和密度，从而推断整个储藏物中害虫发生情况的方法。该方法是较准确和客观的一种检查方法，受环境因素影响较小，是目前国家粮食仓储管理部门规定的标准检查方法。在取样过程中，害虫完全处于被动状态，无论是哪一种害虫、任何虫期或其是否处于运动状态，都会连同粮样被取出。但这种方法工作量较大，同时检查人员的技术水平（如识别害虫种类的能力）会影响检查结果的准确性。

取样检查包括样品的扦取和害虫检查两个方面。

（一）取样方法

1. 散装粮堆的取样　我国 GB/T 29890—2013 粮油储藏技术规范中对储粮害虫检查取样方法进行了规定。对于平房仓，粮堆面积在 100m² 以内的，设 5 个取样点；101～500m²，设 10 个取样点；500m² 以上的，设 15 个取样点。取样部位应根据害虫的习性、发育阶段以及季节等情况确定，采取定点与易发生害虫部位相结合的方法。一般粮堆高度在 2m 以内的，只在上层取样即可；粮堆高度超过 2m 的，应设上、下两层取样。随着粮堆的增高，应适当增加取样层次。上层可用手或铲取样，中、下层用扦样器或深层取样器取样。每一取样点的样品数量一般应不少于 1kg。

筒仓和囤垛的设点取样方法基本与房式仓相同。以粮堆高度分层，按面积设点取样。对于体积高大的筒仓要适量增加取样点。

2. 包装粮堆的取样　　分层设点取样，堆垛外层可适当多设取样点。500 包以下的粮堆，取 10 包；500 包以上的粮堆，按 2% 的比例取样。取样方法一般是采用包装扦样器（探子）扦取粮食样品，方法是将扦样器的凹槽向下，自粮包的一角插入至相对的一角，当扦样器完全插入粮包后，再将扦样器的凹槽转向上方，然后抽出。大颗粒粮，如花生、薯干等应采用拆包取样。每包的取样数量应不少于 1kg。

3. 空仓、器材、装具等的取样　　对于未装粮的空仓，一般是在四角和四周任选 10 个点，对于较大型的粮仓可适当增加取样点。每个点以 1m² 为单位，在此面积内检查活虫的数量。

对于麻袋、面袋、席子、篷布及其他器材，只要是接触过虫粮的，都应按器材总数量的 2%～5% 的比例取样检查。

（二）害虫的检查方法

1. 外部害虫的检查　　对于扦取的粮食样品，一般采用筛选法检查粮粒外部的害虫。根据粮粒与害虫个体大小的差别选用适当孔径的选筛，将粮样装入选筛内，用双手以回旋的方式筛动 3min，然后检查筛下物中害虫的种类和数量。也可选用一组不同大小孔径的选筛，将样品装入上层选筛，过筛后逐层检查害虫情况。

筛选法检查害虫的过程：①根据粮油样品颗粒大小选用合适的筛层（直径 1.5mm 或 2.5mm），并按顺序套好。我国粮食仓库使用的害虫选筛有上下两层不同孔径的筛层，加筛底、筛盖共 4 层。上层筛孔径为 2.5mm，下层筛孔径为 1.5mm。②将每个取样点的样品分两次放在害虫选筛的上层筛内，每次筛的时间为 3min。③筛后用放大镜检查筛下物中害虫，以每个取样点为单位分别记录检查到害虫的数量。④填写记录表（表 3-1）。

表 3-1　储粮害虫检查记录表

检查人：　　　　　　　　　　　　　　　　　　　　　　　　检查时间：

检测次数	虫种 1	数量	虫种 2	数量	虫种 3	数量	虫种 4	数量
第一次								
第二次								
平均密度								
害虫密度/（头/kg）								

筛检过程中的注意事项：①检查储粮害虫时，在每个扦样点扦取的粮油样品要及时筛选检查害虫数量、种类，防止样品存放后害虫逃逸；②大多数储粮害虫有假死性，筛选后应将筛下物或者筛上物静置 2min 以上，等待害虫活动时再观察害虫数量；③在气温较低的季节，害虫一般不活动，这时可以把害虫放在灯光下加温，然后再鉴别害虫是否死亡；④确定虫粮等级标准时，应该以各个取样点为单位，单独分析害虫的发生情况；⑤结果不能以多点检查到的平均害虫数量作为确定虫粮等级标准的依据，要以危害最严重的点确定虫粮等级；⑥检

查储粮害虫时只记活虫，死虫不记。

对于包装粮，除用筛选法检查外，还需感官检查粮包外的害虫情况，包括害虫的种类、数量等。

对于空仓或加工厂，通常采用感官检查的方法检查害虫。包装器材应先检查正、反面和接缝等处有无害虫，然后在地上铺上白纸，再抖动和敲打器材，观察有无害虫被震落，也可收集震落物过筛检查。对于空仓和铺盖物，应在取样点设定的范围内检查害虫的活动情况，包括害虫的种类和数量等，必要时在取样范围内扫集过筛检查。

2. 隐蔽性害虫的检查　　隐蔽性害虫是指隐藏在粮粒或寄主内部的害虫，通常是一些未成熟期的蛀食性害虫。这些害虫无法用筛选法检查出，必须用一些特殊的方法检查。较常用的方法有以下几种。

1）剖粒法　　采用分样器或"四分法"从扦取的粮食样品中得到代表性的少量样品，大豆、玉米等大粒粮食可取 10g；小麦、稻谷等可取 5g。将样品用水喷湿并在塑料袋中密闭 10min 后，用锋利的刀片将粮粒逐粒剖开，检查是否有害虫，计算每千克粮食内隐蔽害虫的数量。

2）染色法　　蛀食性害虫在产卵或幼虫钻入粮粒时，会在粮粒表面留下痕迹，这些部位在某些溶液中会显现出可辨别的颜色，利用这种方法可以检查出粮粒内的隐蔽害虫。

资料显示，高锰酸钾溶液可用于检查大米粒内的隐蔽害虫。在过筛后的样品中取 15g 代表性样品，先在 30℃ 的温水中浸泡 1min，再移入 1% 的高锰酸钾溶液（高锰酸钾 10g，加水至 1000ml）内浸 1min，立即取出用清水冲洗，然后放在吸水的白纸上，用放大镜仔细检查，挑出具有深色斑点的粮粒，剖粒检查。比较测试发现，在染色过程中大米染色后颜色过深，米粒破碎，检测效果较差，且耗时较长。采用 1% 的高锰酸钾溶液染色感染害虫大米样品 10～40s，可以有效检测到大米上的卵斑。

碘化钾溶液可用于检查豆粒内部的害虫。取代表性的豆粒样品 50g，浸入 1% 的碘-碘化钾溶液（碘化钾 20g，溶入少量水中，再加结晶碘 10g，充分搅拌，待完全溶解后加水稀释至 1000ml）中，经 1～1.5min 后取出，再移入 0.5% 的氢氧化钠或氢氧化钾溶液（氢氧化钠或氢氧化钾 5g，溶于水中，加水稀释至 1000ml）内浸泡 0.5min，取出用清水冲洗 15～20s。挑出具有圆形深色斑点的豆粒，剖粒检查。

酸性复红溶液可用于检查稻谷、小麦、玉米等粮粒内部的害虫。在过筛后的样品中取 25g 代表性样品，浸入 30℃ 的水中 5min，再移入酸性复红溶液（冰醋酸 50ml、蒸馏水 950ml 及酸性复红 0.5g）中，经 2～5min 后取出，用清水冲洗。挑出具红色斑点的粮粒，剖粒检查。

3）比重法　　由于虫蚀粮粒与正常粮粒的相对密度不同，使用不同浓度的盐溶液处理受检粮粒，使虫蚀粮粒（包括一些未成熟粮粒）浮于溶液表面，从而将其区分出来。检查小麦、稻谷、玉米等禾谷类粮食可用相对密度 1:2 的氯化钠溶液（35.9g 氯化钠溶于 100ml 水中）或 2% 的硝酸铁溶液处理；检查豆类粮食可用 18.8% 的氯化钠溶液或饱和氯化钠溶液处理，方法是在过筛后的样品中取 100g 代表性样品，浸入盐溶液中，充分搅拌 10～15min，静置 1～2min 后捞出浮于液面的粮粒，剖粒检查。

4）透视法　　较常用的是灯光透视法。将受检的粮粒放在透光度较好的玻璃板上，下置较强的光源，在黑视野中挑出有阴影的粮粒进行剖粒检查。

在植物检疫中也有用软 X 射线透视的方法。使用波长 0.05～0.1nm 的 X 射线，透视受检粮粒或其他害虫寄主。方法是将受检物置于软 X 射线仪内，接通电源，之后通过窗口检查或用胶片感光后冲洗检查。

5）气体检测法　　该方法是基于在小型密闭容器中，当粮食中有隐蔽性害虫发生时，其呼吸代谢可引起微环境二氧化碳浓度发生变化，根据二氧化碳浓度的变化量可推测粮食中害虫有无发生或发生的大概情况。在 ISO 6639-4 的隐蔽性害虫检测方法中，是将一定量的粮粒放入容积为 750ml 的容器中，在 25℃下放置 24h，检测容器中二氧化碳的浓度，根据二氧化碳浓度水平判断粮食中隐蔽性害虫感染的程度。

有报道利用红外光谱系统检测二氧化碳的浓度可监测环境中害虫的发生，检测变化率达 $0.3 \sim 0.4 ml/（m^3 \cdot h）$，可以检测到博物馆中白蚁、圆皮蠹、毛衣鱼等的发生。

6）导电性检测法　　籽粒内部含有昆虫时会增加籽粒的含水率，其整体导电性能会与正常粮粒不同，检测这一导电性变化可知道粮粒被感染情况。国外的研究者采用改良滚轮挤压装置，即用两个滚轮相对滚压碾碎粮粒，并分别在两个滚轮上连接相应电极，通过检测粮粒导电性分析检测隐蔽害虫。该方法不适用于检测昆虫中的卵、幼虫和低水分谷物中的死亡昆虫（Pearson and Brabec，2007）。改良滚轮挤压装置检测糙米和小麦中的谷蠹幼虫时，在 150s 内对 500g 糙米和小麦样本中的大、中和小型谷蠹检测率分别达 97%、83% 和 42%，也可检测到玉米粒中感染有不同发育阶段的玉米象，该方法可快速检测隐蔽于粮粒中的老熟幼虫和蛹。

国内采用螺杆推压挤破粮食籽粒检测其电阻值的粮粒隐蔽性害虫检测仪，可以监测到其中害虫的有无或大致发育情况。感染不同发育阶段玉米象的小麦粒的电阻值差异显著，试验表明，感染虫卵后的前 11d 内，玉米象处于第 1 龄、第 2 龄幼虫期，小麦籽粒的电阻值总体较高，在 300MΩ 以上；感染虫卵后的 13～19d，玉米象处于第 3 龄、第 4 龄幼虫期，小麦籽粒的电阻值骤然降至 30MΩ 及以下；感染虫卵后的 21～25d，玉米象处于前蛹期和蛹期，小麦籽粒的电阻值降至 5～10MΩ。粮粒隐蔽性害虫检测仪可以检测到玉米象发育至 13d 及以后的小麦籽粒的电阻值显著下降，该电阻值的显著下降可提示粮粒发生有玉米象的 3 龄至蛹期的虫态。

对于收购或储藏粮食的检查，需要快速检测来粮有无隐蔽性害虫，以为后期安排储仓和合理防治提供指导。在待检粮食未发现成虫时，检测判断该批粮食是否含有隐蔽性害虫，可提示是否需要尽快杀虫处理，以避免内部害虫的危害和损失。

三、诱集检查法

诱集检查法是利用害虫本身的某些行为或习性，将其诱集到一个小范围内进行检查的一种方法。诱集检查法通常是采用一些特殊的诱捕装置，使诱捕到的害虫无法逃逸，或与一些害虫引诱剂相结合，以提高诱捕效率，对于某些害虫还能起到诱杀、降低害虫密度的效果。

（一）习性诱集

储藏物害虫的一些习性，如上爬性、群集性等都可以加以利用，因地制宜地对害虫进行诱集检查。

某些害虫，如玉米象、米象等有明显的上爬习性。利用这一习性，可在粮堆表面拢起一些高 30cm 左右的锥形堆，在堆的顶部放置一些多孔隙的物品，如丝瓜瓤、秸秆等。定期取出这些物品检查是否有害虫。也可在锥形堆的顶部埋置一个小瓶，使瓶口与锥顶平齐，定期检查小瓶内有无害虫落入。

利用害虫对某些食物的喜好也可诱集到粮堆内的害虫。例如，将害虫喜食的食物，如甘薯丝、南瓜丝、炒过的米糠、花生等，放入有孔隙的竹筒内或塑料网袋内，埋入粮堆，定期取出检查是否有害虫。

拟谷盗等害虫通常有群集生活的习性。利用这一习性，可在仓内的墙角、墙基等处放置一些破旧麻袋或多孔隙的物品，诱集这些害虫。将这些物品钉在仓壁、梁柱、房顶，可诱集到一些化蛹或越冬的蛾类幼虫。

（二）诱捕器诱集

诱捕器能在储藏物环境内连续工作，能提供害虫种类、虫口密度、感染源等重要信息。与取样检查法相比，该方法省时省力，计数简便，此外，诱集法的灵敏性要高于取样检查法。但是，该方法对一些活动能力较弱的害虫和虫态的诱集效果较差。害虫的活动受环境因素的影响。例如，当温度低于5℃时，昆虫很少爬动；当温度低于25℃时，昆虫很少飞行。因此，当环境条件不适合害虫活动时，诱捕器的诱集效果也会受到影响，并且影响的程度因昆虫种类而异。例如，当害虫发生的密度相同时，每台探管诱捕器平均能诱捕锈赤扁谷盗、米象、赤拟谷盗和谷蠹的数量分别为10头、3头、2头和0.4头。

诱捕器能在粮食表面、中层、仓房四周、地面、空间、墙壁等处发挥诱虫作用。因此，按照放置部位及诱捕方式的不同，诱捕器的类型也多种多样。根据诱捕器放置的位置，可以将诱捕器分为粮堆内用诱捕器、粮堆表面诱捕器和空间诱捕器。

1. 粮堆内用诱捕器　　粮堆内用诱捕器是放置在粮堆内部的一类诱捕器，常见的结构形式有以下几类（图3-1）。

1）**管状诱捕器**　　用筛网或粗糙的纸缠绕在指形管外壁，将其垂直插入粮堆，使开口的一端与粮面平齐并留1/3在粮面，害虫沿管子的外壁上爬掉入管内被捕获。该种诱捕器可检查储粮中的拟谷盗和象虫等害虫。

2）**探管诱捕器**　　是一种长20~30cm，直径3cm左右的金属或塑料管，在管壁上密布（通常有数百个）直径2.4~2.8mm的小孔（一般是向下方倾斜的），孔口可使储粮害虫成虫掉入，粮食不会进入。装置的底部为一锥形套筒或集虫瓶，便于诱捕器穿透粮堆。将诱捕器插入粮堆可诱捕到在粮堆内部活动的害虫，如象虫、拟谷盗、谷蠹、扁谷盗和书虱等害虫。尽管结合引诱剂使用可提高探管诱捕器的诱捕效果，但实际生产中较少与引诱剂结合使用。该种诱捕器已商品化，被广泛地用于大型粮堆中储粮害虫的检查。在探管诱捕器内配置电子感应装置，可以通过害虫落入通过的感应信号进行计数，对害虫发生数量进行统计。更有在探管诱捕器的集虫部分配置负压吸管，将落入集虫端头内的害虫抽吸至仓外，此种探管诱捕器检查害虫时不需要再将探管拔出，在抽出害虫的负压管路中还可设置计数装置进行害虫数量统计。

3）**锥形侧面诱捕器**　　也可采用锥形侧面诱捕器诱捕害虫。将其设置于粮堆表面诱捕害虫，其圆锥部位插入粮堆，圆锥斜面上设置有害虫可以进入的小孔，插入粮堆后，粮堆近表面处的害虫可被诱捕到其中。

探管诱捕器　　　　　电子探管诱捕器　　　锥形侧面诱捕器　　（彩图）

图3-1　粮堆内用诱捕器

2. 粮堆表面诱捕器 粮堆表面诱捕器是放置在储藏物表面、加工厂、仓库和周转仓地面上的一类诱捕器，也可以埋入粮堆表面。通常与引诱剂结合以提高诱捕效果。常见的形式有以下几类（图3-2）。

1）瓦楞纸板诱捕器 将瓦楞纸板裁剪成类似 A4 纸的板块，将其中一个开孔侧边用胶带封堵，放置于粮堆表面，一些个体微小的害虫，如书虱、扁谷盗等害虫因避光、寻找藏身场所等习性而进入其中。一定时间后，定期清理进入其中的害虫，实现检测害虫发生的目的。一般采用双层瓦楞纸板可引诱较多害虫。

2）诱虫袋 用具网眼的材料，如用孔眼直径 1.5mm 的塑料网做成的一个网袋（20cm×10cm）诱捕器，袋内填充食物诱饵。常选作为诱饵的粮食，包括角豆、小麦、玉米、燕麦、花生和糙米。将诱虫袋置于粮食仓库、面粉厂、货栈等处的储藏物表面或地面，使用优化后的诱饵可诱捕到不同种类和虫期的害虫。例如，用小麦、花生和大米等量混合的食物诱饵可在仓库内诱捕到玉米象、米扁虫、赤拟谷盗和锯谷盗等害虫。诱虫袋对螨类也有很好的诱捕效果。

瓦楞纸板诱捕器　　　　饵料诱虫袋　　　杯状诱捕器　　　锥形诱捕器

图 3-2　粮堆表面诱捕器

3）陷阱诱捕器 根据诱捕器的形状命名的一种诱捕器。害虫靠近诱捕器后，沿诱捕器的表面爬行，落入陷阱后被收集。波纹板诱捕器的害虫进入部分结构为在一圆盘设有夹层，夹层中设置放射状分布的害虫进入通道，害虫可经圆盘外边缘的通道口进入，爬行到中心部位后落入杯状收集器中，收集器设置在粮面下边。落入收集器底部的害虫正处于其上方配套的摄像头的摄像视野中，从而可获得捕获害虫的图像。最简单的陷阱诱捕器只有杯状的收集器，无顶盖，内壁涂抹防止害虫逃逸的聚四氟乙烯。美国 TRÉCÉ 公司生产的 Dome 诱捕器与信息素和食物引诱剂结合，集虫杯内放置植物油用来浸杀害虫，用于诱捕面粉厂、谷物加工厂和仓库的拟谷盗等爬行害虫。英国 AGRISENSE-BCS 公司生产的一种窗型诱捕器，为一长方体（7cm×10cm×0.5cm），底层涂有黏性材料，中间放置引诱剂，上层和两侧共有 40 个直径 3mm 的小孔，害虫沿小孔爬入后掉落在粘胶上被捕获。

4）锥形诱捕器 锥形诱捕器为具有凸面体进虫孔的诱虫面与锥形集虫杯的集合体。使用时将集虫杯插入粮堆表层，诱虫面与粮面基本持平，粮面活动的害虫行走到诱虫面上时，落入进虫孔而被诱捕。

3. 空间诱捕器 通常与信息素和利它素结合，用来诱捕飞行害虫。可以放在粮堆上或机械设备上，或悬挂在空间。通常与引诱剂结合以提高诱捕效果（图3-3）。

1）黏胶诱捕器 是黏性材料与引诱剂结合使用的一类诱捕器，一般由硬卡纸制成。最简单的黏胶诱捕器为黏胶板，但是容易黏附灰尘而失效。最为常见的黏胶诱捕器呈筒状，内表面涂布黏胶，两端开放，便于害虫进入，截面呈菱形、三角形、翼形、拱形等。还有一种翼形诱捕器，上下两部分通过悬丝连接，并留有一定的空间让害虫进入。日本 FUJI FLAVOR 公司生产的弧形黏胶诱捕器，根据引诱剂的不同可诱捕烟草甲、印度谷螟、烟草螟、粉斑螟和地中海螟等成虫，可安放在仓库或加工厂内的墙壁上、柜橱上、设备上等处，一般安放在离地面高 1.5～2m 处。美国、德国等国家都有类似的诱捕器商品。

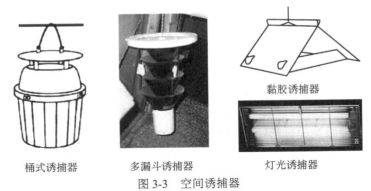

桶式诱捕器　　　　多漏斗诱捕器　　　　灯光诱捕器

黏胶诱捕器

图 3-3　空间诱捕器

当害虫发生密度较大或在粉尘环境中时，由于黏胶面易被灰尘和虫体覆盖而失效。通常用于仓库、家庭和零售商店等较为清洁的环境中。

2）漏斗诱捕器　　　一种由带有引诱剂的漏斗和连接在下部的集虫装置组成的诱捕器。该诱捕器安放在仓内空间，可以与信息素结合诱集具有飞行能力的储粮害虫。可以多个漏斗套用，如 Lindgren 多漏斗诱捕器。集虫装置内装有浸润杀虫剂的布条或在侧壁粘贴黏胶纸，用来杀死诱捕到的害虫。由于不存在诱捕量饱和的问题，可用于灰尘和害虫密度高的环境，也可用于室外。

3）灯光诱捕器　　　害虫对光谱有较强的选择性，一般害虫对波长 330～400nm 的紫外光有正趋性，大部分昆虫的复眼对 365nm 的紫外光特别敏感。紫光灯可吸引 10 目 100 多属 1000 多种昆虫。有些昆虫种类对可见光也有一定的趋性，如谷蠹对 500nm 绿光和 250nm 紫外光的趋性较强，米象对蓝光的趋性较强，印度谷螟对紫外光、蓝光和紫光的趋性较强，特别是对 405nm 紫光的趋性最强。

灯光诱捕器正是利用害虫对特定波长光线的趋性而设计的一类诱捕器。灯光诱捕器由特定波长的光源、吸风通道、吸风扇、集虫袋等组成。吸风扇可以提高害虫的诱集效果。

为扩大灯光的覆盖范围，灯光诱捕器通常会悬挂在一定的高度，因而适于诱捕飞行类害虫。具有飞行能力的储粮害虫有烟草甲、玉米象、谷蠹、赤拟谷盗、麦蛾、印度谷螟和粉斑螟等。不同害虫的起飞温度、飞行高度、飞行距离、飞行时间等行为差异较大，需要根据害虫的飞行行为，决定诱捕器的安装高度和布局。温度、湿度对灯光诱捕器的诱捕效果有很大影响，如当仓房温度低于害虫的起飞温度时，诱虫灯无明显诱集作用。

4. 诱捕器的选择使用　　　需要指出的是，很少用一种诱捕器监测所有环境中发生的全部害虫。需结合待监测的环境和害虫的种类，选择所采用的诱捕器种类。选择诱捕器时需要考虑以下因素：①监测环境中有无粉尘；②监测环境的温度；③使用场景为室内，还是室外；④被监测害虫是爬行类，还是飞行类。

选择害虫诱捕器应结合待检储藏物中易发生的害虫种类及其习性，有针对性地选择诱集方法。例如，稻谷中易发生麦蛾和米蛾；大米中易发生米象和玉米象；玉米中易发生玉米象、谷象和麦蛾；麦蛾常在稻谷表面为害，尤其在稻谷粮堆的边缘，很少为害袋装稻谷；温暖的地区易发生谷蠹和粉斑螟；寒冷的地区易发生烟草螟和谷象。

在粉尘环境中，由于黏胶诱捕器容易被灰尘覆盖而失效，所以应选用陷阱诱捕器或漏斗诱捕器；地面上的陷阱诱捕器可以诱捕到赤拟谷盗、杂拟谷盗、米象、谷象、谷斑皮蠹、锯谷盗、大眼锯谷盗，诱捕效率要高于黏胶诱捕器，黏胶诱捕器仅边缘会诱捕到少量害虫；尽管空间诱捕器或陷阱诱捕器均能诱捕烟草甲，但陷阱诱捕器的诱捕效率最高；衣蛾的飞行能力较弱，因此地面上摆放的黏胶诱捕器对其诱捕效率较高。

在空间和表面诱捕中通常加入信息素或食物挥发物等引诱剂来提高诱捕器的诱捕效率（表 3-2）。由于引诱剂易被粮食吸附而降低引诱效果，因此粮堆内的诱捕器中很少放置引诱剂。目前，已有 11 种蛾类和包括锈赤扁谷盗在内的 17 种甲虫的信息素被商业化。信息素能将诱捕效率提高 10 倍。蛾类、谷蠹和拟谷盗的信息素引诱活性很高。食物挥发物，如玉米油挥发物对多种储粮害虫具有引诱作用，燕麦油、南瓜籽油、芝麻油对谷斑皮蠹的引诱活性很强，可以根据发生害虫的种类，有选择地使用引诱剂。引诱剂具有一定的有效期，主要是因为气味挥发而丧失引诱活性，因此，需要按照引诱剂的使用说明定期更换。

表 3-2　各种与信息素结合的诱捕器推荐使用的监测场景（Mueller，2010）

害虫种类	诱捕器间距/m	诱捕器类型	诱捕器放置位置
粉斑螟、印度谷蛾、地中海粉螟、烟草螟	5～15	黏胶诱捕器（菱形、三角形、翼形、弧形）、黏胶板、漏斗诱捕器	地面、货架
麦蛾	5～15	黏胶诱捕器（菱形、三角形、弧形）	地面、货架
幕衣蛾、袋衣蛾	2～5	黏胶诱捕器（菱形、三角形、弧形）、黏胶板	地面、货架
毛皮蠹属	2～7	黏胶诱捕器（菱形、三角形、弧形）	地面、货架
烟草甲	5～15	黏胶诱捕器（菱形、三角形、弧形）、陷阱诱捕器、灯光诱捕器	地面、货架（放置高度与眼平齐）
赤拟谷盗、杂拟谷盗	2～5	黏胶诱捕器（弧形）、陷阱诱捕器	地面、货架
药材甲	5～10	黏胶诱捕器（菱形、弧形）、灯光诱捕器	地面、货架（放置高度与眼平齐）
谷象	2～5	陷阱诱捕器、探管诱捕器	地面、货架、粮面
谷蠹	5～15	黏胶诱捕器（菱形）、陷阱诱捕器、探管诱捕器、灯光诱捕器	货架、粮面、粮堆内部
米象、玉米象	2～5	陷阱诱捕器、探管诱捕器	货架、地面、粮面、粮堆内部
大眼锯谷盗、锯谷盗	2～7	陷阱诱捕器	货架、地面、粮面
小圆皮蠹	2～7	黏胶诱捕器（菱形、弧形）、灯光诱捕器	货架、地面
花斑皮蠹	5～15	黏胶诱捕器（菱形、三角形、弧形）、黏胶板、陷阱诱捕器、灯光诱捕器	地面、货架
螨类	2～3	诱虫袋	地面上，包装袋间

5. 诱捕器诱捕结果的应用　　相比于取样检查法，诱捕器能够检查到更多种类和数量的储粮害虫。当储粮害虫发生密度较低，扦样法未检查到害虫时，诱捕器已能诱捕到大量的害虫。例如，在夏季对散装稻谷中发生的害虫进行监测时，发现紫外诱杀灯可较取样筛检早近 2 个月大量检测到锈赤扁谷盗，早约 2 个月检测到较多的谷蠹。信息素诱捕器、波纹板诱捕器、

探管诱捕器可以比人工取样过筛检查早 1 个月以上发现害虫。探管诱捕比取样筛检检测到同种害虫的数量更多。

但诱捕器能诱捕到一定数量的害虫，并不意味着必须采取杀虫措施。在当前的害虫防治实践中，仍使用取样检查法获得的虫口密度指导防治时机。如果能建立诱捕器诱捕数量和虫口密度的联系，诱捕器诱捕结果就可指导防治实践。一些研究表明，探管诱捕器的害虫诱捕数量与取样筛检的结果存在一定的联系，如在粮面下 30cm 处，探管式诱捕器每 7d 诱捕嗜虫书虱的总和与取样筛检的结果相近。

诱捕器的诱捕数量易受环境因素的影响，给建立诱捕器诱捕数量和虫口密度的联系带来很大的困难，监测诱捕器诱捕量的动态变化更具有实践意义。例如，在两个相邻的监测周期内，诱捕害虫数量激增，通常意味着害虫大量发生，就需要进一步结合取样检查，明确害虫的发生动态。

四、其他检查方法

随着科学技术的不断进步，许多新技术已逐渐在储藏物害虫的检测方面得到研究和应用，并显示出一定的效果和其独特的优势。但这些新技术有些还处于试验研究阶段或应用试验阶段。

（一）声测法

储粮害虫声测法是指通过检测和分析粮堆生态系统中害虫活动的声信息以掌握害虫数量、种类、发展阶段，进而评价其对粮食危害程度等的一门综合技术。该方法的原理是把声音变成电信号，通过电子过滤器把昆虫发声的频率与环境声音的频率分开，然后进行信号放大处理，根据音程的百分比和音程数量的多少可以分辨出昆虫的种类和数量，甚至可以检测到在粮食样品内部取食的害虫。

声测法检测储粮害虫研究始于 1980 年，其面临的一个难题是将害虫发出的声音与背景噪声或粮食沉降的声音区分开来，大部分声测装置在封闭减音箱（sound-dampening box）中进行，以降低背景噪声，并待粮食沉降完全结束后再检测害虫的声音。用振动器加快粮食样品沉降速度，可缩短检测每个样品中昆虫声音的时间（Hagstrum et al.，1996）。用计算机程序尝试区分昆虫发出的声音与环境噪声，原理是检测过程中昆虫发出的声音不止一次地出现，背景噪声次数少且不规律（Shuman et al.，1993，1997）。采集昆虫运动和摄食等典型行为声音后，通过计算机系统进行放大、滤波、参数化和分类，对粮仓内的米象种群识别率达到了 100%（Potamitis et al.，2009）。粮堆中米象、赤拟谷盗、药材甲爬行刮擦的活动声信号均可以通过声音传感器被捕捉到（Mankin et al.，2010）。在实验室对粮食内部害虫声音信号进行希尔伯特变换，并在音频中剔除无关的噪声记录，从而得出可能的昆虫行为脉冲信号，检查准确率可以达到 48%～74%。当虫害密度为 1～2 头/kg 时，该系统的检测准确率可以达到 72%～100%（Eliopoulos et al.，2015）。

声检测技术主要依赖于信号的接收与分析处理，然后得出害虫活动规律，并根据特征值分析结果，声检测技术的主要发展历程见表 3-3。由于在检测过程中，声音信号常常受到外界噪声、传感器噪声等方面的干扰，无法准确地分辨出多数害虫的声音信息，声检测设备只适合在小规模的试验范围内使用，同时也无法检测粮仓中死虫的情况。目前声测法主要用于在实验室中检测粮食样品中的害虫，而在粮仓内检测粮堆中的害虫难度较大。用于储粮昆虫声音检测的设备国际上已有注册商品，如 Sonometrics 公司的 SITO DETECT。

表 3-3　声检测技术的主要发展历程（高华等，2016）

年份	发明者	主要设备	主要检测因子	分析结果
1987	Litzkow	单个传感器	声音振动	信号处理、特征分析
1988	Webb	放入消音室	幼虫的吃食时间和频率	生长率分析
1990	Litzkow	压电装置	谷物样本的振动及害虫密度	对比声音
1993	Shuman	多个压电换能器实现害虫定位	储粮害虫的数量	声音传播时间与距离成正比
1997	Hickling	传感器阵列	声音振动	信号处理、特征分析
1998	Coggins	时延人工神经网络	振幅、频谱以及声音持续时间	区分幼虫、成虫、谷物的声音以及外部噪声
2005	Rodriguez-Gobernado	声波、密度检测装置	声波和害虫密度	比较平均频率与每个窗口的总能量得到害虫密度分布
2006	Fleurat-Lessard	传感器、金属圆柱探测器、电子系统	声谱分类	不同生长阶段的声谱
2007	Pearson	分拣小麦无损粒与虫害粒的碰撞声发射系统	声信号、灵敏度	分析时域、短时窗内信号的麦粒、虫害粒的准确率以及频谱幅度

　　利用昆虫发出的超声波检测其存在也是检测害虫的一个途径。超声波与声波相比，穿透能力很弱，可减少背景噪声干扰的问题，但此方法只能对少量的粮食样品进行检测。

（二）近红外光检测法

　　近红外光（near infrared，NIR）是指介于可见光和中红外光之间的电磁波，几乎所有有机物的一些主要结构和组成都可以在它们的近红外光谱中找到信号，谱图稳定，比较容易获取，可用于定性和定量分析。近红外光检测法有"分析巨人"的美誉，该方法是基于对近红外光的吸收与反射的差异，将感染有害虫的粮粒与无虫粮粒区分开来。不同储粮害虫自身体内的C、H、N成分具有差异，经NIR扫描后，根据其反射与吸收的光谱不同来识别不同种类的害虫。

　　与传统的检测技术相比，近红外线光谱分析技术有很多优点，主要表现如下。

　　（1）速度快：近红外光谱分析技术比一般的检测法，如染色法、比重法等要快得多。其扫描速度在1次/20ms～1次/s，能在几分钟内，仅通过对被测样品完成一次近红外光谱的采集测量，即可完成其多项性能指标的测定（最多可达十余项指标），且扫描后的数据分析和保存都是自动化的，因此它可在数分钟内完成多项参数的测定，分析速度可提高上百倍，分析成本可降低数十倍。另外，在保证仪器稳定可靠的前提下，扫描速度快的优势是不仅可以迅速测量样品，还可以用多次测量的光谱累加来提高差距，以便得到更准确的结果。

　　（2）非破坏性：粮粒内害虫的检测技术大多需要破坏被检物，而近红外光谱分析技术则是一项非破坏性技术。剖粒检验要将可疑粮粒剖开检查，染色法则要用化学药品将样品染色后进行检验，这些检测方法最终都会破坏样品，而近红外光谱分析技术只需对样品进行扫描，不会对样品有任何伤害。

　　（3）安全性强：红外检测本身是探测自然界无处不在的红外辐射，所以它的检测过程对人员和设备材料都不会构成任何危害，对环境也不会造成任何污染。近红外光可以通过光纤进行远距离传输，实现远距离测量，也可以用于环境条件苛刻以及危险地方的现场测量。

（4）样品需要量少且无须预处理：很多常规检测都需要预处理，如染色法、比重法、剖粒检验等都要经过较为烦琐的预处理过程后才能进行检测，因而需要大量样品才能获得较为理想的检测效果。近红外光谱测量方式则有透射、反射和漫反射多种形式，其检测样品不需要预处理，少量样品即可达到检测目的。

20 世纪 90 年代，NIR 技术是研究热点，美国、英国、加拿大等国家都开展了 NIR 技术工作和研究，各类型 NIR 分析仪在谷物质量检测应用中发挥了作用。用 NIR 技术检测潜藏在粮食籽粒内部的害虫，鉴别寄生在小麦颗粒中的米象，识别谷物中的甲虫类昆虫，并提出这种技术有望快速自动检测其他有机物。

自动近红外反射系统（SKCS 4170）可检测单个麦粒中包含的死虫和活虫，包含象虫不同生长阶段的蛹、大幼虫、中等大小的幼虫和小幼虫，准确率分别为 94%、93%、84% 和 63%（Maghirang et al.，2003）。

近红外光谱分析技术还可用于检测粮粒内害虫是否会被天敌寄生。以包含未成熟米象的麦粒（其中部分米象被金小蜂寄生）为材料，用近红外光谱分析技术检测，识别被金小蜂寄生米象幼虫的准确率达到 90%，而识别被金小蜂寄生米象蛹的准确率则达到 100%（Baker et al.，1999）。

在小麦面粉的害虫检测中，可用的浮选法检测费时（约 2h/样本）且成本很高，NIR 系统相对很快（1min/样本）且不需要准备样本。NIR 技术也有其局限性，它不适合检测虫害水平低的粮食样本，该技术对样本的湿度比较敏感。此外，它是一种间接的方法，检测幼虫效果不理想。

（三）X 射线法

其是通过 X 射线透视检测储粮害虫的检测方法。其成像系统包括：荧光检查器、电荷耦合器件黑白照相机、黑白显示器、图像数字化器、个人计算机。人工将谷粒放在样本平台玻璃纸上，以摄取 X 射线图像，通过黑白照相机和数字化仪将图像显示在监视器上，再通过计算机处理数字图像检查虫蚀粮粒。将 X 射线用于检测小麦中米象的幼虫、蛹和成虫，可获得 97% 的准确率，对完好粮粒的识别率高达 99%，用该方法检测小麦中锈赤扁谷盗，对完好粮粒、含幼虫和成虫的粮粒进行分类，正确识别率分别为 75.3%、86.5% 和 95.7%。CT 成像技术采用多束 X 射线和相应的软件再现检测目标的横截面图像，用 CT 检测红色硬小麦样本中含有的米象蛹，通过软件迅速识别和量化虫害麦粒。每 100g 样本中含 5 个虫蚀麦粒的平均检测准确率为（94.4±7.3）%。软 X 射线检测方法可以用于检测粮食籽粒在运输过程中的受损情况，但很难区分小幼虫和虫卵晶粒致密部分，且不能检测粮粒内部的虫卵。Melvin 等（2003）设计开发的自动化粮食单层设备，可实现粮食在平台上单层传输，提高了工作效率，将更有利于 X 射线技术的应用。迄今为止，X 射线法仍处于实验室研究阶段。

（四）仓外提取检查法

储粮仓外提取检查法是在粮堆中不同位置埋设捕虫陷阱，进而利用仓外害虫采集检测系统检测粮堆不同部位害虫的发生。该系统主要由粮虫诱捕器、通道选择器、仓外检测分机、中心计算机、传输管道和通信传输电缆等组成。系统工作原理为：①依据粮仓内重要储粮害虫生活习性，利用粮堆内预置的粮虫锈捕器进行捕捉；②利用负压原理通过检测分机内真空泵，将诱捕到的害虫顺着连接通道选择器与传输管道，采集到仓外检测分机里的储虫瓶内；③通过分机里安装的红外光源虫量统计传感器对诱捕到的粮虫进行数量统计；④基于通信系统将检测结果报告给远端中心计算机，经过系统管理、软件分析形成统计报表，对粮仓中害虫发生危害状况进行综合分析。仓外害虫采集检测系统的组成见图 3-4。

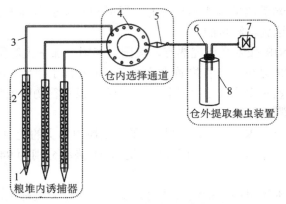

图 3-4　仓外害虫采集检测系统的组成

1. 集虫小室；2. 带吸虫导管诱捕器；3、6. 真空吸取导管；
4. 选通转换器；5. 选通器对接点；7. 真空泵；8. 仓外集虫瓶

（五）图像识别法

图像识别法根据所采集到的目标图像的不同特征进行分析归类，进而做出一些有价值的判断。图像识别法的发展主要经历了文字图像识别、数字图像处理与识别以及物体图像识别的三个主要发展阶段。一套完备的昆虫图像识别系统主要由 5 个部分组成，包括图像采集输入设备、图像预处理（彩图灰度化、二值化、归一化等）、图像特征提取、图像分类和图像匹配识别（图 3-5）。图像采集是图像识别的首要步骤，方法包括光学照相机摄像、数码照相机摄像、X 射线摄像、红外摄像和 CCD 摄像机摄像等。图像预处理中尽量不影响关键特征提取，去除非关键特征，以减少后来环节算法的复杂度和提高处理效率。背景分离是指将图像区与背景区分离，从而避免在没有有效信息的区域进行同样的特征提取运算，提高图像特征提取和匹配的精度。图像二值化是将图像从灰度图像转换为二值图像，而图像腐蚀膨胀是为了去除一些毛刺和噪点，使图像边缘平滑。图像归一化可使图像匹配识别正常、准确地进行。图像特征参数提取是指将比较突出的表示图像唯一性的特征以数值的形式表达出来，并保存于图像特征库中，而且只有找到昆虫图像决定性的特征参数，才能更准确地确定一种昆虫，降低误识别的频率，提高识别的准确率。图像分类是指将图像以一种精确的分类方法分配到不同的图像库中，这样可以大大提高图像整体查询的速度，提升昆虫图像识别的效率。图像匹配则是在上述环节的基础上，将目标图像特征与库中保存的样本图像特征进行比对，通过比较它们之间的相似程度，判断这两幅图像是否一致，从而达到图像识别的目的。

图 3-5　昆虫图像识别系统的组成（刘新新，2011）

在利用图像处理技术识别储藏物害虫方面也取得了一定的进展。对象虫、谷蠹、大谷盗和扁谷盗区分识别率可达 95%以上。利用图像处理技术检测粮堆中害虫，即利用计算机技术、机器视觉、图像处理与模式识别技术相结合实现储粮害虫检测，用带有电荷耦合器件的特殊取样装置抽取粮食样本，同时摄取图像序列，并用图像识别的方法进行在线处理，快速判断是否存在害虫及其种类和数量。该装置可与粮库现有的粮情测控计算机系统连接，序列图像可保存，供后期分析。

五、害虫密度的计算

害虫密度亦称虫口密度，根据所调查对象的特点，统计在一定取样单位内出现的数量。凡属可数性状，调查后均可折算成一定单位内的虫数或受害数。

根据国家有关规定，无论包装或散装的粮食，以及空仓、车间或器具等，均以其中虫害最严重、密度最大的部位代表整仓或整体的害虫密度。不能将各取样点的害虫密度相加取平均值。检查的结果一律以发现的活虫头数计算，包括各个虫期及隐蔽性害虫。同时应注意害虫的假死或休眠现象，死虫中若有检疫性危险害虫，应引起注意，并做好记录。

害虫密度的计算和表示如下。

1. 粮食中的害虫密度　　表示方法为：头/kg。粮食中的害虫密度＝1kg 样品中各种害虫活虫头数的总和。

2. 空仓或建筑物内的害虫密度　　表示方法为：头/m²。空仓或建筑物内的害虫密度＝1m² 面积内各种害虫活虫头数的总和。

3. 器材或工具害虫密度　　表示方法为：头/件。器材或工具害虫密度＝一件器材或工具上各种害虫活虫头数的总和。

4. 某种害虫所占的比例　　对样品中检出的害虫逐一进行分类鉴定，并分别计数，然后可用下式计算其所占百分率。

$$某种害虫的百分率 = \frac{某种害虫的头数}{各种害虫的总头数} \times 100\%$$

5. 粮食被害百分率

$$被害百分率 = \frac{虫蚀粒数}{检查粮粒总数} \times 100\%$$

6. 粮食虫蚀重量损失百分率

$$损失百分率 = \frac{完善粒千粒重 - 虫蚀粒千粒重}{完善粒千粒重} \times 100\%$$

7. 防治效果　　先根据防治试验结果，计算各处理的虫口减退率。

$$虫口减退率 = \frac{防治前平均虫量 - 防治后平均虫量}{防治前平均虫量} \times 100\%$$

害虫的数量变化不仅与具体的防治方法有关，还受自然死亡及其他因素的影响。螨类害虫繁殖速度快，施药后短期内虫量可能会发生上升，对照区虫量在繁殖后可能比防治前增加，因此调查计算防治效果时，必须与对照比较进行校正。

$$校正防效 = \frac{对照区被害率 - 防治区被害率}{对照区被害率} \times 100\%$$

第二节　储藏物害虫的监测和预测预报

　　害虫种群动态和虫口密度监测是储粮害虫防治工作的基础。及时监测害虫的发生动态，掌握害虫发生的种类、密度、分布等，准确预测害虫的发生趋势，可为防治策略的制定提供科学依据。

一、害虫的监测

　　害虫的监测是指直接运用观察检查、取样检查、诱捕检查等方法，或间接通过测定温度、二氧化碳浓度等方法，系统、准确地检查粮堆或环境内的储粮害虫发生数量，连续获取害虫种群发生动态的信息。害虫的监测为预测储粮害虫发生趋势、种群动态及潜在的危害提供基础数据，也为治理储粮害虫提供决策依据。

（一）基于人工取样的监测方法

　　当前储粮生产中多仍然采用基于人工取样检测储粮害虫监测方法。对于害虫检查，QB/T 29890—2013 粮油储藏技术规范规定粮温低于 15℃时，每月检测 1 次；粮温在 15～25℃时，15d 内至少检验 1 次；粮温高于 25℃时，7d 内至少检测 1 次；危险虫粮处理后的 3 个月内，每 7d 至少检测 1 次。

　　人工入仓取样检查害虫需要大量的人力和时间，反复入仓检查工作会影响仓内环境的稳定，增大储粮感染害虫的概率。对于无虫粮或基本无虫等级的储粮，通常例行入仓取样检查虫情也存在资源和时间上的浪费等问题。对于处于熏蒸过程和气调过程等情况的仓房，无法人工入仓扦样。

（二）基于诱捕技术的监测方法

　　将诱捕器预置于粮堆中，通过定期检查诱捕到的害虫的数量来监测害虫。目前害虫在线监测主要是基于害虫诱捕技术，但仍需要人工入仓检查诱捕害虫数量。在害虫诱捕器上配置具有害虫识别和计数功能的传感器可以实现害虫在线监测。

　　利用信息传感技术实现害虫的"在线"监测包括：①利用高清视频装置拍摄或采集诱捕到的害虫图片信息，远程传输至用户终端后，通过软件或人工识别害虫的种类和数量；②利用害虫在线识别和计数技术获取诱捕器中害虫种类和数量动态的信息，远程传输至用户终端。

　　基于害虫诱捕技术的在线监测系统涉及的主要技术有害虫诱捕、图像处理、红外光电传感、电导传感、传输、终端系统分析等技术。

　　1. 基于图像处理技术的在线监测系统　　图像处理技术具有较为广泛的应用范围，可以与探管诱捕器、波纹板诱捕器或黏胶诱捕器等组成在线监测系统。在诱捕器中装置高清摄像头，摄像头通过数据线或无线网络与用户终端连接实现在线监测（图 3-6A）。

　　也可以利用负压将粮堆内诱捕器诱捕到的害虫吸入仓外的存储器中，摄像装置对其拍照后传输至数据处理单元，随后系统分析得出害虫种类、数量（图 3-6B）。该类害虫监测系统是将仓内所诱捕到的害虫转移到仓外进行分析计数。

　　害虫监测计数技术也可应用图像识别的在线监测系统，诱捕器诱捕害虫后，CCD 相机将会定期进行拍照，随后无线传输装置将图像信息发送至系统进行分析处理。该系统的图像处理主要是基于图像二值化技术，根据二值化后的图像像素点数和试验所测的单头害虫的像素点数得出害虫数量。诱集到害虫较多形成堆积时，会影响该系统所测数量。

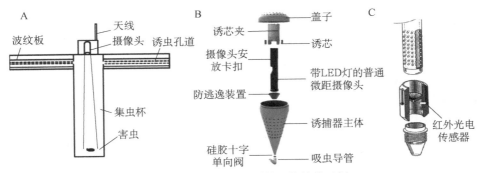

图 3-6　三种在线监测诱捕器的结构示例

A. 与摄像头结合的波纹板诱捕器；B. 与摄像头和负压气路结合的锥形诱捕器；
C. 与红外光电感应器结合的探管诱捕器

锥形诱捕器所诱捕到的害虫在诱捕器内呈锥形堆积，通过上方摄像头拍照获取害虫堆积截面的图片。经软件处理后，可得到像素点半径与截面实际半径的函数关系。根据锥形诱捕器内害虫的堆积截面的实际半径计算得出诱捕器所诱捕害虫的体积，从而实现从像素点半径到诱捕害虫体积转换。利用害虫数量与其体积间函数关系计算害虫数量。害虫数量与体积函数关系因害虫种类而异，该方法仅适用于种群发生数量较大的情况，如书虱监测。

2. 基于红外光电技术的在线监测系统　　红外光电技术通常与探管诱捕器组成在线监测系统。在探管诱捕器内安放红外光电传感器，害虫掉入探管诱捕器后经过红外光电传感器通道，使光敏三极管产生一个脉冲，此脉冲由系统转化成害虫数量进行显示（图 3-6C）。在实际应用中，粮堆内部灰尘、杂质会对该计数系统产生一定干扰。利用两组相互垂直的红外光束获得昆虫体长信息，可以除去杂质干扰，提高监测的准确率。

加拿大 OPI 公司开发的 OPI Insector 监测系统，在探管诱捕器中加入两组垂直放置的红外光电传感器，根据感受器采集信息，结合一定算法计算出昆虫体长，实现昆虫分类计数。建立害虫发生密度和 OPI Insector 监测系统结果的函数关系，输入 Stored Grain Advisor Pro 软件后，该软件可以将 OPI Insector 对锈赤扁谷盗、谷蠹和赤拟谷盗的监测结果转化为害虫发生密度。

3. 基于电容传感技术的在线监测系统　　电容计数器是通过监测电容值变化来表征害虫数量的计数系统。该装置在害虫掉入诱捕器的通路上设置了两个电极，当不同种类和数量的害虫通过时，电极两端的电容值会发生变化，这种变化被无线传输至分析中心，得出害虫数量和害虫种类。

（三）基于温度测定的监测方法

粮情测温系统在粮库储粮中已普遍应用，可以实现对粮仓温度的远程和实时监控。在操作过程中根据监测要求布点，将测温电缆埋入粮堆，测温系统获取的温度数据可以辅助用于虫情监测。当局部温度在两周内上升幅度大于 5℃时，可能出现害虫或湿度问题，应该进一步结合取样检查，明确害虫的发生动态。

当害虫发生量增加时，粮堆局部温度会升高。由于粮食是热的不良导体，害虫代谢活动释放的热量在粮堆中传递较慢，即使靠近害虫发生部位的传感器也不能及时地检测出粮温的异常。由于粮堆体积庞大，布点时可能出现监测盲区，粮温的示数有时不能及时、准确地反映粮食害虫的发生情况。

（四）基于二氧化碳浓度测定的监测方法

通过二氧化碳浓度变化来监测分析粮堆中虫霉活动变化。高水分粮中微生物活动导致二氧化碳浓度偏高，对于正常或安全水分的粮堆，微生物会处于不活动状态，一般也不会致使二氧化碳浓度偏高。在储粮质量正常、水分含量安全等情况下，相对封闭的粮堆中二氧化碳浓度异常升高的原因主要是害虫危害。

通常正常储藏的粮堆中二氧化碳的浓度多在 $400\sim500ml/m^3$，但粮堆中因霉菌活动可导致二氧化碳浓度达 $500\sim1200ml/m^3$，因害虫活动可导致二氧化碳浓度达 $1500\sim4000ml/m^3$。在高大平房仓中，当粮堆中局部因虫或霉导致二氧化碳浓度异常偏高时，二氧化碳浓度明显升高的区域通常分布在虫或霉危害点的左右及下部约 2m 范围，以及其上部约 1m 的范围。

利用二氧化碳传感器监测二氧化碳时，局部升高的二氧化碳浓度能在短时间内传到远离虫霉点的检测器部位，可以克服粮堆局部发热时，电子测温装置无法及时捕捉到的问题。尽管目前尚未能建立二氧化碳浓度与害虫发生数量的定量联系，但二氧化碳浓度监测可为虫情监测提供辅助信息。

二、害虫的预测预报

害虫的预测预报是利用实际调查取得数据，根据害虫的生态学和生物学习性，结合当地环境因素和有关的历史资料，综合分析判断害虫未来发展趋势，及时提出预警，为害虫防治提供决策依据，在实际生产过程中掌握害虫防治的主动权。

害虫的预测预报是整个害虫综合治理体系中的基础环节和重要组成，是以昆虫生物学、昆虫生态学、气象学为理论基础，以统计学和计算机等学科知识为技术手段的一项综合性应用科学。根据不同时空条件下，害虫生物学特性和环境因素之间的相互关系，揭示害虫的发生和为害趋势，是害虫综合治理的重要依据。实际应用中，及时、准确地预测害虫的发生趋势和可能产生的为害情况，能够为防治决策提供科学、可靠的依据，正确地制定防治决策，包括需要采取的防治措施、采取防治措施的时间安排、采取防治措施种类等，从而使害虫的发生情况控制在经济允许水平之下，保证储藏物的安全。

害虫预测预报的类型根据测报的内容可分为发生期预测、发生量预测、为害程度预测和分布预测。发生期预测是根据某种害虫防治对策的合理需要，预测某个关键虫期出现的时期，以确定防治的有利时期。在害虫发生期预测中，常将各个虫态的发生时期分为始见期、始盛期、高峰期、盛末期和终见期。在农业害虫预报中常用的发生时期是始盛期、高峰期和盛末期，其划分标准分别是出现对应虫期总量的 16%、50% 和 84%。害虫发生期预测常用的方法包括发育进度法、有效积温法、物候法和剖查卵巢发育进度法等。发生量预测是指预测害虫的发生数量或者发生程度，主要用于确认防治的必要性。一般而言，害虫的发生或为害程度分为 6 级，即轻、中偏轻、中、中偏重、大发生和特大发生。常见的预测方法包括有效虫口基数预测、应用形态指标预测、应用生物气候图预测和经验指数预测等。

在长期的生产实践中，储藏物管理工作者也积累了不少害虫预测的经验。使用较多的有物候预测法和有效积温法，分别是根据一年当中害虫与气候等环境条件之间的相互关系预测害虫的发生，以及在测得害虫的某一虫期或世代的有效积温后，根据储藏物环境的预测资料，对这种害虫下一虫期或世代的发生情况做出预测。害虫发生量预测方法较多，上述方法较为简单实用，适合基层使用，但预测精度较低；相关回归预测、种群系统模型等方法虽然精度较高，但方法复杂，需在经验预测和实验预测资料的基础上，用计算机进行大量计算。

随着计算机技术的高速发展，储藏物害虫预测的规模、准确性和时效性得到了提高。尤其是随着近年来国际上预测模型研究的不断进步，其相关应用也大大降低了储藏物害虫预测的难度和操作的复杂性，如在北美的"degree-day"计算机仿真预测模型，可以根据储藏环境中温度和水分等环境条件和昆虫生物学特点等相关信息，预测害虫种群发展的趋势。也有一些利用人工智能进行专家模拟，提供相应咨询建议的计算机专家系统被开发出来，如美国的"Stored Grain Advisor"专家系统可对仓储小麦的害虫防治进行策略输出，可以通过预测模型判断害虫防治最佳时期，对害虫处置方法、防治策略提供有效建议。试验表明，在实际储藏环境中"Stored Grain Advisor"专家系统提出合理建议的准确度可达到80%。相似的还有澳大利亚的"Pest Man"专家系统，可以向用户提出害虫防治方法。我国的粮食储藏条件和环境与国外有很大不同，主要是仓型、气候、粮食种类复杂，尤其是主粮谷物的储藏期特别长，储藏物害虫预测模型及相关专家系统的研究起步也较晚，模型理论研究和相关数据仍在积累过程中，未来的研究重点可能在于综合运用神经网络等模型构建策略，对实仓动态数据进行综合分析，提高害虫预测及处置系统在实际应用过程中的抗干扰能力、适用性和精准度。

思　考　题

1. 储藏物害虫检测的目的和意义是什么？
2. 常用的储藏物害虫检查方法有哪些？它们各有何特点？
3. 粮堆、空间和器材中的害虫密度如何计算和表示？
4. 什么叫虫情的预测预报？对储藏物害虫的防治有何意义？
5. 预测害虫发生的主要方法有哪些？
6. 诱捕方法与取样方法检查害虫的结果之间存在怎样的关系？

主要参考文献

高华，祝玉华，甄彤. 2016. 仓储害虫检测技术的研究现状及展望. 粮油食品科技，24（2）：93-96

刘新新. 2011. 昆虫图像智能识别技术研究. 北京：北京邮电大学硕士学位论文

马彬. 2018. 储粮书虱的在线监测技术的研究及预警模型的建立. 郑州：河南工业大学硕士论文

马彬，金志明，蒋旭初，等. 2018. 储粮害虫在线监测技术的研究进展. 粮食储藏，47（2）：27-31

施国伟，黄志宏，原锴. 2005. 害虫种群检测（监测）技术研究进展. 粮食储藏，34（1）：11-16

谭达川，李岩，谢勇辉，等. 2019. 储粮仓外害虫采集检测系统的应用研究. 粮食与饲料工业，（3）：20-23

汪中明，齐艳梅，李燕羽，等. 2014. 储粮害虫诱集技术研究进展. 粮油食品科技，22（5）：111-116

王殿轩，刘浩，杨毅，等. 2015. 3种染色剂检测大米中米象虫卵感染效果比较. 粮食与饲料工业，（4）：10-13

王殿轩，万家鹏，张浩，等. 2017. 储粮害虫在线监测及其结果的评价利用. 中国粮油学报，32（11）：112-116

王殿轩，朱建民，冀圣江，等. 2006. 温升期小麦散储中嗜虫书虱的种群动态变化. 河南工业大学学报（自然科学版），27（6）：56-60

王公勤，王殿轩，汪灵广，等. 2017. 几种表面诱捕器在仓储稻谷害虫发生初期的检测效果比较. 粮食储藏，46（1）：43-47

王平，王殿轩，苏金平，等. 2006. 紫外诱杀灯和瓦楞纸诱捕与取样筛检法检测储粮害虫比较研究. 粮食储藏，35（4）：16-19

王欠欠，邵小龙，周国磊，等. 2017. 储粮害虫飞行行为研究方法及进展. 粮食科技与经济，43（3）：63-67

郑祯，王殿轩，周晓军，等. 探管诱捕与取样筛检小麦粮堆表层储粮害虫的效果比较. 河南工业大学学报（自然科学版），38（2）：116-121

朱建民，王殿轩，冀圣江，等. 2006. 平房仓散储小麦降温期间嗜虫书虱的种群密度变化. 粮食储藏，35（2）：
　11-12，23

Baker J E，Dowell F E，Throne J E. 1999. Detection of parasitized rice weevils in wheat kernels with near-infrared
　spectroscopy. Biological Control，16（1）：88-90

Banga K S，Kotwaliwale N，Mohapatra D，et al. 2018. Techniques for insect detection in stored food grains：an
　overview. Food Control，94：167-176

Barak A V，Burkholder W E，Faustini D L. 1990. Factors affecting the design of traps for stored-product insects.
　Journal of the Kansas Entomological Society，63（4）：466-485

Barak A V. 1989. Development of a new trap to detect and monitor khapra beetle（Coleoptera：Dermestidae）. Journal
　of Economic Entomology，82：1470-1477

Cowan T，Grues G. 2009. Ultraviolet and violet light：attractive orientation cues for the Indian meal moth，*Plodia*
　interpunctella. Entomologia Experimentalis et Applicata，131（2）：148-158

Champ B R，李隆术. 1985. 储藏物害虫的分布、重要性及其经济意义. 植物医生，（1）：5-10

Eliopoulos P A，Potamitis I，Kontodimas D C，et al. 2015. Detection of adult beetles inside the stored wheat mass
　based on their acoustic emissions. Journal of Economic Entomology，108（6）：2808-2814

Flinn P W，Opit G P，Throne J E. 2009. Predicting stored grain insect population densities using an electronic probe
　trap. Journal of Economic Entomology，102（4）：1696-1704

Hagstrum D W，Flinn P W，Shuman D. 1996. Automated monitoring using acoustical sensors for insects in farm-
　stored wheat. Journal of Economic Entomology，89（1）：211-217

ISO 16002—2004. Stored Cereal Grains and Pulses-Guidance on the Detection of Infestation by Live Invertebrates
　by Trapping

Karunakaran C. 2002. Soft X-ray Inspection of Wheat Kernels to Detect Infestations by Stored Grain Insects. Ann
　Arbor：The University of Manitoba

Maghirang E B，Dowell F E，Baker J E，et al. 2003. Automated detection of single wheat kernels containing live or
　dead insects using near infrared reflectance spectroscopy. Transactions of the ASAE，46（4）：1277-1282

Mankin R W，Hodges R D，Nagle H T，et al. 2010. Acoustic indicators for targeted detection of stored product and
　urban insect pests by inexpensive infrared，acoustic，and vibrational detection of movement. Journal of Economic
　Entomology，103（5）：1636-1646

Melvin S，Karunakaran C，Jayas D S，et al. 2003. Design and development of a grain kernel singulation device.
　Canadian Biosystems Engineering，45（3）：1-3

Mohan S，Gopalan M，Sundarababu P C，et al. 1994. Practical studies on the use of light traps and bait traps in the
　management of *Rhyzopertha dominica*（F.）in rice warehouses. International Journal of Pest Management，40（2）：
　148-152

Mueller D K. 2010. Reducing Customer Complaints in Stored Products. Carmel：Beckett-Highland Publishing

Pearson T C，Brabec D L. 2007. Detection of wheat kernels with hidden insect infestations with an electrically
　conductive roller mill. Applied Engineering in Agriculture，23（5）：639-645

Potamitis I，Ganchev T，Kontodimas D. 1993. On automatic bioacoustic detection of pests：the cases of
　Rhynchophorus ferrugineus and *Sitophilus oryzae*. Journal of Economic Entomology，102（4）：1681-1690

Shuman D，Coffelt J A，Vick K W，et al. 1993. Quantitative acoustical detection of larvae feeding inside kernels
　of grain. Journal of Economic Entomology，86（3）：933-938

Shuman D，Weaver D K，Larson R G. 2005. Performance of an analytical，dual infrared-beam，stored-product insect
　monitoring system. Journal of Economic Entomology，98（5）：1723-1732

Shuman D，Weaver D K，Mankin R W. 1997. Quantifying larval infestation with an acoustical sensor array and cluster
　analysis of cross-correlation outputs. Applied Acoustics，50（4）：279-296

第四章 物理防治

本章提要：
- 温控防治
- 辐照防治
- 器械防治
- 防虫包装

物理防治（physical control）是利用物理机械和控制各种物理因素，如机械、光、热、电、温度、湿度和放射能、声波等防治害虫的措施。物理防治措施通常包括控制低温抑制害虫、冷冻杀虫、高温杀虫、干燥抑制、器械防治、防虫包装、辐照处理、光波诱杀等。

第一节 温控防治

一、温控防治的原理

（一）温度对储藏物害虫的影响

温度是影响害虫生命及活动的最主要物理环境因素。温度的变化不仅影响其生理活动、生长发育，甚至能引起死亡。各种害虫都有一定的适宜温度范围，大部分储藏物害虫通常在15～40℃可生活或存活，超出此温度范围，害虫的正常生长发育会受到影响和抑制，甚至导致死亡。不同程度的温度控制对害虫的作用效果不同，控制温度防治害虫在某些商业领域有一定应用，表4-1列举了利用高温和低温防治害虫的温度范围和典型应用。

表4-1 利用高温和低温防治害虫的温度范围和典型应用

温度程度	温度范围/℃	对害虫的影响	典型应用
0℃以下	−22～−16	迅速死亡	耐低温商品的快速杀虫
0℃附近	−1～3	数小时或数天内死亡	一些商品检疫处理或寒冷地区的冷冻杀虫
0℃以上	5～15	发育停滞，长时间会导致死亡	粮食及其他商品的低温控温储藏
适宜温度	25～33	正常发育	实验室培养试虫
适度高温	43～46	1d内死亡	热敏感商品的杀虫或检疫处理
中等高温	50～60	1h内死亡	建筑结构、食品加工设备及场所热处理杀虫
高温	≥60	1min内死亡	谷物干燥

温度对害虫影响的效果与温度变化的幅度及变化速率有关。一般来说，温度变化幅度大、速率快，如骤热和骤冷，对害虫的伤害大；温度变化幅度小、速率缓慢，对害虫的伤害小。通常，害虫对低温的适应能力要比对高温的适应能力强。低温适应能力一般是指害虫在0～5℃下的生存能力，在此温度范围内，害虫经过几周时间后可变得较为适应。

害虫暴露于长期或短期低温下的生存能力称为耐寒性或耐寒能力。在温带和寒带地区，冬季温度通常会低于冰点，在此低温环境中，害虫可以通过体液过冷却的方式来避免结冰造成的伤害。这种体液温度下降到冰点以下而不结冰的现象称为过冷却，造成害虫体液结冰的温度为过冷却点（super-cooling point）。过冷却点是反映害虫耐寒能力的重要指标。害虫的耐寒能力是其长期对寒冷条件适应的能力，如果害虫长时间处于温度较高环境中，其耐寒能力会发生变化。害虫耐寒能力的丧失要比其获得快得多，如将具有耐寒能力的谷象和锈赤扁谷盗置于30℃的环境中，其耐寒能力2～5d内就会丧失。同一种昆虫在不同环境温度下长期生存，其耐寒能力会有差异。昆虫耐寒能力及其差异可以用寒冷温度下半数致死数量LT$_{50}$值衡量。表4-2比较了5种储藏物甲虫在两种低温条件下的适应性。

表4-2　5种储藏物甲虫在两种低温条件下的适应性比较（白旭光，2008）

虫种	Burks 和 Hagstrum（1999）		Evans（1983）	
	处理温度/℃	耐寒系数*	处理温度/℃	耐寒系数*
锈赤扁谷盗	-14.0	8.7	9	10.7
锯谷盗	-9.6	2.3	9	5.3
谷蠹	-10.7	3.7	9	4.3
米象	-7.5	3.0	9	6.8
赤拟谷盗	-9.8	4.0	9	7.8

* 耐寒系数是指在同一温度处理下同种昆虫耐寒品系的LT$_{50}$与正常品系 LT$_{50}$ 之比

　　储藏物害虫一般生存于一个温度较高且相对稳定的环境中，当温度降至15℃以下时，大多数储藏物害虫将停止取食和发育。当环境温度降到一定程度后，害虫生命活动将受到抑制，甚至死亡。温控防治害虫主要有两个途径：一是采用可短时间致死害虫的高温或冷冻温度直接杀死害虫；二是控制不适宜害虫的低温，抑制其活动、生长、发育和繁殖，达到控制害虫危害的目的。

（二）高温和低温致死害虫的机理

1. 高温致死原因　　在致死高温区害虫可以在较短时间内死亡，害虫在高温下死亡的原因主要如下。

　　（1）生理代谢失调。超过适宜温度的高温可引起害虫生理代谢速率增高、呼吸加强、气门开放时间延长，从而加速虫体内水分失散，时间延长后造成其细胞在一定程度上脱水，细胞内盐浓度提高，细胞生理中毒。同时，高温下强烈的生理活动也会加速虫体内营养物质的氧化，能量过分消耗，最后导致生理代谢失调，衰竭死亡。

　　（2）体壁保水结构破坏，体内水分过分散失。水是生命新陈代谢的基础，一切生物化学反应必须在水溶液的状态下进行。昆虫体壁表层的蜡层和护蜡层构成保水结构，其主要化学成分为蜡质，在阻止虫体内水分散失上起着重要作用。高温扰乱蜡质分子定向排列的保水结构，水分可透过体壁大量蒸发，从而造成虫体严重失水。过多失水会导致虫体内细胞盐浓度增高，造成生理性盐中毒，最终导致死亡。

　　（3）蛋白质凝固，酶系遭破坏。蛋白质是虫体结构的重要组成部分，也是虫体内酶的构成物质。一切生化反应必须在酶的催化下才能进行，一定的高温条件下，虫体蛋白质会凝固，催化酶类会变性失活，细胞内代谢停止，从而导致害虫迅速死亡。例如，60℃以上的温度可使大部分蛋白质凝固变性，高温下害虫可在短时间内死亡。蛋白质的凝固温度因其含水量的不同而异，含水量高的蛋白质结构部分易凝固，凝固温度较低；含水量低的蛋白质结构部分凝固温度较高。在高温杀虫时，虫体含水量高的害虫种类和虫态的高温杀灭效果比较好。

（4）虫体内类脂物质的液化。昆虫的神经系统和细胞原生质含有程度不同的类脂化合物，如磷脂、固醇等，虫体内还含有大量的脂肪体。这些物质在高温条件下容易熔化游离，从而引起组织破坏，导致虫体死亡。

高温对细胞破坏的三个机制主要包括：①打破了细胞膜内外的离子平衡；②破坏了 DNA 和细胞蛋白质的合成机制；③酶系的变性导致新陈代谢的破坏（Hallman and Denlinger，1998）。

2. 昆虫对高温的敏感性　　昆虫是变温动物，对周围环境的温度变化较为敏感。昆虫在适宜温度范围内才能正常生存、发育和繁殖。当温度低于或高于一定的温度范围时，昆虫的生长发育会受到不利影响。极端低温和高温会导致昆虫的死亡。在一定场所，当温度高于最适宜生存和发育温度时，能够活动的幼虫、成虫会向低温的部位转移。当温度在 40℃ 以上时，大多数昆虫表现出热休克，并在长时间暴露中死亡。一般来说，储藏物昆虫暴露在 40℃ 下 24h 内可死亡，暴露在 60℃ 下 30s 内即死亡。热空气处理致死害虫的效果会因虫种的不同而异，同一个虫种的不同发育阶段，以及同一发育阶段内的不同发育期，效果也有差异。此外，升温速率会影响昆虫热致死温度，缓慢升温条件下热致死害虫的温度会升高。高温处理可直接导致昆虫死亡，一些高温处理后存活下来的昆虫在发育或繁殖方面也会出现缺陷。

1）昆虫对高温的生理反应　　高温对昆虫的致死作用取决于高温程度和暴露时间。温度越高，杀死昆虫所需的暴露时间越短。高温下昆虫表皮的蜡质层会受到破坏，造成体内水分散失，影响昆虫体内水分平衡，导致其脱水死亡。昆虫个体大小也是影响其对高温干燥环境适应能力的重要因素，通常，高温下个体小的昆虫比个体大的昆虫更容易被杀死，原因是前者的表面积与体积比（比表面积）更大。大多数储藏物害虫体型较小，其在高温环境下更容易失水。昆虫细胞磷脂膜在 47℃ 或以上时会遭到破坏，导致离子泄漏，依赖于神经膜完整性的神经系统也在这一过程中被破坏。昆虫暴露在高温下死亡还由于其神经系统的不稳定导致体内平衡物质的能力丧失。

当暴露在 43~45℃ 时，高温会导致昆虫在细胞水平上一系列的异常，包括昆虫血液 pH 和离子浓度降低、蛋白质和核酸变性、主要糖酵解酶失去活性、酶的底物结合受到影响、脂类和碳水化合物发生变化、细胞的大分子结构和功能遭到破坏、细胞质膜受到损伤等。温度越高，昆虫死亡越快。

2）高温对昆虫发育和繁殖的影响　　温度的变化影响昆虫内分泌系统，进而影响昆虫的生长发育。赤拟谷盗 1~3 龄的幼虫暴露于 45℃ 环境 24~72h，其正常发育为成虫的过程会受到抑制。在一个温度不超过 50℃ 的面粉厂热空气处理过程中，黄粉虫（*Tenebrio molitor*）、杂拟谷盗（*Tribolium confusum*）和地中海粉螟（*Ephestia kuehniella*）存活了下来，但它们的生长和发育却推迟了许多天。将赤拟谷盗蛹暴露在 50℃ 环境下 60min，其羽化出的成虫翅膀不完整，且腹部出现未硬化的斑块。与正常饲养的对照昆虫相比，赤拟谷盗经 42℃ 短期处理后，其各个虫态发育历期显著延长（Mahroof et al.，2003）。

与其他大多数生理功能相比，生殖功能更容易受到极端温度的不利影响。大多数昆虫在温度升高时其内分泌系统会受到影响，高温会阻止生殖细胞的成熟，还会抑制卵黄蛋白在卵中的沉积。极端温度可通过破坏成熟卵细胞、初级和次级卵母细胞或损伤卵巢小管而影响产卵。关于高温对储藏物害虫生殖的不利影响已有许多报道，已有报道的昆虫包括赤拟谷盗（*Tribolium castaneum*）、谷斑皮蠹（*Trogoderma granarium*）、谷蠹（*Rhizopertha dominica*）、四纹豆象（*Callosobruchus maculatus*）、绿豆象（*C. chinensis*）、粉斑螟蛾（*Ephestia cautella*）

等。暴露在亚致死温度下可降低赤拟谷盗的繁殖力、卵发育到成虫的存活率和成虫后代的产卵量。

3）高温对热激蛋白的影响 热激蛋白（heat shock protein，HSP）是生物体应对热、缺氧、低温、紫外线、乙醇、重金属离子、饥饿等因子影响时，体内迅速合成的一类新蛋白质或含量增加的蛋白质，也称为热休克蛋白。热激蛋白广泛存在于原核和真核生物中，是迄今为止发现的最保守的蛋白质之一。热激蛋白通常也被称为分子伴侣，能够参与调控、维持生物细胞内多种蛋白质的构象和功能。

热激蛋白种类繁多，根据其分子质量的不同可以将热激蛋白分为 HSP90s、HSP70s、HSP60s 和 smHSPs（small HSPs）。HSP90s 参与必需的生物细胞过程和调节途径，如细胞凋亡、细胞周期控制、细胞活力、蛋白质折叠和降解以及信号转导等。HSP90s 通过激活抗原提呈细胞和树突细胞来启动适应性免疫，在蛋白质稳态、细胞分化和发育中起到了重要作用。HSP70s 可以帮助新生肽链正确折叠并协助蛋白质在细胞间转运。HSP70s 在细胞内起到分子伴侣、促进细胞增殖、参与细胞骨架形成、调节酶活性、调节细胞功能等作用。HSP60s 产生于细胞核中，通过细胞核后，被运输到线粒体内参与线粒体中的反应。HSP60s 广泛参与先天性免疫和细胞凋亡过程。smHSPs 则广泛存在于植物中，当细胞受到外界刺激后，部分变性的蛋白质与 smHSPs 的寡聚体结合形成 smHSPs-底物复合物，避免其发生不可逆的变性。

昆虫耐热性的增强是通过合成大量热激蛋白来实现的。昆虫感受到热刺激时，细胞内蛋白质肽链伸展，分子空间结构发生变化，丧失原有功能。此时 HSP70s 含量显著增加，保持新合成蛋白质分子的恰当构型，使蛋白质处于一种有利的折叠状态，伴随蛋白质分子在昆虫细胞内转运，以维持细胞的生存和功能，从而提高昆虫耐热性。例如，热刺激果蝇会导致其体内的 HSP70s 基因显著上调表达，同时果蝇的耐热性也会增强。赤拟谷盗中 HSP70s 的表达量与发育阶段、高温暴露温度和时间相关，其虫体经历 36°C 和 42°C 的几个小时热短期处理后，体内编码热激蛋白的基因显著上调，其耐热性也显著增强（Mahroof et al.，2005）。

3. 低温致死的原因 低温对害虫的伤害可分为寒冷伤害和冰冻伤害。寒冷伤害是指在害虫的体液冰点以上的低温对害虫的伤害；冰冻伤害是指在害虫的体液冰点以下的低温对害虫的伤害。多数储藏物害虫的体液冰点温度在 -10°C 以下。

低温致死害虫的原因一般认为有以下 4 个方面。

（1）新陈代谢受阻。害虫在长时间的冷昏迷状态下不再取食，体内储藏的营养物质逐渐被消耗减少，代谢水增多，抗寒能力随之下降，最终会引起新陈代谢的停止而导致死亡。

（2）酶活性受到抑制。害虫体内酶的活性会因低温而受到抑制和破坏，细胞的生理生化活动也会随着酶活力的降低而减缓或中断，最终导致虫体生理机能丧失而死亡。

（3）细胞膜的机械损伤。害虫在低于体液冰点的温度下，体液会结冰，冰晶会使细胞膜遭机械损伤而破坏，特别是细胞膜渗透性的损害更为严重。

（4）细胞原生质脱水。在低温条件下，细胞间游离水的结冰改变了膜内外的渗透压，细胞膜内的水分渗出膜外，致使细胞原生质脱水，盐浓度增加，最终使细胞的正常代谢失调，导致虫体死亡。

从以上 4 个致死因素来看，前两个是寒冷伤害致死的主要原因；后两个是冷冻伤害致死的主要原因。当然，各个致死因素之间并不是孤立的，在许多情况下，可能有多个因素共同起作用。

二、热处理杀虫

热处理（heat treatment）杀虫，如曝晒杀虫、趁热密闭入仓、套囤保温杀虫、干热空气杀虫、湿热蒸汽杀虫等均曾被用于或正在用于储藏物的杀虫处理，有的甚至还有较长的应用历史。我国小麦收获后曝晒杀虫、豌豆趁热入仓套囤保温杀虫等早有应用。美国俄亥俄州第一次使用热空气处理一家面粉厂来防治害虫（Oosthuizen，1935），后来提供了工厂使用高效热空气处理的相关温度数据（Dean，1913），热空气在食品加工企业防治害虫时得到推广使用。在加工厂热处理前期的技术应用中，高温对木制地板设备和生产线会造成不良影响，处理中达到杀虫温度和保持目标温度都有一定困难，一些情况下出现杀虫彻底性不够等问题，后来多被氰化氢、氯化苦和溴甲烷等熏蒸杀虫处理取代。

化学杀虫剂的使用导致很多储藏物害虫产生了较强的抗药性，化学防治效果降低甚至防治失败，化学杀虫剂引起的环境问题受到人们高度关注，尤其随着溴甲烷在害虫防治行业的淘汰使用，又促使人们采用高温控温的热空气处理技术防治储藏害虫。目前，热空气处理杀虫技术在北美、欧洲和澳大利亚的面粉厂和食品加工厂应用广泛。除了空间及设施设备采用热空气处理杀虫外，热空气处理还被用于杀灭干果、坚果、水果和蔬菜等易腐商品中的害虫。

（一）湿热空气杀虫

湿热空气杀虫以前在我国已有应用，通常用于处理仓储工具和包装器材，如麻袋、面袋、箩筐、铺垫物、芦席等，但不能用来处理虫粮。热蒸汽杀虫采用双轨式的蒸汽室较好，先用火将锅炉内的水烧到沸腾，在密封条件下使高温蒸汽充满全室，待蒸汽室的温度升至80℃时，将被处理的物品推入室内，保持15～20min即可达到100%的杀虫效果。凡经蒸汽室处理的器材，应随即摊开在清洁无虫的环境中晾晒，然后才能使用。

（二）热空气杀虫

与熏蒸杀虫相比，热空气杀虫处理更适用于整个工厂或局部区域，在进行热空气处理时不需要对整个设施设备进行严格密封。热空气杀虫处理的局限性主要是热空气处理的设备和保温处理成本较高和大空间处理时热量分布不易均匀。在对大型加工厂、多层结构建筑物等进行热空气杀虫处理前，需要对粉尘堆积层、空隙、死角等害虫易于藏匿场所部位进行大量的清洁卫生工作。在进行热空气杀虫处理前，应将加工产品和物料从设备尤其是管路、易于积存处移出，以防止害虫在其中藏匿或减少热空气处理的强度。加热温度过高可能会对面粉厂中的塑料和木材制品、输送皮带和轴承等造成损坏，加热也可能会影响建筑物结构，如木质构件的完整性，过高温度也可能导致电子设备损坏。因此，在进行热空气处理时应避免温度过高，并提前对电子设备加以妥善保护或转移到其他安全地方。

近年来，热空气处理杀虫技术在欧洲、澳大利亚、美国、加拿大等地随着配套技术的提高而得到广泛应用。一般利用固定式或移动式的加热器产生高温气体，经风机输入处理环境中，使处理空间环境温度达到50～60℃，并维持一定的时间，达到杀虫的目的。该方法主要用于空仓杀虫、食品加工车间及设备的杀虫。在热空气处理杀虫中可用加热的方法包括蒸汽加热、电加热和燃气加热等。在处理环境中设置风机或通风管道，帮助热空气循环以加速其均匀分布。

蒸汽加热使用的加热器有固定式加热器和移动式加热器两种类型。许多食品加工厂通常配备有固定式加热锅炉（图4-1）或移动式加热锅炉（图4-2）用于生产，这些蒸汽加热锅炉可以作为加热器，提供热空气处理杀虫过程中的热源。另外，一些食品加工厂配有固定式蒸汽加热器（图4-3）或移动式蒸汽加热器（图4-4）来提供足够的热量进行热空气处理杀虫。蒸汽加热需要通过专用管道或者软管将热蒸汽输送到需要进行杀虫处理的空间。蒸汽用于热空气处理杀虫过程中成本较低，但由于其杀虫处理需要时间较长，特别是固定式蒸汽加热器需要占据一定生产空间，在实践中使用较少。

（彩图）　图 4-1　固定式加热锅炉　　　　　　（彩图）　　图 4-2　移动式加热锅炉

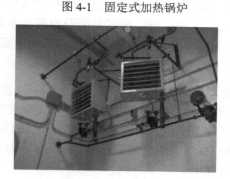

图 4-3　固定式蒸汽加热器　　　　　（彩图）　图 4-4　移动式蒸汽加热器

燃气加热器（图 4-5）是热空气处理杀虫处理中较常用的加热方式。燃气加热器将加热后的空气输送到需要进行杀虫处理的场所空间，热空气处理场所空间内的空气每小时交换 4～6 次。这种加热方式一般使用天然气或丙烷作为燃料，加热效率高，使用成本适中，在热空气处理杀虫实践中使用较多。

（彩图）

图 4-5　燃气加热器

燃气加热能够使热量到达建筑物空间和加工设备的缝隙，比电加热器或蒸汽加热器穿透性好。燃气加热器通常以天然气或者丙烷为燃料，燃料燃烧产生热量杀死害虫。燃烧过程中会有明火，燃气加热器通常被放置在设施外，通过特制尼龙管道将热力输送到被加热处理的空间内。

电加热器（图 4-6）使用成本较高，一般在小规模试验中使用。当使用电或蒸汽加热器时，被处理空间的空气每小时交换 1～2 次。

（彩图）

图 4-6　电加热器

　　加工厂热处理时温度在处理空间内水平和垂直分布会不均匀，保证加热环境各部位温度有效并保持一定时间是完全杀虫的关键。良好的空气循环可以使热量在环境中分布均匀，消除低于杀虫温度的区域，并避免局部过热造成的损害。一般在处理空间内不同位置、不同楼层合理摆放风扇，促进空气循环，使空间热量均匀分布。在热空气处理期间，应根据实际温度分布情况移动风扇，促使热空气都在 50℃ 以上。

　　热处理的有效性取决于处理区域是否达到设定致死害虫的温度（50～60℃）并保持足够的时间。被处理设施空间内部温度分布不均匀还会造成某些部位过热或加热不足。过热可能会损坏设施内部热敏设备，加热不足可能导致昆虫在处理后仍然存活。如果没有适当的加热能力和空气循环，地板、房间角落和地板墙壁连接处附近是难以达到致死温度的。空气流动不好，加热器和热力输送管道摆放不佳，门窗、地板、屋顶通风口密封不严会造成热量损失，并可导致热量分布不均匀。在热处理中，昆虫倾向从温度较高的地区迁移到温度较低的地区以避免过度失水而死亡。在热空气处理过程中，应定期监测处理空间不同位置的温度，并采取措施加以调整。通过使用辅助加热器、风扇，合理地将热量从温度较高部位分配到温度较低部位是热处理成功的关键。昆虫暴露在逐渐升高的环境温度下，不同发育阶段的昆虫对逐渐升高温度的适应能力差异可能影响其高温敏感性。

　　热处理过程中实时监测并保证不同位置的温度达到 50～60℃ 是成功杀虫的关键，应每小时或在更短的时间间隔测量记录环境温度数据，或每隔一个小时用手持式温度计测量空间环境内每一个角落的温度，使其都达到 50℃，保持这个温度至少 24h。在对必要部位进行温度监测的同时，一般预设虫笼和在处理后使用诱捕器来检验最终杀虫效果，多数储藏物害虫在 50℃ 左右的环境中短时间内便可被彻底杀死。环境相对湿度是影响热空气处理杀虫效果的重要因素，如赤拟谷盗在 48～49℃ 和相对湿度 75%～76% 的条件下，经处理 15min 后的死亡率为 10%，20min 后的死亡率为 30%；在相同温度，26%～27% 的相对湿度的条件下，经处理 15min 后便可达到 100% 的死亡率。

（三）日光曝晒杀虫

　　对于夏天收获的粮食和农产品进行日光曝晒不仅可以降低其中的水分，集聚的一定程度的高温还可以杀死其中的害虫。日光曝晒特别适合农村夏收后粮食入仓前的处理。

　　日光曝晒一般选择在夏季晴朗、无风的天气进行。曝晒时将粮食摊开，厚度以 10cm 为宜，使粮温达到 45～50℃，并保持 4～6h，可获得较好的杀虫效果。

　　影响日光曝晒杀虫效果的因素很多，如日照强度和时间、摊晒方式、晒场环境、粮食厚度及含水量等。在曝晒前需要选择平整、干洁晒场，曝晒过程中要勤翻动粮食，防止畜禽、鼠类、鸟类等窜入。可在晒场四周 1m 周边设置防虫线以防止害虫感染，也可防止从粮食内逃出的害虫向外感染。

　　曝晒杀虫适用于大部分原粮和其他储藏物，对于成品粮和脂肪含量较高的储藏物，如大米、花生仁、动物性药材等不宜采用此法。对于耐热的粮食可以在日光曝晒的基础上趁热入仓，继续保持粮食的杀虫温度以提高杀虫效果。例如，新收获小麦采用热入仓处理可促进杀虫和小麦后熟，豌豆套囤保温有利于杀死其中的豌豆象。

（四）烘干杀虫

　　烘干杀虫利用烘干设备产生干热空气，处理已感染害虫的高水分粮食，达到既降低粮食水分又杀死害虫的目的。

　　烘干主要用于处理高水分原粮和高水分虫粮，成品粮和种用粮不宜采用烘干杀虫的方法。目前较常用的烘干设备主要是烘干塔，还有少数情况下使用滚筒式烘干机、流化斜槽烘干机等。

　　粮食的烘干处理应不影响粮食的品质，同时又能降低粮食水分和杀死害虫。要严格将被烘干设备处理后粮食的出口粮温控制在 50～55℃，不得超过 60℃；被处理的粮食在烘干过程中与热空气接触的时间不宜超过 1h，一般多在 30～50min 完成；烘干机内的热空气处理温度应保持在 80～110℃，不得超过 120℃。烘干塔内热空气处理的温度可适当提高，一般在150～160℃，不得超过 180℃。只有确保上述烘干条件的正确实施，才可达到既降低粮食水分又杀灭害虫的目的。

（五）沸水杀虫

　　沸水浸烫可以杀灭隐藏在豆粒内部的豆象害虫，此方法主要适用于小批量的豌豆、蚕豆和绿豆。

　　方法是首先把蚕虫、豌虫放于箩筐中，待锅中的水温达到 90～100℃后，连同箩筐一起置于开水中浸烫，并且不停地搅动豆粒，使其受热均匀，经过 25～30s，立即提出箩筐，浸入冷水中降温，然后摊开晾干。处理绿豆时应适当缩短处理时间。

　　正确掌握操作时间，才能既把豆粒内隐蔽害虫杀死，又保持豆的品质。在开水中浸烫的时间不能太长，否则会影响豆粒的品质，如发芽率等。浸烫时间也不能太短，太短不易杀死豆粒内的害虫。浸烫过的豆子不能立即曝晒，否则会出现豆子皱皮现象而影响品质。每次处理的数量不宜过多，一般每筐在 10～15kg 为宜。

　　沸水浸烫法主要用于处理食用的豆类。处理种用豆子时，其含水量不能太高。例如，蚕豆的含水量在 14% 以内时，浸烫后发芽率不受影响；含水量在 15%～16% 时，发芽率降至 40%左右；含水量在 16% 以上时，发芽率仅有 13% 左右。因此，高水分种豆应先经晒干处理后再进行浸烫。

（六）高频和微波加热杀虫

　　利用高频加热灭虫的研究最早见于 1950 年。大部分国家采用高电场强度（500V/cm）和超高频加热。我国在 1975 年对高频和微波加热设备进行机体选型试制以及口岸旅检杀虫试验，初步证明这两种电子设备在口岸旅客行李、邮件杀虫处理上，都具有快速（60～90s）、安全、简便、对处理后的粮食食用品质无影响（粮食处理后的色、香、味无变化）等优点，适合口岸检疫的小批量物品灭虫处理。

高频加热和微波加热同属于电磁场加热，加热对象都是电介质。电介质中的极化分子正、负电量相等，带的总电量呈中性。但正、负电量的重心位置不重合，分子的分布紊乱而不均匀对称。当介质在外电场作用下被反复极化时，其产生的偶极子也随外电场的变化发生取向变化，由外电场做功转化成"位能"，产生分子间的相对运动。带正电一端趋向负极，带负电一端趋向正极，在杂乱的运动中形成一个比较整齐有序的排列。偶极子随着外电场方向的交替变化不断振荡，其振荡频率每秒近 50 亿次。外电场的变化频率越高，偶极子的运动也就越剧烈。分子不停地运动，克服分子间力做功，以"热"的形式表现出来。

粮食与昆虫均属电介质，当它们同处于电场中时，两者都因本身的上述分子运动迅速而自身加热。害虫体内细胞的内容物和结构以及神经系统的胆固醇，可因迅速加热和剧烈振荡而被破坏，最后导致死亡。一般介质含水量越大，害虫死亡越快。

高频加热和微波加热虽然都是一种介质加热，其作用相同，但两者仍有所区别，两者的主要区别可见表 4-3。

表 4-3　高频加热和微波加热的区别

项目	高频加热	微波加热
工作频率	1～150MHz	0.3～300GHz
波长	2～300m，常用于较大而厚的介质	1m 以下，常用于小而薄的介质
振荡源	三极管	频段低端用三极管，高端用微波管、磁控管、调速管或泊管等
导线	一般导线	统轴线、矩形波导、圆波导等封闭传输线
加热方法	将被加热介质夹在两块平行电极板之间	隧道式加热或腔体式加热
电场	平行电极板间的电荷，在介质中产生静态电场或准静态电场	电场属于辐射性，随时间和距离而变化

高频和微波加热时电磁场的能量分布是不均匀的，导致被处理物各部位的温度有所差异，一般差异在 8～25℃。在处理中保证物品各部位温度都达到害虫致死温度是保证杀虫效果的重要环节。对大批量的物品应分批处理，尽量保持温度均匀。高频加热不能使物品在极板间高低差异过于悬殊，以避免局部过热现象。布质、纸质、木质、人造纤维、有机玻璃等包装物，可进行高频加热和微波加热处理。在高频加热和微波加热处理中，物品中不能带有金属物。

不同粮食品种升温速度不同，一般为豆类＞谷物＞油料，应据此相应增减处理时间。同时要根据室温和粮食处理前温度的不同，相应增减处理时间。处理时间应随粮食数量的多少而相应增减。

目前基于高频和微波研发的、用于粮食和图书档案等储藏物杀虫处理设备的一次性处理量均较小，尚不能大规模应用于大批量粮食等储藏物的杀虫处理。例如，GPb-J4 型高频加热器，振荡频率为 40MHz，振荡功率大于 6kW，可处理小麦、大米、赤豆、绿豆、眉豆、黑豆、花生仁、花生果、芝麻、薯干等粮食，布袋、纸包、塑料等包装材料，以及土壤。每次粮食的处理量为 0.5～7kg。以 2kg 左右粮食为例，一般处理 60～90s，当粮食各部位（特别是表面）最低温度达到 60℃或略高于 60℃时，能 100%杀死四纹豆象成虫和卵、谷斑皮蠹幼虫、花斑皮蠹成虫和卵及幼虫、赤拟谷盗成虫和幼虫、玉米象成虫、米蛾卵。用输出功率 3.8～4.8kW

的一种箱式微波加热器，处理谷物、豆类、油料约 2kg，处理时间 60～90s，粮食各部位的温度不低于 65℃，能 100%杀死谷斑皮蠹、花斑皮蠹、四纹豆象、咖啡豆象、玉米象、烟草甲、药材甲、露尾甲、白腹皮蠹、黑菌虫等储藏物害虫。

2008 年，北美已有商业公司推出隧道式射频杀虫设备开始进入我国市场。粮食经高频和微波处理后可能会影响其发芽率，有时甚至失去种用价值。例如，以高频加热，处理 60s，粮温 66～67℃时，赤小豆的发芽率降低 23.3%～52.7%。以微波加热，处理后的粮温平均为 64℃时，绿豆的发芽率降低 5%、黑豆发芽率降低 39%；粮温平均为 70℃时，绿豆的发芽率降低 29%、黑豆的发芽率降低 52%。用高频和微波处理种用粮食时，应慎重选择和使用该类技术。

三、低温防治技术

（一）仓外薄摊冷冻杀虫

在北方寒冷地区，到了冬季，外界温度非常低，可利用自然冷空气冷冻杀虫。其冷冻是将虫粮薄摊在仓外的场地上进行冷冻以达到杀虫的目的。

仓外薄摊冷冻杀虫时，先准备好一定面积的场地和防露、霜、雪等的覆盖物及必要的工具，选择晴朗、干燥的寒冷夜晚。在傍晚前后，将虫粮出库薄摊在场地上进行冷冻。一般摊开的粮层厚度在 7～10cm 为宜，气温最好在-5℃以下，可连续冷冻 2～3d。在冷冻过程中要适时进行翻动，以使粮食温度一致，增强杀虫效果，一般每夜翻动粮食 3～5 次。如遇到霜、雪等不良因素，应及时做好苫盖工作，防止粮食吸潮结露。

冷冻好的粮食可趁冷入库密闭储藏，即延长低温时间，提高杀虫效果。有条件的地方，可结合清杂将冷冻过的粮食过风、过筛，除去冻死和冻僵的虫体，并及时将这些杂质烧掉或挖坑埋掉。

根据有关试验得知：冷冻温度在-4～-2℃时，冷冻时间在 7～8h，杀虫效果较差；在-8℃时，冷冻 7～8h，可杀死 60%的害虫，若继续密闭 15～30d，可将粮粒内、外的米象、麦蛾等全部杀死。

冷冻杀虫效果还与粮食的含水量有关，对于不同含水量粮食，彻底杀死多数储粮害虫所需的温度和冷冻时间可参考表 4-4。

表 4-4 冷冻杀虫所需时间（d）

粮食水分	粮堆温度		
	0℃	-5℃	-10℃以下
11%	32	20	10
14%	60	33	15
18%	110	75	32

（二）仓内冷冻法防治

在寒冷季节里，当环境温度低于粮温和仓温时，可将仓库门窗打开，使干燥的冷空气在仓内进行对流，自然降温。为了扩大冷却面，可将粮面耙成波浪形，并及时翻动粮食，使其上下均匀冷却。对于有些仓房也可利用通风系统将外界冷空气引入粮堆，达到冷冻温度并保持一定时间杀死害虫。

根据仓房和粮堆的实际情况，也可采用内外结合的杀虫方法，即把仓外薄摊冷冻和就仓自然降温相结合。可将一部分粮食运出仓外薄摊冷冻，另一部分留于仓内进行自然通风降温，当仓内外粮温基本一致时再混合密闭储藏。

低温冷冻杀虫不仅要达到杀虫效果，也要注意保护粮食品质。在实际工作中应注意以下几个问题。

冷冻杀虫要选择寒冷干燥的天气，平均气温要低于0℃。

种用粮水分在20%左右时，不宜在-2℃以下冷冻；水分在18%～19%时，不宜在-5℃以下冷冻；水分在17%时，不宜在-8℃以下冷冻。

冷冻原粮的含水量不宜过高，否则将会影响粮食的工艺品质。一般要求：粳稻水分在16%以下；籼稻、大米、大豆的水分应在15%以下；大麦、小麦、元麦、杂粮等的水分则应在13%左右。

除一些不宜受冻的物品外（如塑料薄膜），其他仓储用品、包装器材等均可采用冷冻杀虫的方法。

另外，如果在寒冷季节而粮温较高的情况下，可通过倒仓降低粮温以抑制害虫的为害。当粮食通过输送机械从甲仓转入乙仓，或通过输送机械同仓翻倒时，粮食会被冷却。粮温与气温的温差越大、转送距离越远，降温效果就越好。

（三）机械通风降温

目前，在较大型的粮食储备库中大多都配备有较完善的机械通风系统。通风系统通常由通风机和仓内的通风管道两部分组成。通风系统的作用是通过风机的运转，将仓外的冷空气吹入仓内（压入式通风），或将仓内的热空气吸出仓外（吸出式通风），从而达到降低粮温或降低粮食水分的目的。

通风降温一般在较寒冷的秋、冬季节进行。通风后可使粮温大幅度地降低，虽然在多数情况下降低后的粮温不足以彻底杀死害虫，但可抑制害虫的活动和为害。如果再做好仓房的隔热保温工作，便可较长时间地保持较低的粮温，降低害虫在春、夏季的为害。

降温通风必须在合适的仓内和仓外温湿度条件下才能进行，如在通风开始时，大气温度应比平均粮温低8℃或更低；在通风过程中，大气温度应比平均粮温低4℃或更低。

（四）机械制冷降温

机械制冷是利用制冷设备产生的冷气降低粮温，可将粮温控制在较低水平，从而抑制害虫的生长发育和繁殖，大大降低了虫害的发生和危害，有效地保护粮食的食用及种用品质。机械制冷的使用不受季节和环境温度的限制，通常在温度较高的不具备机械通风的环境条件的春夏季使用。

目前用于粮食冷却的制冷设备主要有制冷机、空调器和谷物冷却机三种类型。

制冷机通常是固定安装在仓房上的整套制冷设备，一般由压缩机、冷凝器、膨胀阀和蒸发器等组成，并由管道连接成一个封闭系统。制冷机在消耗一定的外部能源的条件下，利用制冷剂物态的变化，将储藏环境内的热量传送到仓外，从而使仓内的温度降低。粮堆内部温度的下降仍主要靠热传导的方式进行。在此过程中，要降低整个粮堆的温度，需要较长的时间。对于整仓散装的大型粮堆制冷降温，降温速度较慢，降温时间较长。

空调器的工作原理与制冷机相似，但它的体积较小，安装使用较为灵活。目前市场出现多款储粮专用空调，我国许多大型粮食储备库的仓房安装空调实施低温储粮，实现全储藏周期低温（或准低温）储粮（如四川、重庆等地），或者通过空调降低每年高温季节的储粮环境温度（如东北三省等北方地区），使其处于低温或准低温状态。

　　谷物冷却机为储粮降温制冷设备（图4-7），可以灵活移动，也可多仓共用。谷物冷却机制冷原理与一般制冷机相似，增加了控制输出冷气湿度的功能，并配置了大功率的风机，风机的风量和风压足以使输出的冷气穿过高深的散装粮堆。因此，谷物冷却机降温不受季节和环境温湿度条件的影响，几乎可以全天候工作。

　　谷物冷却机的一般工作过程是将一定相对湿度的冷气通过仓房底部的通风管道吹入仓内，将粮堆内的热空气处理置换掉，同时使粮食的温度降低。粮堆内的热空气则经由仓房上部的窗口或通风口排出仓外。由于谷物冷却机的降温过程主要是靠对流作用（粮粒内部温度的降低还要靠传导），因此它的降温效率要比一般的制冷机高。谷物冷却机必须与设计合理、通风均匀的风道系统配合使用，对于没有通风道的仓房，应配置相应的导风管道。谷物冷却机广泛适用于仓底配有风道系统的平房仓、浅圆仓和立筒仓散装粮堆的制冷降温。

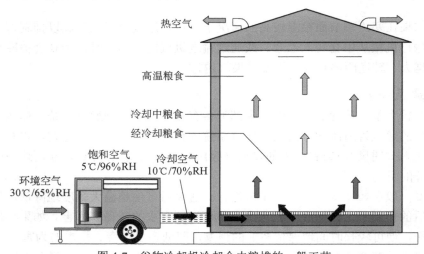

图4-7　谷物冷却机冷却仓内粮堆的一般工艺

RH 为相对湿度

　　机械制冷设备耗能通常比较大，实际使用中需要注意控制合理的运行条件、配套工艺和控冷保温。使用机械制冷降温的仓房，最重要的是加强其保温性能，以更长时间地保持仓内的低温，充分发挥机械制冷的效能。

　　近些年发展起来的利用低温储粮防虫的技术包括利用浅层地能低温降温和太阳能降温。浅层地能低温降温是利用江河中下层或浅层地表低温水源作为冷却介质，将空气经水冷系统冷却后送入粮堆或粮仓内的降温方法。浅层地能低温降温系统由浅层地能采集系统、能量转化系统、冷媒循环系统和仓内通风系统4个部分组成（图4-8）。

　　利用太阳能降低粮温的原理是采用平板或真空管集热器采集太阳的辐射能，加热水箱中的水，热水进入吸附制冷机组，使制冷剂受热从吸附剂中解吸出来，导致吸附床内压力升高，解吸出来的制冷剂进入冷凝器，经冷却介质冷却后凝结为液态，进入蒸发器减压蒸发，制冷剂蒸发的同时吸收周围的热量，降低周围的空气温度，然后用风机将冷气送至粮仓的上层空间。低温气态的制冷剂被送回吸附床中被吸附剂再次吸附，进入下一轮的制冷循环，达到降低粮温的目的（图4-9）。

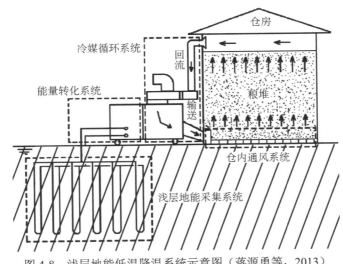

图4-8 浅层地能低温降温系统示意图（蒋源勇等，2013）

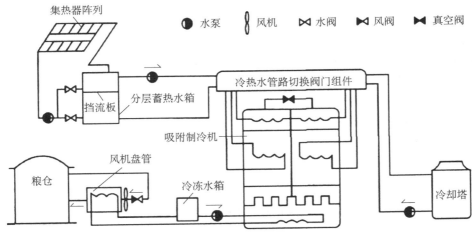

图4-9 太阳能吸附式降低粮温示意图（徐德林和欧朝东，2010）

第二节 器械防治

器械防治也叫机械防治，是指利用人力或动力机械设备使害虫与粮食分开，或在机械运动过程中使害虫因摩擦、撞击而损伤或致死的一项防治技术。

一、风扬和风车除虫

风扬和风车都是利用气流的作用，使害虫与粮粒分离的除虫技术。由于许多害虫与粮食籽粒在比重和形状上存在着差异，在风力的作用下，轻于粮粒的害虫和杂质被气流吹落到远处，而较重的粮粒落在近处，从而达到分离除去害虫的目的。

一般人工新收获后的粮食都要经过风扬，其目的主要是清除粮食中的杂质，对于感染害虫的粮食也可起到除虫的作用。传统的风扬方法是使用人力，选择风力合适的天气，一锨一锨地将粮食抛撒向空中，在粮食坠落的过程中，害虫、杂质与粮食分离。近年来，电动扬场机被广泛应用，不仅节省人力，而且大大提高了工作效率。电动扬场机抛粮的高度较高，且可以连续抛撒，除虫效果也比较好。当害虫从高空下落与粮食产生撞击后，也有助于促使害虫死亡。

风车也是常用的一种清除虫、杂的设备，在我国的南方使用比较普遍。风车与风扬的区别在于，其风力是由风车叶轮的转动产生的，而不是借助于自然风力。风车的使用比较灵活，受环境的影响小，即使在无风的天气照样可以工作。风车风力的大小取决于叶轮的转速，过大或过小的气流都会影响除虫效果。一般以 110r/min 左右为宜。粮食流量与粮层厚度也会影响除虫效果，粮食在风车内的流量要适当，使风力尽可能作用到所有的粮粒与虫体、杂质。粮食的流量可通过调节风车控制器的坡度来掌握。

经风扬或风车清除出的虫体、杂质要及时收集、埋掉或烧掉，以免害虫扩散。

风扬和风车除虫虽然有使用简便、安全等优点，但仅适用于小批量的粮食。风扬和风车不能保证彻底除虫，特别是对粮粒内部的害虫难以奏效。

二、过筛除虫

过筛除虫是利用害虫与粮粒大小的差别及害虫本身对刺激的反应特性（如假死性），通过合适的筛孔将粮食与虫体、杂质分离。

一般在粮食入库前，都要过筛清除粮食中的虫体、杂质，以利于安全储粮。筛子的种类很多，如圆吊筛、双人抬平筛、多层溜筛和电力振动筛等。无论采用何种形式的筛子，选择大小和形状合适的筛孔（表 4-5）是达到除虫效果的关键。筛子的筛孔形状通常有圆形、正方形、长方形和三角形 4 种，都是根据害虫个体与粮粒的形状及大小而设计的。清除大于粮粒的害虫，选用便于粮粒通过的筛孔，使害虫留在筛面上；清除小于粮粒的害虫，选用便于害虫通过的筛孔，使粮粒留在筛面上；清除圆形或与粮粒宽度不同的害虫，选用圆形或三角形筛孔；长方形筛孔，则适于分离与粮粒厚度、宽度都不相同的害虫。如果粮食中既有大于粮粒的害虫，又有小于粮粒的害虫，则应采用双层或多层筛，以弥补单层筛的不足。

表 4-5 筛除不同粮食中常见储粮害虫的筛孔（孔数/2.54cm）

虫种	虫期	蚕豆	玉米	大豆	大麦	籼稻	高粱	小麦	大米	面粉
大谷盗	幼虫		（4）				（6～7）		（8）	12～14
	成虫		（5）				（6～7）		（8）	12～14
蚕豆象	幼虫									
	成虫	5～5.5	5.5～6		（10～12）	（10～12）	（10～14）	（10～14）	（10～14）	（24～28）
拟谷盗	蛹		5.5～6		14	14	14	14	（14～19）	22
	成虫		5.5～6		12	12	12～14	（10～14）	（12～16）	22
玉米象	成虫		5.5～12		12	12	（12）	（12）	（12～16）	22
谷蠹	成虫	3.5～12	5.5～12	8～12	12～14	12～14	14	14～16	（12～16）	24
扁谷盗	幼虫				14～20	12～20	14～20	16～20	（20～22）	（24）
	蛹				14～24	12～24	14～24	16～24	24	（28）
	成虫				14～16	12～16	14～16	16	（16～22）	（28）
锯谷盗	幼虫				14～20	12～20	14～20	16～20	（20～22）	（28）
	成虫				14～18	12～18	14～18	16～18	（18）	（24～28）

注：有括号者表示适宜于虫体与粮粒不能完全分开时采用的筛孔；无括号者表示适宜于虫体与粮粒能完全分开时采用的筛孔。空白处表示无相关研究数据

采用任何一种筛子，都必须利用人力或电力，使筛理物在筛面上做连续不断的运动，达到分离害虫的目的。筛理物在圆吊筛、圆手筛中，通常做旋转式运动；在振动平筛中，常呈往复式运动。筛面上的粮层过厚，会影响筛除效果。筛子摆动幅度越大，粮食在筛面上运动距离越长，粮粒与害虫碰撞机会越多，除虫效果越好，在这种情况下，谷蠹等假死性不太明显的害虫也能被筛除。

在处理过程中应随时注意收集虫、杂及废品，工作结束后应彻底清理现场，把清除出来的害虫及杂质深埋或烧掉。对尚有价值的残品应集中做杀虫处理。

与风力除虫一样，过筛仅能去除粮粒外部的害虫，不能去除粮粒内部害虫。

三、撞击杀虫

当粮食在机械力作用下进行快速变速运动，如圆周运动、落体运动，或撞击，可对混合其中的害虫产生不利影响，尤其是猛烈撞击会造成昆虫体壁、附肢等的损伤，进而失水干燥死亡。

撞击对害虫的影响程度取决于虫种和虫态，也取决于撞击的方式和强度。例如，夹杂在谷物中的锈赤扁谷盗、赤拟谷盗幼虫和成虫的死亡率随着撞击过程中圆周运动和碰撞次数的增加而增加。在同样的上述处理中，象虫的死亡率却很低。当从 14.1m 的高度向下坠落（落地时的速度达到 16.6m/s）数次时，谷象和米象的死亡数量显著增加。当包装谷物向下坠落时，对混合其中的象虫成虫影响更大，这可能是由于落地的瞬间害虫与粮粒撞击程度更大。将混有害虫的玉米从 10.8m 高处坠落时（落地速度为 14.6m/s），可以使象虫羽化率降低 50% 以上。物理的撞击作用还可以导致害虫发育时间的延迟，撞击后幼虫的蜕皮过程会受到影响。一定强度的撞击可以导致粮粒外部成虫的死亡，卵、老熟幼虫和蛹对撞击则更敏感。

利用撞击杀虫的设备有撞击机。撞击机工作形式类似于一个离心机，其主要结构有两个圆盘，两圆盘的边缘通过多个销柱将两盘上下连接起来，圆盘的中心为转动轴，转动轴由电动机带动而使圆盘旋转（图 4-10）。

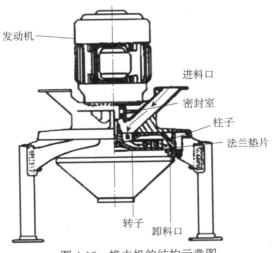

图 4-10　撞击机的结构示意图

撞击机的工作过程为：物料（整粒粮食、颗粒、面粉）从进料口加入转动的圆盘中心，物料通过与转盘的摩擦而被加速，并以高速与销柱和机器外罩撞击，然后经卸料口流出。物料中的害虫与销柱和机壳的高速撞击，会导致害虫触角和足的折断及身体其他部位的损伤，使其立即死亡或经一段时间后死亡。

撞击机导致昆虫死亡的主要原因是昆虫与销柱和机器内壁的撞击。当把销柱去除后，转盘几乎不能杀死害虫。应用中采用两次撞击比一次撞击的杀虫效果更好。通常，销柱排成两行或多行，外边一行与里边一行相互错落排列。物料颗粒与销柱和撞击机外罩之间撞击的强度取决于圆盘的转速，圆盘的速度与圆盘的半径及电机的转速有关。昆虫的死亡率随着撞击机转速的增加而增加，随物料产量增加而降低。

不同害虫种类和同种害虫的不同发育期对撞击的敏感性差异明显存在。例如，以 25m/s 的速度撞击带有谷象的小麦，90%的成虫可被杀死，其卵和幼虫因在粮粒内部受到籽粒保护，在 45m/s 的速度撞击下，有的仍能存活下来。如果将其卵和蛹从粮粒内取出，以 20m/s 的速度撞击时虫即可被杀死。以 50～65m/s 的速度撞击粉状谷物，可以杀死赤拟谷盗和地中海螟的卵。理论上撞击强度也与物料颗粒的质量有关，这一影响在实际应用中通常可以忽略。

粮食撞击机发明于 20 世纪 40 年代，其主要用来进一步研磨物料，提高粗粒和粗粉的成粉率，以便减少研磨道数，节省能源。撞击机在面粉加工行业至今仍在被普遍使用，如瑞士 Bühler 公司生产的 MJZD 型撞击机，叶轮直径 430mm，转速 3000r/min，产量 1.5～6.5t/h，功率 3～7.5kW。粮食撞击机被用于面粉加工过程的松粉，兼有一定的杀虫作用。

在加工中，防治面粉中害虫需要的撞击速度为 65～100m/s，在这一速度下撞击，面粉颗粒直径的影响可以忽略。在原粮储藏中，撞击对整粒谷物产生的不利影响不容忽视，其影响主要是增加原粮的破损率。粮粒的破损与销柱的数量和撞击速度成正比，同时与小麦的品种和水分含量有很大关系。例如，软麦比硬麦更易破碎，14%水分的小麦比 17%的更易破碎，而且含量越小导致破损越多。为了减少小麦的破损率以便于储藏，撞击速度应控制在 30～35m/s。事实上，生活在粮粒间的成虫在 20～25m/s 速度撞击下便可死亡。

总之，小麦加工前或加工过程中使用撞击机来控制害虫总体可行。以 39m/s 的速度撞击小麦粒、以 50～65m/s 的速度撞击面粉，对面粉的最终品质不会造成明显影响。

第三节　辐照防治

一、辐照防治的概况

辐照防治利用高能射线或加速器产生的电子束照射储藏物品，通过射线与物质的相互作用，达到使食品保鲜和杀虫的目的。

辐照（irradiation）防治储藏物害虫的研究工作始于 20 世纪初。自从 Runner（1916）发现烟草甲经 α 射线处理后产生不孕后代，特别是 1950 年 ^{60}Co 和 ^{137}Cs 等放射性同位素辐射源问题解决后，世界上辐照防治的研究一直在进行中。电离辐照可用于粮食、农畜副产品、中草药、图书档案、烟草、工艺品等的杀虫消毒以及商品检疫处理等。目前世界上有近半数的国家进行了相应的开发性研究。截至 2018 年，全世界已有 60 个国家批准了 300 多种辐照食品投放市场，取得了明显的经济效益和社会效益。

我国利用辐照防治储藏物害虫的研究始于 20 世纪 50 年代末，于 70 年代达到研究高峰。先后对粮食、农产品、动物饲料、图书档案及工艺品进行了杀虫和灭菌研究，并取得了良好的处理效果，同时发现在试验剂量下，对被处理的储藏物品质无不良影响。

经过多年世界性的研究证明，电离辐射保藏食品是一种安全有效的技术。近年来国内外对辐照食品的研究和应用步伐明显加快。苏联是世界上第一个批准辐照食品供人食用的国家，其次是加拿大，第三是美国，荷兰后来居上并已处于世界领先地位。现在已有越来越多的国家批准辐照食品投放市场，我国在储藏物和食品辐照方面也制定了相应的国家标准。

电离辐射产生的能量比非电离辐射的能量至少大两个数量级，表 4-6 是不同射线的能量比较。

表 4-6　不同射线的能量比较

射线类型	典型频率/MHz	能量/eV
γ 射线	3.0×10^{14}	1.24×10^6
X 射线	3.0×10^{13}	1.24×10^5
紫外线	1.0×10^9	4.1
可见光	6.0×10^8	2.5
红外线	3.0×10^6	0.012
微波	2450	0.0016
无线电波	1.0	4.0×10^{-9}

辐照杀虫可采用的辐射能有 X 射线、γ 射线和电子束。从对赤拟谷盗的辐射试验结果来看，三种射线都有很好的致死效果。在储藏物害虫的辐照杀虫中较多应用的是 γ 射线。γ 射线的穿透能力在上述三种射线中最强，γ 射线也容易从 ^{60}Co 中获得，还可以将其制成固定式或移动式的辐照源装置，便于使用。利用电子加速器产生的电子束杀除储粮害虫，国内外也研究较多，但应用相对较少。

^{60}Co 的半衰期为 5.3 年，其衰变过程中伴随着 1.17MeV 和 1.33MeV 双 γ 射线的释放。^{137}Cs 的半衰期为 33 年，衰变过程中释放出的是单一的 γ 射线，能量为 0.662MeV。

电离辐照处理剂量单位通常用特殊的能量吸收或单位质量能量的吸收表示，我国的法定计量单位为戈瑞（Gy），曾用拉德（rad），1Gy=100rad。

利用辐照防治有以下优点。

（1）较高的剂量对各种害虫及各虫态都可致死，较低剂量能引起害虫生理障碍，或导致不育。

（2）γ 射线具有很强的穿透能力，能杀死包装的粮食、干鲜果品中及粮粒内部害虫。

（3）可以连续处理大批量的粮食。

（4）辐照处理后的储藏物不产生高温或较大化学变化、变质及污染。

（5）处理耗能较低。

二、辐照对害虫的影响

辐照对害虫的致死作用是瞬间的。辐照可损坏害虫细胞核，细胞核的敏感性明显大于原生质。辐照可损坏分裂活跃的细胞，生殖细胞对辐照的敏感性要明显大于其他组织细胞。低剂量辐照可抑制生殖细胞形成过程，导致害虫不育；较高剂量辐照可直接杀死害虫。辐照处理还可以使卵和幼虫不能发育为正常的成虫。

研究表明，3～5kGy 的辐照剂量可以立即杀死储藏物害虫；1kGy 的辐照剂量后，害虫可在几天内死亡；100～200Gy 的辐照剂量，害虫可在几周内死亡。160Gy 的辐照剂量可使玉米象、谷象、赤拟谷盗、杂拟谷盗和谷蠹完全不育，并使其中的玉米象、谷象和杂拟谷盗 100% 死亡，赤拟谷盗和谷蠹的死亡率在 90% 以上（表 4-7）。

表 4-7　160Gy 的辐照剂量对 6 种储藏物甲虫的影响

虫种	不育率/%	死亡率/%
玉米象	100.0	100.0
谷象	100.0	100.0
赤拟谷盗	100.0	90.0
杂拟谷盗	100.0	100.0
谷蠹	100.0	98.0
锯谷盗	99.9	96.0

　　害虫不同虫种和虫期对辐照抵抗力存在一定的差异。通常蛾类比甲虫的抵抗能力更大。同一虫种的蛹和成虫的抵抗力要比卵和幼虫大,如致死 99.9%赤拟谷盗卵、幼虫、蛹和成虫的辐照剂量分别为 109Gy、105Gy、250Gy 和 215Gy。

　　有的昆虫经一定辐照量处理后很快死亡,有的则延缓很长一段时间后才死亡。一般情况下,昆虫受到致死剂量照射后,活动能力明显下降,取食量减少,出现各种病态,随后慢慢死去。

　　不育剂量对害虫雌、雄两性的生殖细胞都有不良影响。研究表明,经不育剂量辐照后,象虫的种群增长在数月内一直维持较低水平。通常认为辐照导致昆虫不育的原因包括:①雄虫丧失交配能力;②精子缺乏或精子无活力;③雌虫无产卵能力;④射线引起细胞的死亡。几百戈瑞的辐照剂量可使储藏物害虫不育,在短期内彻底杀死所有害虫虫态的辐照剂量可能要提高到 1kGy。

　　在辐照剂量一定的情况下,集中一次辐照比长时间辐照效果更好。特别是正常发育温度范围内,储藏物害虫被辐照的效果与环境温度没有关系。未发现对杀虫剂产生抗药性的害虫对辐照产生交互抗性。

三、辐照的安全性

　　一定量的辐照对昆虫和其他动物包括人类都有很强的损伤作用。1970 年联合国成立辐照食品卫生安全性国际合作计划和机构(IFIP),有 24 个国家参加,全面深入地开展了辐照食品卫生安全性的研究,并由联合国粮食及农业组织(FAO)、国际原子能机构(IAEA)、世界卫生组织(WHO)组成辐照食品卫生安全性联合专家委员会(JEFCI),评价辐照食品的安全性。1980 年对 13 种辐照食品的评价结论是:"任何食品总体平均吸收剂量高达 10kGy 情况下没有毒理学危险,用此剂量辐照的食品可以不再要求进行毒理学试验,同时在营养学和微生物学上也是安全的"。1980 年 12 月 4 日获得食品法规委员会(CAC)的认可。这里,10kGy 辐照剂量就是人们通常所说的"国际安全线"。这一结论也推动了世界各国对辐照食品的研究、批准和商业化(表 4-8)。

表 4-8　不同类别食品准许辐照剂量与国家

食品名称	辐照剂量/kGy	批准食用国家或地区
谷物	0.3	俄罗斯、保加利亚等
小麦及面粉	0.15~0.75	美国、加拿大、孟加拉国、智利
大米及其制品	0.1~1	荷兰、孟加拉国、智利
干果	1	俄罗斯、保加利亚等
可可	0.7	荷兰、智利

续表

食品名称	辐照剂量/kGy	批准食用国家或地区
香蕉脯	0.5	南非
番薯瓜	0.5～1	南非、智利、孟加拉国
压缩干燥食品	1	俄罗斯、保加利亚等

利用辐照杀虫所用的剂量基本上都在 10kGy 以下，此剂量通常可达到完全杀死害虫的目的，且不需要担心辐照食品的安全性。

中华人民共和国国家标准对非储藏物品的辐照进行了具体的要求，GB14891.8—1997《辐照豆类、谷类及其制品卫生标准》对采用 ^{60}Co、^{137}Cs γ 射线或能量低于 10MeV 的电子束辐照豆类、谷类及其制品杀虫的剂量进行了明确限制。辐照平均吸收剂量：豆类不大于 0.2kGy，谷类 0.4～0.6kGy。照射要求：照射均匀，剂量准确，平均吸收剂量的不均匀度≤1.5。GB14891.2—1994《辐照花粉卫生标准》对辐照花粉的剂量进行了明确限制：原料鲜花粉经 ^{60}Co 或 ^{137}Cs γ 射线或能量低于 10MeV 电子束辐照，其平均总体吸收剂量为 8kGy。照射要求：照射均匀，剂量准确。GB14891.4—1997《辐照香辛料类卫生标准》对辐照香辛料类的剂量进行了明确限制：香辛料经 ^{60}Co 或 ^{137}Cs γ 射线或能量低于 10MeV 电子束辐照，平均吸收剂量不大于 10kGy。照射要求：照射均匀，剂量准确，吸收剂量的不均匀度≤2.0。

四、辐照在储藏物害虫防治中的应用

（一）辐照剂量和工艺要求

1. 辐照前要求　对于成品粮及食品包装前应进行风选、筛选，使产品中无蛹和成虫期害虫，筛选后应立即包装。为保证辐照产品不受害虫的再侵染和产品的含水量不受外界环境的影响，辐照前产品必须包装。对目前小包装谷类制品使用的包装材料的调查分析认为，使用食品级聚氯乙烯复合膜包装最适宜，其密封性能好，是国家批准的可直接接触食品的包装材料，同时辐照后不会产生任何有害物质。为保证彻底杀灭储粮中的各种害虫，包括螨类，规定储藏粮食含水量在 12%以下。

2. 辐照时期　在生长条件适宜的情况下，老龄幼虫会很快变成蛹，为防止产品中存在蛹期害虫，包装后应立即辐照。

3. 最低有效剂量　最低有效剂量为达到杀虫目的的最低工艺剂量下限值。国内外大量资料表明，250Gy 可使鞘翅目各发育阶段的害虫和螨类、鳞翅目的卵和幼虫在几周内全部死亡。考虑到产品中剂量分布的不均匀性，确定 300Gy 为杀灭卵和幼虫期的各种害虫的最低有效剂量。

4. 粮食食品最高耐受剂量　最高耐受剂量为不影响谷物食用品质和功能特性的最高工艺剂量上限值。

有关研究表明，用 1kGy 辐照小麦面粉对其营养品质、烘烤品质均无明显影响；大于 2kGy 辐照面粉可以增加加工面包的蓬松程度。中国、日本和埃及的试验表明，辐照大米的极限剂量为 500Gy，大于此剂量，大米的食用品质下降，表现为口感和出饭率下降。

根据我国饮食习惯，确定最高耐受剂量分别为：小麦及面粉 1.0kGy、大米 500Gy、玉米糁 1.0kGy、燕麦片 800Gy、高粱米 800Gy、小米 800Gy、黄米 800Gy。

5. 工艺剂量　　　工艺剂量的设置原则是大于最低有效剂量，小于最高耐受剂量，故各种谷物制品的辐照工艺剂量分别定在 300Gy 与各种谷类制品的最高耐受剂量之间。

（二）辐照杀虫技术应用举例

禽畜及实验动物的饲料，经常遭到虫害及沙门氏菌污染，用药物处理可能对人、畜造成不良后果。用热空气处理会损失大量维生素，甚至降低赖氨酸和甲硫氨酸的含量。试验证明，经辐照过的饲料长期饲养的实验动物，生长良好，发育正常。西欧各国从南部国家进口的骨粉、鱼粉和混合饲料，在进口港均进行辐照消毒，收到了良好的效果。

用 ^{60}Co γ 射线直接杀死板栗、枣、葡萄干、豆腐粉、烟草等中的害虫，有的已通过正式技术鉴定。经处理的板栗，其蛋白质、粗脂肪、淀粉、可溶性糖的含量都无明显变化，仅维生素 C 含量略有减少。

利用辐照处理中药材，杀灭其虫害，是近年来取得的又一项极有前途的保存中草药的措施。用辐照消灭档案、图书的害虫，是一种快速、安全、彻底和行之有效的方法。世界上已有不少国家采用辐照杀虫来保全档案图书。我国四川省档案馆、四川大学图书馆、四川省科学技术情报研究所等 8 个单位，对近 30 万卷（册）生虫的图书档案进行了辐照杀虫处理，均取得了预期效果，且处理费用低于其他方法。

辐照用于植物检疫方面在世界各国引起重视，成为阻止危险害虫入境的一个有效措施。一方面是直接杀死进出口农产品中带有的害虫，另一方面可以作为一种监测手段来检验种子和苗木中是否带有害虫。用波长 1~2.5Å 的 X 射线能够检查出种子和苗木内部是否侵入害虫，比用解剖的方法方便、快速、正确，而且不损坏被检的种子和苗木。采用辐照处理，消灭进出口物品中的害虫，不仅方法简便易行，灭虫彻底，而且可在原包装的情况下进行。但辐照杀虫时，要考虑被辐照包装物内部的物品种类和害虫种类，以便采用不同的照射剂量。例如，对一些非食用的工艺品等，可适当提高照射量。

乌克兰的敖德萨（Odessa）港口从 1980 年开始采用一种电子束辐照装置处理染虫的谷物。该装置是一个 20kW×1.4keV 的电子加速器，安装在粮食经提升机提升后下流的途中。以 200~400Gy 的辐照剂量处理，每小时可处理粮食 400t，粮食流速 6m/s，粮流厚度 7~9mm。该辐照装置主要用于小麦进口检疫处理。

还有一种电子束流动床杀虫处理装置，其是一个结构紧凑、具有低耗能和一定穿透能力和自我防护的电子处理器。被处理粮食和香料等商品的流速可控制在 5~35m/s，正常的杀虫处理剂量控制在 200~600Gy，最大辐照剂量可达 1kGy 以上，可以满足杀虫处理的要求。经该装置处理的粮食，其中的害虫被杀死，种子的发芽率不受影响。

我国在南方某粮库建立了电子束辐照处理装置，主要针对进口小麦的检疫和灭活处理。

近几年来，美国和巴西专家还报道了辐照方法与化学方法交替或结合使用的效果。我国专家还报道了利用辐照处理银杏种子、核桃仁、中药材、脱水蔬菜等储藏技术，取得了很好的杀虫效果，且对这些物质的品质与储藏稳定性无显著影响。

总的来看，射线杀虫灭菌在技术和原理上没有障碍，辐照在处理大批量粮食的实际生产应用受到限制的原因之一是其经济性，特别是辐照源及防护装置的费用。目前辐照防治一般仅用于港口处理进口粮食，辐照技术用于储粮杀虫仍有许多研究工作要做。

第四节　防　虫　包　装

一、常用包装材料

我国国家标准 GB/T 4122.1—2008《包装术语　第一部分：基础》中对包装（package）的定义为"为在流通过程中保护产品，方便储运，促进销售，按一定技术方法而采用的容器、材料及辅助物等的总体名称。也指为了达到上述目的而采用容器、材料及辅助物的过程中施加一定方法等的操作活动"。在国际上对于包装的表述有所不同，如美国包装协会认为"包装是为产品的运出和销售的准备行为"；英国标准协会则认为"包装是为货物的运输和销售所做的艺术、科学和技术上的准备工作"；加拿大包装协会认为"包装是将产品从供应者运送到顾客或消费者，而能够保护产品于完好状态的工具"；等等。防虫包装或抗虫包装（insect-resistant packaging）是指为保护内容物免受害虫侵害的包装技术之一。例如，在包装材料中置入杀虫剂、在包装容器中使用驱虫剂、杀虫剂或脱氧剂等。包装是商品储藏和运输、销售过程中的重要环节，包装材料的选择与包装处置对防虫具有重要作用。目前用于粮食及其制品的包装材料主要包括纸质包装材料、塑料包装材料、麻袋、布袋等。

（一）纸质包装材料

我国国家标准 GB/T 4687—2007《纸、纸板、纸浆及相关术语》中对纸的定义是"从悬浮液中将适当处理（如打浆）过的植物纤维、矿物纤维、动物纤维、化学纤维或这些纤维的混合物沉积到适当的成形设备上，经干燥制成的一页均匀的薄片"。我国在公元前 200 年就已经开始造纸，到唐代将纸质材料用于包装的应用已很普遍。例如，唐代的中药"葳蕤丸"已经使用较为考究的纸质包装。现代纸质包装起始于工业革命时期，美国、英国制造出了各种规格的纸板和瓦楞纸。现代又出现了纸质与塑料、铝箔等的复合材料，用于制造各种标准化的、各种规格的纸质包装容器。20 世纪 80 年代之前，我国的纸质包装行业发展较弱，改革开放以后得到了快速发展，纸质包装机械的生产能力迅速提高。纸质包装材料向特种功能纸质（如耐水、防潮、耐高低温的包装纸）方向发展。

纸质包装材料是目前全球使用比例最高的包装材料，一般采用牛皮纸、羊皮纸、玻璃纸、复合纸、瓦楞纸等纸质材料制作成不同规格的袋、盒、箱等容器使用。目前，经过适当处理的复合纸、复合纸板和特种加工纸均有一定的开发，在食品、轻工、化工、医药等行业包装领域广泛用于销售和运输包装。随着人们对以塑料为主要来源的白色污染的高度关注，纸质包装具有更加广阔的应用前景。纸质包装材料具有较多优点：原料来源广泛，成本低廉，易于大批量生产；制作成的纸质容器具有一定的强度、韧性，能较好地保护所装物品；卫生、安全、无污染，可回收再利用，较为环保；质量轻，可折叠，降低运输成本。目前，纸质包装在欧美等国的食品包装领域占有主导地位，在我国的小麦粉、大米等成品粮包装及其他食品包装领域也已广泛采用。国家标准 GB/T 28120—2011《面粉纸袋》中规定，我国目前用于包装小麦粉的纸袋规格为 1kg、1.5kg、2kg、5kg、10kg、15kg、20kg 和 25kg。完整的、韧性好（即拉伸性能强）的纸质包装具有较好的防虫效果，但带有裂缝、孔隙的纸质包装防虫效果较差。

（二）塑料包装材料

塑料包装材料已经广泛应用于食品包装，因其原料来源丰富、成本低廉、使用便捷、性能优良而成为近年来全世界发展最快、用量巨大的包装材料。塑料是以高分子聚合物树脂为基本成分，加入适量的用于改善性能的各种添加剂制成的高分子材料。其中，高分子聚合物树脂占40%～100%。树脂的种类、性质、在塑料中所占有的比例决定了塑料的性能和用途。目前生产上常用的高分子聚合物树脂有两类：加聚树脂和缩聚树脂。加聚树脂包括聚乙烯、聚丙烯、聚氯乙烯、聚乙烯醇、聚苯乙烯等，是使用最多的食品包装用树脂。缩聚树脂包括酚醛树脂、聚氨酯、环氧树脂等，这类树脂在食品包装上应用较少。塑料中常用的添加剂包括增塑剂、抗氧化剂、稳定剂、填充剂等。目前在粮食包装上有各种规格、大小的塑料包装袋在使用。近年来利用塑料包装材料制作成各种大型柔性包装材料，用于大规模粮食储存和运输。

塑料包装材料的主要保护性能包括阻透性、力学性能、稳定性，其功能是保护被包装物品，防止其变质、被破坏。塑料包装材料的阻透性是指对水分、气体、光线等的阻隔，阻止外部有害物质渗透进入内部。塑料包装材料的力学性能包括硬度、抗拉伸强度等，主要是指其能够抵抗外力作用而不发生变形或被破坏的性能。塑料包装材料的稳定性包括耐高低温性、耐老化性等，主要是指其能够抵抗外部环境因素（温度、光照等）影响而保持原有性能的能力。用于包装粮食及其制品的塑料包装材料还要具有良好的卫生安全性。塑料包装材料的卫生安全性主要包括无毒性和抗生物入侵性。塑料包装材料的无毒性是指其在使用过程中不发生有毒单体成分、有毒添加剂及其分解老化产生的有毒物质等溶出污染被包装物品。目前一般采用模拟溶媒溶出试验测定塑料包装材料中有毒有害物质的溶出量，并测试溶出物的毒性，依此来评价塑料包装材料的安全性。塑料包装材料的抗生物入侵性是指其抵抗外部害虫、微生物等有害生物侵入的能力。一般情况下，完整无缺口、孔隙的塑料包装材料均可防止外部环境中微生物的侵入为害，但要完全防止害虫侵入为害就要有较高的强度。为选择防虫抗虫性能较好的塑料包装材料就需要对其进行一系列的虫害侵入试验。

（三）麻袋

麻袋是用麻线纺织并缝合而成的包装袋。我国现行国家标准GB/T 24904—2010《粮食包装 麻袋》主要指以黄麻、红麻为主要材料制成的用于盛装粮食、油料的新麻袋和旧麻袋。麻袋是20世纪70年代以前广泛使用的粮食包装材料，其主要原料是黄麻，属于天然纤维。一般使用100kg装的麻袋，几乎没有小包装。麻袋作为粮食包装袋的主要优点是：透气性好、耐磨、无毒、利于堆垛、价格低廉等。但是麻袋包装也存在很多缺点，如防虫害和微生物感染能力差，易吸湿霉变。由于我国国土资源紧张，黄麻的种植面积大幅度减少，麻袋已不能满足国内需求，逐步被塑料编织袋等材料制作的包装袋替代。目前仅有少量使用。

（四）布袋

布袋是一种较为传统的包装袋，一般采用纯棉、纯棉白布为原料制作成不同规格、形状的包装袋使用。目前逐步被纸质包装袋、塑料包装袋和无纺布袋替代，使用量较少。

无纺布袋是目前用于包装小麦粉、大米的一种常用包装袋。无纺布是一种非织造布，无纺布没有经纬线，是一种不需要纺纱织布而形成的织物，只是将高聚物（有涤纶、丙纶、锦纶、氨纶、腈纶等）切片、纺织短纤维或者长丝进行定向或随机排列，形成纤网结构，然后采用机械、热粘或化学等方法加固而成。无纺布具有柔软、透气好、不产生纤维屑、强韧、耐用的特点，还具有棉质的感觉。与普通棉织品相比，无纺布作为原料制作的包装袋更容易成形，价格更低。无纺布袋的防虫抗虫性较差。

二、害虫对包装材料的危害特点

根据对包装材料的为害特征，将储藏物害虫分为两类：钻入式害虫（penetrator）和侵入式害虫（invaders）。钻入式害虫利用发达的口器钻透完整的包装材料对包装的物品进行为害。常见的这类害虫有米象、谷蠹、印度谷蛾、烟草甲和药材甲等。一般情况下钻入式害虫的幼虫为害最为严重。侵入式害虫的幼虫和成虫口器发育一般较弱，不能钻透完整的包装材料，通常通过机械损伤造成的裂缝、有缺陷的密封或其他昆虫钻过的孔洞进入包装袋内为害。常见的这类害虫有赤拟谷盗、锈赤扁谷盗、锯谷盗等。侵入式害虫新孵化的幼虫能够钻过 0.1mm 宽的孔，通常会对包装物品造成严重为害。当面对消费食品包装时，害虫会利用包装材料中的任何一种开口进入为害。储粮害虫可以通过嗅觉寻找食物、伴侣和产卵位置，包装袋上防止商品胀气的孔洞散发出来的气味，常常能够导致储粮害虫的侵染。在 1980 年，Barrer 和 Jay 研究报道，将全麦粉放在 $10m^3$ 并伴有 1～10mm 孔洞的盒子里，全麦粉散发的气味能够强烈吸引雌性飞蛾 *Ephestia patella* 寻找位置进行产卵，当其不能够接触粮食时，就会在散发气味的孔洞上进行产卵。典型的害虫对食品包装材料的侵害如图 4-11 所示。

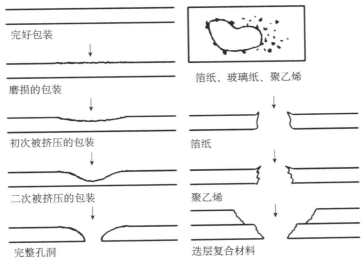

图 4-11 储藏物害虫对包装材料的侵害过程（Brickley et al.，1973）

三、防虫包装材料的应用

以粮食及其加工制品等为主的储藏物包装一直面临着许多挑战。这些挑战包括制造过程中的包装缺陷、运输过程中的不当操作、简陋的储存条件和不恰当的储藏措施。随着人们对食品安全的日益关注，食品消费者和制造商也越来越重视开发利用防虫抗虫包装，最大限度地让消费者放心食用不会被害虫感染的食品，制造商也可避免因包装中的害虫问题而引起商誉损失和诉讼。

粮食等储藏物品在储藏期间经常会遭受害虫的为害，而包装材料是防止害虫为害的重要屏障，在保持储藏物品质方面发挥着重要作用。特别是对于大米、小麦粉等成品粮，选择合适的包装材料是有效防止储粮害虫为害的最后一道防线。

包装在粮食的流通与加工过程中是必不可少的环节，包装的主要作用在于利于商品的运输、保藏和销售。包装不仅可以防止粮食的酸败、陈化，还可以减少害虫、微生物的污染。合理的粮食及食品包装能起到延长货架期的作用。

包装的设计是为了保护食品从制造商到消费者这一过程中保持良好的品质。在设计和开发抗虫包装时，必须考虑所包装产品的价值、必须保护的时间长度、向消费者提供高质量产品的经济效益及其他因素。采用防虫包装是预防虫害的常见方法。防虫抗虫包装必须同时能够避免害虫从包装开口处或包装周围蛀洞侵入为害。在20世纪五六十年代，人们一般采用化学杀虫剂处理过的包装材料制成防虫包装来防止害虫为害。但是，后来人们发现杀虫剂可以通过纸或塑料等包装材料迁移到被包装的物品上造成污染。于是，有毒的化学杀虫剂便被禁止在粮食及其他食品包装上直接使用。在美国注册作为抗虫包装处理用的药剂为添加了适量增效醚的增效除虫菊酯。一般将其用于多层纸袋上，用量为每平方英尺①不得超过6mg除虫菊酯和60mg增效醚。用于棉布袋外时其用量为每平方英尺不得超过5.5mg除虫菊酯和5mg增效醚。处理过的布袋必须有蜡纸衬里，防止药剂渗入内部包装的食品上，并且袋内食品的脂肪含量不得超过4%。

目前，人们对防虫包装的研究主要集中在开发防虫性能好的新型材料、多种包装材料复合应用、害虫驱避剂的合理使用等方面。聚酯纤维（polyester，PET）具有较好的抗蛀蚀性，PET和金属化PET在软包装材料中的应用不断增加。聚偏氯乙烯（polyvinylidene chloride，PVDC）具有良好的阻气性，单独使用时，抗虫性较差。当将其和偏氯纶制作成复合材料使用时具有较好的防虫蛀穿效果。水杨酸甲酯（Repellcoat™）获得了在食品包装上使用的美国专利，并得到了美国国家环境保护局（EPA）和美国食品药物监督管理局（FDA）的批准。2009年，EPA批准了害虫生长调节剂蒙515（IGR methoprene，ProvisionGard™）可以在食品包装上使用。ProvisionGard™能够有效地抑制印度谷螟进入散装运输的物品。

思 考 题

1. 温控防治的原理是什么？
2. 昆虫在过高和过低温度下致死的原因有哪些？
3. 利用高温防治储藏物害虫的技术有哪些？各自的适用范围和对象是什么？
4. 利用低温防治储藏物害虫的技术有哪些？各自的适用范围和对象是什么？
5. 什么叫热空气处理杀虫？试述热空气处理杀虫的原理。
6. 热空气处理杀虫有哪些优缺点？
7. 热空气处理杀虫技术的加热方式有哪些？
8. 试分析影响热空气处理杀虫效果的因素。
9. 什么叫器械防治？器械防治的优缺点有哪些？
10. 在储藏物害虫的防治中，可采用的防治器械有哪些？
11. 利用过筛除虫时应注意哪些问题？
12. 撞击机的工作原理是什么？哪些储藏物可以采用撞击机杀虫？
13. 影响撞击机杀虫的因素有哪些？
14. 什么叫电离辐射防治？电离辐射的杀虫原理是什么？
15. 电离辐射杀虫有何特点？
16. 具有抗虫性能的包装材料有哪些？各有什么特点？

---

① 1英尺≈0.3048m

主要参考文献

白旭光. 2008. 储藏物害虫与防治. 北京：科学出版社

何晶. 2004. 关注粮食包装. 中国粮食经济, 10（8）：42-43

蒋源勇, 侯兴之, 杨国峰. 2013. 利用浅层地能低温储藏粳稻的研究. 粮食储藏, 42（5）：23-25

李隆术. 2000. 储藏物昆虫和农业螨类研究——李隆术论文选. 成都：四川科学技术出版社

李素云, 鲍彤华. 2008. 新时期粮食包装的现状及发展趋势. 粮食流通技术, 9（4）：41-43

林音, 刘宏跃, 李香玲. 2001. 建立谷物制品辐照杀虫工艺规范的研究. 核农学报, 15（5）：311-314

申珠. 2003. 亟待改进的粮食包装. 中国包装工业, 30（3）：16-18

唐志祥. 1996. 包装材料与实用包装技术. 北京：科学出版社

王德成. 1982. 抗虫包装述评. 植物检疫, 6：28

韦公远. 2010. 我国粮食包装现状及发展趋势. 上海包装, 28（10）：4-10

徐德林, 欧朝东. 2010. 太阳能低温储粮新技术. 粮食与食品工业, 17（5）：40-43, 50

张宗炳, 曹骥. 1990. 害虫防治：策略与方法. 北京：科学出版社

赵志模. 2001. 农产品储运保护学. 北京：中国农业出版社

郑州粮食学院. 1987. 储粮害虫防治. 北京：中国商业出版社

Barrer P M, Jay E G. 1980. Laboratory observations on the ability of *Ephestia cautella*（Walker）（Lepidoptera：Physitidae）to locate, and to oviposit in response to a source of grain odour. Journal of Stored Products Research, 16：1-7

Błoszyk E, Nawrot J, Harmatha J, et al. 1990. Effectiveness of antifeedants of plant origin in protection of packaging materials against storage insects. Journal of Applied Entomology, 110：96-100

Brickey P M, Gecan J S, Rothschild A. 1973. Method for determining direction of insect boring through food packaging materials. Journal of Association of Official Analytical Chemists, 56：640-642

Cline L D. 1978. Penetration of seven common flexible packaging materials by larvae and adults of eleven species of stored-product insects. Journal of Economic Entomology, 71：726-729

Collins D. 2003. Insect infestations in packaged commodities. Int Pest Control, 45：142-144

Dean G A. 1913. Further data on heat as a means of controlling mill insects. Journal of Economic Entomology, 6：40-53

Fields P G, White N D G. 2002. Alternatives to methyl bromide treatments for stored-product and quarantine insects. Annual Review of Entomology, 47：331-359

Fields P G. 1992. The control of stored-product insects and mites with extreme temperatures. Stored Product Research, 28：89-118

Hallman G J, Denlinger D L. 1998. Temperature Sensitivity in Insects and Application in Integrated Pest Management. Boulder：Westview Press

Highland H A. 1991. Protecting packages against insects. *In*：Gorham J R. Management of Food-Industry Pests. Arlington：Association of Official Analytical Chemists：345-350

Hou X, Fields P G, Taylor W. 2004. The effect of repellents on penetration into packaging by stored-product insects. Journal of Stored Products Research, 40：47-54

Kansas State University. 1999. Heat Treatment Workshop. Manhattan

Mahroof R, Subramanyam B, Flinn P. 2005. Reproductive performance of *Tribolium castaneum*（Coleoptera：Tenebrionidae）exposed to the minimum heat treatment temperature as pupae and adults. Journal of Economic Entomology, 9：626-633

Mahroof R, Subramanyam B, Throne J E, et al. 2003. Time-mortality relationships for *Tribolium castaneum*（Coleoptera：Tenebrionidae）life stages exposed to elevated temperatures. Journal of Economic Entomology, 96：

1345-1351

Oosthuizen M J. 1935. The effect of high temperature on the confused flour beetle. Minnesota Technical Bulletin, 107: 1-45

Riudavets J, Salas I, Pons M J. 2007. Damage characteristics produced by insect pests in packaging film. Journal of Stored Products Research, 43: 564-570

Subramanyam B, Hagstrum D W. 2000. Alternatives to Pesticides in Stored-Product IPM. Boston: Kluwer Academic Publishers

第五章 生物防治

本章提要:
- 生物防治的定义与特点
- 利用捕食性和寄生性天敌昆虫防治害虫
- 利用病原体防治害虫
- 昆虫信息素的应用
- 昆虫生长调节剂的应用
- 植物源杀虫剂的应用
- 作物抗虫性简介

第一节 生物防治的概念

一、生物防治的定义

在自然界中，各种生物间都以食物链、食物网的方式，或其他方式形成错综复杂的联系和制约，害虫和天敌也不例外。一种昆虫的捕食者或寄生物，称为这种昆虫的天敌（natural enemy）。在害虫与其天敌之间的斗争过程中，天敌能够抑制害虫的发生。利用害虫的天敌去防治害虫的方法或措施称为生物防治（biological control）。

害虫的天敌主要有天敌昆虫（捕食性及寄生性昆虫）、捕食性蛛形纲动物、寄生线虫、昆虫病原体（病毒、细菌、真菌、原生动物等）和食虫脊椎动物等。其中以天敌昆虫和昆虫病原体研究利用较多。

半个世纪以来，随着科学的不断发展，出现了一些新的治虫方法，如利用昆虫不育性（包括辐射不育、化学不育、遗传不育等）、昆虫激素及类似物、植物抗虫性等来防治害虫。生物防治有狭义的生物防治和广义的生物防治的划分。狭义的生物防治或称传统的生物防治，是直接利用天敌来控制害虫；广义的生物防治，是利用生物有机体及其天然产物或害虫的生物学特性来控制害虫。广义的生物防治常与其他学科相交叉，如植物抗虫性的研究属于农业防治，激素的利用可属于化学防治，辐射处理可属于物理防治等。

二、生物防治的特点

（一）生物防治的生态学基础

自然界中，一些动物种类始终保持着很多的个体数量，而有一些种类则数量较少或非常稀少也能世代延续。通常动物种群既非无限制地连续增长，也不会轻易绝灭，在所处环境因素作用下种群的数量变化维持在一定范围之内，这一过程称为自然控制。自然控制的结果是动物种群既防止种群变得过大，又会在种群变得较小时减轻某种抑制作用的影响。动物种群在生物群落中与其他生物成比例地维持在某个特定水平上，这种现象叫作自然平衡。

害虫的自然控制因素包括天气和变化莫测的气候条件等，以及与种群密度关系密切的寄生昆虫、捕食者、传染性病害等，在这些因素中恰当的选择压力下，害虫的密度可被控制减少到无害水平。生物防治实质上是人为地增强了某一种或几种对害虫密度的制约因素，从而达到控制害虫的目的。害虫种群的自然调节和平衡是生物防治的生态学基础。

（二）生物防治的特点

1. 生物防治的优点　　生物防治害虫综合治理中历史悠久。通常化学防治法难免对生态系统产生影响，容易涉及环境污染、有害生物产生抗药性和害虫再猖獗等问题。天敌昆虫和微生物都是自然环境的一部分，容易与系统中的"自然控制"因素互相协调，与其他控制措施相互协调，与综合治理的策略更为接近。相对来说，生物防治的安全性是明显的，许多天敌的寄生和捕食的专化特性只对其赖以生存的少数关系密切的害虫种类起作用。一般来说，非目标种（包括其他天敌）不会受到影响。其安全性还表现于对人畜和环境的意义上，不存在残毒和对环境污染的问题。

有效天敌只要不受到特殊因素的干扰，通常对一些害虫的发生有长期的抑制作用，天敌属于密度制约因素，它们对害虫的抑制作用随害虫密度的增加而增强。理想的天敌具有高度的繁殖能力和强大的搜索能力，可以较长时间控制害虫种群于经济受害允许水平之下。

害虫天敌种类多、分布广，是一种可持续利用的自然资源，在利用过程中便于采取因地制宜、就地取材、综合利用等办法，比较经济。从已评价过的传统的田间生物防治实施的效果来看，其经济效益很高。特别是近年来能源危机日益严重，农药的原料、生产和使用都需要能源，提倡生物防治又成为节约能源的有效措施。

2. 生物防治的不足　　天敌作为生态系统中的一个生态因素，它对害虫的控制作用往往受到环境条件的制约，有时不能达到治理全部害虫的防控效果。实践证明，单纯依靠生物防治，尤其是现有的生物防治技术和手段，仍有许多局限性。

天敌的专化性强。一种天敌一般只能解决某一种或一类害虫问题，要在较大范围内的生态系统中同时控制多种虫害是很困难的。杀虫谱较窄是微生物制剂的优点，使用范围受到限制，对经济效益成本不利。

捕食性和寄生性天敌的生活史，常不能与害虫生活史（为害期）相匹配，即不能同步，使得天敌昆虫因缺乏食料或寄主而导致种群密度下降，起不到控制害虫的效果。另外，由于天敌与害虫之间的跟随关系，有的天敌对害虫的控制作用没有农药那样迅速、有效。

有效天敌的筛选比较困难。生物防治的成功与否，依赖于对害虫及天敌的生物学、生态学知识的了解，包括昆虫行为（行为化学物质）、昆虫营养（人工饲养、寄生昆虫活力、品质管理等）、遗传学、毒理学、细胞生物学等知识。由于生物防治对害虫密度的作用方式是密度制约的，因此对数量预报、时间预报的准确性要求较严格。

此外，生物制剂不及化学农药那样易于成批生产（生产病毒需要借助活的宿主，因此不容易扩大生产），产品质量也不及化学农药那样容易控制，使用不及化学农药简便。

天敌昆虫和病原微生物对害虫的控制效果受外界环境的影响较大。一般来说，凡能影响害虫生物学的因子均会影响天敌昆虫的活性。对于病原微生物，则更易受外界环境的影响，如温度、光线、湿度、pH等。

表 5-1 比较天敌与杀虫剂在控制害虫方面的不同特性，使用时应尽量考虑与各种防治措施进行配合、协调，取长补短，充分发挥生物防治在害虫综合治理体系中的作用。

表 5-1　天敌与杀虫剂在控制害虫方面的不同特性

项目	杀虫剂	天敌
来源	人工合成或提取	自然界
残毒	有	无
抗性	容易产生	不易产生

续表

项目	杀虫剂	天敌
效果	速效而容易证实	迟效而不易证实
效果的持续性	暂时性	有一定持久性
对害虫密度的作用方式	非密度制约	密度制约
选择性	非选择性	有选择性
处理	容易	有一定条件限制

第二节　利用捕食性和寄生性天敌防治害虫

一、捕食和寄生的概念

捕食是指某种生物捕捉吃掉另一种生物，通常发生在不同物种间，也有同种个体间的互食，如黄色花蝽既能捕食赤拟谷盗幼虫，食物匮乏时又会自相残杀等。捕食性天敌又称为捕食者（predator）。捕食者通常是以比自身小或弱的动物作为食物，立即或短时间内将其杀死，一个捕食者往往需要吃掉多个捕获对象才能完成其发育过程。捕食者通常只捕食某个发育阶段的害虫。

寄生是指一种生物在生长发育的某个时期内或终身附着在其他动物（寄主）体内或体表，并以摄取寄主的营养物质来维持生命和发育过程，并对寄主造成损害。寄生性天敌又称为寄生物（parasite）。大多数寄生物能使寄主麻痹从而抑制害虫发育，被麻痹的寄主不能继续取食和为害。

寄生性昆虫（和螨类）的生活方式不同于其他典型的寄生物（如寄生性细菌、病毒、原虫等），后者寄生于寄主体内，常使其寄主生病，但不一定使寄主死亡。寄生性昆虫寄生后，因取食寄主，寄主必然死亡。从这一点来讲其更类似于捕食性昆虫（只是取食部位在寄主体内），而不同于真正的内寄生虫，因此有人称此为拟寄生（parasitoid），以与真正的寄生物区别开来。但一般习惯上仍称之为寄生性昆虫或寄生虫。

捕食性和寄生性天敌较多用于食品加工厂和食品仓库，通常在这些环境中缺乏化学防治技术安全使用的条件，或根本不允许使用化学药剂。

害虫对于捕食者和寄生物不易产生抗性，或者说不会产生抗性，因为天敌与寄主的协同进化有助于克服寄主抗性。

目前，世界上许多国家已经允许在储藏物环境中使用捕食性和寄生性天敌防治害虫。例如，美国从 1992 年起，在商品中引入寄生虫和捕食者已被环境保护组织认可。

二、捕食性天敌的利用

自然环境中储藏物害虫也常常遭受鸟类、啮齿动物、蛛形纲动物及其他昆虫的捕食，但其对害虫种群的影响研究较少，研究较多的是一些半翅目的昆虫和个别捕食性螨类。黄色花蝽 [*Xylocoris flavipes*（Reuter）] 对几种储藏物甲虫实验种群有抑制效果（Jay and Davies，1968），可抑制花生仁中赤拟谷盗的种群增长，并减少了花生的被害率；还可抑制玉米中锯谷盗的种群增长。

黄色花蝽的生长发育受温度的影响较大。温度越低黄色花蝽的发育时间越长，但是低温可以使黄色花蝽寿命变长，黄色花蝽在 30℃时的生长发育速度最快。这与大部分储藏物害虫发生为害的温度类似。该虫于 1980 年从美国引入中国，曾进行了防治储粮害虫的相关研究工作。黄色花蝽可以捕食烟草甲（*Lasioderma serricorne*）、嗜卷书虱（*Liposcelis bostrychophila*）、谷蠹（*Rhizopertha dominica*）、赤拟谷盗（*Tribolium castaneum*）、杂拟谷盗（*Tribolium confusum*）、锈赤扁谷盗（*Cryptolestes ferrugineus*）、印度谷螟（*Plodia interpunctella*）、粉斑螟（*Ephestia cautella*）、锯谷盗（*Oryzaephilus surinamensis*）、长角扁谷盗（*Cryptolestes pusillus*）等 15 种储藏物害虫。它最喜捕食锯谷盗、赤拟谷盗、烟草甲和印度谷螟的幼虫。当赤拟谷盗各虫态都存在时，黄色花蝽多半集中捕食不能运动的卵和蛹，它只攻击少数幼虫和更少的成虫。如果用赤拟谷盗各虫态饲养黄色花蝽，则每头黄色花蝽一生平均可杀死 405 个卵、4 头幼虫及 8 头蛹。黄色花蝽的增殖能力也比它的被捕食者（如锯谷盗、赤拟谷盗及粉斑螟等）都要大。黄色花蝽对不同的储藏物害虫防治效果不同。例如，不同数量的黄色花蝽对赤拟谷盗、锈赤扁谷盗、嗜卷书虱、锯谷盗的控害效果均达到 70%以上，控害效果为锯谷盗＞嗜卷书虱＞锈赤扁谷盗＞赤拟谷盗。在高温高湿地区，投放黄色花蝽对实仓内害虫的控制效果显著，能够有效控制害虫暴发。

　　黄色花蝽在食物缺乏时有自相残杀的特性，以保持种群的延续，并且它对杀虫剂的抗药能力也比被捕食者大。该虫的主要局限性是不能捕食生活在粮粒内部的害虫，同时也不能抑制面粉中的赤拟谷盗。黄色花蝽在颗粒大、孔隙度大的粮堆中捕食害虫的效果较好。

　　仓双环猎蝽（*Peregrinator biannulipes* Montrouzier et Signor）也是一种半翅目的捕食性昆虫。成虫体长 6.4～6.9mm，呈深棕褐色，体上多毛。前翅黑色，革片黄褐色，中央有一纵行条纹，并有两个暗褐色大斑。触角近末端和各足的腿节各有一圈黑褐色环纹。雌雄成虫的臭腺均开口于腹部第 1 节的背面。当成虫受惊后，即放出令人头昏的臭味。若虫虽有臭腺，但受惊后并不放出臭味。若虫体形似成虫。成虫羽化后 2d 即开始交尾，雌雄成虫一生可交尾多次，世代重叠十分明显。

　　若虫初孵后约 1h 即开始取食，脱皮前后一般停食。若虫捕食仓虫时，先用吻刺入被捕食的虫体内吸食体液，直到被捕食的虫体被吸成空壳。仓双环猎蝽成虫对于赤拟谷盗、锯谷盗及长角扁谷盗等的繁殖具有一定的控制能力。一头仓双环猎蝽一生可捕食赤拟谷盗幼虫平均达 200 头，其中若虫期平均捕食 51 头，成虫期平均捕食 150 头。有人曾用花生饲养赤拟谷盗 5 对，并加入 3 对仓双环猎蝽，100d 后赤拟谷盗的数量即减少了 90%，花生被害率只有 2.65%；而对照中赤拟谷盗的数量增加了 5.1 倍，花生被害率则高达 31.34%。又在 5 对锯谷盗中加入 1 对仓双环猎蝽，经过 111d 后，锯谷盗全部被消灭，而对照中锯谷盗的数量却增加了 14 倍。

　　与黄色花蝽一样，仓双环猎蝽仅能够捕食在粮粒外部生活的害虫，但对藏在粮粒内部的幼虫及蛹则无法捕食。例如，仓双环猎蝽能捕食在粮粒外生活的谷蠹成虫、玉米象成虫及麦蛾成虫，但不能捕食藏在粒内的 3 种害虫的幼虫和蛹。仓双环猎蝽控制印度谷螟的能力极强，由于印度谷螟的多数幼虫在粮食表层为害，所结虫茧又极薄，极易被仓双环猎蝽所捕杀。与此相反，一点谷螟幼虫藏在厚茧内，仓双环猎蝽不能捕食。此外仓双环猎蝽由于个体较大，不易钻入粮堆内部捕食害虫，仓双环猎蝽成虫在小麦堆内只能下钻 1cm，其低龄若虫在小麦堆内及谷粉中只能下钻 2～3cm。总之，仓双环猎蝽捕食能力极强，捕食范围广，成虫寿命长，可以用在货栈、空仓及加工厂等处捕杀害虫，不失为一种有效防治储藏物害虫的天敌昆虫。

　　储藏物中的一些捕食性螨类对抑制害虫的种群也起到一定的作用。普通肉食螨（*Cheyletus eruditus* Schrank）在储藏物中常常和一些粉螨，如粗脚粉螨（*Aleurobius farinae*）、腐食酪螨

（*Tyrophagus putrescentiae*）、害嗜鳞螨（*Lepidoglyphus destructor*）及家食甜螨（*Glycyphagus domesticus*）等一起发生，并以捕食这些粉螨为生。

　　普通肉食螨常栖息于落叶层、树皮下、土壤表层和食品仓库内，能捕食粉螨、叶螨等微小动物。生活史包括卵、幼螨、原若螨、后若螨、成螨5个阶段；而雄螨的发育历期未见后若螨阶段。我国黑龙江、河南、上海、浙江、云南、北京、四川等省（市）均有普通肉食螨分布。普通肉食螨生长周期短、繁殖能力强、食性广泛，具有一定的适生能力，具备生物防治的潜力。食性广泛，除捕食粉螨外，还能捕食印度谷螟、锈赤扁谷盗、赤拟谷盗等储粮害虫的卵和低龄幼虫，而且还有自相残杀的习性。例如，普通肉食螨能吃自己的卵和幼螨。普通肉食螨适生性强，在20~30℃，相对湿度80%~90%的环境中，生活活跃；在35℃，相对湿度70%时，生活才受到抑制；在-18℃左右的条件下，经过1h，仍有63%的螨能生活。

　　黑矮阎甲[*Carcinops pumilio*（Erichson）]称小龟型虫，隶属于鞘翅目（Coleoptera）阎甲科（Histeridae），世界性分布，我国大部分省区有分布。黑矮阎甲被发现于多种动植物性物质内，如动物尸体、骨骼、鸡窝、鸽窝、动植物产品仓库，尤以粮食加工厂及面粉库内发生较多，也经常进入住房内；可在腐烂的有机质、动物毛发、树干汁液、虫蛀孔道及动物巢穴等特殊环境中被发现。阎甲科种类的分布与人类活动影响关系密切。寄主为谷粉、麸皮、腐烂的粮食。成虫和幼虫多为捕食性，主要以腐败物质中或大型真菌中的双翅目昆虫及其他昆虫幼虫为食，也捕食螨类或直接取食动物的尸体或粪便，在仓库，多栖息于潮湿阴暗处，如粮堆的下层、地下室及仓库死角处，多在潮湿的墙角中活动。每年发生的代数不明，以成虫越冬。成虫和幼虫具有捕食性，可作为抑制储粮害虫的有效生物防除剂。

　　利用黑矮阎甲在多哥和西非防治大谷蠹（*Prostephanus truncatus* Horn），是储藏物害虫生物防治的一次成功之作。大谷蠹源于南美新热带区，20世纪70年代末传入坦桑尼亚，随后广布于缺少天敌的非洲国家。这是一种极其危险的储藏物害虫，主要为害玉米和木薯片，也是我国的检疫性害虫之一。黑矮阎甲也源于新热带区，成虫寿命长，羽化后能持续繁殖16.5个月，其成虫和幼虫都以大谷蠹的卵和幼虫为食。幼虫在整个发育过程中要吃掉60头大谷蠹的幼虫。由于该甲虫的发育期较长，繁殖率低，因此一般认为大批饲养效益不高。1991年首先在多哥使用，随后是在肯尼亚、贝宁、加纳和几内亚得到应用，作为大谷蠹的天敌，黑矮阎甲还被推荐到一些发生大谷蠹的国家。

三、寄生性天敌的利用

　　国际上早期报道寄生性天敌利用是在伦敦一家面粉厂发现了一种蛾类幼虫的寄生蜂——仓蛾姬蜂[*Venturia*（=*Porizon*）*canescons* Gahon.]，20世纪20年代后对于寄生性天敌防治储藏物害虫的效果研究增多。例如，用麦蛾茧蜂[*Habrobracon*（=*Bracon*）*hebetor* Say]防治地中海粉斑螟，米象金小蜂（*Lariophagus distinguendus* Forster）寄生米象，广赤眼蜂（*Trichogramma evanescens* Westwood）和仓蛾姬蜂的生物学研究等。大规模释放寄生蜂防治储藏物害虫始于20世纪40年代，当时在巴林和巴西向发生粉斑螟的可可仓库内释放了2万多头麦蛾茧蜂。20世纪90年代，许多天敌实验室内和实际防治性能研究广泛。

　　储藏物害虫的寄生性天敌大多属于膜翅目昆虫。通常是一些寄生蜂，雌性成虫寻找适合的寄主产卵繁衍后代，其未成熟虫期在单个寄主体内完成发育，寄主被取食致死。大多数寄生蜂对寄主的选择有种的专一性，通常是寄生某一种或某一属的处于某一发育期的害虫。许多寄生蜂会自然出现在粮食仓库内，在自然条件下它们的数量随寄主的种群数量增加而增加，对害虫的种群起到一定的控制作用。更有效地防治害虫则需要人工释放寄生性天敌。

　　寄生蜂对蛀食性和外部取食性害虫这两类害虫的不同虫期有一定的选择性。目前世界上发现可寄生储藏物害虫的寄生蜂有数十种，主要是赤眼蜂、金小蜂和茧蜂等。特别是防治鳞翅目害虫的寄生蜂已经被开发，并且投入了商业应用。其中最有价值的是麦蛾茧蜂和广赤眼蜂，对于常见的储藏物蛾类害虫印度谷螟、粉斑螟、地中海螟、烟草螟等，这两种寄生蜂都可以寄生。

　　麦蛾茧蜂是较常见的一种蛾类寄生蜂，在我国也有广泛的分布。它属于外寄生，即附着在寄主体表发育。雌性成虫在找到寄主幼虫以后，可在寄主体表产卵，还可刺破寄主的表皮吸取其体液。麦蛾茧蜂成虫可蜇死2龄以后的蛾类幼虫，寄生于3龄以后的幼虫，对吐丝结网、结茧的幼虫及袋中的幼虫均能寄生。麦蛾茧蜂在美国有商业化批量生产，可将带有麦蛾茧蜂卵的寄生物放在居民家中、食品加工厂和其他食品流通场所的适当位置，释放两周后，寄生蜂从纸卡内飞出寻找寄主。

　　广赤眼蜂是世界性重要天敌昆虫资源之一，被广泛应用于多种农林害虫的生物防治，在陕西省咸阳地区全年可发生14代，是一种有效的生物防治寄生蜂。

　　寄生储藏物甲虫的寄生蜂大多属于金小蜂科（Pteromalidae）和肿腿蜂科（Bethylidae）。研究表明这些寄生蜂释放后能连续抑制储藏物害虫很多年，自然条件很容易在储粮中发现这些寄生蜂，它们通常个体很小，只有1～2mm。如果粮食中没有甲虫存在，它们会在5～10d死去。寄生蜂在粮粒外生活，在一般的清理过程中可将其除去。

　　我国在利用肿腿蜂进行生物防治工作中主要使用的种类包括管氏肿腿蜂（*Sclerodermus guani*）及川硬皮肿腿蜂（*Scleroderma sichuanensis* Xiao）。管氏肿腿蜂是一种以鞘翅目、鳞翅目等多种蛀干害虫（特别是天牛类）的幼虫和蛹为寄主的体外寄生蜂，是天牛等多种蛀干害虫的重要寄生性天敌，对于控制天牛危害具有重要作用。肿腿蜂一年的发生代数随其种类及所在地区的气候不同而异。在河北、山东一年发生5代，在粤北山区一年发生5～6代，在广州一年可完成7～8代。肿腿蜂以受精雌虫在天牛虫道内群居越冬，翌年4月上中旬出蛰活动，寻找寄主。其钻蛀能力极强，能穿过充满虫粪的虫道寻找到寄主。肿腿蜂为体外寄生蜂，其寄生活动可分为：麻痹寄主、取食发育、清理寄主周围环境、产卵、育幼。肿腿蜂用尾刺蜇刺寄主注入蜂毒，将寄主麻痹后，拖到隐蔽场所，然后守卫警戒。肿腿蜂通过取食寄主体液补充营养，为产卵做准备。有些小型昆虫，在肿腿蜂蜇刺取食过程中就已死亡；而一些体型过大的寄主，不能被其麻痹产卵。通过释放管氏肿腿蜂对松褐天牛致死率最高能达到66.82%，第二年的持续防效能达85.16%～95.68%，说明管氏肿腿蜂是一种防治低龄幼虫期松褐天牛比较有效的天敌昆虫。

　　一些寄生性螨类也表现出防治储藏物害虫的作用。螨类螯肢为主要的取食器官，须肢主要功能是抓握食物，须肢或第一对足作为类重要的感觉器官，常起着与触角相似的作用。蒲螨（*Pyemotes*）生活史短，成螨是唯一可以自由移动的形态。交配后的雌螨寻找到寄主，用螯肢向寄主体内注入毒素而麻痹并杀死寄主，其后固定在寄主体上吸食体液并腹部膨大形成膨腹体，同时幼螨在膨腹体内逐渐发育成熟。蒲螨膨腹体进行胎生将成螨产出，雄性先产出并寄居在雌性膨腹体上，当卵在雌螨膨腹体内发育至成螨并即将从生殖孔产出时，雄螨即爬至生殖孔附近，将雌螨拖出体外并开始交配。只有交配后的雌性才离开母体寻找寄主，未交配的则依然留在母体。如果将膨腹体上所有的雄螨都移除，此时产出的雌螨即进行产雄孤雌生殖，后代都是雄螨。蒲螨能够寄生杀死花生豆象[*Caryedon serratus*（Olivier）]，被认为能够控制花生豆象种群。实验室中，蒲螨能攻击 2～4 龄的马铃薯甲虫幼虫，在 2～4h 内造成麻痹，2～7d 后造成死亡，但却不能产生后代。蒲螨可造成大眼锯谷盗卵、幼虫和蛹死亡，成虫有 97% 的死亡率；赤拟谷盗、烟草甲低龄幼虫有 100% 的死亡率；粉斑螟、印度谷螟的卵、低龄幼虫和成虫有 91%～100% 的死亡率。该螨会咬人并可引起皮炎，实际应用中它在缺乏寄主后 10d 内会死掉。

目前，国际上商业化的寄生蜂大多是用于防治食品行业的鳞翅目害虫，而在储粮中的重要害虫大多属于鞘翅目，寄生蜂真正在粮食仓库中的实际应用几乎没有。

第三节 利用病原体防治害虫

一、昆虫病原体的概念

（一）什么是昆虫病原体

昆虫病原体（pathogen）是指可以导致昆虫生理异常的致病微生物，也称为病原微生物。人们首先认识的昆虫病原体是真菌和细菌，接着是原生动物、病毒和立克次体等许多种类。寄生昆虫的线虫属多细胞动物，但习惯上也纳入病原微生物之内。最早是 Agostino Bassi de Lodi（1835）在死蚕身上发现一种寄生真菌，后人们陆续发现了多种病原微生物引起的昆虫疾病，并从病变的昆虫体内分离、培养病原体，用它们防治有害昆虫。

（二）利用病原体防治害虫的优点

与化学防治相比，利用病原体防治害虫的优点可概括为以下几点。

（1）与化学杀虫剂不同，病原体是在自然条件下发生的，许多已经在储藏物中发现。

（2）对脊椎动物和人类无毒害，使用者危险性很小。虽然侵染昆虫的病原体和那些脊椎动物病原体在一般类群上是相同的，但绝大多数昆虫的病原体不伤害脊椎动物。

（3）常用的微生物杀虫剂所含有的对昆虫有效的成分对鱼类、高等动物和人类没有毒性和致病性，至今也没有证据表明人工施用昆虫病原微生物可以在自然状态下对人类造成危害。与许多化学农药相比，微生物杀虫剂是一种"干净"的生物农药。

（4）使用过程中和使用后的储藏物中无异味。

（5）昆虫不易产生抗药性。到目前为止，还没有发现昆虫对于微生物杀虫剂产生抗性的确切证据。在综合了大量有关昆虫对各种病原微生物的抗性研究材料后，有人认为昆虫对于微生物的长期、多次的侵染是会发展一定的抗性的，但这种抗性的增长是极其缓慢的。例如，苏云金杆菌制剂，大量使用已有 30 多年，至今尚未发现因昆虫抗性增加而影响防效的事实。因此，可以认为，昆虫对于病原体的抗性即使有，也是极其微小的。

（6）有自然传播感染病的能力。有些昆虫病原微生物，在使用后可在昆虫群落中自然传播感染而造成流行病用。有些病原微生物虽然短期的防治效果不显著，但在某一生态环境中定居下来，在适合的条件下就可引起昆虫的疾病和死亡，成为经常抑制虫口密度的自然因素。

（7）许多昆虫病原微生物已能进行工业化的大量生产。不少类型还可以采用简单的固体发酵方法来进行生产，不需要特殊的设备条件。

（三）利用病原体防治害虫的缺点

目前人们所采用的微生物杀虫剂，绝大部分都是以当代短期目标进行的，微生物杀虫剂也有其缺点。

（1）很难彻底消灭害虫。一个现实的目的是将害虫种群控制在较低的危害水平。

（2）选择性较强。许多微生物杀虫剂对虫种和虫期有很强的选择性，当发生多种害虫或有不同发育期害虫存在时，可能需要使用不同种类的微生物杀虫剂。

（3）与常规杀虫剂相比，防治效果较缓慢，特别是不适合用在害虫严重发生的场合。因此，常常在防治见效之前，储藏物已遭受了较大的损失。

（4）使用后活的病原体会残存在储藏物中，但经过一些适当的物理加工过程通常可以将其除去。

（5）使用费用可能比现行的化学防治费用要高。

（6）微生物杀虫剂储存也是问题之一。因为长期的存放可能会导致其活力的下降或丧失，从而影响防治效果。

病原体防治不能解决所有害虫的防治问题，必要的和合理的化学防治仍然是很重要的。生物杀虫剂的主要收益是开发它们的生物学特性，而不是企图去取代化学药剂。为了有效地控制害虫，保护环境，保证人畜健康，除了努力研制高效低毒的化学杀虫剂之外，还应当积极地大力发展病原微生物在害虫防治上的作用，使害虫综合防治体系更为完善和有效。

二、利用细菌防治害虫

（一）苏云金杆菌

在众多的昆虫致病细菌中，最成功的用来防治害虫的细菌之一是苏云金杆菌（*Bacillus thuringiensis*，*Bt*）。1911 年，德国的 Berliner 首先从面粉仓库害虫地中海粉螟体上分离到苏云金杆菌，并开始用于鳞翅目害虫的防治。目前全世界至少已有 20 种 *Bt* 的商品制剂，产量最大、应用最广的要数美国、俄罗斯和中国。

苏云金杆菌为革兰氏阳性的芽孢杆菌，产生蛋白质伴孢晶体，并能寄生于多种昆虫体内使之致病。苏云金杆菌营养体细胞杆状，大小为 $(1.0\sim1.2)\,\mu m\times(3.0\sim5.0)\,\mu m$，周生鞭毛，能运动。苏云金杆菌的生活周期可分为三个阶段：芽孢休眠期、营养体时期和孢子囊时期。菌体成熟后形成芽孢和伴孢晶体，称为孢子囊。孢子囊到一定时间后破裂，释放出游离的伴孢晶体和芽孢。

苏云金杆菌根据菌细胞鞭毛抗原（H 抗原）的特异性而分成不同的血清型，而后结合生理生化特性的区别特征，在血清型下再分为各个亚种（或变种）。迄今，苏云金杆菌至少有 23 个血清型 30 多个亚种。用于防治储藏物害虫的主要是 H_{3a3b}/戈尔斯德亚种。

苏云金杆菌产生的毒素主要有 α-外毒素、β-外毒素、δ-内毒素和 γ-外毒素。

α-外毒素又称为卵磷脂酶或磷酸酯酶 C，是一种对昆虫肠道有破坏作用的酶；β-外毒素又称为热稳定外毒素，对家蝇有特异的致病作用，故也称蝇毒素；δ-内毒素即伴孢晶体，又称晶体毒素；γ-外毒素是一种或几种未经鉴定的酶，毒力没有得到证实。在应用苏云金杆菌防治害虫中，起重要作用的主要是 δ-内毒素和 β-外毒素。

δ-内毒素主要存在于晶体内，它是一个多肽。晶体在敏感昆虫的肠道内，在碱性肠液的作用下，经肠蛋白酶的作用后释放出毒素。毒素可使昆虫肠道麻痹和中肠肠膜破裂，肠道内含物流入血腔，肠道整个透性失衡，最后导致昆虫死亡；还有一种形式，如地中海螟中毒后不表现肠道和全身麻痹病症，最后死于败血病。δ-内毒素主要是对鳞翅目幼虫具有毒杀作用，对少数鞘翅目幼虫也有毒杀作用。

β-外毒素是一种腺嘌呤核苷酸类物质，在菌体生长过程中不断积累到培养基中，当细菌生长量达到最大时，毒素的产生也达最大量，芽孢开始形成时，毒素的产生也就完成。β-外毒素抑制 RNA 的生物合成，具有广谱的杀虫活性，对鳞翅目、双翅目、直翅目、鞘翅目及膜翅目的 30 多种昆虫有不同程度的杀虫活性。

防治储藏物害虫的 *Bt* 制剂的剂型主要是可湿性粉剂、液剂和粉剂。*Bt* 的粉剂和可湿性粉剂已在美国粮仓中得到了应用，对防治蛾类害虫非常有效。这两种剂型都可减少小麦中印度谷螟的种群 50%～60%；在大麦中超过 80%。液剂可以与粮食拌和，或仅在粮堆表面 10cm 拌和即可达到防治害虫为害的效果。在通常条件下，可保持一年杀虫活力无显著降低，也不会因磷化氢、溴甲烷等熏蒸剂熏蒸而降低毒力。

目前 *Bt* 制剂主要用于防治储藏物蛾类害虫。美国国家环境保护局（1980）同意将 *Bt* 制剂用于储藏物害虫防治，并有商品名为 Dipel 的 *Bt* 制剂注册用于储藏物蛾类害虫的防治。该产品也由英国农药安全理事会（PSD）注册，允许在英国使用。其防治对象主要是印度谷螟、粉斑螟和烟草螟等蛾类害虫。在实验室研究中发现使用转 *Bt* 基因水稻饲喂印度谷螟会导致其发育迟缓或死亡，且印度谷螟的死亡率与 *Bt* 稻谷粉的浓度呈正相关；Gryspeirt 和 Gregoir（2012）发现 *Bt* 敏感品系印度谷螟幼虫拒绝取食转 *Cry1Fa* 基因玉米，一旦取食后，印度谷螟的体重会随之减少，而取食转 *Cry1Ab* 基因玉米后却呈现相反的结果。虽然有些 *Bt* 的亚种对储藏物甲虫，如赤拟谷盗表现出一定的抑制作用，但由于其毒力不是很高，离商业应用还有一段距离。关于储藏物鳞翅目害虫对 *Bt* 的抗性问题，世界上已有报道。第一例报道是关于印度谷螟的野外品系对 *Bt* 产生了抗性，抗性发展很快，而且当没有选择压力时抗性水平仍保持稳定。在美国，经一个储藏季节后，印度谷螟和粉斑螟便产生了抗性。抗性问题的出现将影响 *Bt* 作为防治储藏物蛾类害虫的主要手段，解决抗性问题的途径是正确地使用和筛选新的菌种。

（二）冰核活性细菌

冰核活性细菌（ice-nucleating activity bacteria）是一种新的防治储藏物害虫的细菌，也叫丁香假单胞杆菌（*Pseudomonas syringae*），它可以提高昆虫体液的冰点温度。自从 20 世纪 70 年代丁香假单胞杆菌被分离出来以后，人们开始测定它作为生物防治剂的应用价值。储藏物昆虫的体液一般在-15～-10℃仍保持液态，许多昆虫的体液冰点可达-20℃。据报道，使用 10mg/kg 剂量的冰核细菌处理，可使害虫的冰点温度提高 5～10℃。

利用冰核活性细菌防治仓储害虫有很大的优点。首先，它不污染环境，不存在残留问题，也不会影响储粮的品质等。其次，在这种小的环境中便于进行人工低温的控制，防治成本低，易于操作。Fields 在模拟天然粮仓的条件下，用冻干、灭活的丁香假单胞杆菌制剂防治锈赤扁谷盗，能降低其耐寒性。将处理后的锈赤扁谷盗在-10℃低温下处理 24h，其死亡率明显提高。在室内测定丁香假单胞杆菌对多种仓储害虫耐寒性的影响发现，丁香假单胞杆菌能显著降低昆虫的过冷却能力，平均过冷却点比对照提高 11.9℃。总之，把冰核活性细菌或冰核蛋白应用于害虫的低温寒害或冻害的诱导和天敌越冬的低温保护等方面，是害虫防治和益虫保护的新思路。

三、利用真菌防治害虫

自然条件下，也有许多感染害虫的致病真菌。当真菌感染寄主后，其芽孢便会萌发，通过化学和物理作用穿过表皮达到血液中，最后可导致昆虫的死亡。

虽然人们已经发现很多昆虫的致病真菌，但利用它们防治储藏物害虫的研究却很有限。白僵菌（*Beauveria bassianah*）和绿僵菌（*Metarhizium anisopliae*）是研究和利用最多的真菌，它们对昆虫有很强的致病能力，已知寄生的昆虫种类都在 200 种以上。许多国家都已有这两种真菌的商业制剂，用于防治农业害虫。

白僵菌是一种子囊菌类的虫生真菌，主要包括球孢白僵菌和布氏白僵菌等种类，常通过无性繁殖生成，菌丝有横隔、有分枝。白僵菌的分布范围很广，从海拔几米至 2000 多米的地方均发现白僵菌的存在，白僵菌可以侵入 6 目 15 科 200 多种昆虫体内大量繁殖，同时产生白僵素（非核糖体多肽类毒素）、卵孢霉素（苯醌类毒素）和草酸钙结晶，这些物质可引起昆虫中毒，扰乱新陈代谢以致死亡。所谓白僵虫就是白僵菌的分生孢子落在昆虫体上，在合适温湿条件下，即可发芽直接侵入昆虫体内，以昆虫体内的血细胞及其他组织细胞作为营养，大量增殖，以后菌丝穿出体表，产生白粉状分生孢子，从而使害虫呈白色僵死状，称为白僵虫。白僵菌制剂对人、畜无毒，对作物安全，无残留、无污染。

绿僵菌与青霉属很相近，先形成白色菌落，菌丝分枝互相交织，形成分生孢子梗，孢子梗上着生青霉菌状的成串分生孢子，分生孢子初为白色，慢慢到成熟时即呈绿色或暗绿色。绿僵菌是广谱的昆虫病原菌，据统计，绿僵菌寄主昆虫达 200 种以上，能寄生金龟甲、象甲、金针虫、鳞翅目害虫幼虫和半翅目蝽象等。可诱发昆虫产生绿僵病，可在种群内形成重复侵染。从防治规模来看，绿僵菌可发展成为仅次于白僵菌的真菌杀虫剂。绿僵菌同样对人畜无害，对天敌昆虫安全，不污染环境。

通过对白僵菌抑制锯谷盗的作用研究发现，环境湿度是影响白僵菌防虫的一个关键因素。在低于 100% 相对湿度（RH）的条件下，锯谷盗感染很少，在粮食安全水分的储藏条件下，白僵菌不可能控制锯谷盗的数量。但在低温条件下，该菌确实表现出很强的抑制能力，当将白僵菌的分生孢子与粮食混合后，锯谷盗子代幼虫和蛹的数量可减少 91% 以上。有人对白僵菌和绿僵菌抑制玉米象和大豆象进行了小型的实验室研究，发现对这两种害虫均有不同程度的抑制作用，在实验条件下白僵菌优于绿僵菌。另一项研究也表明，白僵菌防治谷蠹、米象和赤拟谷盗的效果也比绿僵菌、莱氏蛾霉菌（*Nomuraea rileyi*）及蜡蚧轮枝孢（*Verticillium lecanii*）要好。在伊拉克一个非谷物的储藏物仓库内，以每立方米 30 万个白僵菌的分生孢子的剂量处理，结果使粉斑螟的死亡率达到 96%。Adane 等（1996）分离到一个白僵菌的菌株，很低的剂量对玉米象就有很强的抑制作用，但 Moino 等（1998）所用的 61 个白僵菌菌株对玉米象只有很微弱的活性。由此可见，同一种真菌不同菌株间的活性存在着很大的差异，因此菌株的筛选显得非常重要。

此外，利用多杀菌素（spinosad）防治害虫已经成为研究的热点。它是在刺糖多孢菌（*Saccharopolyspora spinosa*）培养介质中，经有氧发酵而得到的次级代谢产物，对经济上的重要害虫具有极高的杀虫活性，而对哺乳类动物、鸟类和鱼类表现出较高的安全性。多杀菌素从结构上看属大环内酯类，呈浅灰白色的固体结晶，有轻微的陈腐泥土气味，可被光降解和微生物降解为碳、氢、氧、氮等自然组分。多杀菌素对昆虫存在快速触杀和摄食毒性，通过刺激昆虫的神经系统，导致昆虫非功能性的肌收缩或者衰竭，并伴随着颤抖和麻痹，最终致其死亡。电生理研究表明，多杀菌素 A 作用于昆虫的中央神经系统，增加自发活性，导致无意识的肌肉收缩和颤抖。多杀菌素能够有效地防治储藏物害虫。研究人员比较多杀菌素对常见储粮害虫的 24h 的 LD_{50} 值发现，多杀菌素对 8 种储粮害虫的毒力大小依次为谷蠹＞锈赤扁谷盗＞锯谷盗＞玉米象＞嗜虫书虱＞米象＞赤拟谷盗＞嗜卷书虱。多杀菌素对谷蠹的毒力最大

（$LD_{50}=0.0096mg/cm$），对赤拟谷盗和嗜卷书虱的毒力较小（$LD_{50}=26.9925mg/cm$）。多杀菌素对防治粗脚姬卷叶蛾（*Cryptophlebia ombrodelta*）非常有效，在每千克小麦中使用 0.5mg 多杀菌素 14d 以后成虫即全部死亡，防虫药效可持续近 9 个月；而同样的处理方法能够使谷蠹的成虫的死亡率达到 100%，并能抑制后代的数量；嗜虫书虱后代在 14d 后减少 92%，在 28d 后成虫死亡率达到 100%。

四、利用病毒防治害虫

病毒是一类形态最小、结构最简单的微生物。它们只有一种类型的核酸（DNA 或 RNA），无细胞结构，又称分子生物，只有在活的寄主细胞内才能复制增殖。

到 20 世纪 80 年代，世界上已记载 800 多种寄生昆虫和螨类的病毒，1200 多种病毒病。在储藏物中感染害虫的重要病毒大多属于杆状病毒（*Baculovirus*）。大多数杆状病毒可在寄主细胞内形成蛋白质结晶状的包涵体，病毒颗粒被包埋于其中，统称为包涵体病毒。包涵体病毒包括核型多角体病毒（NPV）、颗粒体病毒（GV）、质型多角体病毒（CPV）和昆虫痘病毒（FPV），前 3 种类型的病毒所引起的昆虫疾病，占已知昆虫病毒病的一半以上。

昆虫感染病毒后，包涵体在碱性的中肠内被溶解，释放出病毒颗粒，中肠细胞被感染，接着是全身组织感染。几天内昆虫便停止取食，随着病毒颗粒渗透到全身，中肠开始萎缩，昆虫肢体分解，通常在 4～21d 死亡。多数杆状病毒可通过母体传给子代。

目前已经发现并分离出的储藏物昆虫病毒，主要有印度谷螟颗粒体病毒（PGV）、粉斑螟颗粒体病毒（CGV）和粉斑螟核型多角体病毒（NPV）。其中研究较多的是 PGV，用 PGV 液剂或粉剂以 1.875mg/kg 的剂量混合处理谷物或在表面处理，可有效地防治储藏玉米和小麦中的印度谷螟。并发现 PGV 和马拉硫磷混合使用有增效作用，防治杏仁中的印度谷螟的效果比单独使用两者之一都要好。对小麦或玉米在粮堆上层 10cm 范围内处理几乎和整仓拌和同样有效。

一项统计表明，使用病毒防治的经济花费可与熏蒸和气调相似。因此，利用病毒防治储藏物害虫有望在将来投入商业应用。

五、利用原生动物防治害虫

原生动物是由原生质组成的单核或多核的单细胞生物，其构造极为简单。其单细胞具有运动、摄食、消化和排泄等功能。

在储藏物昆虫中广泛发现的是簇虫、球虫和微孢子虫。原生动物通常通过消化系统或母子传递而进入寄主体内，它们能使害虫产生慢性病变而增加死亡率，降低生育力和抑制种群增长。簇虫和球虫寄生在昆虫的脂肪体、马氏管和肠道内。微孢子虫主要发现于昆虫的脂肪体内，并通过昆虫之间的口器接触或卵期传播。

拟谷盗阿德林球虫（*Adelina tribolii*）是一种脂肪体寄生虫，可感染杂拟谷盗、赤拟谷盗、大黄粉虫和皮蠹，并可以引起杂拟谷盗实验种群和自然种群的流行病。

真簇虫（*Eugregarines*）被认为是有潜力的昆虫病原体，一种真簇虫 *Ascogregarina bostrichidorum* 从坦桑尼亚的大谷蠹体内被分离得到，样本种群中被感染的大谷蠹占比大约为 2%。

新簇虫（*Neogregarines*）自然发生在鳞翅目、鞘翅目和直翅目昆虫中，如拟谷盗粉囊簇虫（*Farinocystis tribolli*）也是从大谷蠹体内分离得到的，它可以感染拟谷盗和扁谷盗等种类，在室内培养的条件下可以缓慢减少拟谷盗的数量。双孢马特簇虫（*Mattesia dispora*）被发现可寄生于一些鞘翅目和鳞翅目昆虫体内，包括蜡螟（*Galleria mellonella*）、地中海粉螟、印度谷螟、长角扁谷盗和锈赤扁谷盗等。由于它有很广泛的寄生范围，被认为是很有开发潜力的生物杀虫剂。

多数原生动物可以影响昆虫的发育和繁殖能力，对人也比较安全，而且作用持久。但它们的缺点是对害虫的控制作用比较缓慢。目前，国际上利用原生动物防治储藏物害虫的研究焦点集中在利用信息素与原生动物孢子结合以引诱昆虫，并使其感染，然后将被感染的昆虫放回栖息场所而传染同种的其他昆虫。

第四节　广义的生物防治

一、昆虫信息素的利用

（一）昆虫信息素的生物学特性

昆虫信息素（pheromone）也称为外激素或信号化合物。它是由昆虫分泌到体外能影响其他昆虫个体的生理和行为反应的微量化学物质。根据其作用方式可分成以下两类：一类是种内信息素，包括性信息素、集结信息素、告警信息素、分散信息素和示踪信息素等；另一类是种间信息素，包括利他素、利己素和互利素等。

信息素最主要的特性之一是具有很强的生物活性。在环境中的微量信息素即可引起昆虫的行为反应，如 $1.3 \times 10^{-3} \mu g$ 的烟草甲雌虫信息素可引起烟草甲雄虫 100% 的反应率。昆虫信息素通常是挥发性强的化学物质，雄虫的触角甚至可以感觉到空气中几个分子的存在。由于信息素的活性很强，虫体内也含量很少。利用信息素防治害虫必须走人工合成类似物的途径，从虫体内提取分离信息素，鉴定其化学成分和结构，为人工合成提供依据。

信息素另一个重要的特性是有很强的种、属专一性。通常一种昆虫的信息素只能引起同种其他个体的行为反应。有些信息素的主要化学成分在近缘（相似）种类间是相同的，如印度谷螟和粉斑螟信息素的主要成分都是顺-9-反-12-十四碳二烯乙酸酯，同时也是拟粉斑螟、地中海螟和烟草螟的信息素的主要成分。昆虫信息素的化学成分是非常复杂的，每种昆虫之间都存在着差异，可以表现出特定种的专一性。

（二）信息素的应用研究概况

昆虫信息素中研究较多的是性信息素和集结信息素。近 40 年来，通过对储藏物昆虫信息素的分离、纯化、结构鉴定及人工合成，其在储藏物害虫防治中的研究应用得到了飞速发展。目前，许多主要的储藏物昆虫信息素已被鉴定和人工合成。人工合成的信息素与昆虫天然的信息素有着相同或类似的效果，为了以示区别，通常将其称为引诱剂。

自从 1966 年第一种储藏物昆虫信息素从黑毛皮蠹（*Attagenus unicolor japonicus* Reitter）体内分离并经化学鉴定以来，迄今已经鉴定出的储藏物昆虫信息素已有 40 种以上，其中很多已被人工合成并作为引诱剂投入了商业应用（表 5-2）。

表 5-2　信息素化学成分已经鉴定的储藏物昆虫的种类及其引诱剂的商业应用情况

分类地位及虫名	学名	英文虫名	商业应用情况
鞘翅目	Coleoptera		
窃蠹科	Anobiidae		

分类地位及虫名	学名	英文虫名	商业应用情况
烟草甲	*Lasioderma serricorne*	cigarette beetle	有
药材甲	*Stegobium paniceum*	drugstore beetle	有
长蠹科	Bostrichidae		
大谷蠹	*Prostephanus truncatus*	larger grain borer	有
谷蠹	*Rhyzopertha dominica*	lesser grain borer	有
豆象科	Bruchidae		
菜豆象（大豆象）	*Acanthoscelides obtectus*	dried bean weevil	无
鹰嘴豆象	*Callosobruchus analis*	graham bean weevil	无
绿豆象	*Callosobruchus chinensis*	azuki bean weevil	无
四纹豆象	*Callosobruchus maculatus*	cowpea weevil	无
扁谷盗科	Laemophloeidae		
锈赤扁谷盗	*Cryptolestes ferrugineus*	rusty grain beetle	无
长角扁谷盗	*Cryptolestes pusillus*	flat grain beetle	无
土耳其扁谷盗	*Cryptolestes turcicus*	flour mill beetle	无
锯谷盗科	Silvanidae		
米扁虫	*Ahasverus advena*	foreign grain beetle	无
方颈谷盗	*Cathartus quadricollis*	Square necked grain beetle	无
大眼锯谷盗	*Oryzaephilus mercator*	merchant grain beetle	无
锯谷盗	*Oryzaephilus surinamensis*	sawtoothed grain beetle	无
象甲科	Curculionidae		
谷象	*Sitophilus granarius*	granary weevil	无
米象	*Sitophilus oryzae*	rice weevil	有
玉米象	*Sitophilus zeamais*	maize weevil	有
皮蠹科	Dermestidae		
丽黄圆皮蠹	*Anthrenus flavipes*	furniture carpet beetle	有
一种圆皮蠹	*Anthrenus sarnicus*	guernsey carpet beetle	有
小圆皮蠹	*Anthrenus verbasci*	varied carpet beetle	有
暗褐毛皮蠹	*Attagenus bruneus*	dark brown fur beetle	无
黑毛皮蠹	*Attagenus unicolor japonicus*	black carpet beetle	有
白腹皮蠹	*Dermestes maculatus*	hide beetle	无
黑斑皮蠹	*Trogoderma glabrum*	black leather beetle	有
谷斑皮蠹	*Trogoderma granarium*	khapra beetle	有
花斑皮蠹	*Trogoderma variabile*	warehouse beetles	有
拟步甲科	Tenebrionidae		
黄粉虫	*Tenebrio molitor*	yellow meal worm	无
赤拟谷盗	*Tribolium costaneum*	red flour beetle	有
杂拟谷盗	*Tribolium confusum*	confused flour beetle	有
鳞翅目	Lepidoptera		
麦蛾科	Gelechiidae		
麦蛾	*Sitotroga cerealella*	angoumois grain moth	有
蜡螟科	*Galleriidae*		

续表

分类地位及虫名	学名	英文虫名	商业应用情况
米蛾	*Corcyra cephalonica*	rice moth	无
蜡螟	*Galleria mellonella*	greater wax moth	无
斑螟科	Phycitidae		
粉斑螟	*Cadra cautella*	almond moth	有
烟草螟	*Ephestia elutella*	tobacco moth	有
拟粉斑螟	*E. figulilella*	raisin moth	有
地中海螟	*E. kuehniella*	Mediterranean flour moth	有
印度谷螟	*Plodia interpunctella*	Indian meal moth	有
谷蛾科	Tineidae		
幕谷蛾（幕衣蛾）	*Tineola bisselliella*	webbing clothes moth	有
袋谷蛾（袋衣蛾）	*Tinea pellionella*	case-making clothes moth	无

注：表中"有"表示该种昆虫人工合成的引诱剂已有商业产品；"无"表示没有商业产品

已有 20 多种螨类的信息素被分离鉴定出来，其中许多与储藏物螨类有关，但还没有在商业上投入应用。

在储藏物昆虫中，性信息素通常是由斑螟科、蜡螟科的蛾类雌虫及窃蠹科、豆象科及皮蠹科的一些种类的雌虫所产生，并且只有雄虫才会对性信息素产生反应。产生性信息素的虫种与其他储藏物昆虫相比，通常成虫寿命较短（数天至数周）。集结信息素通常是由长蠹科、扁谷盗科、象甲科、锯谷盗科及拟步甲科的雄虫所产生，这些昆虫的成虫寿命与产生性信息素的虫种相比相对较长（数周至数月）。在一些场合许多昆虫性信息素和集结信息素都会产生。

高效微量分析仪器的应用及分离技术日益发展，毛细管气相色谱（capillary gas chromatography，GC）、触角电位仪（electroantennography，EAG）、气相色谱-质谱联用（gas chromatography-mass spectrography，GC-MS）、气相色谱-触角电位联用（gas chromatography-electroantennography，GC-EAD）技术的应用愈加广泛，昆虫信息素结构的鉴定也变得方便、快捷。例如，通过相关技术鉴定发现，米象的信息素化学结构是 4-甲基-5-羟基-3-庚酮。大谷蠹、锈赤扁谷盗和锯谷盗的信息素为（E)-2 甲基-2-戊烯酸异丙醇酯、（E，E)-2,4-二甲基-2,4-庚二烯异丙醇酯、（Z)-3-十二烯内酯、（3z，6z)-3,6-十二碳二烯内酯、（5Z，8Z)-5,8-十二碳二烯-13-内酯。赤拟谷盗的集结信息素的结构为 4,8-二甲基癸醛。从河野脂螨（*Lardoglyphus konoi*）雌螨分离出一种可诱集几种螨的集结信息素，其结构为（E)2-4-4 甲基-3-戊烯呋氯烷丁二酯。已经鉴定出信息素成分的部分主要储粮害虫及商业运用情况见表 5-3。

表 5-3　部分主要储藏物害虫信息素的化学成分及商业运用

昆虫种类	信息素组成	性别	商业应用
窃蠹科			
烟草甲	4,6-二甲基-7-羟基壬烷-3 酮	♀	是
药材甲	2,3-二氢-2,3,5-三甲基-6 (1-甲基-2-氧代丁基-四氢-吡喃-4 酮)	♀	是

续表

昆虫种类	信息素组成	性别	商业应用
豆象科			
菜豆象	(E)-1-甲基-2, 4, 5-十四碳三烯醇酯	♂	否
绿豆象	(B)-3, 7-二甲基-2-辛烯-1, 8-二酸; (Z)-3-甲基-3-庚烯酸	♂	否
皮蠹科			
谷斑蠹皮	9∶28(Z∶B)-14-甲基-8-十六碳烯醛; (B)-14-甲基-8-十六碳烯醛	♀	是
黑斑皮蠹	(E)-14-甲基-8-十六碳烯醛-1-醇	♀	是
长蠹科			
谷蠹	(E)-2-甲基-2-戊烯酸仲戊醇酯; (E)-2, 4-二甲基-2-戊烯酸仲戊醇酯	♂	是
大谷蠹	(E)-2-甲基-2-戊烯酸异丙醇酯; (E, E)-2, 4-二甲基-2, 4-庚二烯异丙醇酯	♂	是
扁甲科			
锈赤扁谷盗	(E, E)-4, 8-二甲基-4, 8-癸二烯-10-内酯; (Z, E)-3, 11-十二碳二烯-11-内酯; (Z)-3-十二烯内酯	♂	否
长角扁谷盗	(3Z, 6Z)-3, 6-十二碳烯内酯; (Z)-5-十四碳烯-13-内酯	♂	否
拟步甲科			
赤拟谷盗	4, 8-二甲基癸醛	♂	是
杂拟谷盗	4, 8-二甲基癸醛	♂	是

（三）信息素在储藏物害虫防治中的应用

在储藏物害虫防治中，信息素应用方式主要有：利用引诱剂诱捕监测害虫、利用信息素诱捕大量成虫以降低虫口密度和施用大量性信息素进行迷向干扰雌雄交配。

1. 利用引诱剂诱捕监测害虫　利用信息素类似物人工合成的引诱剂监测食品行业及粮食仓库的害虫在国外较为普遍，也被认为是最灵敏的监测方法。

利用引诱剂监测储藏物害虫要取得良好的效果，必须使其以恒定的或接近恒定的释放速度缓慢、持续（通常为数周或数月）地释放，以维持引诱剂的浓度在一定的监测范围内。过低的浓度可能达不到昆虫反应的临界点；过高的浓度也会使一些种类的昆虫（如拟谷盗）拒绝反应。引诱剂通常被制成一定形式的缓释剂型，如将引诱剂加入橡胶或塑料中，或使其通过一种半透膜缓慢释放。

近年来，性信息素和集结信息素常被用于储粮害虫检测应用，其可以单独使用，也可和食物性引诱剂结合使用进行检测。无论是信息素引诱剂单独使用还是信息素与食物性引诱剂结合使用，通常需要和诱捕器配合使用，包括生命周期短的昆虫，如螟蛾科的蛾虫、豆象科、麦蛾科和皮蠹科等分泌的性信息素和生命周期较长的扁甲科、锯谷盗科、象甲科和拟步甲科等雄性甲虫分泌的复合型信息素，均可与监测诱捕器结合使用监控害虫。利用麦蛾信息素诱捕麦蛾，当释放量为 0.2μg/min 时，诱捕率达到 40%。通过信息素诱捕印度谷螟的应用效果显著，这类信息素诱捕剂在对印度谷螟的诱集防治多应用于食品加工厂、面粉厂等不便采用其他杀虫措施场所。信息素释放量与害虫诱捕量有关，信息素释放剂量与诱捕害虫半径呈正相关。

植物中的挥发性物质能明显增强昆虫信息素的引诱效果。例如，使用瓦楞纸板诱捕器放置于 4 种粮堆（小麦、玉米、粳稻和籼稻）表面可成功诱捕到多种储粮昆虫，包括谷蠹、米象、米象小蜂、麦蛾和锈赤扁谷盗等。小麦的挥发性物质结合人工合成的集结信息素能增强对玉米象和米象的引诱效果。某些种类的小蠹虫可对受伤寄主释放出的萜烯化合物产生趋性，从而加强信息素的诱虫效果。另外，某些挥发性物质与信息素配合使用比两者单独使用对某些储粮害虫的引诱效果要好，如用产生于新鲜谷物中的挥发性物质（如香草醛、麦芽酚、戊醛）与人工合成信息素引诱米象或者用小麦胚芽油和大豆油组成的挥发性物质与 4, 8-二甲基癸醛（信息素）引诱赤拟谷盗。以多孔淀粉包埋碎麦挥发性物质和一定配比的玉米象、米象、书虱信息素的化学成分制成新型引诱剂，在实仓中对书虱的发生和位置能有效预测。通过昆虫信息素结合食物性引诱剂来诱捕锈赤扁谷盗，发现诱捕检测到的害虫数量随着平均粮温的升高而增多。烟草甲信息素提取物和全麦粉挥发物对烟草甲成虫具有较强的引诱效果，而且适当配比剂量的二者混合物对烟草甲成虫的引诱效果与商品烟草甲信息素诱芯相当。为了取得好的检测效果，引诱剂应和诱捕器合理地结合使用，可以结合的诱捕器包括粘胶式诱捕器、漏斗式诱捕器和探管式诱捕器等。

利用信息素和诱捕器结合监测储藏物害虫虽然有检测灵敏的优点，但使用起来有时比较麻烦，尤其是在大范围的储藏物环境中，放置和检查诱捕器的工作量比较大。目前已经开发出电子计数的诱捕器，通过与计算机连接，可以得到不同时间内诱捕到的害虫数量，从而大大降低了人工检查的工作量。

2. 控制害虫数量　　利用信息素降低储藏环境中的害虫数量可通过两种途径，即诱杀害虫和干扰害虫交配以控制子代害虫的数量。

使用信息素可以将害虫诱集，使其无法逃逸或被杀虫剂杀死，从而达到减少环境中害虫数量的目的。对于集结信息素而言，它可以诱捕到雌、雄两性成虫，因而对子代数量的抑制效果较好。而对于性信息素而言，它诱集到的主要是雄虫，以减少成虫交配，减少后代数量。一只雄虫可与多只雌虫交配，一般来说雄虫的诱捕率达到 95% 才能达到防治效果。通常通过诱杀来彻底防治害虫是很困难的，利用信息素大量诱杀蛾类成虫而减少其子代发生数量也有成功的报道。农业上还有一种方法是信息素与昆虫病原体结合应用，使诱集到的雄虫感染病原体，然后放回到环境中让其干扰其他正常的昆虫，从而达到降低害虫数量的目的。

干扰交配也是一种抑制害虫数量的方法。它是利用人为释放性引诱剂，干扰了雌虫和雄虫的信息联络，使其无法交配，降低害虫子代数量从而达到防治的目的。有关试验表明，当害虫密度较低时，干扰交配的效果较好，害虫密度较大时，效果较差。截至目前，干扰交配的试验都是针对储藏物蛾类害虫进行的。

利用信息素干扰昆虫交配的作用机理一般认为有三个方面：一是昆虫经常处在高浓度的性引诱剂环境中，雄虫触角感受器适应了此种环境，提高了其对信息素感应的浓度阈值，对异性昆虫散发出的性信息素不能灵敏地引起反应；二是高浓度性引诱剂的环境笼罩了空间，掩盖了昆虫释放出的性信息素气味流，使异性昆虫在寻找配偶时迷向；三是在空间释放性引诱剂或其中的某一成分，使昆虫释放出的性信息素气味流改变了性质，不能对异性昆虫起到引诱作用。前两种机理可能同时存在，而第三种机理，由于释放出的不是真正的性信息素，可能与前两种机理不同。

从以上三种机理可以看出，干扰交配防治是在高浓度性引诱剂迷漫的空间内才可见效。因此在广大空间内长期保持高浓度而成分比例相对稳定的性信息素气味时，就需要有一种适宜的缓释剂型，能在一段时间内均匀释放。目前常用的有空心纤维、塑料夹层、天然橡胶芯及微胶囊等。目前国外已有电动控制的信息素释放装置，它可以定时、定量地向环境中喷放信息素。

3. 信息素成分分析　　　　信息素成分分析可用于分析判断粮食所感染的害虫种类和密度等信息。相较于信息素在检测诱捕器中的应用，信息素用于检测害虫的研究较少，但近年来有很多研究结果表明，运用信息素成分分析进行害虫检测具有广阔的前景。

在通过信息素浓度预测害虫种群密度的研究中发现，单头雄性赤拟谷盗的浓度范围大约为 878ng/（单体雄虫·d）；单头雄性谷蠹的浓度范围是 0.3～1.24μg/（单体雄虫·d）。

粮仓中害虫密度与环境因素等有关。害虫性别比例也是导致其后代数量变化的主要原因。有人通过收集两性害虫释放的信息素，在确定不同性别害虫性信息素类型的基础上判断其性别。采用固相微萃取法萃取浓缩谷蠹挥发性化合物，通过结果分析可准确鉴别谷蠹性别。采用固相微萃取法检测受不同种类害虫侵害的小麦样品的挥发性成分，发现谷蠹最易被检测出，再者是赤拟谷盗；1kg 小麦样品中感染 1 头雄性谷蠹也能被检测出来。

二、昆虫生长调节剂的利用

（一）生长调节剂的特性

昆虫的生长发育、蜕皮和变态等一系列过程都是由激素控制的。人们至少知道有三种昆虫分泌的激素与生长发育有关，如脑神经分泌细胞分泌的脑激素［BH，又称为促前胸腺激素（PTTH）］、前胸腺分泌的蜕皮激素（MH）和咽侧体分泌的保幼激素（JH）。

人工合成的与昆虫激素有相同或相似作用的化学物质，称为昆虫激素的类似物。由于这些化合物可以控制和调节昆虫的生长发育，故也称为昆虫生长调节剂（insect growth regulator，IGR）。

昆虫生长调节剂有很强的专一性，通常对一种或一类昆虫有作用，对非目标昆虫毒性很低。昆虫生长调节剂对作用虫期也有选择性，通常是对幼虫产生作用，不能杀死成虫。昆虫生长调节剂一般通过阻止昆虫发育成熟阶段以减少后代的繁殖，通常是在害虫发生比较少才使用。

昆虫生长调节剂除激素类似物之外，还包括几丁合成抑制剂及有些导致昆虫生长发育障碍的化合物。

（二）保幼激素类似物

天然的保幼激素是由咽侧体分泌的一些倍半萜烯甲基酯类化合物，调控昆虫的生殖、生长、变态和滞育等过程。已知有 6 种不同的保幼激素，JH 0、JH Ⅰ、JH Ⅱ、JH Ⅲ、JH B3 和甲基法尼酯（methyl farnesoate，MF）。在昆虫的幼虫时期，保幼激素能促进幼虫的生长发育并抑制蜕皮，与调控昆虫蜕皮的另一重要激素——蜕皮激素（ecdysone 或 20-hydroxyecdysone，20E）相互拮抗，调控幼虫的正常发育。在每个龄期中，JH 调控着幼虫的正常发育和生长，并抑制其蜕皮。虫体发育到一定程度后，JH 含量下降，20 E 上升，昆虫进行蜕皮。蜕皮后 20E 下降，JH 再次上升，使昆虫继续保持幼虫状态。

近年来对保幼激素研究的最大进展是其核受体的发现。已证实，保幼激素的核受体是 Met（methoprene-tolerant）与 Tai（taiman）组成的异源二聚体，两者均属于螺旋-环-螺旋结构（basic helix-loop-helix，b HLH）与 Per/Amt/Sim（PAS）结构聚合体蛋白（b HLH-PAS）。科学家首先通过 Methoprene（甲氧普林/烯虫酯，保幼激素类似物）找到了其在昆虫体内的靶位点 Met，并经过一系列实验证明 Met 是 JH 的一个受体，之后又根据 b HLH-PAS 结构蛋白必须与相同结构蛋白组成异源二聚体才能发挥转录因子功能的特殊性，找到了同为 b HLH-PAS 结构的 Tai，两者在没有 JH 的情况下均可与自身结合形成 Met-Met 或 Tai-Tai 的同源二聚体结构，两者在功能上有一定的重叠，而当 JH 与 Met 结合后，其结构会发生一定程度的改变，同源二聚体解离，形成 Met-Tai 异源二聚体并与靶基因启动子区 DNA 反应元件结合发挥功能。

自昆虫激素被提取并经化学鉴定以来，已有许多激素类似物被人工合成，其中研究最早和具代表性的是保幼激素类似物。保幼激素类似物可通过昆虫表皮或取食后致死，但作用比较缓慢。其更重要的作用是影响非成熟虫期的生长发育和变态异常，如使幼虫不能变成蛹，或蛹不能羽化为成虫，产生生理及形态上的变化，形成幼虫与蛹，或蛹与成虫的中间体。这些畸形个体无生命力或者不能繁殖，有间接不育效果。

从 20 世纪 70 年代以后，这些保幼激素类似物陆续用于储藏物害虫防治的研究和应用。国外曾用 15 种保幼激素类似物对印度谷螟、地中海螟、黄粉虫、皮蠹类、拟谷盗类、谷蠹、烟草甲和锯谷盗等 10 余种储藏物害虫进行了试验研究。其中具代表性的保幼激素类似物有蒙 512（ZR-512）、蒙 515（ZR-515）和双氧威等（图 5-1）。

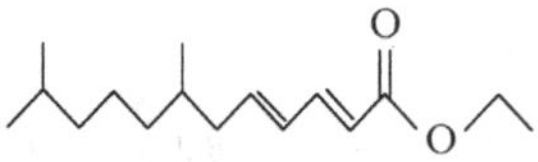

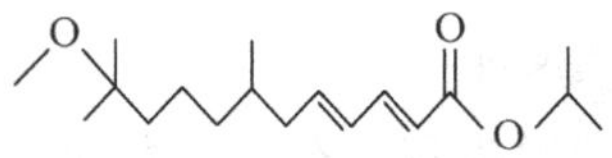

图 5-1　几种保幼激素类似物的化学结构

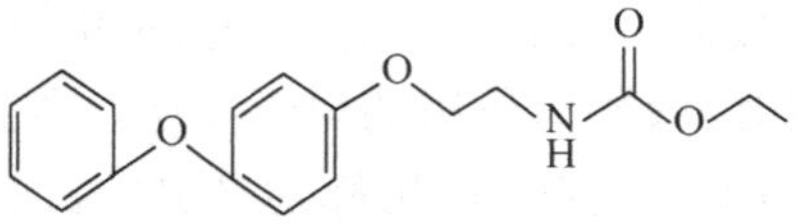

双氧威是一种氨基甲酸酯类杀虫剂，它与天然的保幼激素结构差别很大。由于双氧威具有与保幼激素类似的作用，通常也将其作为一种保幼激素类似物。

在现有的保幼激素类似物中，以蒙 515 的效果最佳。有研究表明，用 5mg/kg 的剂量处理小麦，可有效地防治印度谷螟、烟草甲、谷蠹、锯谷盗和大眼锯谷盗等多种储粮害虫；当以 10mg/kg 的剂量处理储藏烟叶时，对烟草甲的防护期可达 2 年。

保幼激素类似物在美国已允许直接用于防治储藏烟草、花生果及粮食中的害虫。由于其相对昂贵的价格和不能防治粮粒内部的害虫，未得到广泛应用。在澳大利亚也已有保幼激素类似物的商业应用，用于防治小麦、大麦及稻谷中的害虫，可有效地防治对有机磷产生抗性的害虫。

（三）昆虫蜕皮抑制剂

蜕皮激素是由昆虫的前胸腺分泌的一种类固醇化合物。其复杂的结构使得人工合成比较困难而且费用昂贵，被认为不适合用于害虫的防治。这些类固醇的极性特性决定了它们不能通过昆虫的表皮进入虫体，只有通过昆虫的取食摄入。

人们发现在一些植物中存在有类固醇物质，这些来自植物的类固醇相对低廉，可以用来进行有关试验。Wing 等（1988）发现了二苯甲肼，这是一种非类固醇的化合物，其功能可作为昆虫的蜕皮抑制剂（ecdysteroid agonist）。第一个详细研究的化合物是 RH-5849，接下来是活性更高的 RH-5992 及最近的 RH-2485。这些化合物作为谷物防护剂的可能性还没有完全被评价，已经发现对印度谷螟表现出活性。这些化合物对印度谷螟的主要影响不是对其蜕皮过程的抑制，而是在较高的剂量及长期的处理时间内抑制了幼虫的取食，从而导致较高的死亡率。

当用保幼激素类似物处理印度谷螟幼虫时，幼虫期被延长，并且幼虫可继续取食；以蜕皮抑制剂处理时，幼虫期被缩短，其取食也减少，最终导致死亡。由此可知，蜕皮抑制剂与保幼激素类似物对害虫的作用机理是不同的。这类化合物对储藏物害虫的防治效果仍在试验研究中。

（四）几丁合成抑制剂

Post 和 Vincent（1973）首次报道了可以破坏昆虫几丁质合成的化合物，之后人们陆续通过从天然产物中分离，使用化学合成的方法或者筛选化合物库等方法，获得了多种具有几丁质合酶抑制效果的化合物。通过从天然产物分离，人们获得了多种具有几丁质合酶抑制活性的小分子化合物，其中具有核苷骨架结构的几丁质合酶抑制剂受到了人们的关注。尼克霉素和多氧霉素等核苷肽类化合物的结构与几丁质合酶底物具有相似性，是几丁质合酶的竞争性抑制剂。到目前为止，多氧霉素依旧作为农用抗真菌剂被使用。尼克霉素 Z 是目前为止唯一的已经进入临床试验用于治疗真菌感染的几丁质合酶抑制剂。几丁质合酶底物类似物具有开发成药的潜力，目前衍生合成了一系列的几丁质合酶抑制剂，其中一些几丁质合酶抑制剂表现出了抗真菌活性。此后发现许多苯甲酰脲类化合物可抑制昆虫的几丁质合成。由于脊椎动物体内不含几丁质，因此这类化合物选择性很强，对高等动物没有危害，是一类有潜力的、安全的谷物防护剂。

一般认为几丁合成抑制剂可以抑制几丁质合酶的活性，因而使形成表皮的几丁质合成减少或没有合成，破坏了昆虫的蜕皮过程，最后导致幼虫的死亡。因为它们主要对昆虫的幼虫期发挥作用，故名灭幼脲类。灭幼脲处理成虫时，有抑制产卵及使卵不孵化的作用，也是一种安全的昆虫不育剂。

灭幼脲类代表性的品种有灭幼脲 1 号（diflubenzuron，PH-6040 或 TH-6040，即伏虫脲）、灭幼脲 2 号（PH-6038 或 TH-6038）、伏虫隆（teflubenzuron）、杀虫隆（triflumuron）、定虫隆（chlorfluazuron）和氯芬奴隆（lufenuron）等（图 5-2）。灭幼脲类对印度谷螟、象虫、拟谷盗、烟草甲等许多储藏物害虫都有明显的抑制作用，如用 10mg/kg 剂量的灭幼脲 1 号能有效地抑制绿豆象的繁殖，30mg/kg 的剂量可完全抑制子代的发生；以 5mg/kg 剂量处理玉米和稻谷，对谷蠹的有效防护期可达 48 周以上。其中效果最好的是定虫隆，用 0.5mg/kg 的剂量处理 2 周，即可抑制米象、谷蠹、锯谷盗和赤拟谷盗后代的繁殖。有关试验还发现，大多数幼虫因未完成蜕皮过程而死亡，死亡的幼虫主要是第一龄和第二龄幼虫。并且有研究发现，抗马拉硫磷的赤拟谷盗品系对灭幼脲类更敏感，认为它们与有机磷杀虫剂之间存在着负交互抗性。

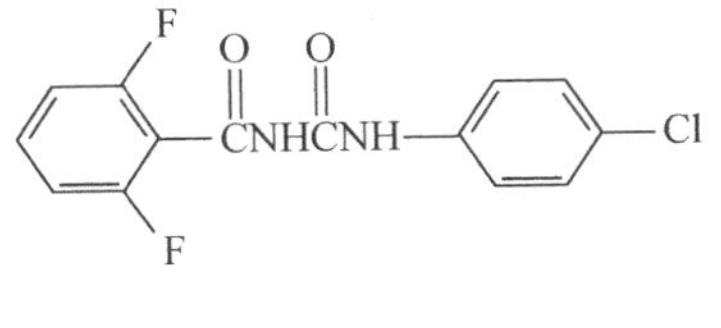

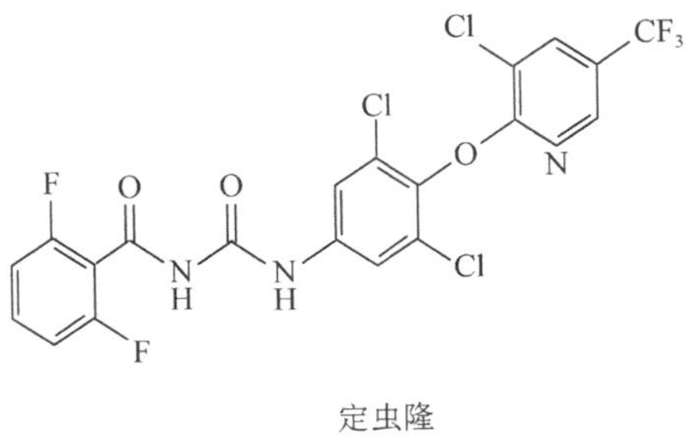

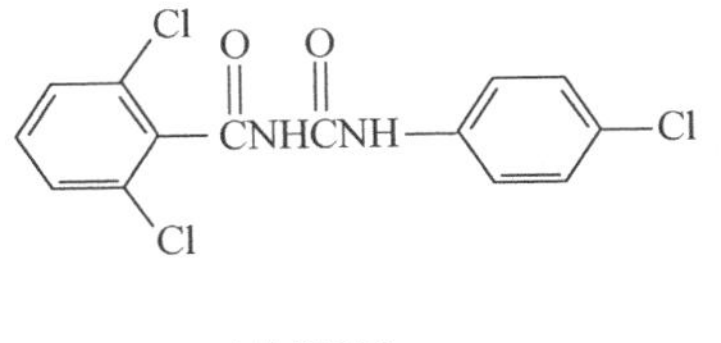

图 5-2　几种几丁合成抑制剂的化学结构

三、植物源杀虫剂的利用

（一）植物源杀虫剂的特性

植物源杀虫剂（botanical）是提取植物的根、茎、叶、花、果中有效果的活性成分，是植物有机体的全部或一部分。植物本身含有复杂的成分，其中杀虫的有效成分只占植物体的很少部分。

植物源杀虫剂对害虫的有效成分主要可分为四类。

第一类是生物碱。也称植物碱，是一类含氮的有机盐基，如烟草中的烟碱。它们主要存在于植物的根皮中，含量约为 0.2%，可用乙醚提取出来。

第二类是糖苷类。也称配糖体，是葡萄糖的分子与另一种有机化合物结合而成的复杂化合物，在虫体内经过化学作用可变为有毒物质，如巴豆苷，可溶于水。大豆中的大豆苷对米象的毒性很大。

第三类是有毒蛋白质、挥发性精油、单宁、树脂等。例如，蓖麻含有有毒蛋白质，对害虫有胃毒作用。山苍子、樟树叶等都含有挥发油。精油在植物的叶、果皮、花及种子中含量较多，通常不溶于水，易溶于乙醇和乙醚。精油对害虫有一定的熏蒸及忌避作用。

第四类是有机酸类、酯类、酮类等。例如，除虫菊所含的杀虫成分为除虫菊酯，鱼藤的杀虫成分是鱼藤酮。

植物源杀虫剂对害虫的毒杀机理可归纳为四个方面，即通过胃毒、触杀和熏蒸作用杀死害虫；作为拒食剂抑制害虫的取食；抑制害虫的繁殖；驱避害虫或影响害虫的行为。有时可能几种方式同时发挥作用。

植物源杀虫剂对高等动物的毒性通常比较低，有些甚至基本无毒。它们在自然界中的分解较快，一般不易残毒，不易对环境造成污染。但是并不是所有的植物源杀虫剂都是如此，如有些植物中的尼古丁及其他成分对人也有很高的毒性。利用植物源杀虫剂防治害虫，可以就地取材，自行配制，这开辟了杀虫剂的新资源，减少了化学药剂的使用。特别是在发展中国家，开发新的化学杀虫剂难度很大，费用昂贵。植物源杀虫剂的应用研究也可为人工合成新的高效低毒的杀虫剂提供重要线索。

植物源杀虫剂也有其难以克服的缺点。植物源杀虫剂的实际用量通常很大，因为植物中的有效杀虫成分只占植物体的极少部分，只有大量使用才能奏效。同时，植物并非取之不尽的资源，如果大量的使用也需要种植而增加费用。另外，植物中的有效成分通常易挥发分解，残效期较短，不易储存。而且植物源杀虫剂受地区性、季节性的影响较大。

（二）植物源杀虫剂的研究与应用

植物源杀虫剂防治害虫的研究程序一般为：先用植物对害虫进行毒力及药效的初步试验，筛选出对害虫有活性的植物；从已筛选出的植物中提取有效成分并进行进一步的杀虫试验；分析鉴定有效成分的化学结构及其与杀虫作用的关系；最终将有效成分制成合适的剂型用于实际害虫防治，或根据有效成分的化学结构人工模拟合成新的杀虫剂。

植物源杀虫剂在应用方面主要有以下几种方式。

一是直接将植物粉碎后制成粉剂与拌粮防虫。这种方式往往用量比较大，有时可将几种植物混合在一起使用，制成"复方"制剂，效果往往比单独使用较好，但混合的种类不宜过多。添加少量化学杀虫剂可提高杀虫效果，减少植物用量。用此类方法制成的植物源农药是由一类或者几类性质相似的物质组成的混合物，其不仅可以发挥粗提物中的各种成分之间的相互协同作用，而且有着投资资金少和开发应用的周期较短的优势。

二是利用植物的提取物。通过提取植物中的有效成分，可减少植物源杀虫剂的用量。提取方式有水提取和有机溶剂提取。水煮沸提取可提取出更多的有效成分，而对于易挥发的有效成分，则用冷浸的方法比较好。利用有机溶剂，如乙醚、乙醇、正丁醇等可提取出油溶性的有效成分，将这些有效成分制成适当的剂型使用。

三是研究植物中的防虫活性物质的结构、作用机理及结构与活性物质之间的关系，并以其中的活性成分物质作为先导来制成新型的植物源农药。

四是植物源农药之间的相互配比或者植物源农药与传统化学农药之间相互配比。通过将不同农药相互配比，可以补充提升其单一农药的杀虫效果，并且能够扩大两农药的杀虫谱。

在植物源农药中的具有杀虫效果的活性成分物质，主要是次生代谢物质，这些次生代谢物质对昆虫有毒杀、干扰行为及调节生物发育的作用。另外，由于次生代谢物质是植物本身为防御害虫侵害的演变进化而来的，因此害虫对植物源农药不会产生抗性。根据目前的一些研究结果表明，植物源农药对于害虫的独特作用，多样化的作用方式，比较复杂的作用机理，总结起来主要具有毒杀害虫、干扰害虫正常的生长发育、拒食和忌避及光活化毒杀害虫等作用。

长期以来，关于植物源杀虫剂防治储藏物害虫方面，人们做了大量的研究开发和应用工作。据统计，世界各地用于防治储藏物害虫试验的植物种类有200多种；供试害虫的种类有30余种，几乎包括了所有重要的储藏物害虫；公开发表的研究报告和论文近千篇。这些研究包括了植物对储藏物害虫的作用效果、植物的提取物及提取方式、提取物的结构鉴定、提取物的不同剂型、杀虫机理、实验室及生产性杀虫研究等各个方面。

人类对植物源杀虫剂研究最大的收益是发现了除虫菊酯类杀虫剂。这是一类存在于除虫菊内的天然活性物质，后来被提取并鉴定了其化学结构，从20世纪70年代起，人们已经合成了多种除虫菊类杀虫剂，被称为拟除虫菊酯。其中对害虫毒力最大的是溴氰菊酯，它们已经在农业害虫和储藏物害虫的防治中发挥了巨大作用。印楝素也是被发现的一种比较成功的植物源杀虫剂，它是一种害虫拒食剂和生长调节剂，并且已有商业剂型投入生产应用。另外，研究较多的植物种类还有花椒、山苍子、苦楝、女贞子、烟草、薄荷叶、金盏花、水蓼、姜黄、桂皮、柑橘皮、丹皮、蛇床子、木香薷、银杏叶、槟榔、艾叶、半夏等。它们当中的有些有效杀虫成分已被提取和鉴定，但多数种类有效成分的化学鉴定工作还在进行中。来源于自然的植物源农药，具有环保、长效、易于光解、残留低及低毒等特点，是适合于促进有机农业及农业可持续发展的新型农药，并成为目前许多第三世界国家防治害虫及一些发达国家生产研究有机食品的热点领域。

(三)植物精油的杀虫活性研究现状

长期以来，植物精油被用于香料生产工业中，但是许多植物精油及其制剂传统上用于害虫防治，对多种昆虫具有驱避、熏蒸和毒杀作用。近年来，越来越多的植物精油针对广泛的昆虫进行了测试，植物精油显示出非常高效的杀虫效果、复杂的作用机制、对非目标生物的低毒性，且植物源杀虫剂对环境或人类健康几乎没有威胁，所以植物精油也成为化学合成杀虫剂的有力替代品。

植物精油的组成非常复杂，含有几十种不同浓度的组分。与微量存在的其他组分相比，它们的特征在于相当高浓度(20%～70%)的两种或三种主要组分。然而，其他次要成分以低水平存在，但在与主要成分协同作用的生物活性中具有重要作用。植物精油主要由萜烯烃(蒎烯、松油烯、柠檬烯、对伞花烃、α-和β-水芹烯）和萜类化合物（含氧烃）组成，如无环单萜醇（香叶醇、芳樟醇），单环醇（薄荷醇、松油醇、冰片），脂肪醛（柠檬醛、香茅醛、紫苏醛），芳香酚（香芹酚、百里酚、丁香酚），双环醇（马鞭草醇），单环酮（薄荷酮、香芹酮），双环单萜酮、酸和酯。植物精油的组成和含量受到植物特征的影响，如发育阶段、品种、地理来源、所选植物的部位、年龄、季节和收获时植物的状况等，也跟提取方法和分析条件有关。例如，高良姜花中获得的精油主要成分与种子获得的精油含量和成分上存在较大差异，主要组成萜烯和萜类化合物和其他芳香族和萜类化合物脂肪族成分，这些组分的分子质量都比较低。

（四）精油的杀虫活性研究

研究发现，香辛料精油及其组分对许多昆虫具有触杀、熏蒸、驱避、引诱、拒食、抑制生长发育等活性。

1. 触杀作用 很多精油对昆虫具有触杀作用，一般而言，植物精油被昆虫吸入、吞食或通过皮肤进入虫体内起作用。南丰蜜橘精油对赤拟谷盗具有很强的触杀和驱避活性，且随着处理时间的增加，赤拟谷盗成虫的触杀死亡率增加，死亡率从12h的7.78%增加到72h的47.8%，而驱避处理在12h时驱避率为84.4%，之后驱避率呈波动且总体下降趋势。互叶白千层精油对玉米象和杂拟谷盗两种害虫均具有触杀作用，且呈现一定的时间和剂量效应，当浓度为5.65mg/cm^{2}时，杂拟谷盗和玉米象24h的校正死亡率分别达到98.89%、97.78%，触杀LD$_{50}$分别为4.70mg/cm^2、4.80mg/cm^2，48h后两种害虫的触杀死亡率均上升到100%。

2. 熏蒸作用 亲脂性植物精油可通过熏蒸作用渗入昆虫角质膜，并以特定的方式阻碍神经递质的传递、生长激素及消化酶的合成和分泌，从而使昆虫的正常生理活动紊乱，进一步对害虫致死。测定14种植物精油对印度谷螟幼虫和赤拟谷盗成虫的熏蒸杀虫效果，发现在蓝桉叶油60μl/L空气浓度的熏蒸作用下，印度谷螟幼虫24h、48h和72h的校正死亡率分别为84.45%、89.54%、96.15%。八角精油对赤拟谷盗在20μl/L空气的浓度下，24h的熏蒸死亡率就达到100%。

3. 驱避作用 已经发现大量植物精油具有针对各种吸血性昆虫的驱避特性，包括香茅油、薰衣草、薄荷油和柠檬草油在内的许多植物精油在商业上作为驱蚊剂销售。在储藏物害虫防治中对于驱避剂少有有效报道，更缺乏生产应用。

4. 引诱作用 植物精油对害虫的引诱作用对监测预报虫情有重要的作用，并可通过这种作用对害虫进行诱杀。通过比较昆虫的性引诱剂、植物引诱剂和宿主植物精油单独及混合使用对马铃薯叶甲虫的引诱活性，发现这三种诱剂均对成年甲虫都具有一定的引诱作用，且昆虫性引诱剂与宿主植物精油两种物质混用后的引诱活性最强，为植物精油开发作为昆虫引诱剂提供了新方向。

5. 拒食、抑制生长发育作用 越来越多的研究发现，植物精油对昆虫还具有拒食、抑制生长发育的作用。拒食作用主要是作用于昆虫触角等感觉器，干扰其中枢神经系统的神经传导功能。植物精油引起的昆虫生理功能紊乱及拒食活性，导致昆虫的生长发育、产卵及变态过程受到直接或者间接的影响，从而有效地阻碍害虫种群数量的扩增。

（五）精油的杀虫作用方式和机制研究

精油是良好的渗透剂，这种特性与细胞中脂质双分子层的破坏有关。一些植物精油具有特定的作用方式，一方面，许多精油化合物是公认的昆虫细胞色素P450的抑制剂，而细胞色素 P450 负责外源化合物包括杀虫剂的解毒代谢，一些含有亚甲二氧基环的植物化学物质，如莳萝油中的莳萝脑、来自胡椒精油的哌嗪、来自佛手柑油的呋喃香豆素，它们对昆虫细胞色素 P450 转录有深远的影响。另一方面，植物精油中包含的单萜烯对昆虫具有神经毒性。电生理实验表明，丁香酚能抑制神经元活动，而柠檬醛和香叶醇具有剂量依赖性的双相效应。前人报道了几种不同类型的受体，包括 γ-氨基丁酸（GABA）门控神经元，是精油化合物的目标位点。百里酚与位于突触后神经元膜上的氯离子通道相关的 GABA 受体结合，破坏 GABA 突触的功能。丁香酚通过激活章鱼胺的受体，通过章鱼胺能系统起作用，章鱼胺是一种神经调节剂。在棉铃虫的表皮细胞培养物中也证实了精油在章鱼胺系统中的细胞毒性作用。这些单萜在细胞水平上影响 cAMP 和钙的产生；许多单萜还作用于乙酰胆碱酯酶，有研究发现蓝桉、月桂等精油中存在的萜烯-4-醇和 1，8-桉叶素能抑制昆虫乙酰胆碱酯酶。这些研究证实，精油中单萜的杀虫活性是由于影响多个目标的几种机制共同作用，更有效地破坏昆虫的正常活动。

（六）植物精油杀虫活性的研究

伞形科植物香芹籽、莳萝和孜然精油对米象虫的熏蒸 LC_{50} 值分别为 2.45mg/L、3.29mg/L 和 4.75mg/L。唇形科牛膝草、马郁兰和百里香精油在 25mg/L 浓度下对米象成虫的熏蒸致死 100%，异松樟酮和松莰酮在 0.75～25mg/L 时对米象成虫均显示出 100% 的熏蒸毒力。薄荷油被证明对米象显著有效，在 400μl/L 浓度下 72h 暴露后分别在食物和非食物条件下表现出 83% 和 100% 的死亡率，薄荷和柠檬油（1：1 比例）的混合物产生与单独的薄荷油处理相当的效果。薄荷油处理过的谷物中的植物化学物质残留量较高，但属于公认的安全（GRAS）状态。10μl/L 的浓度处理 6h 后香樟精油具有最大的驱避率。薄荷和黑胡椒精油对米象种群最高毒力是在熏蒸开始 72h 后，两种精油的 LC_{50} 值为 85.0μl/L 和 287.7μl/L。肉桂精油不仅对玉米象、谷蠹和赤拟谷盗等储藏类有防治作用，而且可影响黄粉虫幼虫的生长发育。

28℃条件下，复配茶树精油熏蒸 48h 后对锯谷盗、谷蠹、赤拟谷盗、麦蛾、印度谷螟、嗜卷书虱 6 种仓储害虫成虫均有一定的熏蒸活性，其中对嗜卷书虱效果显著，其 LC_{50} 值为 96.38μl/L，其次为麦蛾和印度谷螟，对锯谷盗、谷蠹、赤拟谷盗毒力较低。大蒜精油、丁香精油、山苍子精油对绿豆象卵的熏杀效果较好，大蒜精油、桉叶精油对绿豆象成虫的熏杀效果较好，其中大蒜精油对卵及成虫熏蒸的 LC_{50} 分别为 0.34μl/L、7.73μl/L。大蒜精油与丁香精油以 7：1 复配时对绿豆象卵及成虫熏蒸效果最好，其次是丁香精油与山苍子精油复配、桉叶精油与丁香精油复配分别对绿豆象卵及成虫有较好的熏蒸效果。

（七）印楝素的应用

印楝广泛种植于热带、亚热带地区。印楝素（azadirachtin）存在于印楝树的种子、树叶及树皮中，从印楝树的种子中提取的印楝素是一种化学结构复杂的类萜化合物（图 5-3）。

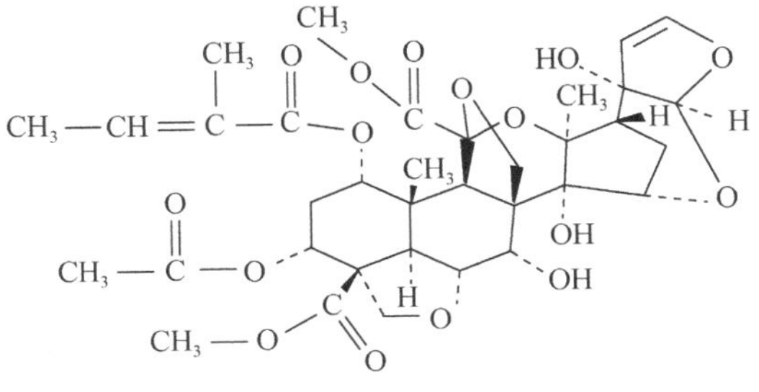

图 5-3 印楝素的化学结构

印楝素起到昆虫生长调节剂的作用，作用于害虫的中肠消化酶，从而使得害虫的食物营养转化不足，以此来影响害虫生命力，也可以通过控制害虫的脑神经分泌细胞，来影响促前胸腺激素的合成与释放，达到影响前胸腺对蜕皮甾类的合成和释放，以及咽侧体对保幼激素的合成和释放效果，在破坏害虫血淋巴内正常的保幼激素浓度水平的同时，使得害虫卵成熟所需的卵黄原蛋白合成不足从而导致害虫不育。印楝素作用于害虫时会使害虫产生明显的触杀忌避、产卵忌避及拒食等行为。以烟草天蛾为实验材料研究发现，由于脑激素的分泌失败而降低了血淋巴中蜕皮素的滴度（titer，一种表述浓度的用词，通常在化学、病理学和免疫学中使用），而对前胸腺的蜕皮激素的合成和大脑中脑激素的合成没有直接影响。通过对黄粉虫蛹的作用研究发现，印楝素可直接影响黄粉虫幼虫的正常发育，通过向黄粉虫蛹体内注射印楝素，蛹期的发育也被抑制，黄粉虫的皮层溶离和蜕皮过程遭到抑制。此外，印楝素能够间接降低黄粉虫的消化酶活性，通过减少其储能物质，来抑制黄粉虫的生长发育过程。因此，印楝素也被认为是一种昆虫生长调节剂。

印楝素防治储粮中锈赤扁谷盗、米象和赤拟谷盗有较好的防护效果。美国有商品名为 Margosan-O 和 Azatind 的印楝素商品制剂，可用于食品业的害虫防治。

苦楝、川楝作为印楝的近缘种，对昆虫的生长也具有抑制作用。苦楝中的苦楝醇、苦楝二醇、苦楝素、苦楝酮等杀虫成分对米象、玉米象、绿豆象均具有生长发育抑制作用。川楝素对三化螟、米象、玉米象具有触杀等作用。川楝素对昆虫表现出拒食、胃毒及一定的生长发育抑制作用。川楝是我国的主要楝科植物，川楝素对昆虫也具有拒食、胃毒及生长发育抑制作用。我国研制的 0.5%川楝素乳油（果蔬净），用于防治鳞翅目幼虫，如印度谷螟幼虫等。

（八）辣根素的应用

辣根素（俗称芥末素）是指从辣根等十字花科植物中提取出来的一类次生代谢产物（也叫浓缩芥末油）。包含有生物活性的异硫氰酸烯丙酯（allyl isothiocyanate，AITC）。AITC 占辣根中挥发物异硫氰酸盐类（ITC）的 78.4%，ITC 类物质在国际上农药登记以及相关申请专利主要集中在农业领域、人类医学及食品方面。异硫氰酸酯类对杂拟谷盗、皮蠹及米象有熏蒸活性。辣根素类化合物在低浓度（0.1μg/ml）时可对空间害虫起到熏蒸作用。在浓度为 3μg/ml 处理 72h 时可杀死全部嗜虫书虱、玉米象、赤拟谷盗及谷蠹。甲基异硫氰酸酯在粮食上的吸附量和其最初的量成正比，和其他熏蒸剂相比甲基异硫氰酸酯在粮食上的吸附量要大，比较适用于空间害虫的熏蒸。

辣根素及其类化合物与目标生物体内蛋白质结合后通过多种相互关联的机制在细胞凋亡、生长及表观调控等方面起作用。AITC 可引起拟南芥谷胱甘肽转移酶相关基因表达，进而间接减少谷胱甘肽含量。AITC 在细胞分裂间期（M 期与 G_2 期）激活细胞凋亡因子、抑制相关分裂蛋白表达致使纺锤体和微管蛋白形成受阻。低剂量辣根素会导致玉米象乙酰胆碱酯酶、细胞色素 c 氧化酶、化物酶、谷胱甘肽 S-转移酶活性增强，高剂量导致四种酶活性被抑制。线粒体中细胞色素 c 氧化酶可能是辣根素作用靶点之一。另有研究表明，辣根素可能与线粒体复合体 I 和 IV 结合，抑制其酶活进而引起线粒体功能紊乱，致使虫体产生过量活性氧（ROS），导致细胞膜被破坏并最终造成昆虫死亡。比较转录组学研究结果表明，辣根素处理后，表达差异基因主要集中在"能量代谢""运输和分解代谢"以及"碳水化合物代谢"等代谢通路中。可见，辣根素对昆虫的致死机理主要表现在其导致线粒体功能的紊乱。

四、作物品种抗虫性的利用

（一）品种抗虫性的定义

品种抗虫性（varietal resistance）是指不同作物品种以各种机制防卫昆虫侵害的能力。这种能力与植物的基因型、昆虫的基因型及植物与昆虫在不同环境条件下的相互作用有密切关系。

（二）品种抗虫机制

作物品种的抗虫机制通常是指作物抵御害虫侵害的方式。收获后粮食的抗虫机制可以归纳为物理抗虫性和化学（或生物化学）抗虫性。

1. 物理抗虫性　　粮食的物理抗虫性主要表现在形态结构的抗虫性。例如，粮食籽粒的软硬度、光滑度、籽粒大小、有无颖壳及粮粒完好程度等。

大量的试验研究发现，小麦的硬度是抵御害虫为害的一个重要物理因素，硬小麦对米象和谷蠹等害虫具有明显的抵抗性，而大多数软小麦对储藏物昆虫很敏感。对于麦蛾和谷蠹来讲，成虫是将卵产在粮粒外部，幼虫孵化后才蛀入粮粒为害。因此，粮粒的完整性也是影响其为害的重要因素，完好、无破损的粮粒会明显增加其幼虫的死亡率，而有破损的粮粒则相反。

稻谷外面裹着一个厚厚的颖壳，稻壳里含大量的二氧化硅，约占整个粮粒二氧化硅含量的 20%，加上稻壳紧密的结构，使得颖壳的强度对防止储藏物害虫的侵害起着主导作用。有关研究发现，米象对外壳完整无损的稻壳无破坏能力，同时还发现谷蠹的幼虫可以破坏任何有裂损的稻谷，即使是有极细微的裂缝。但当具有抗虫性的稻谷在脱去稻壳后，象虫和谷蠹可以在其上同样迅速地繁殖生长。因此，水稻在育种时应考虑谷壳的紧闭程度，以降低稻谷的自然开裂率；稻谷在收获、运输、储藏过程中，应尽量避免机械损伤，这样就可以消除或减少储藏过程中害虫的危害。

2. 化学抗虫性　　粮食的化学抗虫性主要表现为抗生性。抗生性是指一类影响昆虫生理代谢过程的抗虫因素，包括由昆虫取食粮食后引起的暂时性或持久性的对昆虫不利的生理影响，它是作物最重要的抗虫机制。

抗生性作物通常具有下列特性之一或多种特性：存在有毒代谢产物，如生物碱、糖苷、苯醌等；缺乏某些要素或数量不适宜；营养成分比例失调；存在某些营养要素不能被昆虫利用的抗代谢物质；存在着抑制食物消化和营养利用的酶。

研究发现，象虫喜欢在麦粒的顶部产卵，尽管顶部表皮的硬度要比胚部硬 10 倍左右。这是因为小麦的胚对初期的玉米象幼虫有毒害作用，因此这些昆虫的繁殖期内粮粒的胚部能够免受侵害可能也与其化学成分有关。

小麦品种中蛋白质的含量与米象的后代数量呈负相关。随着稻谷中粗蛋白的含量增加，玉米象的存活率降低；随着直链淀粉含量的增加，玉米象的存活率增加。人们发现小麦的抗虫性与其脂肪含量无关，但与粗纤维的含量呈正相关。通过对 30 种软质麦研究发现，α-淀粉酶抑制剂的含量与米象的发育期呈正相关。玉米对玉米象和大谷蠹的抗性与其阿魏酸（ferulic acid）的含量呈正相关，可能是因为酯化的阿魏酸在细胞壁上形成一种网状结构，影响到粮粒的硬度。玉米中类脂的含量与玉米象的抗性程度有相关性，而与玉米中酚酸的含量无关。

另外，粮食中的霉菌对粮食的抗虫性有明显影响，如储藏中的玉米会因黄曲霉的感染而降低对害虫的抵抗能力，霉菌不仅为害虫开通了进入粮粒内部的道路，而且还增加了玉米的水分含量。

虽然长期以来人们对粮食对害虫的抗性机理进行了多方面的研究，但粮食中具体哪一种化合物对害虫有低抗作用，其所起的作用程度有多大等，仍有许多问题需要研究。总之，在粮食对害虫的抵抗机理中，最重要的还是化学抗性。

（三）利用品种抗虫性防治的优缺点

1. 优点　　首先是品种抗虫性的相容性。它与害虫综合治理的其他措施是不矛盾的，当抗虫品种不能使害虫种群维持在经济危害水平以下时，不影响其他防治措施的配合。

品种的抗虫性为人们提供了一种可以选择的防御性防治技术，并且有助于保持粮食在储藏期间的品质。

在利用品种抗虫性时，除了品种的选择以外，不需要任何其他的投入，同时也可减少化学杀虫剂的使用。因此，不仅降低了环境污染，而且防治费用很低，经济效益明显。

品种的抗虫机制利用的是粮食本身的特性，因此持久性好。与其他防治措施相比，受环境条件的影响也较小。

品种抗虫性的专性强。受影响的昆虫通常是以粮食为食的害虫，而其他非防治对象，如天敌昆虫不会受到影响。

2. 缺点　　迄今的有关研究表明，抗虫机制对具体的目标害虫表现出很强的抑制作用，但对别的昆虫可能影响很小或没有影响。例如，对衰爪豆象属（*Zabrotes*）豆象有毒的毒性蛋白对三齿豆象属（*Acanthoscelides*）的豆象却影响甚微；四纹豆象对豆类中 α-淀粉酶抑制剂的敏感性也比绿豆象的低。目前大部分对储粮害虫的研究仅限于一种或几种，因而我们还不知道对实验昆虫有抗性的粮食品种是否对别的昆虫也有抗性作用。

品种抗虫性的第二个局限性是昆虫克服抗虫品种而产生抗性的问题。人们已经发现，巴西豆象可以逐渐适应淀粉酶抑制剂，最后变得对其不敏感，即巴西豆象出现了新的生物型。害虫生物型的出现将在时间和空间上限制某些抗虫品种的应用，尽管这个问题可以采用多基因抗虫性或培育抗多个生物型的品种来解决，但周期显然是很长的，并且也不能保证没有新的害虫生物型出现。

另外，培育强抗虫性的品种还必须考虑在农艺学上的可行性及人们可接受的安全性。除了考虑作物的产量、发芽、消费者能否接受、对田间病虫害的抵抗能力及粮食的工艺品质外，还必须考虑每种具抗虫活性的化合物对非目标生物的影响，包括对哺乳动物和人类的生物学影响。豆粒中许多对豆象有抗性的种子蛋白对加热是敏感的，也就是说通过蒸煮等加热方式可以减少或消除对人畜的不良影响。但有些化合物，如黑色籽粒作物表皮中的单宁具有热稳定性，食用后对蛋白质的消化有一定的影响。豆粒和谷物在消费前一般要进行加工，因此必须考虑抗虫品种对加工过程的影响，如稻谷紧密的外壳对抗虫是有利的，但却不利于碾磨加工。

目前，抗虫品种可以通过两种途径获得。一种是传统的杂交技术，包括辐射育种、远缘杂交和近缘杂交等。但这种方法需要大量的人力投入，不仅费工、费地，而且周期很长。随着生物技术的飞速发展，转基因技术已在作物育种中广泛应用。至今已有 30 个国家先后批准了 35 科 3000 多例田间试验，涉及的植物种类有 40 多种。转基因作物大部分种植在发达国家，其中美国的种植面积占全球的 72%，其次为加拿大。发展中国家以阿根廷和中国较多。抗虫基因主要用在棉花和玉米中。截至 2000 年，我国已有 6 种转基因植物被批准进行商业化生产，其中最具代表性及种植面积最大的是转 *Bt* 基因的抗虫棉，其他多处于制种阶段。中国科学院遗传与发育生物学研究所承担的国家 863 计划，已成功地将抗 α-淀粉酶抑制剂基因转入水稻中，并在水稻种子中表达，根据初步测定，米象成虫在转 α-淀粉酶抑制剂基因稻谷中的死亡率明显高于对照组。

虽然一些转基因粮食对储藏物害虫有抑制作用，但它们的开发主要是针对农田害虫的。目前，在国际上还没有将转基因抗虫技术用于储藏物害虫防治的应用计划，我国也还未批准用于人类食品的转基因作物的商业种植。对于转基因粮食作物许多国家持谨慎的态度，许多问题还需要继续研究和探讨。其中人们最关心的是安全性问题，转基因食品必须在天然有毒物质、营养成分、抗营养因子及过敏源等方面与自然食品实质性相同，才能是安全的。到目前为止，尽管还没有依据证实转基因食品是不安全的，但人们对其安全性的顾虑也是不会轻易消除的。而环境的安全性更为复杂，如果转基因是易发生"漂移"（genetic drift）的，那么将是很危险的，可能会迫使转基因作物开发的停止。

另外，在农业上作物育种中重要的考虑因素是粮食的产量，而很少考虑粮食在储藏期间的虫害及损失问题。因此，培育对储藏物害虫有抗性的粮食作物新品种，需要有育种学家、昆虫学家、植物病理学家及其他有关专家的密切配合、长期合作才能成功。

思 考 题

1. 什么叫生物防治？生物防治有哪些优缺点？
2. 什么叫广义的生物防治？它通常包括哪些技术？
3. 什么叫捕食性天敌和寄生性天敌？
4. 在储藏物害虫的防治中，利用价值较高的天敌昆虫有哪些（类）？
5. 什么叫昆虫的病原体？通常包括哪些生物？
6. 对防治害虫的病原体有哪些要求？
7. 利用病原体防治害虫有哪些优缺点？
8. 苏云金杆菌制剂的杀虫原理是什么？其防治对象主要是哪些种类的害虫？
9. 什么叫昆虫信息素和引诱剂？
10. 信息素的生物学特性有哪些？
11. 昆虫信息素在储藏物害虫综合防治中有哪些应用方式？
12. 什么叫昆虫生长调节剂？其有何生物学特性？
13. 在储藏物害虫防治中，常用的昆虫生长调节剂有哪些？它们各自的防治原理是什么？
14. 什么叫植物源杀虫剂？植物源杀虫剂中对害虫有生物活性的化学成分主要有哪些类物质？
15. 植物源杀虫剂在害虫防治中的应用方式有哪些？
16. 什么叫作物品种的抗虫性？
17. 试述作物品种的抗虫机制。
18. 利用品种抗虫性防治的优缺点有哪些？

主要参考文献

白旭光，曾实，常共宇. 2006. 储粮害虫生物防治技术研究与应用进展. 河南工业大学学报（自然科学版），27（1）：82-85

陈杰林. 1993. 害虫综合治理. 北京：农业出版社

科波尔 H C，梅丁斯 J W. 1983. 害虫生物抑制. 徐维良译. 北京：中国林业出版社

昆虫学名词审定委员会. 2001. 昆虫学名词. 北京：科学出版社

李隆术. 2000. 储藏物昆虫和农业螨类研究——李隆术论文选. 成都：四川科学技术出版社

林冠伦. 1988. 生物防治导论. 南京：江苏科学技术出版社

林乃铨. 2019. 害虫生物防治. 北京：科学出版社

王智勇. 2013. 新疆野苹果林苹小吉丁生物防治技术研究. 北京：中国林业科学研究院

吴若旻. 2010. 多杀菌素对几种储粮害虫的作用效果研究. 郑州：河南工业大学粮油食品学院硕士学位论文

姚康. 1986. 仓库害虫及益虫. 北京：财政经济出版社

张宏宇，邓望喜. 1993. 稻谷在储藏期对玉米象的抗虫机制研究. 植物保护学报，20：143-148

张宗炳，曹骥. 1990. 害虫防治：策略与方法. 北京：科学出版社

郑州粮食学院. 1987. 储粮害虫防治. 北京：中国商业出版社

Adane K，Moore D，Archer S A，et al. 1996. Preliminary studies on the use of *Beauveria bassiana* to control *Sitophilus zeamais*（Coleoptera：Curculionidae）in the laboratory. Journal of Stored Products Research，32（2）：105-113

Fields P G，McNeil J N. 1986. Possible dual cold-hardiness strategies in *Cisseps fulvicollis*（Lepidoptera：Arctiidae）. Can Entomol，118：1309-1311

Fred J B. 1984. Insect Management for Food Storage and Processing. New York：American Association of Cereal Chemists

Gryspeirt A，Gregoire J. 2012. Lengthening of insect development on *bt* zone results in adult emergence asynchrony：does it influence the effectiveness of the high dose/refuge zone strategy? Toxins，4（11）：1323-1342

Jay E，Davies S R. 1968. Brown studies on the predacious habits of *Xylocoris flavipes*（Reuter）（Hemiptera：Anthocoridae）. Journal of the Georgia Entomological Society，3：126-130

Lee J R E，Lee M R，Strong-Gunderson J M. 1993. Insect cold-hardiness and ice nucleating active microorganisms including their potential use for biological control. Insect Physiology，39：1-12

Lessard F F，Ducom P. 1991. Proceedings of the 5th International Working Conference on Stored Products Protection

Lukáš J，Stejskal V，Jarošík V，et al. 2007. Differential natural performance of four Cheyletus predatory mite species in Czech grain stores. J Stored Prod Res，43：97-102

Moino A，Alves S B，Pereira R M，et al. 1998. Efficacy of *Beauveria bassiana*（Balsamo）Vuillemin isolates for control of stored-grain pests. Journal of Applied Entomology，122（6）：301-305

Schmutterer H，Ascher K R S. 1981. Natural pesticides from the neem tree（*Azadirachta indica* A. Juss）and other tropical plants. Proceedings of the 3rd International Neem Conference，41（3）：319-320

Subramanyam B H，Hagstrum D W. 2000. Alternatives to Pesticides in Stored-Product IPM. Boston：Kluwer Academic Publishers

第六章 化学防治的基本原理

本章提要：

- 杀虫剂的基本概念及化学防治的特点
- 主要杀虫剂的杀虫机理
- 杀虫剂的性质与药效的关系
- 储粮害虫的耐药性和抗药性
- 环境条件与杀虫剂发挥药效的关系
- 杀虫剂的科学选用

第一节 杀虫剂及化学防治的特点

一、农药与杀虫剂的概念

（一）农药

农药（pesticide）是指用于防治为害农林作物及农林产品的害虫、螨类、病菌、杂草、线虫、鼠类等的化学物质，包括提高这些药剂效力的辅助剂、增效剂等。随着近代农药研究制造的发展，对于调节或抑制昆虫生长发育的药剂，如保幼激素、抗保幼激素、昆虫生长调节剂或影响昆虫生殖及生物学特性的药剂，如不育剂、驱避剂、拒食剂等，也都属于农药的范畴。因此，农药的含义，作为毒剂，不仅应从防治对象来认识，还应从对生物体产生的作用来理解，可以使开发新农药具有更广泛的理论基础和实际意义。

随着生产实际的需要，我国农药工业发展很快，新品种每年都在增加，根据农药的用途及成分，或防治对象、作用方式机理等，分类的方法也多种多样。农药按照防治对象分为杀虫剂、杀螨剂、杀菌剂、除草剂、杀线虫剂、杀鼠剂等几大类，每一大类又有不同的分类方法。

（二）杀虫剂

杀虫剂（insecticide）是用来防治农、林、卫生、仓储、家庭、畜牧等害虫的化学物质。

按照杀虫剂的成分及来源和发展过程可分为无机杀虫剂（inorganic insecticide）和有机杀虫剂（organic insecticide）。

无机杀虫剂是一类药剂的化学成分中不含结合碳元素的杀虫剂，也称为矿物杀虫剂，包括硅藻土、惰性粉等。

有机杀虫剂根据其来源又可以分为如下几类。

天然的有机杀虫剂：如植物性（除虫菊、烟草等）杀虫剂和矿物性（如石油等）杀虫剂。

人工合成有机杀虫剂：有机氯类杀虫剂，如氯丹、二氯杀虫酯等；有机磷类杀虫剂，如马拉硫磷、杀螟硫磷等；氨基甲酸酯类杀虫剂，如西维因等；拟除虫菊酯类杀虫剂，如溴氰菊酯、二氯苯醚菊酯等；有机氮类杀虫剂，如混灭威、巴丹等；有机氟类杀虫剂，如氟乙酰胺等。

按照杀虫剂的作用或效应可分为：胃毒剂，如敌百虫等；触杀剂，如马拉硫磷等；熏蒸剂，如磷化氢、硫酰氟等；内吸剂，如乐果等；驱避剂，如香茅油等；不育剂，如替派、喜树碱等；拒食剂，如印楝素等；昆虫生长调节剂，如灭幼脲等；增效剂，如增效醚等。

在昆虫毒理学上，可将杀虫剂按照其毒理作用而进行如下分类。

物理性毒剂：如油剂（矿物油）、惰性粉等。

原生质毒剂：如重金属、砷毒剂、氟毒剂等。

呼吸毒剂：如磷化氢、氰化氢等。

神经毒剂：如氯化烃类、烟碱类、除虫菊酯类、有机磷酸酯类、氨基甲酸酯类等。

此外，作为杀虫剂应用的还有生物杀虫剂，这一类主要是利用能使害虫致病的真菌、细菌、病毒等，通过人工大量培养，用以当作农药来防治或消灭害虫，如苏云金杆菌、杀螟杆菌、白僵菌等。

（三）储粮化学药剂

储粮化学药剂（grain storage pesticide）是在储粮的特定要求条件下，适合用于防治危害储粮（包括食品及副产品）及其仓厂建筑、设备的害虫、螨类、鼠类和有害微生物的药物，包括用于防治储粮害虫、霉菌、鼠类等，以及储粮降尘的添加物质。

储粮化学药剂也有多种分类法。

按药剂的物理性状可以分为固体杀虫剂、液体杀虫剂、气体杀虫剂三类。

按药剂进入虫体的途径可分为胃毒剂、触杀剂、熏蒸剂等。

按药剂的化学性质及来源可分为无机杀虫剂、有机杀虫剂、微生物杀虫剂三类。

按药剂的作用机制可分为物理性毒剂、细胞质毒剂、呼吸毒剂、神经毒剂等。

按药剂的防治对象可以分为杀虫剂、杀螨剂、杀菌剂、杀鼠剂等。

在储粮害虫防治中，按药剂使用过程范围和防治对象可分为熏蒸剂、防护剂、空仓杀虫剂、杀鼠剂、防霉剂等。

不同国家允许用于储粮的药剂有相同的，也有不同的，主要包括如下几类。

熏蒸剂（fumigant）：磷化氢、溴甲烷（限于检疫处理）、硫酰氟、氢氰酸和二氧化碳、氧硫化碳、甲酸乙酯等。

防护剂（protectant）：优质马拉硫磷、优质杀螟硫磷、溴氰菊酯（凯安保）、甲基毒死蜱、保粮安、甲基嘧啶硫磷、谷保、白油降尘剂及保护剂的使用剂型等。

空仓杀虫剂：敌敌畏、敌百虫、敌百虫烟剂、辛硫磷、杀螟松、马拉硫磷、凯安保、甲基嘧啶硫磷和增效敌敌畏（氰敌畏乳油）。

杀鼠剂：未作具体规定，常用的慢性鼠药，如敌鼠钠盐、大隆等都可使用。

在我国，GB/T 29890规定储粮及环境允许使用的化学药剂有磷化铝（片剂、丸剂、粉剂）、敌敌畏（乳油）、敌百虫（原油）、辛硫磷（乳油）、杀螟硫磷（乳油）、马拉硫磷（乳油）、溴氰·杀螟松和硅藻土。

二、储粮化学药剂应具备的条件

目前，国内外成为商品的储粮化学药剂种类很多，但真正推广使用在储粮上的杀虫药剂却很少。作为一种理想的储粮杀虫药剂，在规定的剂量、剂型和使用方法下，必须具备以下条件：药剂本身或加辅助剂、增效剂后对防治对象具有较高的药效，但对人、畜无毒或毒性较低；在对防治对象有效剂量下，对粮食、油料和种子不产生药害；不会对保护对象造成污染、腐蚀、变色、变味等；药剂本身化学性质比较稳定，能维持较长时间的药效；不易燃烧、爆炸；具有杀灭多种害虫的作用，并能配制多种剂型；价格便宜。最好在国内能大量生产；使用时操作简易、省力；防护简便、有效；药剂引起中毒后有救治方法。最好具有警戒性的颜色或气味。

　　任何一种杀虫药剂，都不可避免地会有某些缺点，需要在生产实践中针对其缺点，采取一些有效的补充措施，就有可能改进药剂的性能，提高杀虫效力，避免或减少粮食和人、畜的毒害。

三、毒力与毒性的概念

（一）杀虫剂的生物活性与毒力

　　1. 杀虫剂的生物活性　　一种化合物的生物活性是指这个化合物参与生物的生理生化过程并且引起生理生化过程改变或阻碍的性能。

　　2. 杀虫剂的毒力与药效　　毒力是指药剂本身对生物直接作用的性质和程度。一般是在相对严格的控制条件下，用严格精密的测试方法，以及利用采用标准化方法培养的试虫进行测定，作为评价与比较的标准。常用校正死亡率、致死中量（或致死中浓度）等来表示毒力程度。

　　1）死亡率及校正死亡率　　死亡率是指用药剂处理后，在一个种群中杀死个体的数量占群体中的百分数，即

$$死亡率（\%）＝死亡个体数/供试总虫数×100$$

　　但在不用药剂处理的对照组中往往出现自然死亡的个体，因此需要校正。一般采用 Abbott 氏公式进行校正：

$$校正死亡率（\%）＝（X{-}Y）/（1{-}Y）×100$$

式中：X 为处理组死亡率；Y 为对照组死亡率；$X{-}Y$ 为由于药剂处理的死亡率。

　　这个公式的基本根据是假设自然死亡率及被药剂处理而产生的死亡率是完全独立不相关的，并且自然死亡率在 20% 以下，才适用此公式，测定中将自然死亡率所给予的影响予以校正。

　　2）致死中量（median lethal dose，LD_{50}）或致死中浓度（median lethal concentration，LC_{50}）　　这个概念建立在"等毒剂量"的基础上，是一种药剂杀死昆虫（或其他试验动物）群体的一半个体所需要的剂量。若用浓度为单位，即为致死中浓度，这是一个比较精确可靠而且有代表性的指标。致死中量也称为半数致死量（或半数致死浓度）。具体的测定方法见本书第十章。

　　3）相对毒力指数（relative toxicity index）　　几种杀虫剂若在不同时间及不同条件下分批进行试验时，则每次都用一个标准药剂作对比，以其比值进行毒力比较。这样可以克服在一定程度上产生的差异性。例如，

　　A 杀虫剂的 LD_{50} 与 S 标准杀虫剂 LD_{50} 一同进行测定：

$$A_1（A 的毒力指数）＝A 的 LD_{50}/S 的 LD_{50}×100$$

　　B 杀虫剂的 LD_{50} 与 S 标准杀虫剂 LD_{50} 一同进行测定：

$$B_2（B 的毒力指数）＝B 的 LD_{50}/S 的 LD_{50}×100$$

　　此指标的优点在于消除了前后两次测定中由于环境条件、操作方法及生物等因素的影响，以标准药剂校正，使 A_1 与 B_2 的比较更为精确。

　　药效是指化学药剂本身及环境多种因素对害虫综合作用的结果。药效的表示方法与毒力不同，一般根据防治对象、所用的处理方法等而异。药效测定一般是指紧密结合害虫防治的生产实际进行的，其结果在害虫防治工作上具有实际意义。

　　毒力与药效二者的含义虽有不同，但二者又是互为联系的。

（二）农药的毒性

农药的毒性（toxicity）是指农药对非防治对象的毒害程度，特别是对高等动物的毒性。评定农药的毒性大小，常以它引起实验动物死亡的剂量来表示。常用指标有最低致死剂量（MLD）、绝对致死量（LD_{100}）和半数致死量（LD_{50}）。前两种误差大，所以一般都是用 LD_{50} 表示。

1. 农药残留（pesticide residue）　　农药残留是指施用农药后存留在环境和农产品、食品、饲料中的农药，以及其降解代谢产物、杂质；还包括环境背景中存有的污染物或持久性农药的残留物再次在商品中形成的残留。一般来说，农药残留量是指农药本体物及其代谢物残留量的总和，并构成有不同程度的残留毒性。

2. 农药最高残留限量（maximum residue limitation，MRL）　　在生产或保护商品过程中，按照良好的农业生产规范，直接或间接使用农药后，导致在各种食品和饲料中形成的农药残留物的最大量，为最高残留限量，单位为 mg/kg。

按照农药的毒理学评价测算每天从饮食中摄入的总农药残留量是否超过农药的每日允许摄入量，以此来评定最高残留限量（MRL）的安全性。

制定最高残留限量的首要目的是确保安全，同时也应用于国际贸易。经国际机构和各国立法或行政部门所规定的最高残留限量，具有法规性；国际法典 MRL，具有推荐性。

3. 每日允许摄入量（acceptable daily intake，ADI）　　每日允许摄入量是指人的一生中，每日摄入某一种农药一定剂量后，没有发现明显的危害，即在观察生命过程中或完结后未发现由此引起任何伤害。ADI 的单位是 mg/kg 体重，药物量以 mg 为单位，人体重量平均以 60kg 计。

4. 临界极限　　在熏蒸处理和施用熏蒸剂时，必须知道每一种熏蒸剂的浓度极限（接触超过这个极限的熏蒸剂就不安全）和最大限度的接触时间，其中包括正常工作期间的反复接触。这种浓度泛称临界极限浓度，通常以在空气中所占的体积百万分比表示。然而，由于各人的易感性差异很大，少部分工作人员接触一下极限甚至极限值以下浓度的一些物质，可能有所不适，还有少部分工作人员因"老毛病"复发或者患上职业病而受到的影响可能更为严重。临界极限是根据工业经验，关于人和动物的实验性研究，以及可能情况这三者的结合所能获得的最可靠的资料确定的。这种极限应作为防止健康受威胁的指南，而不应作为安全浓度和危险浓度之间的界线。

1）**时间加权平均值（TLV-TWA）**　　时间加权平均值即通常每周工作 40h 或每工作日 8h 的时间加权平均浓度，所有的工作人员可能日复一日地反复接触此浓度而不会受到不利影响。

2）**短期接触极限（TLV-STEL）**　　即工作人员连续 15min 可以接触的最大浓度，而又不足以引起事故增加，有碍于自救或大大降低工作效率的慢性的或不可逆的组织变化。但条件之一是，每天接触不得超过四次，接触间隔时间至少 60min；条件之二是，也不超过时间加权平均值。短期接触应视作最大容许浓度，即 15min 接触期内任何时间也不得超过最大浓度。

四、化学防治的特点

利用杀虫剂防治害虫的方法称为化学防治。化学防治是害虫综合治理中的重要组成部分，采用化学防治有以下特点。

（一）杀虫效果比较彻底

在储粮害虫防治工作中，采用清洁卫生、物理机械、生物等防治措施，都有明显的防治效果，但杀虫不易彻底。使用化学药剂则杀虫效果比较彻底，特别是熏蒸剂对储粮害虫及其各个发育阶段都具有较高的药效，能比较彻底地杀灭各种储粮害虫。

（二）杀虫作用迅速

采用化学药剂特别是熏蒸剂处理虫粮，一般在 2～14d，可全部杀死处理环境中的害虫。

（三）操作简便省力

储粮化学药剂在施药过程中一般操作方法都比较简便，省工省力，特别是在不移动粮食的情况下可施用熏蒸剂取得较好的杀死害虫效果。

（四）处理费用低

采用化学药剂处理粮食比倒仓、整晒、摊冻等方法省工、省时、劳动强度低，总体处理费用也较低。

（五）受其他因素影响较小

由于化学药剂防治害虫显著的优点，目前仍是国内外防治储粮害虫的一种主要方法。

当然，化学药剂也有一定的缺点，包括药剂虽然对害虫有较高药效，但多数对人、畜也有一定毒性；采用化学药剂防治，施药人员需要严格的操作安全防护，不慎违反了安全操作规程，可能会发生药剂中毒，重者造成药剂中毒死亡；用药剂处理过的粮食会带有不同程度的残留药剂，若超过卫生标准，食后会影响人体健康；杀虫不彻底时，还会引起害虫的抗药性。长期的储粮害虫防治实践证明，只要在运输、储存及使用等环节上加强管理，制定有效的安全操作规程，严格按照操作规程施药，人员、粮食安全还是有保障的。

第二节　杀虫剂的杀虫机理

一、杀虫剂达到靶标的主要途径

一种杀虫剂施用于昆虫后，可能受到各种阻碍，首先在穿透表皮时，有一部分可被保留在表皮内，然后在血淋巴转运过程中，它可与血蛋白结合或被血细胞包被，还可能被运送和分布到体内其他组织和器官，如被贮存在脂肪体内，被排泄器官吸收排泄等。为了发挥杀虫剂的有效性，这种杀虫剂首先必须较容易地穿透表皮，基本上大部分分布进入血淋巴内，然后再由血淋巴运送分布到作用靶标（如神经组织等）。实际上杀虫剂在昆虫体内的分布情况是非常复杂的，涉及许多方面的因素。图 6-1 为杀虫剂的作用方式及途径。

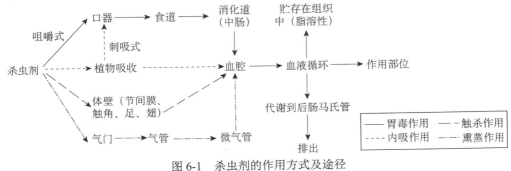

图 6-1　杀虫剂的作用方式及途径

（一）杀虫剂对昆虫表皮的穿透

杀虫剂（触杀剂）施于昆虫时，一般是先与昆虫表皮的护蜡层接触，由于上表皮是亲脂性的，对极性化合物有较强的抵抗作用。许多情况下，杀虫效果好的杀虫剂大部分是在非极性化合物中被发现。一般来说，杀虫剂的脂溶性越大，对昆虫表皮的穿透性越强，尤其是对上表皮蜡层的穿透与脂溶性的关系更密切。杀虫剂的脂溶性还不能完全决定杀虫剂是否真正穿透进入昆虫体，因为昆虫的内表皮很多是亲水性的，杀虫剂穿透过上表皮之后，还必须具有一定的水溶性才能穿透内表皮。否则，杀虫剂就可能被保留在上表皮中，不能有效地到达作用靶标，失去了对昆虫的毒杀作用。杀虫剂的解离程度或离子化程度与穿透成反比，即杀虫剂的离子化程度越大，穿透性越小。容易解离的杀虫剂，对昆虫体壁的穿透性低，触杀效果差。杀虫剂的表面张力与穿透性也有一定的关系，一般来说，表面张力越大，接触毒效越低。另外，杀虫剂对昆虫表皮的亲和力大，对表皮的穿透性也大。

昆虫表皮结构在不同部位有一定的变异，对杀虫剂的穿透有不同的影响。一般情况下，触角、头部及胸部的表皮比腹部更容易透入。也可能由于头部、触角是感觉器官集中的部位，作用靶标与杀虫剂透入部位较近，易使昆虫中毒。

在不少昆虫中，足也是杀虫剂进入的主要部位，并且有时比头部的毒效更显著。这是由于足节间膜的表皮极薄，着生有许多化学感受器官，这些都有利于杀虫剂的穿透。对于神经毒剂来说，进入虫体后的中毒程度，取决于表皮下的结构，如果表皮下有神经分布，中毒就快，反之则慢。

表皮上的一些特殊构造，也往往成为杀虫剂易于穿透的部位。例如，孔道多的表皮易被穿透，经由孔道的穿透要比经一般表皮的穿透快，如在吸血蜱中就是这样。又如，节间膜没有坚硬的表皮，它的结构也与一般表皮有所不同，许多杀虫剂一般处理表皮时不容易穿透，处理节间膜时则往往毒效明显。

（二）杀虫剂对昆虫消化道的穿透

昆虫取食了含有杀虫剂（胃毒剂）的食物以后，杀虫剂能否穿透肠壁被消化道吸收，是决定胃毒剂是否有效的重要因素。在昆虫消化道中，由于前肠和后肠起源于外胚层，其肠壁结构与体壁相似，对杀虫剂穿运的反应也与体壁相近。昆虫的中肠则与前肠和后肠不同，肠壁结构也有其特异性，中肠是昆虫消化食物、吸收营养成分的主要场所。杀虫剂在昆虫消化道中的穿透和吸收是一个复杂的过程，除了被动扩散外，还有主动运输，涉及多方面的因素，其中还包括消化道中酶系对杀虫剂化学结构的改变，从而产生活化（增毒）或降解（减毒）作用。例如，主要存在于昆虫消化道和马氏管内的多功能氧化酶（multi-function oxidase，MFO），能对许多类型的杀虫剂起氧化作用，包括有机磷、氨基甲酸酯、拟除虫菊酯等，从而改变这些杀虫剂的化学结构，影响其穿透力与毒性。在这些杀虫剂中，经多功能氧化酶作用后，许多被分解、破坏，而降低了毒效，但也有些杀虫剂，如对硫磷经 MFO 氧化后转变为对氧磷而增加了毒效。

（三）杀虫剂对昆虫神经膜的穿透

昆虫的神经系统是神经毒剂最明显的作用靶标，神经传递一旦被阻断或干扰，机体就会迅速出现反应，因而神经毒剂能够以极快的速度导致昆虫中毒。然而杀虫剂要进入神经系统起作用，必须穿透各种阻隔层，如血脑屏障、神经膜等。在昆虫中，许多专家都认为存在着如哺乳动物中存在的血脑屏障（blood brain barrier），这个屏障位于血淋巴与神经系统之间，Horsey（1953）首先在昆虫中描述了这一结构，他根据对蝗虫的研究，证实了蝗虫血淋巴中高浓度的钾离子浓度对神经系统几乎没有什么影响，说明由于血淋巴和神经系统之间存在一个阻隔层，阻止了血淋巴中的钾离子自由进入神经。由于昆虫的胆碱酯酶仅局限于神经节，作为抗胆碱酯酶的杀虫剂必须穿透进入神经节才能发挥它们的作用。

二、主要杀虫剂的杀虫机理

1. 有机磷的杀虫机理　　有机磷的杀虫机理是抑制昆虫神经突触上的乙酰胆碱酯酶的活性，从而使昆虫死亡。例如，马拉硫磷进入虫体后，在氧化酶（如线粒体多功能氧化酶）的作用下，大部分被活化成对胆碱酯酶抑制活性更强的马拉氧磷，提高了杀虫活性，表现出较高的毒力。但也有少部分被羧酸酯酶和磷酸酯酶水解为无毒体。

有机磷杀虫剂对昆虫的中毒症状表现为异常兴奋、痉挛、麻痹、死亡 4 个阶段，是典型的神经毒剂。

2. 溴氰菊酯的杀虫机理　　溴氰菊酯的杀虫机理主要是物理作用，它可以抑制靶标动物的神经离子通道，使膜渗透性发生异常，传导受阻。当溴氰菊酯刺激轴突神经膜时，引起动作电流，与正常情况比较，减少了对钠离子的活化，振幅下降，继而减少钠离子的钝化及钾离子的活化，使下降阶段延长，结果导致正相不显著、负后电势延长、振幅增加并延长了时间。当振幅增加到阈限水平，引起第二次发放，中毒症状表现为兴奋。这一阶段主要是改变外围神经及个别神经细胞生理功能。溴氰菊酯引起昆虫中毒的症状为兴奋、击倒、麻痹，直至死亡。

神经膜的离子通道与较大量的溴氰菊酯结合，或更多地溶于脂肪层后，致使传导堵塞。溴氰菊酯的浓度越高，结合与堵塞发生得越快。这个阶段的中毒症状为击倒、麻痹。在这个阶段中，除了对外围神经作用外，其作用也涉及中枢神经系统。

死亡阶段的原因比较复杂，除了神经传导受阻外，还有其他作用，如虫体失水、组织坏死，还可能产生神经胺或异戊胺或酪胺等神经毒素和 Ca^{2+}-ATP 酶的抑制。

3. 杀虫双的杀虫机理　　杀虫双是一种有机氮杀虫剂，其杀虫机理与有机磷和氨基甲酸酯类杀虫剂不同，几乎没有抑制胆碱酯酶的作用。杀虫双的杀虫机理为药剂进入昆虫神经细胞之间的结合部，切断前一神经细胞分泌的乙酰胆碱传达给后一神经细胞的刺激作用，使神经细胞不发生兴奋现象，神经对于刺激不产生反应，陷入瘫痪、麻痹状态而死亡。

4. 磷化氢的杀虫机理　　磷化氢是一种呼吸毒剂，其通过体壁或气门或者两者都有的气体扩散作用进入虫体。磷化氢致死害虫主要通过对细胞内的氧化还原反应的破坏、阻断交感神经系统、抑制能量代谢等作用。磷化氢进入虫体后，在氧气的存在下，首先被活化为有毒中间体，然后与细胞内线粒体膜上的细胞色素氧化酶的铁卟啉结合，形成一种无催化能力的稳定化合物，使该酶失去活性。结果是呼吸链中细胞色素 c（还原型）无法在细胞色素氧化酶的作用下，把氢原子交给分子氧形成水，生物氧化过程中断，能量代谢无法正常进行，致使害虫窒息死亡。对线粒体和亚线粒体的体外研究表明，磷化氢会抑制呼吸电子传递链上的第 4 个中心酶复合物。磷化氢进入体内后也会破坏氧化还原系统，加剧有氧呼吸副产物活性氧（ROS）的产生，ROS 能与细胞膜脂肪酸发生过氧化反应，致使生物体产生氧化损伤。

磷化氢还可抑制虫体的过氧化氢酶，使其失去催化分解过氧化氢的能力，导致虫体内过氧化氢的积累，引起害虫生理中毒，致使害虫病变或死亡。

5. 溴甲烷的杀虫机理　　溴甲烷的杀虫机理可能是使虫体内酶的巯基甲基化。溴甲烷侵入虫体后，因水解而产生麻醉性毒物和积累性中毒，故中毒症状延迟发作，中毒后难以恢复。如果某些酶含有半胱氨酸，在正常情况下它可能被氧化（脱氢）成为二硫键，被溴甲烷作用时，此巯基会被甲基化，正常的酶功能被破坏。

第三节　杀虫剂的性质与药效的关系

一、粉剂的物理性状与药效的关系

粉剂一般包括杀虫药剂原药和填充物。这里讲的粉剂是指直接用于保护对象的粉剂，不包括兑水后使用的可湿性粉剂。粉剂主要用作防虫线及作为粮食防护剂用于储粮。

粉剂的填充物有两大类：一类是植物性的，如细糠、壳粉等；另一类是矿物性惰性物质，如陶土、高岭土、滑石粉等。

（一）有效成分的分布

杀虫药剂的有效成分在填充物中的分布均匀与否，对药效的影响很大。用杀虫剂溶液浸润了填充物粉，然后加以研磨，有效成分的分布一般来说是均匀的。用直接粉碎法生产的粉剂，即将杀虫药剂与填充物按加工比例混合配料后用机械研磨，有效成分在填充物粉上的分布均匀性越好，杀虫效果越好。其均匀程度与起初所用粉粒细度、研磨时间、杀虫剂的性质、填充物的性质等有关。

（二）有效成分的含量

从粉剂物理性质的角度考虑，粉剂中有效成分应有一个最适量。在这个含量之下，药效会低，并且增加有效成分会提高药效。在这个含量之上，有效成分的增加并不增加（或极少增加）药效。这是因为有效成分是吸附在填充物粉粒上的，有效成分在填充物上全部覆盖的量便是这一最适量。超过这一量时，只不过会增加一些零散的有效成分的颗粒，药效提高不明显。

（三）粉粒大小

粉粒大小是粉剂最主要的物理性状之一，使用细粉与使用等量的粗粉比较，更能均匀地使药剂分布在保护场所。细粉覆盖面大，与虫体接触机会多；更易为粮食所吸附，在粮堆中使用时不易散落；较容易通过害虫口器进入虫体内，且易在消化道中溶解和吸收；也较容易擦伤害虫体壁、堵塞气门等。

一般来讲，直径为 $10\sim15\mu m$ 的细粉，药效较好。各国根据自己的情况，制定了粉剂技术指标。我国粉剂的粉粒细度指标为 95% 通过 200 号筛目（筛孔内径 $74\mu m$），粉粒平均直径为 $30\mu m$，水分含量小于 1.5%，pH 为 $5\sim9$；日本粉剂的粉粒细度指标为 98% 通过 300 号筛目（筛孔内径 $46\mu m$），粉粒平均直径为 $10\sim15\mu m$，水分含量小于 1%，pH 为 $6\sim8$；美国粉剂的细度指标为 98% 通过 325 号筛目（筛孔内径 $44\mu m$），粉粒平均直径为 $5\sim12\mu m$，水分含量小于 2%，pH 为 $6\sim8$。可见，我国粉剂指标的主要差距是粉粒细度不够。这是由于我国粉剂加工是用耗电较小的雷蒙机等机械粉碎，而工业发达的国家加工是用耗电量很大的气流粉碎。

粉粒细度通常以能否通过某种号数筛目来表示，如 200 号筛目，即每英寸①有 200 条筛丝，一平方英寸有 40 000 个筛孔。目前人工能制造的最细的筛网为 400 号，其筛孔内径为 37μm。直径小于 37μm 的粉粒称为"超筛目细度粉粒"。习惯上，能通过 325 号筛目（筛孔内径为 44μm）的粉粒，即称为超筛目细度粉粒。超筛目细度粉粒的测定方法很多，常用的是在显微镜下测量，可用其粉粒的长、宽、厚的平均长度来表示。粉剂中最有效的部分是超筛目的药粒，尤其直径小于 20μm 的细药粒。要求药粒小于直径小于 20μm 的细药粒含量应在 65%以上。

粉粒越小，其残效时间也会越短。由于有效成分比表面增加，相应的药剂分解和挥发作用也增加，易于在较短时间内失去效果。

（四）粉粒的形状

粉剂的药剂与粉粒的形状也有关系。针状颗粒易黏着在虫体上，触杀效果好；不规则粉粒则内部阻力大影响流动性，施用时容易产生分离，效果稍差。一般植物性粉粒为不规则形状，矿物性填充物的形状与基种类和研磨程度有关，硅藻土一般为针状，滑石粉有片状、针状或粒状，高岭土有片状或粒状等。

（五）粉粒的黏着力

一般吸着力或黏着力强的粉剂药效好。黏着力强一是容易吸着有效成分，二是易于黏着在保护对象上，三是擦伤虫体后容易吸收虫体水分。

（六）粉粒硬度

坚硬的粉粒有擦伤虫体体壁的作用，从而引起虫体失水或促进有效成分穿过体壁。

二、液剂的物理性状与药效的关系

储藏物害虫防治中使用的液剂主要有乳浊液和悬浊液，前者是由乳油兑水而成，后者是由可湿性粉剂兑水而成。

液剂施药后液滴在防护对象表面润湿展布，水分挥发后形成药膜，起到接触杀虫和防护作用。液剂在应用中能否在保护物面上润湿展布受其表面张力的影响，降低表面张力有利于液剂润湿展布，提高药效。乳油和可湿性粉剂中都含有表面活性剂（或称为表面活动剂），其主要作用是降低表面张力。

（一）表面活性剂对降低液体表面张力的作用

表面活性剂（surfactant）对液剂性能的改善具有重要作用。它的主要作用是降低液体的表面张力（surface tension）。所谓表面张力，即液体表面分子向心收缩的力。表面张力可使液滴的表面积收缩到最低程度。表面张力越大，喷雾时形成的雾滴越大；表面张力越小，形成的雾滴越小。表面张力的大小是以作用在单位长度的力（达因②/cm）为单位来计算的。液体表面层分子的性质不同，其表面张力不同。水的表面张力较大，在一般情况下，表面张力是 73 达因/cm。

---

① 1 英寸（in）≈0.0254m
② 1 达因（dyn）=10^{-5}N

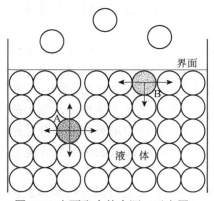

图 6-2　表面张力的来源（示意图）

表面活性剂降低液体的表面张力的原理说明如下。由图 6-2 可见，处在液体内部的分子 A，从各方面受到相邻分子的吸引力互成平衡，作用于该分子吸引的合力等于零。表面层以内的各分子在液体内部可做任意移动。液体表面分子几乎不受空气（空气分子密度较液体分子密度小得多）分子的吸引，作用在 B 分子的吸引力是指向液体内部，并与液面垂直，此为表面张力。

降低药液表面张力的有效方法是在其中加入降低表面张力的溶质，这类溶质多为带有极性基的有机物。由于它较水表面上水分子的表面张力低，从而可降低水的表面张力。显著降低表面张力的物质称为表面活性剂。

（二）表面活性剂的种类

1. 离子型表面活性剂　　离子型表面活性剂分为阴离子型和阳离子型两类。农药上应用的多为阴离子型的，阴离子型表面活性剂为具有非极性的烷烃基（或环烃基）和极性的羧基（或磺酸基）等所形成的盐。例如，碱金属的皂类、硫酸化脂肪酸类、磺酸化合物等。阳离子表面活性剂是靠阳离子部分发生表面活性作用的，这类化合物主要为季铵盐类。它们还具有杀菌作用，目前为卫生消毒去污的重要材料，由于成本高而不适在农药乳化剂上应用。

2. 非离子型表面活性剂　　这类表面活性剂在水中不产生离子，故称为非离子型表面活性剂。它的极性基多为聚氧乙基醚、聚氧乙基酯；其非极性基多为长碳链的脂肪酸、脂肪醇、烷基酚、多核芳基团等。

非离子型表面活性剂是目前很重要的一类表面活性剂，性质稳定，能抗硬水，可与任何在酸碱中易分解的有机农药混用，具有良好的乳化、湿展、分散性能。这类表面活性剂性能良好，多用作有机磷等农药乳油的乳化剂。

（三）表面活性剂在农药加工中的作用

1. 提高液体在固体表面上的湿展　　当一滴液体落到受药固体表面上静止后，则可产生如图 6-3 所示的一种现象。这种现象可在液体和固体接触处做一切线，由切线和固体表面形成的角度称为接触角（$\angle\theta$），接触角的大小可出现下述三种情况：$\angle\theta>90°$、$\angle\theta=90°$ 或 $\angle\theta<90°$。

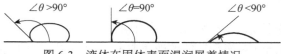

图 6-3　液体在固体表面湿润展着情况

若 $\angle\theta>90°$，则液滴不能在固体表面上润湿，如果固体表面稍加倾斜，液滴必然滚落；若 $\angle\theta=90°$，液滴仅能润湿固体表面，但不能展布，此情况在实际上是很难存在的；若 $\angle\theta<90°$，则液滴不仅能润湿固体表面，并且能展布到较大面积上。当 $\angle\theta<30°$ 左右时，说明液体对固体表面已达相当好的湿展。

液滴在固体表面上形成接触角的大小，与其表面张力有一定的关系。液滴在固体表面上湿展后达到稳定状态时所形成的接触角如图 6-4 所示。

在液体、固体、空气三相交接的 P 点，有三个力发生作用。液-固界面张力（r_3）使液滴从 P 点向右移动，气-固界面张力（r_2）则使液滴从 P 点向左移动；液-气界面张力（r_1）即液体的表面张力，则使液滴从 P 点沿液面切线方向移动。r_1 在 r_3 方向上的分力可用 $r_1\cos\theta$ 表示。当液滴在固体表面上稳定不再展布时，力之间达到如下平衡：

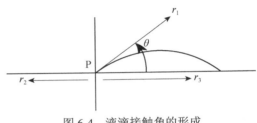

图 6-4　液滴接触角的形成

$$r_2 = r_3 + r_1\cos\theta$$
$$\cos\theta = (r_2 - r_3)/r_1$$

由以上关系可见，降低 r_1 及 r_3 都有助于液体的展布。表面活性剂可以降低液体的表面张力（r_1），也可能降低液体与固体之间的界面张力（r_3），有利于液体在固体表面上展着性的提高。有的表面活性剂虽能降低液体的表面张力，因不能有效地降低液-固界面张力，仍然达不到理想的展着效果，这主要是受固体表面和表面活性剂化学性质影响的缘故。若是蜡质固体表面，表面活性剂的非极性基团越强大，则展着能力越大；反之，极性基团越强大，则展着能力越小。这与极性物质与极性物质或非极性物质与非极性物质的亲和力强，而极性物质与非极性物质亲和力弱有关。当药液中表面活性剂种类已定时，受药表面的性质就成为影响展着性能的主要因素。例如，蒸馏水在 24℃时，表面张力为 72 达因/cm，在黄粉虫幼虫体壁上形成的接触角是 180°，不能展布。0.5%油酸钠溶液的表面张力是 28 达因/cm，在黄粉虫幼虫体壁上的接触角为 40°，能展布。

2. 乳化作用形成乳浊液　将不溶于水的农药原油投入水中，经激烈振荡，可形成乳浊液，稍经搁置油与水仍然分离。若在此两相液中加入少量表面活性剂，经振荡后，乳浊液就可稳定下来。这是由于表面活性剂被吸附到分散的油-水界面上，形成一层定向排列的表面活性剂的分子层，降低水的表面张力，并对油水合并起到阻隔作用。

乳浊液的物理状态有两种，一种是油包水型（W/O 型），水为分散相，油为连续相。这种乳浊液不能在作物上喷洒，一是耗药量大，二是易造成药害。另一种为农药制剂所采用的水包油型（O/W），油为分散相，水为连续相。两种乳液的物理状态分别见图 6-5。

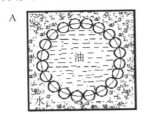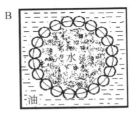

图 6-5　两种乳液的物理状态
A. 水包油型乳化剂在油珠上的吸附状态；B. 油包水型乳化剂在水珠上的吸附状态

形成水包油型乳浊液，要求表面活性剂分子具有较强的亲水性和较弱的亲油性，对水的表面张力降低能力大于对油的表面张力降低能力。这种水溶性较强的表面活性剂从油相中被挤出来而被投入水相，它们多集中在水的界面层中，其分子露出水界面而进入油中的部分小，油珠被表面活性剂吸附膜所包围，保护着油珠，使它在相接时不致合并，再由于这类表面活性剂水溶性较强，在油、水界面上排列满后而剩余的大量分子多存在于水相，可随时进入油、水界面层而对乳浊液起稳定作用。

乳浊液的稳定性高低，与表面活性剂所形成吸附膜的机械强度有很大关系。吸附膜的厚度、分子排列的紧密度直接影响到吸附膜的机械强度。用离子型表面活性剂肥皂配制的乳浊液稳定性往往是不高的。主要是肥皂上的钠（钾）离子易被水中钙（镁）离子置换而形成钙（镁）肥皂。这样就减少了肥皂分子数量，降低吸附层的机械强度，还改变了肥皂的性质；若乳浊液中钙（镁）肥皂大量存在，还可能引起乳浊液液相的反转（图 6-6）。因此肥皂不能与含碱土金属药剂混用。

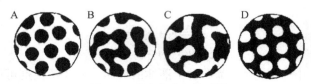

图 6-6　乳浊液液相的反转

A～D 显示了在钙镁大量存在时，肥皂水乳浊液由水包油型到油包水型的转变，以及其中两相的变化途径

3. 湿展作用和水悬液　　可湿性粉剂中原药多为有机化合物，具有拒水性，只有在表面活性剂的存在下，降低水的表面张力，药剂才有可能被水所湿润，形成水悬液。水悬液的稳定性高低还受其他条件影响。

在粒剂或供喷粉用的粉剂中，有的也含有少量乳化剂或湿展剂，其作用各有不同。有的是为了对易分解的农药起防解作用，有的是为了提高药剂在受药表面上的附着性和沉积量，也有的是为了提高有效成分在有水分条件下的释放速度和扩展面积。

液体杀虫剂的喷雾过程中，其喷雾凝聚液滴于害虫的液滴表皮或与被喷射物的表面能充分接触，并能形成一层极薄的液膜，能充分发挥药剂的药效。水悬剂加工制造时，加入一定的黏着剂，使喷雾的液滴能充分地接触害虫表皮和喷射物表面，并黏着不流失，以提高药剂的杀虫效果。乳油在储藏期间溶剂挥发或受冻，乳化剂受到破坏，乳油则会变质而浑浊，必然会降低药效。乳油加水后会缓慢分解，影响药效，使用时要随用随加水配制药液。用药量一定，喷雾的药剂液滴直径越细小，液滴个数就越多，覆盖密度就相应增大，杀虫效果也必然相应提高。

三、熏蒸剂的物理性状与药效的关系

从进入虫体的途径上来看，熏蒸剂是以气体状态经害虫气门、呼吸系统进入虫体的。从物质属性上，熏蒸剂是指在特定的温度和压力下，能够以足够的气态浓度致死有害生物的化学品。在熏蒸过程中，熏蒸剂在密闭环境中保持有效的气态浓度及足够的时间才可取得好的杀虫效果，其中涉及熏蒸剂的挥发性、扩散性和钻透性（或穿透性）等性状。

（一）挥发性与药效的关系

液体或固体熏蒸剂经过蒸发、升华或化学作用转化为蒸气或气体的性能，叫作熏蒸剂的挥发性。挥发性能好的熏蒸剂施入密闭环境中后，在空气中易达到有效浓度，杀虫效果好。熏蒸剂的挥发性取决于其沸点，沸点低的熏蒸剂挥发性好，沸点高的熏蒸剂挥发性差。液体的沸点除了熏蒸剂本身的物理性质外，还受外界压力的影响，外压高，沸点高；外压低，沸点低。在同一气压下，沸点低的药剂易于气化，如在一个大气压力下，硫酰氟的沸点为-55.4℃，磷化氢的沸点为-87.5℃，磷化氢的挥发性能要比硫酰氟好。

熏蒸剂的挥发性也与环境温度有关。一般来说，环境温度越高，熏蒸剂的蒸气压也就越高，挥发性也就越大。在实际应用中，对不同熏蒸剂提出不同的最低温度要求，也是为了保证熏蒸杀虫的效果。

熏蒸剂的挥发状况还与其在空间暴露的表面积有关。同体积的液体，表面积越大，其挥发速度也就越快。生产实践中常采用增大挥发面积的办法辅助提高熏蒸效果，如敌敌畏挂布条法等。

熏蒸剂的挥发性常用饱和蒸气压（简称蒸气压）表示。液体蒸气压的大小随温度的变化而变化，这是由气、液动态平衡决定的。温度升高，蒸气压增大，其挥发性也增强。

熏蒸剂的挥发性还可用挥发度表示，挥发度又称为蒸气饱和度，是指熏蒸剂在单位容积内气体的重量。在不同温度下，熏蒸剂有不同的挥发度（表 6-1）。熏蒸剂对储粮害虫的有效致死浓度都低于其在常压下的挥发度。

表 6-1　几种熏蒸剂在不同温度下的挥发度（g/m³）（在 1867Pa 压力下测定）

种类	沸点/℃	温度/℃				
		15	20	25	30	35
磷化氢	-87.4	1435.5	1411.0	1378.4	1364.5	1342.8
敌敌畏*	120	0.08	0.13	0.21	0.32	0.48
溴甲烷**	3.6	4008.6	3940.2	3874.1	3810.1	3748.3

* 限制使用；** 淘汰使用

（二）熏蒸剂的扩散性与药效的关系

熏蒸剂经挥发成为气体后，即从分子密度大的施药部位向分子密度小的非施药部位进行热运动，或从浓度高的部位运动到浓度低的部位，这称为熏蒸剂的扩散性。熏蒸剂的扩散性能好，气体分子扩散快，能在密闭环境内的各个部分迅速形成杀死害虫的有效浓度，充分发挥其药效；反之，杀虫效果则会差。

熏蒸剂气体的扩散速率与其分子质量有关。常压下，毒气扩散的算术平均速度与其质量的算术平方根成反比。即毒气分子质量越小，气体扩散得越快。

（三）钻透性与药效的关系

钻透性（穿透性）是指熏蒸剂穿透粮堆的能力。这种能力取决于熏蒸气体被熏蒸物吸着的情况。吸着包括吸附和吸收两种现象。吸附通常是指气体附着在被熏蒸物表面的物理现象；吸收通常是指熏蒸剂分子进入粮粒内部的化学现象。

沸点高的熏蒸气体容易被固体吸附。沸点高的药剂分子间引力大，容易液化，易为粮食等固体物面吸附，吸附后也不易解吸。气体被吸附后，不能再向粮堆进一步运动，从而钻透性差。

毒气相对密度的大小能影响其分子的分布。施药后相对密度大的气体一般下沉速度快，往往在（尤其是空仓内）中、下层浓度较高；相对密度小的气体，上浮性强，通常在粮堆上层和空间浓度较高。毒气在粮堆内的均匀分布还受吸附等因素的影响，如甲酸乙酯尽管相对密度大于磷化氢，但由于其易为粮堆吸着，且不易解吸，向粮堆内的钻透性特别差，只能用于空间和露面杀虫。而磷化氢虽然相对密度较敌敌畏小，但其沸点低，不易被粮堆吸着，向粮堆内的钻透性较好，所以一般来讲其杀虫效果也比较好。

熏蒸剂被吸着程度的大小可用吸着比例表示。吸着比例是指供试昆虫在有面粉熏蒸箱中的 LD_{50} 与空熏蒸箱中的 LD_{50} 的比值。比值大,吸附大,杀虫效果差。熏蒸剂沸点越高,其吸着比例越大(表 6-2)。

表 6-2　不同熏蒸剂的吸着比例

熏蒸剂	沸点/℃	对赤拟谷盗的 LD_{50} 值 / (mg/L)		吸着比例
		无面粉	有面粉	
磷化氢	-87.5	0.020	0.023	1.15
溴甲烷*	3.6	10.2	21	2

* 可用于检疫熏蒸处理

(四)燃烧性对药效的影响

燃烧性是指有些毒气在一定浓度和一定温度下,具有与空气中的氧气发生化学反应而燃烧的性能。磷化氢燃烧性很高,燃烧形成的热量扩散迅速而剧烈进行,特称为燃爆。药剂发生燃烧,会降低药效,还可能发生火灾事故。

四、杀虫剂的化学结构与生物活性

化学药品中只有那些具有较高生物活性的物质才能作为杀虫剂。所谓生物活性是化学药品参与阻碍、改变生物体生理生化过程的性能。各种化学药品的生物活性是不同的,这与化学药品的组成和构型等有关。

生物体的生理生化过程是复杂的,一种杀虫剂对生物体的作用过程也绝不是单纯的。虽然有些化学药品几乎对所有生物具有相同的作用,如某些重金属盐类使蛋白质变性、凝固。但绝大多数杀虫剂只能对生物体的生理生化的某一或某些过程起作用,因此了解杀虫剂化学结构与生物活性的关系,不但有理论价值而且有实践意义。

基团种类。杀虫剂分子中常因具有某些化学基团而显示出生物活性。例如,不少杀虫剂含卤素,如灭幼脲 1 号、二氯苯醚菊酯、溴氰菊酯及溴甲院、三氯化乙烯、硫酰氟等。不少硝基化合物具有生物活性,如杀螟硫磷。有些杀虫剂含氰根,如氢氰酸、丙烯氰及溴氰菊酯。

(1)基团数目和位置。杀虫剂中的带毒基团数目、位置与生物活性有关。一般来讲,只有一种带毒基团的化合物不如具两种带毒基团的化合物的生物活性强。带毒基团在苯环上的位置与生物活性关系很大,一般对位化合物生物活性强。例如,DDT 中氯原子在苯环上不同位置的生物活性如下:对、对'位 >间、对'位 >邻、对"位 >邻、邻'位 DDT。

(2)分子构型。分子构型也与生物活性有关,如六六六丙种异构体的生物活性明显高于其他异构体,右旋马拉硫磷比左旋马拉硫磷生物活性强。

(3)有机磷杀虫剂分子结构与抑制胆碱酯酶活性的关系。有机磷杀虫剂种类繁多,是发展得较快的合成杀虫剂。有机磷杀虫剂的杀虫机理是,抑制胆碱酯酶的活性,使该酶不能催化乙酰胆碱的水解,使乙酰胆碱在神经突触间大量积聚造成昆虫过度兴奋而死亡。一般认为,乙酰胆碱酯酶的活性中心有两个作用部位:一个为具有吸引带正电荷原子的阴离子部位,另一个为含有亲核性(G)及亲电性(H^+)的酶动部位。酶动部位催化底物的水解过程。过程如下:

$$(RO)_2P\overset{O}{\underset{X}{<}} + H—G \rightleftharpoons (RO)_2P\overset{O}{\underset{X\cdot H—G}{<}} \longrightarrow (RO)_2P\overset{O}{\underset{G}{<}} + XH$$

有机磷杀虫剂　酶　　　　　酶有机磷络（复）合体　　　磷酸化酶

$$(RO)_2P\overset{O}{\underset{G}{<}} + HOH \longrightarrow (RO)_2P\overset{O}{\underset{OH}{<}} + H—G$$

　　　磷酸化酶　　　　　　　磷酸酯　　　　酶

酶动部位中组氨酸咪唑环的双键氮原子与丝氨酸羟基之间形成氢键而使丝氨酸上的氧产生部分负电荷，由它来对有机磷杀虫剂的磷酰基进行亲核性进攻。从有机磷杀虫剂分子结构来讲，如果整个分子提高了磷的亲电性，将增强与亲核性部位络合能力而形成酶-有机磷杀虫剂络合体，进一步形成较稳定的磷酸化酶，而使乙酰胆碱酯酶不再能够催化乙酰胆碱的水解。

$(RO)_2P\overset{Z}{\underset{X}{<}}$ 通式中 Z 与生物活性的关系如下：有机磷杀虫剂通式中 Z 大部分是 S 及 O，形成硫代（逐式或酮式）磷酸酯及磷酸酯。在 $P\overset{S}{<}$ 结构中，由于 S 的电负性为 2.44，而 P 的电负性为 2.06，这样就在 $P\overset{S}{<}$ 结构中提高了 P 的亲电性，增强了与胆碱酯酶的络合能力。而 $P\overset{O}{<}$ 结构中，O 的电负性更大，为 3.5，更能提高 P 的亲电性。因此，一般 $P\overset{O}{<}$ 较 $P\overset{S}{<}$ 生物活性强，如氧化辛硫磷较辛硫磷生物活性强。

$(RO)_2P\overset{Z}{\underset{X}{<}}$ 通式中 RO 与生物活性的关系如下：有机磷虫剂通式中，RO 中的 R 多数为简单的脂肪族烃基。由于 RO 的碳链长，所以释放出的电子会降低 P 的亲电性，从而使生物活性也降低。有机磷杀虫剂中以甲基及乙基磷酸酯为多。一般来讲，$CH_3O—$的酯又比 CH_3，$CH_2O—$的酯生物活性强，这是因为前者释放电子能力不如后者，如甲基马拉硫磷及甲基敌百虫对很多昆虫的毒力均比相应的乙基酯大。

$(RO)_2P\overset{Z}{\underset{X}{<}}$ 通式中 X 与生物活性的关系如下：有机磷杀虫剂通式中，X 变化最大，因为 P 原子与 X 基团间的连接键是与胆碱酯酶发生反应的主要部位。因此，X 的变化与生物活性关系很密切。把用于防治储粮害虫的敌百虫和敌敌畏进行比较，敌百虫脱去 1 分子 HCl 经重排后为敌敌畏，即

$$(CH_3O)_2P\overset{O}{\underset{\underset{\underset{敌百虫}{—CH=CCl_2}}{\overset{\big\downarrow}{OH}}}{—CH—CCl_3}} \longrightarrow (CH_3O)_2P\overset{\overset{\delta^+}{O}}{\underset{\underset{敌敌畏}{\overset{\big\downarrow}{\delta^-}}}{—O}}$$

这种过程在生物体内也会进行，敌敌畏的生物活性比敌百虫大得多。其原因是 P—O—C 键及不饱和基团的化合物能转移电子而提高 P 原子的亲电性。

此外，P—X 键的 X 基团与 P 之间的立体构型与生物活性有关，如苯基的间位有甲基的杀螟硫磷。

$$(CH_3O)_2P \overset{\displaystyle S}{\underset{\displaystyle |}{\|}} \!\!\!- O - \!\!\!\bigcirc\!\!\!\! - NO_2$$
杀螟硫磷

P 与间位甲基的距离与昆虫乙酰胆碱酯酶阴离子部位与酶动部位之间的距离较接近，而表现出较大的生物活性。

（4）拟除虫菊酯类不同的异构体具有不同的生物活性。苄呋菊酯中，与天然除虫菊酯一样，右旋、反式异构体对昆虫的活性，较其他异构体大，特将这种异构体称为生物苄呋菊酯。二氯苯醚菊酯顺式的比反式活性大。溴氰菊酯以右旋顺式（S-α-氰基 1R、3R 异构体）活性最强。

上面介绍了杀虫剂化学结构和生物活性的关系。需要指出的是，因为生物之间生理生化过程存在差异，因此杀虫剂的生物活性不能一概而论。此外，为了介绍上的方便，逐个地讨论了某一结构和生物活性的关系，事实上它们之间是相互联系、互有影响的。

第四节　储藏物害虫对杀虫剂的敏感性

一、虫种、虫态、生理状况对杀虫剂的敏感性

（一）不同虫种对同一药剂的敏感性不同

储藏物害虫种类较多，由于其生物学特性、生活习性、生理机能、接受药剂的方式等各不相同，从而对药剂的敏感性（sensitivity）也不一样。

例如，在相同条件下，玉米象、谷蠹和嗜虫书虱对磷化氢在致死时间上有很大差别（表 6-3）。

表 6-3　几种害虫达到 100% 死亡率所需时间

虫种	玉米象	谷蠹	嗜虫书虱
密闭时间	12h	9d	22d

注：真空度为 78.4kPa，温度为 25℃，磷化氢浓度为 100g/m³

（二）害虫的不同虫态和生理状态对药剂的敏感性不同

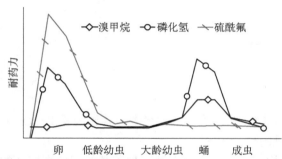

图 6-7　同种害虫不同虫态对 3 种杀虫剂耐药力的差异

对于同一虫种来说，一般卵期和蛹期对熏蒸剂的耐药力比起成虫和幼虫期要强得多，同一种害虫对不同杀虫剂的耐药力也存在差异（图 6-7）。

从图 6-7 也可以看出，同一虫期的不同虫龄对熏蒸剂的耐药力变化也是较大的。对于卵期，初生卵对熏蒸剂的耐力较大，到了发育后期，其耐药力逐渐降低。幼虫的耐药力则随着虫龄的延长而增加。蛹期则出现前期和后期敏感，中期较为耐药。成虫随着虫龄的老化对药剂的敏感性增加。

害虫处于不同的生理状态，对药剂的敏感程度常有差异。例如，害虫在越冬期间呈休眠状态，其呼吸率和新陈代谢率都比较低，耐药力较强，而夏季耐药力较差。再如，害虫处于饥饿状态时，体内营养物质已大量消耗掉，对药剂的抵抗力就相应下降。

通常防护剂对防治害虫的卵、蛹和隐蔽性害虫潜伏粮粒内虫态的效果最差。

（三）同种害虫不同品系对同一药剂的抵抗力不同

同种害虫不同的品系由于长期生活在不同的地区或环境中，其接触某一杀虫剂的历史有所差异，以致在后来的熏蒸过程表现出不同的死亡情况，有的抗性品系的耐用药力会比同种的敏感品系大几十倍、几百倍，甚至上千倍，如现已报道有对磷化氢抗性系数达一百多倍的米象品系，也有抗性系数达近千倍的谷蠹品系。

二、储粮害虫的抗药性

（一）抗药性的概念

1. 耐药性与抗药性　　昆虫对药剂的抵抗性有两个基本概念，即耐药性和抗药性。

1）耐药性（insecticide tolerance）　　由于生物不同，或同是一个种而在不同发育阶段，不同生理状态，所处的环境条件的变化，或由于具有特殊的行为，它们对药剂产生不同的耐力，称为耐药性。不同虫种耐药性有很大差别，如黑粉虫、皮蠹科害虫对敌敌畏耐药性强，长角扁谷盗对马拉硫磷耐用药性强，谷斑皮蠹对有机磷和磷化氢耐药性强，谷蠹对溴氰菊酯耐药性弱等。

2）抗药性（insecticide resistance）　　在同一地区连续使用同一种药剂而引起昆虫对药剂抵抗力的不断提高，最终导致防治失败，防治失败的原因不是因为药剂的品质及使用方法的不当，而是由于害虫对杀虫剂的敏感性发生了遗传性的改变，即产生了抗药性。抗药性（resistance）是指有害生物对长期反复接触的某一种农药所产生的耐受和抵抗能力。抗药性是一个有害生物群体的特性，是可以遗传的。

一般来说，凡是一种害虫对某种药剂显著地具有忍耐杀死其正常种群大多数个体的药量的能力，并发展成为一个种群（品系），可以说这种害虫对这种农药产生了抗药性。抗药性是昆虫种群在作为一种压力的杀虫剂选择下，对杀虫剂敏感的个体被杀死，较耐药的个体保存下来，这样经过一个适应和变异过程，残存的昆虫种群对作为选择作用的那种杀虫剂表现出较大，甚至是极大的抵抗力。在生产实践中不能一出现药效降低的现象就认为是抗药性。产生药效降低的原因是多方面的，不仅要考虑抗药性的问题，还应考虑农药的质量问题（包括有效成分、理化性质、剂型、有机溶剂等），使用药剂的技术问题和施药的环境条件，以及害虫的虫态、龄期、生理状态等条件，只有在弄清楚上述条件的前提下，经过严格的抗药性生物测定，才能最后确定某种害虫是否产生了抗药性。

2. 抗药性的分类

1）专性抗性　　即只对诱发其产生抗药性的药剂具有抗性，而对其他杀虫剂没有抗性。

2）交互抗药性　　一种害虫对某种药剂产生了抗药性，而且对另外未接触过的某些药剂也产生了抗药性，这一现象称为交互抗药性（cross resistance）。例如，玉米象的抗马拉硫磷品系对辛硫磷会产生交互抗药性。并不是一种害虫对各种药剂都能产生交互抗药性。一般来说，凡是作用机制相似或接近的药剂，就容易产生交互抗药性，而不同类型的药剂，由于对昆虫的毒杀机制不同，因而不易产生交互抗药性。

3）负交互抗药性　　所谓负交互抗药性（negative cross resistance）就是昆虫对一种杀虫剂产生抗药性后，反而对另一种杀虫剂表现更为敏感的现象。灭幼脲 1 号对一个抗马拉硫磷的赤拟谷盗品系的 LC_{50} 为 0.15mg/kg，低于敏感品系的 0.36mg/kg。

4）多交互抗药性　　即一种昆虫同时对不同类型的杀虫剂产生抗药性。

（二）害虫抗药性的形成

抗药性形成上现在有两种学说。

一种认为生物体内本就存在抗药性基因，从敏感品系到抗药性品系，只是药剂选择作用的结果。

另一种学说认为是诱发突变，而产生了抗药性。持该观点的学者认为生物体内不存在抗药性基因，而是在药剂的"训练"过程中，逐渐提高了对药剂的抵抗力，在药剂的诱导下，最后发生突变，形成抗药性品系。

最近的看法认为抗药性的起因和发展有两个阶段：开始抗药性的产生是选择现象，即在昆虫种群中本来就有一部分带有抗药性基因的个体，在不断使用杀虫剂后，把这部分个体保留下来，然后，抗药性的提高是通过诱导作用，杀虫剂本身是一种诱导剂，诱导昆虫中存在的解毒酶活性不断提高，因而抗药性的程度也随之相应提高。这一抗药性的形成过程，是依靠药剂的选择压力的作用，使对药剂敏感的个体死亡，抵抗力强的个体则生存繁殖起来，经过一个适应和变异阶段，最后形成了抗药性品系。整个形成过程如图 6-8 所示。

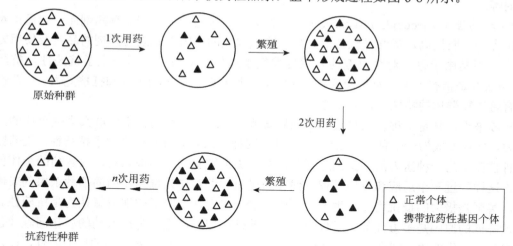

图 6-8　害虫抗药性产生过程示意图

（三）抗性机制

昆虫抗药性的机制可以分为物理保护机制、酶解毒机制、神经敏感度机制等多层面解释。

昆虫自身具有一定的物理保护机制，其中包括表皮通透性的降低或将药剂储存在脂肪组织中的能力增加或排泄作用增强等。

昆虫长期接触杀虫剂后，体内杀虫剂解毒酶的质和量发生变化是大多数昆虫抗药性的主要机制，以水解酶系和氧化酶系最重要。酯酶的基因扩增导致酯酶过量产生，增加对酯类杀虫剂的解毒能力。酯酶在质的方面的变化可能涉及酯酶的结构改变，从而增加其降解杀虫剂的能力。多功能氧化酶活性的提高是一个十分重要的抗药性作用机制。它可以影响很多化学物质。它的特性是：需要氧化及还原辅酶Ⅱ（NADPH）作为电子供体，可以催化一系列氧化反应，将有机杀虫剂等非极性的亲脂化合物氧化代谢为水溶性化合物。催化反应的结果是一个氧原子与底物结合，另一个氧原子被还原而生成水。多功能氧化酶可在很多器官组织中发挥解毒作用。通过研究鳞翅目幼虫取食习性与氧化酶活性之间的关系，证明了同一种幼虫体内由于取食习性的不同，其氧化酶活性是不同的，其顺序为单食性＞寡食性＞杂食性。研究发现，有些昆虫品系的体内存在的细胞色素 P450 蛋白质的含量，与其氧化能力成正比，表明抗药性可能与酶的含量增加直接相关。细胞色素 P450 是微粒体多功能氧化酶系中的重要组成部分，在电子传递中担负着重要的作用。上述事实说明昆虫抗药性的原因之一是与多功能氧化酶活性水平的提高有关。

　　昆虫神经系统敏感性的降低后变得对杀虫剂不敏感。例如，同神经传导有关的胆碱酯酶对药剂敏感度下降，有的害虫对氨基甲酸酯类的抗药性机制就是如此。电压敏感性的钠通道是 DDT 和拟除虫菊酯类杀虫剂的主要靶标。昆虫对拟除虫菊酯类杀虫剂产生抗性是由于拟除虫菊酯靶标位点（Para）的突变造成的。对果蝇和家蝇的 *Para* 基因相对应 DNA 片段分析发现，击倒抗性与电压敏感钠通道基因片段变化有密切联系，钠通道基因的改变是抗性的基础。GABA 是昆虫体内重要的抑制性神经传递物质，GABA 受体被阻断后神经递质就无法正常传递，GABA 受体基因 *Rdl* 发生突变，会导致敏感性下降。

　　磷化氢因获得方便、经济实用、残留无害等被长期普遍应用，害虫对其抗性面临严峻形势。害虫对熏蒸剂磷化氢的抗性机制与一般接触性有机杀虫剂有所不同，在其强抗害虫品系中涉及 *rph1*、*rph2* 两个基因位点。这两个位点至少关系到谷蠹（Schlipalius et al.，2002，2008）、赤拟谷盗（Jagadeesan et al.，2013）和米象（Nguyen et al.，2015，2016）的抗性。*rph1* 基因位点尚不明确，至少生物测定和连锁分析与磷化氢抗性普遍相关。*rph2* 基因调控二氢硫辛酰胺脱氢酶（dihydrolipoamide dehydrogenase，DLD），该酶为基本的能量代谢的酶，在谷蠹和其他鞘翅目害虫中因其发生突变而具磷化氢高抗性。在正常虫体内，*rph2* 基因编码的 DLD 酶会产生大量的活性氧（ROS），与 *rph1* 编码的脂肪酯去饱和酶（fatty acid desaturase，FAD）产生的去饱和脂肪酸发生过氧化反应，导致细胞产生氧化损伤，而磷化氢的出现会加剧这种情况的产生。当 *rph1* 发生突变后，细胞产生的去饱和脂肪酸减少，致使细胞对自由氧的耐受力增强；*rph2* 的突变则会减少自由氧的产生，两者均能使对磷化氢产生高抗性。

　　总之，抗药性的原因是多种多样的，各种抗药性机制也是互相影响，互相制约的，绝不是简单的相加或相减作用的结果。昆虫抗药性的机制，至今还没有完全清楚，多数的研究表明酶系促进解毒是昆虫产生抗药性的主要因素。目前，多种昆虫解毒酶的发现，对研究抗药性机制具有很大的推动作用。

（四）害虫抗药性的遗传与消失

　　从遗传学的角度来说，害虫体内本就存在抗药性基因，抗药性的发展依赖于药剂选择作用的强度，而抗药性基因是可以传给下一代的。反过来，基因能影响抗药性群体的选择速度。抗药性等位基因（resistance alleles）的频率在自然种群中原来是很低的，为 0.0001～0.01，这称为起始抗药性基因频率。起始频率对药剂处理后的抗药性群体大小影响很大。抗药性频率极低时，存活的个体及其群体增加的潜力大大地受到限制。

　　抗药性基因的表现型有显性（dominance）、不完全显性（incomplete dominance）和隐性（recessive）。在药剂选择的条件下，抗药性基因的显性程度实质上是影响抗药性群体增长的速度。当抗药性基因是隐性时，增长速度慢，显性则快。两者达到高抗药性基因频率所需的时间差异是很大的。

害虫对药剂产生抗药性，从遗传和生物化学角度考虑有如下几种情况。

单基因的突变导致害虫抗药性。有时抗药性是由单基因突变引起的，导致作用部位变化或增加酶的解毒能力，有的害虫由于其胆碱酯酶的变化，显著地降低了对药剂的反应。此外，还有一些害虫由于酶的变异，也降低了对基质乙酰胆碱的水解活性。

等位基因与抗药性机制的关系。等位基因可产生酶的变异，因此导致抗药性的形成。

一种昆虫在杀虫剂的选择作用下，其抗药性品系的形成与消失的速度与三方面的因素有关。

药剂因子。药剂的使用剂量越大，使用次数越频繁，使用面积越大，接触的害虫群体越大，抗药性出现就越快，这也就是为何卫生害虫出现抗药性要比农业害虫快的原因之一。停止用药，抗药性可能逐步消失，但有些昆虫抗药性消失快，另一些则消失很慢。

昆虫因子。包括昆虫的生态特点、行为、食性及抗药性个体的生理变化等。一般来说，生活史短，每年世代数多，群体大，接触药剂的机会就多，产生抗药性的可能性就大，抗药性种群易于形成。例如，螨类属于这种情况。有人认为抗药性的形成与迁飞的情况有关。迁移性小的，因有自然生殖隔离，抗药性的群体易于形成。但迁飞力强，又有利于抗药性基因的扩散。据广东省粮食科学研究所（1976 年）在全省范围内对磷化氢的抗药性调查，发现米象对磷化氢的抗药性增加最快，在 27 个品系中有抗药性的已有 17 个（占 63%），抗药性最高的达 63.7 倍；赤拟谷盗的抗药性增加很慢，在 28 个品系中，只有 3 个有抗药性的苗头；玉米象则多是敏感的，还没有发现有抗药性的品系。

环境因子。储藏物储存条件、害虫寄生条件的改变等都会影响害虫抗药性的形成与消失。

三、储粮害虫对防护剂的抗药性

（一）害虫对有机磷杀虫剂的抗性

储粮害虫对储粮防护剂的抗药性是随着防护剂的应用相应增加的。例如，1970 年至少有 13 种储粮害虫对防护剂产生了抗药性。1978 年已知有 13 种储粮甲虫和 6 种蛾类对 65 种储粮防护剂产生了抗药性。联合国粮食及农业组织 1976 年调查了全球 8 种储粮害虫（米象、玉米象、谷象、谷蠹、赤拟谷盗、杂拟谷盗、锯谷盗和大眼锯谷盗），其中对马拉硫磷产生抗药性的品系达 39%。虽然我国未对储粮害虫对储粮防护剂的抗药性进行全面的调查，但从少数地方的观察研究和有效防治害虫所需剂量的增高来看，单一药剂的使用使得害虫的抗药性增长迅速，在经常使用防护剂尤其是马拉硫磷的地方，也在发展中。慕立义等于 1993 年对 12 个省的 31 个玉米象样品进行抗性调查测定发现，2 个对溴氰菊酯，2 个对马拉硫磷，1 个对辛硫磷，1 个对 r-666 分别产生了抗性。且根据抗药性规律研究发现，玉米象对溴氰菊酯、马拉硫磷易产生抗性。在湖北松滋市连续十年使用马拉硫磷，赤拟谷盗的抗性达到 184～304 倍。不同药剂的混用可延缓抗性的产生。害虫对有机磷杀虫剂的抗性主要是由于增强了体内分解有机磷的解毒酶系，如羧酸酯酶、磷酸酯酶、谷胱甘肽（GSH)-S-转移酶、多功能氧化酶等的活性。例如，抗性家蝇通过磷酸酯酶能把对硫磷水解为二乙基硫代磷酸酯的无毒化合物，其速度一般比正常品系快 2 倍。有的抗性家蝇体内的酯酶能把杀螟松解毒，其速度比正常品系快 50%，并且有更强的脱烷基的能力（由于烷基转移酶的作用）。用电泳法分离家蝇的酯酶，证明马拉硫磷抗性品系体内萘酚酸磷酸酯水解酶含量比正常品系多。

（二）害虫对储粮防护剂的抗性机制

水解酶能够断开羧酸酯和磷酸酯键，因而在有机磷和拟除虫菊酯的代谢中起着重要的作用（Dautermar，1982）。在有机磷化合物中发现有两条不同的水解途径。

首先，在马拉硫磷等中断开羧酸酯键。

其次，在大多数化合物中则断开磷酸酯键。在拟除虫菊酯类中，中间羧酸酯键的水解则是重要的解毒反应。这些酶大多数也被磷酸酯类化合物所抑制，但是特定的底物和抑制剂在酶之间有相当大的变化。

从药剂接触来说，防护剂对害虫的接触是以害虫为主动方的，如果害虫不运动到已有防护剂的位置，则不会发生作用。然而，如果害虫与药剂主动接触，但接触时间或接触量不足的话，则害虫不能被杀死，但接触却已发生，由此害虫会对此药剂产生相应的适应性。

从药剂自身性质来说，在其施用的有效期可以将接触药剂的害虫杀死（许多情况下应当如此）。但由于药剂自身总会降解，到防护的后期会出现药剂存在，但害虫接触到的是亚致死量，非但害虫不被杀死，反而会促使其产生适应性或抗药性。

从生物学角度来说，在储粮中害虫并非都以活动虫态与药剂接触，一些不活动虫态和生活在粮粒内部的虫态难以接触到致死量的药剂，也会有相应的适应性产生。

四、储粮害虫对熏蒸剂的抗药性报告

1. 国际储粮害虫抗药性报告　　在研究溴甲烷筛选的谷象抗性品系的交互抗性时，第一次发现了谷象对磷化氢的抗性（Musgrave et al.，1961）。从那时起联合国粮食及农业组织（FAO）开始注意储粮害虫的抗药性，并于 1974 年在全世界范围内进行储粮害虫对化学杀虫剂抗药性的调查。从 82 个国家采集了赤拟谷盗、杂拟谷盗、锯谷盗、大眼锯谷盗、谷蠹、玉米象、米象和谷象 8 种主要的储粮害虫，共计 800 多个样品。调查结果发现，从 40%的被调查国家采集到对磷化氢有抗性的样品，这些样品约占总样品数的 10%。其中在中国的上海、北京各发现一个赤拟谷盗抗性品系，在中国台湾基隆发现一个谷蠹抗性品系。储粮害虫对磷化氢的高抗性品系是于 1983 年在孟加拉国发现。孟加拉国的谷蠹成虫在 FAO 标准方法的不同剂量检测中，在 0.03mg/L 磷化氢中暴露 20h，死亡率为零。而该剂量可杀死敏感品系的所有成虫。在对主要来自非洲和亚洲的热带和亚热带地区所采集 119 各样品中，用 FAO 推荐的磷化氢抗性鉴别剂量测定，其存活率大于 10%的样品占 54%；其中存活率为 90%以上严重抗性的样品 40 个，占抗性品系的 60%以上；存活率 100%的样品 2 个，均为谷蠹（Taylor and Halliday，1986）。在美国的佐治亚、佛罗里达和亚拉巴马州采集的赤拟谷盗，粉斑螟和印度谷蛾对磷化氢的抗性，赤拟谷盗的 23 个品系中有 8 个品系，粉斑螟的 18 个品系，印度谷蛾的 7 个品系中有 4 个品系对磷化氢产生了弱的抗性（Zettler et al.，1989）。澳大利亚昆士兰州的储粮害虫磷化氢抗药性，所调查的三种害虫谷蠹、米象和锯谷盗仅发现弱的磷化氢抗性品系。

2. 中国储粮害虫抗药性报告　　我国对储粮害虫抗性于 1975 年后开展了有关研究，先期先后在全国进行了三次储粮害虫对磷化氢的抗性情况考察。以敏感度小于 50%的品系（即磷化氢强抗性品系）为例，1988 年以前为 5 个，占调查品系的 1.5%；1988 年为 8 个品系，占调查品系的 5.3%；1992 年为 25 个品系，占调查品系的 17.4%。1975～1992 年储粮害虫磷化氢强抗性品系的数量在逐年增加。1988 年成立了中国部分省市参加的全国抗性监测工作网点，在我国的部分省市开展了磷化氢抗性的调查工作。梁权等报道了在广东 16 个县、市共 29 个粮管所抽测的 5 个虫种 68 个品系对磷化氢抗性，结果表明：在谷蠹 13 个品系中，只有 3 个敏感，3 个偏于敏感，7 个抗性品系，其中两个强抗性品系的抗性系数（Rf 值）高达 606 倍和 1194 倍。锈赤扁谷盗 17 个品系中无一敏感，只有一个偏于敏感；轻度和中抗性品系占 94%；最高抗性水平 Rf 为 67 倍。米象、玉米象和赤拟谷盗的品系都是敏感和偏于敏感的。河南工业大学于 1995～1997 年在全国范围的 19 个省（自治区和直辖市）采集玉米象、米象、谷蠹、赤拟谷盗、锈赤扁谷盗和土耳其扁谷盗 6 种害虫的 73 个品系，分别采用 FAO 推荐的熏蒸剂抗性测定方法和磷化氢击倒试验方法，测定了储粮害虫对磷化氢的抗药性。玉米象品系对磷化氢抗性系数均小于 4，基本属于敏感品系和稍有抗性品系，这一结果与全国抗性网的调查结果一致。有 8 个米象品系是中等水平的磷化氢抗性品系，抗性系数最高的达 1052 倍。10 个谷蠹品系中有 7 个品系对磷化氢有中等程度的抗性，其中有两个品系抗性系数最高达 392 倍。

3. 近期储粮害虫抗药性报告　　2000 年以来，国际上对储粮害虫的磷化氢抗性研究与报告不断增多，澳大利亚的谷蠹早已有 Rf 为 603 倍的强抗性品系（Collins et al., 2005），锈赤扁谷盗强抗性品系 Rf 达 1300 倍（Nayak et al., 2013），米象的强抗性品系 Rf 达 1000 多倍（Holloway et al., 2016）。捷克共和国赤拟谷盗和谷象的抗性品系 Rf 分别为在 156.4 倍和 14 倍（Aulicky et al., 2019）。中国的锈赤扁谷盗的强抗性品系 Rf 大于 1000 倍（王殿轩等，2004），米象品系的磷化氢抗性分别出现有抗性系数达 295 倍、148 倍和 76.5 倍（王殿轩等，2010），赤拟谷盗磷化氢抗性品系 Rf 达 206 倍（朱建民等，2011），有 4 个地区的谷蠹磷化氢抗性系数在 114～173（王继婷等，2016）。

第五节　储粮环境与杀虫剂发挥药效的关系

一、环境温度与药效的关系

（一）温度对熏蒸效果的影响

1. 烟囱效应的影响　　烟囱效应（stack effect）是指从底部至顶部具有流通空气的构筑物内空气沿着垂直方向上升或下降，造成空气加强对流的现象。烟囱效应也会由于温度引起的大气与仓内气体的密度不同，从而引起仓内气体损失。由于气体密度引起仓壁横向的压差，仓壁内的压力与外界的压力形成压差，如果这一压差发生在漏气仓，则其影响就像风的作用一样导致毒气的外漏（图 6-9）。在纵的方向上也会有毒气的外漏。由于温差及仓内外大气组成的差别引起气体密度上的差异，进而也会产生压差，由其产生的压差取决于熏蒸仓的高度，且气体外漏的速度与压差成正比。

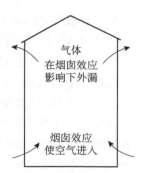

图 6-9　烟囱效应对密闭环境中熏蒸剂的影响

在高型仓（仓房高度与跨度之比大于 2：1）中粮堆效应影响更大，在大多数情况下由风引起的毒气损失比粮堆效应要大。也就是说，风力产生的压差一般比粮堆效应产生的压差大。

在高型仓的熏蒸中除非在无风的条件下，否则不会因粮堆效应的单独作用造成毒气的过量损失而引起熏蒸的失败。但粮堆效应可引起粮堆局部空气的进入，降低熏蒸剂的浓度甚至达到无效的程度，在这样一个局部的浓度过低部位中害虫得以存活，使得熏蒸处理后害虫还会再度发生。

2. 温度变化的影响　　当仓房内的温度变化时，则压力也随之变化。如果仓房的气密性差，由于粮堆发热，压力升高时，毒气就会被压出仓外；反之，如果温度下降，则压力下降，外界空气进入仓内稀释降低局部部位的熏蒸剂气体浓度。

仓内空间的温度（指粮堆与仓顶之间的空间）在熏蒸期间（如昼夜）变化较大，对那些密闭时间不到 1d 的熏蒸来说，这一损失是可以接受的；但对于熏蒸过程要持续数天的熏蒸，特别是使用磷化氢为熏蒸剂时，毒气的损失率应降得很低（0.02/d），且这一指标还要满足平均每日仓温变化不超过 6℃。可以通过彻底密封粮堆来最大限度地减少温度变化对熏蒸的影响，散装粮采用此方法后，每日的温度变化的影响可以很小。对于镀锌钢板仓等采用外部刷白使太阳照射热量得到反射后，降低温差效果明显。对仓房附加隔热层或在仓顶隔热处理等也可降低温度变化。

3. 仓内空气对流的影响　　在密闭的仓房内，由于气体密度的梯度分布而产生对流，其梯度是由温度及不同的气体组成造成的。气体密度的形成使气体循环产生了动力，这种对流的模式在仓房的大部分区域为气体的循环，存在热核心的散装粮堆会产生很强的对流。

合理利用对流进行施药，可以取得较好的杀虫效果。Banks（1986）指出：以前认为将磷化铝均匀拌入粮堆中才会使磷化氢比较均匀地分布，然而在密封的熏蒸系统中则不必要。由于自然对流，在用药一段时间后，熏蒸气体会得到好的分布。在澳大利亚，密封的房式仓和矮胖仓（仓房高度与跨度之比小于 2∶1）常将磷化铝用于粮面或走道，在土堤仓中将药剂用于 PVC 篷布下，2 个星期后仓底即可达到有效浓度，但要至少密封 20d。对于高度与宽度比大于 2∶1 的仓房和船舱，不宜用粮面施药法，此时只靠对流不行，下部气体浓度常常不足，需采用辅助手段以促进气体扩散分布。

4. 粮食吸附的影响　　温度能影响物体的吸着力。物理吸着作用与温度成反比，环境温度较低时熏蒸剂分子被吸着到固体表面的数量多，分布到粮堆内的熏蒸剂浓度就降低，熏蒸效果就比较差；反之，环境温度较高，熏蒸剂分子就不易被吸着，扩散速度就快，粮堆内的熏蒸剂浓度就较高，药效也就高，这就是为什么当温度下降时应增大熏蒸剂剂量的原因之一。

5. 温度对药剂的影响　　温度可以影响药剂的挥发性、扩散性及被熏蒸物的吸着能力，进而影响毒气在密闭环境中的分布。温差会使得粮堆内形成微气流，进而对毒气的分布速度和分布状态产生影响。

6. 温度对害虫的影响　　温度高，害虫生理代谢旺盛，活动量大，耗氧量也大，吸入熏蒸剂的量也相应增加，从而使杀虫速度和效果得到提高。在一般情况下，在 10～35℃，温度升高，磷化氢对害虫防治效果明显。一般来说，使用磷化氢防治储粮害虫温度应在 15℃以上。但也有报道，谷蠹在高温时对磷化氢的耐受力增大。

（二）温度对储粮防护剂杀虫效果的影响

1. 温度对毒力的影响　　环境温度对防护剂毒力的影响十分明显。毒力随温度升高而增大的杀虫剂称为正温度系数杀虫剂。一般有机磷防护剂的毒力与温度呈正相关，即毒力随温度升高而增大，如防虫磷、杀虫松、甲基嘧啶磷、甲基毒死蜱、溴硫磷等在 10℃、17.5℃、25℃三种不同温度条件下，对赤拟谷盗、锯谷盗、谷象的毒力，随着温度的降低而明显降低，低温时必须考虑加大用药以确保防治效果。毒力随温度升高而降低的杀虫剂称为负温度系数杀虫剂。菊酯类防护剂随着温度的降低而毒力有提高。温度对溴氰菊酯毒力的影响又因虫种而异，对谷象温度影响呈正相关，赤拟谷盗和米象则相反。

2. 温度对药效的影响　　　评估防护剂的药效，主要是防护期的长短。有些防护剂，尽管毒力与温度呈正相关，然而在低温时防护期长，因此北方地区可选用，使用剂量可选用推荐剂量的中、下限。高温时防护期短，一般粮温超过 32℃，防护剂的防护效果（或药效）明显变差。

温度对储粮中药剂残留的影响，也起着重要作用。一般而言，粮温每升高 10℃，防虫磷分解速度加快 1.5～2 倍；粮温每降低 8℃，杀虫松半衰期延长 1 倍。

环境温度对各种防护剂的影响程度也不一样，如杀虫松、防虫磷等易分解的药剂，对温度较敏感，随着外界温度的上升而加快分解速度。一些半衰期长的防护剂，如甲基嘧啶硫磷、溴氰菊酯等则受温度的影响较小。

图 6-10 说明了防护剂在温度和环境湿度结合影响下的衰减情况。

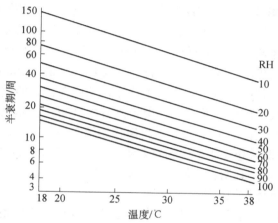

图 6-10　不同温湿度条件下杀螟硫磷的半衰期（位置）（Snelson et al.，1985）

二、湿度和水分与药效的关系

（一）湿度和水分对熏蒸剂杀虫效果的影响

空气湿度对熏蒸剂杀虫效果的影响较温度相对小。相对湿度大时，害虫的呼吸、生长、发育等生理活动较为旺盛，吸入熏蒸剂量增加，中毒死亡的速度较快，这对发挥药效是有利的。相对湿度大时，也会使粮食吸附能力增强，影响熏蒸剂扩散而降低药效。相对湿度大时，会使磷化铝分解产生磷化氢的速度加快。

粮食及其他物质的含水量大小、相对湿度也能影响其本身的吸着力，潮湿的粮食或其他物体不仅吸着性强，而且还不易解吸，特别是水溶性熏蒸剂，能渗入粮粒造成药害。所以，高水分粮、雨天及相对湿度过大时，不宜进行熏蒸。

（二）湿度和水分对防护剂杀虫效果的影响

粮食水分对多数防护剂的药效有明显的影响。防虫磷在粮食安全水分条件下药效较好，而粮食水分增加，特别是超过临界水分时，药效则易分解失效。防虫磷、溴硫磷和甲基嘧啶硫磷三种药剂在 16% 的高水分粮内，经 24 周后其残留量分别为原来的 15.3%、24.5% 和 70.1%；而在水分 12% 的安全粮内，残留量相应分别是原来的 33.1%、45.3% 和 66.9%。因此，除甲基嘧啶硫磷外，防虫磷和溴硫磷对粮食水分是比较敏感的。

　　粮食的水分和环境湿度会影响粮食上微生物的活动。储粮微生物能引起防护剂分解。用玉米和小麦各分两组进行试验，一组接种灰绿曲霉，另一组经灭菌处理，用 10mg/kg 剂量的防虫磷处理后，储藏在 26℃ 和相对湿度 60%～86% 的条件下，经过 6 个月，接种玉米与灭菌玉米上防虫磷含量分别为 4.0% 和 8.3%；小麦上防虫磷含量分别为 12.9% 和 18.3%。可见微生物可促进防护剂分解。

　　据浙江省粮食科学研究所报道，施用防护剂的粮食对微生物有一定抑制作用。例如，用防虫磷 15mg/kg、杀虫松 5mg/kg、10mg/kg、15mg/kg 处理的稻谷，经立筒仓储藏 8 个月后，其粮粒内部带菌量比对照显著减少，尤其对易引起粮食发热的白曲霉抑制作用更为明显。

三、气体成分与药效的关系

　　环境中的气体主要对熏蒸剂的杀虫效果造成影响。在熏蒸过程中气体成分的不同会影响到害虫的呼吸状况，进而影响到害虫死亡或杀虫效果。

（一）氧气的影响

　　正常情况下害虫呼吸是需要氧气的，如果环境中氧气浓度降低到一定程度，会促使害虫提高呼吸率，如此有利于熏蒸剂杀虫效果的提高。

　　磷化氢对害虫必须在有氧时才能表现出生物活性。磷化氢毒杀害虫若在无氧的情况下，即使害虫气门张开，气管正常，也不能吸收磷化氢气体，而且磷化氢气体也不能穿透细胞膜。相反，在正常大气中和有氧的情况下，则因为吸入磷化氢而表现出明显的毒力作用，即使气门关闭，磷化氢也可通过体壁进入虫体。换言之，昆虫呼吸是磷化氢毒理机制的中心，没有氧则无呼吸，也就没有磷化氢的毒效。

（二）二氧化碳的影响

　　二氧化碳可以刺激昆虫呼吸，从而有助于熏蒸气体达到虫体内的致毒部位，提高杀虫效果。在高浓度二氧化碳条件下也必须有氧才能提高磷化氢的活性，而且要求二氧化碳与磷化氢同时处理，才会起到明显的增效作用。在有些情况下，将二氧化碳混入熏蒸剂中熏蒸可以缩短熏蒸时间。在防治谷蠹、拟谷盗属害虫和谷斑皮蠹的活动虫态时，二氧化碳和磷化氢混合气体比单用磷化氢气体作用要快，对这些害虫的卵和蛹，影响则较小。

　　一般单用二氧化碳 35% 以上经过一定时间即可杀死害虫，生产中较长的密封时间保持这样高浓度需要较好的气密条件。用熏蒸剂和二氧化碳混合熏蒸则不需要太高的二氧化碳浓度，有资料建议 5% 左右的二氧化碳即有明显的增效作用。例如，在一般的磷化氢发生器应用中，当 56% 的磷化铝片剂一般剂量下用量 1kg 所建议的二氧化碳用量为 25kg 时，粮堆中二氧化碳的浓度在 1%～2%。这样的二氧化碳浓度不足以增加害虫的呼吸率，但仍可通过提高磷化氢气体扩散和钻透、促进气体均匀分布、延长磷化氢在粮堆中的滞留时间等提高熏蒸杀虫效果。

四、仓房条件与药效的关系

　　在化学药剂熏蒸杀虫过程中，如果仓房（或其他储粮设施）密封不严密，存在微小的缝隙，毒气分子就能通过这些缝隙外逸，从而降低毒气浓度，影响杀虫效果。

　　目前，大多数的熏蒸仓房实际上是漏气的，风能使仓房的迎风面压力增大，同时仓房的背风面压力降低。在风的影响下，在迎风面空气进入仓内，在背风面熏蒸剂向外漏出。熏蒸剂外漏的速度与风速成正比，因此风的影响是造成气体损失和导致熏蒸失败的主要原因。因此，提高仓房或粮堆的密闭条件，避免在大风天气熏蒸，是保持毒气有效浓度，提高熏蒸效果的有效措施。

密闭是进行熏蒸工作的前提，对于磷化氢来说，杀死害虫需要保持较长的暴露时间，为保持有效浓度，需要更好的密闭条件。

整仓熏蒸时，要特别注意门窗和仓顶的密封。通常散装粮应尽量采用单面密封或多面密封，包装时应根据具体情况尽量分垛进行帐幕熏蒸。一般来说，采用单面密封比较切实可行，相对费用也比较小。

在采用环流熏蒸技术时，仓房的气密性也应达到一定的要求。否则，在环流风机的正压段会出现毒气的泄漏；在负压段则会出现外界空气的进入，从而稀释熏蒸环境中的有效气体浓度，影响杀虫效果。当仓房密封条件不好又需进行熏蒸时，可采用膜下环流熏蒸或通过补充药剂的办法，以保持仓内所需的浓度。

对于熏蒸仓房气密性的要求在世界上还没有统一的标准，不同国家的应用技术资料中的提法也不一样。例如，有的提出对于立筒仓要求用压力衰减法测定时，1500Pa 的正压压力半衰期应在 5min 以上；有的建议用于气调的仓 500Pa 压力半衰期不小于 5min；有的建议房式仓的 200Pa 压力半衰期应在 12min 以上；还有的专家提出对于不同的仓房规模，或同样仓房的空仓和实仓，或同样的仓房装满程度不同的压力半衰期要求应区别对待，如 250Pa 的压力半衰期可为 3min、6min、10min 等，情况不同则不能一概而论。

我国对于新建的国家粮食储备库磷化氢环流熏蒸的要求是应符合《磷化氢环流熏蒸技术规程》的要求，即粮仓密封后，用测压计和风机以正压测定粮仓气密性。仓内压力由 500Pa 下降到 250Pa 的半衰期平房仓不低于 40s，浅圆仓、立筒仓不低于 60s。如果粮仓气密性达不到要求，可采用塑料薄膜密封粮面，在薄膜下面设置回风道或管路，使薄膜与粮面之间形成一定空隙，进行环流熏蒸。

五、粮食与药效的关系

（一）对熏蒸剂杀虫效果的影响

熏蒸中粮食的吸着作用会影响到熏蒸环境中气体的浓度，从而对熏蒸杀虫效果产生影响。

吸着是个统称，它包括化学吸着和物理吸着。化学吸着是一种较强的结合力，常常引起气体与物品之间的化学反应，而且在通常情况下是不可逆的。而物理吸着又包括吸附和吸收两个现象。

吸附作用是指气体分子依附在一物体表面。因为有一些吸附剂，如木炭，是多孔体，具有许多内表层，它们具有吸附作用，在某种物体内部也可能发生吸附。

吸收发生在气体进入固相或液相并被控制溶液性能的毛细管力束缚时。例如，粮食的水相或多脂物质的脂肪相可以吸收气体。

粮食、仓房和器材表面都具有吸着性，这些物体若吸着能力强，毒气在扩散和钻透过程中，首先有大量的毒气被吸着，扩散到粮堆内的毒气浓度就会大为降低，从而影响到杀虫效果。

粮堆过高，在粮堆顶部施药后，毒气从上向下的扩散过程中逐渐被吸着，粮堆下层毒气浓度较低，影响药效，应采取打探管或其他措施。对于立筒仓，从仓的上部施药时，仓体的直径和高度的比例似乎应限制在一定的范围内。美国和津巴布韦的资料报道，直径与高度的比例为 1:2 时，上部施药后，所得的磷化氢在仓中的分布结果比较好，比例超过 1:4 或 1:5 时，仓底浓度逐渐减少。若直径与高度的比例为 1:10，从上部施药后，即使在两周以后仓底的浓度也不会超过 2ml/m³。

在熏蒸过程中，最初的时间里粮食对熏蒸剂的吸着相当高，以后呈半对数变化。

粮食的种类和品质不同，对熏蒸剂的吸着能力也有差异。

（二）粮食对防护剂效果的影响

试验证明，不同粮种对防护剂药效也有一定影响。有人用小麦和高粱做西维因、杀虫松对谷蠹与米象的药效比较，结果表明高粱内药效均差于小麦。另有报道，粮种不同对药剂的分解速度的影响也有差别，如防虫磷在高粱、小麦和玉米的分解速度是玉米＞小麦＞高粱。

六、密封时间与熏蒸剂药效的关系

熏蒸是在密闭的环境中进行的，一般施药后熏蒸剂浓度变化的基本过程分三个阶段：A 阶段，为产生毒气阶段，从几分钟到几小时以至于数天；B 阶段，为密闭保持浓度阶段，也是气体浓度气衰减阶段，可以是几小时或是数天；C 阶段，散气阶段，一般是几小时或数天（图 6-11）。上述各阶段持续时间的长短，主要取决于所使用的熏蒸剂的种类、密闭程度及施药方法。

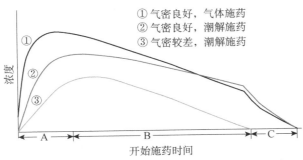

图 6-11　一般熏蒸施药后气体浓度随时间变化曲线

有些熏蒸剂，如磷化氢和二氧化碳，其熏蒸杀虫要求比较长的密闭时间。而在许多情况下，仓房的气密性在一次施药后并不一定能或很难在密闭期内使熏蒸气体浓度一直保持有效，在必要的时候则需要补充施药以维持仓内的杀虫气体浓度。这些情况下的气体浓度变化可用图 6-12 表示。

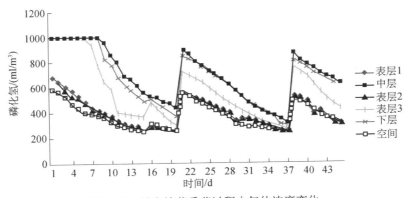

图 6-12　补充施药熏蒸过程中气体浓度变化

熏蒸密闭时间与药效有密切的关系，多数熏蒸剂在一定浓度范围内和一定温度下，杀死某一虫种所需的密闭时间与毒气浓度成反比关系。即浓度低需要密闭的时间长，浓度高需要密闭的时间短。

密闭时间与毒气的关系可用 $C \times t = K$ 表示，C 为浓度；t 为时间；K 为常数，单位为 $(h \cdot g)/m^3$ 或 $(h \cdot mg)/L$。在熏蒸中，只要达到杀死某一虫种的 $C \cdot t$，一般即可保证熏杀该虫的效果，因此 Ct 可作为衡量有效熏蒸的指标。

各种熏蒸剂有效 Ct 值是不一样的。熏蒸剂只有达到或超过了所有建议的有效 Ct 值，才能保证有效熏蒸。Ct 值的计算是用熏蒸剂浓度乘以密闭时间，Ct 值就是浓度与时间的乘积。然而，在实际的熏蒸工作中，药剂浓度不是恒定的，而是在随时间变化，这时的 Ct 值的计算方法最好用几何方法。由图 6-13 的浓度-时间曲线和熏蒸投药至放气的时间，可以计算出曲线下面的面积的积值，即浓度时间积（Ct）。

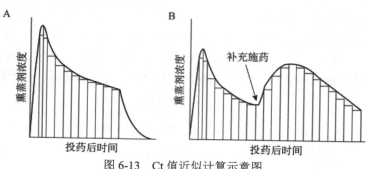

图 6-13　Ct 值近似计算示意图
A. 一次性施药过程；B. 补充施药过程

在实际熏蒸工作中，Ct 值的简单近似计算方法是：施药后测定 2h、4h、8h、12h、24h、36h、48h、72h……的即时浓度，然后依次将相邻两次测得的浓度相加除以 2 后再乘以两次测定的间隔时间（h）。从一系列测点中所得的 Ct 值再相加就可计算出熏蒸累计 Ct 值。

由计算出来的累计 Ct 值与建议有效 Ct 值比较，可初步评估熏蒸的成败。

同一药剂杀死不同虫种、不同虫期所需的 Ct 值不同；不同药剂所需的 Ct 值也不相同。在实践中，因为处理的虫粮中有若干虫种和虫期，应用时要选用对药剂抵抗力最强的虫种或虫期的 Ct 值，以保证防治效果。使用时必须注意温度、湿度、粮食水分的变化对 Ct 值的影响。

上述 Ct 值的规则并非对所有的熏蒸剂都完全适用，其关系式也只是一种近似值。而具有普遍意义的关系是

$$C^n \times t = K \ (n < 1)$$

式中，n 为对数时间和浓度对数回归直线的斜率，Winks（1984）称其为毒力指数，它是一个特殊值，代表了熏蒸剂与虫种，更确切地说包含了不同的发育阶段之间的毒力关系。一般认为：$n < 1$ 时，时间是剂量的关键因子；$n > 1$ 时，浓度是剂量的关键因子；$n = 1$ 时，时间和浓度同样重要。熏蒸工作的重点在于要知道所使用熏蒸剂和害虫的 n 值。磷化氢的 n 值在绝大多数条件下都小于 1，一般浓度越高，n 值越小。在使用磷化氢进行熏蒸时，熏蒸密闭时间比其浓度更重要，即磷化氢是以时间为主导因素的熏蒸剂。因此，提出用磷化氢熏蒸时，采用低浓度长时间处理，其杀虫效果比高浓度短时间的还要好。但是，要做到这一点，熏蒸环境必须具有良好的气密性，以便气体保持较长的时间。也可通过不断补充熏蒸剂的方法以满足所需熏蒸时间的要求。在熏蒸过程中如能保持密闭环境中较为恒定的杀虫气体浓度，将会取得较好的熏蒸效果。

实验室比较试验表明，在 20℃，相对湿度 65%的条件下，磷化氢的起始药量为 6g/m³，然后按每小时向熏蒸室充入相当于其容量 5%的新鲜空气，要经 48h 才能 100%杀死谷象成虫。若在相同条件下以恒定的磷化氢浓度处理，则只需 0.08mg/L 就可在相同时间内杀死 100%的害虫（Reichmuth，1983，1985）。Winks 和 Russell（1997）提出的塞若气流（SIROFLO）熏蒸法即为此提供了一个很好的途径。

对于 n 大于 1 的熏蒸剂，在熏蒸中增加其浓度比延长时间更有效，溴甲烷等在大多数情况下属于此类型。

密闭时间与储粮防护剂的关系不明显，但一般仓房如果密封、保温性能好的话，可以减小环境对药剂的降解，有利于延长药效。

七、施药技术与药效的关系

（一）储粮防护剂的施药技术与药效关系

储粮防护剂的防护效果主要与药剂有效成分在保护对象上的分布和药剂施用后的残效期关系紧密。施药技术对二者均有一定影响。

液剂除超低容量喷雾剂不需加水稀释而可直接喷洒外，可供液态使用的其他制剂，如乳油、可湿性粉剂均需加水调成乳液、悬浮液喷洒使用。影响喷洒质量的因素包括药械对药剂的分散度。药剂的雾化是靠机械来完成的，雾滴的大小，与喷雾器性能的好坏有直接的关系。普通空气压缩式喷容器，对药液施加压力，形成液流，经过喷头中的狭小喷孔提高液流的压强，液流与静止的空气冲撞，药液被撞碎，即"雾化"。药液受到的压力越高，雾化程度越高，液滴越小。一般常用的喷雾器常用压力为 3～10kg/cm²，所形成的雾滴直径较大，多在 200μm 左右，雾滴的大小也不够均匀，使得药剂的分散度稍差。目前新开发的全自动和半自动高压喷药机械，采用了高压力处理，雾化性能相对较好，尤其适用于散粮输送过程中的施药。

国内外已发展的超低容量喷雾，可将少量的药液喷到很大的防护对象上，形成的雾滴极小（仅 15～80μm），使单位面积上的雾滴数提高许多倍，使药液的分散度大大提高。

有一些药剂采用药液的水溶液施药后，水会加速药剂降解，影响防护效果。尤其是当水质较硬时，更会促进乳液的稳定性。

采用粉剂与兑水喷雾施药相比，减少了水对药剂的影响。但药剂在载体上的分布以及粉剂在粮食上的分散度都对药效产生影响。采用砻糠载体剂是储粮防护剂的有效方法之一，药糠的大小和处理方法也影响到药效。

无论采用什么剂型，采用粮堆表层处理或分层拌粮或全仓施药，同样条件下，以全仓施药最好，仅表层处理效果则较差。

（二）储粮熏蒸剂的施药技术与药效关系

熏蒸剂的杀虫效果关键是尽快使熏蒸气体挥发、扩散并有效分布到熏蒸环境各处，不同的气体施入形式、有无辅助的促进气体分布的措施都与药效相关。

从用药形式上看，直接施用熏蒸气体会使气体在熏蒸环境各处达到均匀有效的速度最快，采用压缩的液化气体也有相似的功效，而采用固体如磷化铝分解产生的气体，则会使熏蒸环境内毒气分布得相对慢一些。

从熏蒸气体产生并施入仓内后是否采用辅助的促进气体分布的方法也会影响到熏蒸效果。一般完全依靠气体分子的自身运动分布较慢，采用风力促进的方法则比较快。有时对有的熏蒸剂也可通过增大挥发面积的方法提高药效，或采用减压或真空熏蒸的方式。

在促进熏蒸气体均匀而有效分布的施药技术中，以促进密闭环境中气体循环的技术（环流熏蒸）最为有效，此技术不仅可以避免因过高浓度造成的不利，也可以避免熏蒸死角（浓度过低区域）的存在，更可以取得满意的杀虫效果。

第六节　杀虫剂的科学选用

一、选用高效低毒的杀虫剂

杀虫剂是一类具有生物活性的物质，通常对害虫有生物活性的药剂对人或高等动物也具有活性（少数特异性杀虫剂除外）。选用高效低毒的杀虫剂意在所选用的杀虫剂被施用后，对害虫的防治效果要好，而对人则无毒或低毒。

（一）高效

高效是取得尽量好的防治效果。对储藏物害虫的防治效果内容和表示方法是多样的，要考虑长、短期的经济效益、环保效益和社会效益。生产实际中杀虫药剂的防治效果因药剂的类型和防治目的而不同。对于储粮防护剂，其效果主要是指保持无虫的时间即残效期或防护期；对于熏蒸剂则可用无虫间隔期，或对害虫密度控制及恢复到用药时的害虫密度的间隔期，或用杀虫百分率评价。有的资料指出，无虫间隔期一般以害虫完成一个世代所需的时间来评价，无虫间隔期超过一个世代所需的时间即可认为熏蒸是成功的，这对于国家粮食储备粮库来说有的时候可能是要求比较低的。用现场杀虫率表示熏蒸效果一般现场观察到的害虫很多情况下是可见的成虫，同时存在的卵、蛹和部分幼虫并不容易检查到，再加上通常卵和蛹对熏蒸剂的耐受力较大，更会出现成虫完全死亡时，卵、蛹等仍有存活。有些情况下，可以通过实验测定数据或生产中总结的成功效果，在成虫完全死亡后，合理延长熏蒸时间以保证未能见到虫态卵、蛹等的完全死亡。对熏蒸粮食取样后在适宜条件下培养观察也是评估熏蒸效果的方法之一。

在实验室中，用 LD_{50} 值评价杀虫剂毒力的大小，一般 LD_{50} 值小的药剂，其毒力大，在通常情况下其杀虫效果也是高的。

（二）低毒

杀虫剂的毒性是指药剂对高等动物或哺乳动物的作用活性，理论上主要是指对人的毒性，实际上一般用药剂对试验动物的毒性间接表示。毒性包括急性毒性、亚急性毒性和慢性毒性三种。

1. 急性毒性　　急性毒性（acute toxicity）是在一次染毒条件下（也有在 24h 内多次染毒）经口、吸入或经皮肤涂敷后，以观察一定时间（24h 或 7d）内毒物所引起的症状、死亡情况，用以研究毒物作用特点、作用方式与特点等。即超过致死量的毒害品一次施于受试动物所引起的反应，用 LD_{50}（mg/kg）表示。有毒物质的毒性分级见表 6-4。

表 6-4　各类物质的毒性统一分级标准（大白鼠急性口投 LD_{50}）

级别	LD_{50}	相当于人的致死量/（g/人）
极毒（特剧毒）	<1	<0.05
剧毒	1~50	0.1

续表

级别	LD$_{50}$	相当于人的致死量/（g/人）
高毒	51～100	3
中毒	101～500	30
低毒	501～5 000	250
微毒（实际无毒）	5 001～15 000	>1 000
无毒	>15 000	—

2. 亚急性毒性　　亚急性毒性（subacute toxicity）试验是在短期（3 个月左右）内进行有计划的、多次反复染毒条件下，在急性毒性试验的基础上，进一步确定毒物的主要毒性作用、靶器官和最大无作用剂量、中毒阈剂量，并从病理组织变化、生理功能改变、体液成分变化、某些酶活性的改变上，阐明中毒机理，找出一般性与特殊中毒指标。所以，亚急性中毒为长期多次小剂量给予供试动物引起的反应，每日以 LD$_{50}$ 值的 1/5、1/10、1/20、1/40 灌胃连续 40d，当积累到 4 个 LD$_{50}$ 仍无死亡时，则被认为无明显亚急性毒性。

3. 慢性毒性　　慢性毒性（chronic toxicity）试验是在较长期（实验动物一生的大部分时间或终生，有时连续数代，一般是 1～2 年，故亦称长期毒性试验）的一定期间内连续多次反复染毒的条件下，用较小剂量（1/1000～1/100 LD$_{50}$ 或 LC$_{50}$）或现场实测得的空气中毒物浓度，或现场机体污染剂量；使实验动物长期染毒，以观察毒物可能对机体的损害，并从病理组织变化、生理功能、体液成分、某些酶活性改变等方面，确定慢性阈剂量或阈浓度、最大无作用剂量等，作为制订一种毒物在环境中的最大容许限量和个人每日容许摄入量的依据。

（三）杀虫剂的选择比

一种杀虫剂高效低毒的性能，通常用脊椎动物选择比（vertebrate selectivity ratio，VSR）来衡量，它是指一种药剂对脊椎动物与昆虫之间毒效比值。可用下式表示：

脊椎动物选择比（VSR）＝脊椎动物的 LD$_{50}$/昆虫的 LD$_{50}$

其中对脊椎动物的 LD$_{50}$ 采用对大白鼠急性口投数值，对昆虫的则采用对家蝇的点滴 LD$_{50}$ 值。

杀虫剂的选择比因受试验动物的种类、种群等不同而有所差异，也不能反映出药剂的慢性毒效，但可以反映出杀虫剂的选择性。杀虫剂的选择比大，表示其选择性强，意味着此药剂高效低毒。

在储粮害虫防治中禁用毒效大、选择比小的杀虫剂。宜选择毒效小、选择比大的杀虫剂，也就是高效低毒的杀虫剂。有时也可选用药剂毒效中等或稍大但选择比也很大的药剂，此类药剂常常在用量很低时就可起到有效的防治效果，即实际使用中用量小时仍然是安全的。杀虫剂之所以存在选择性有以下原因。

1. 杀虫剂进入生物体的途径有别　　在生物体内杀虫剂在某时间内达到一定数量后才能表现出相应的生物效应。这涉及杀虫剂能否以较快的速率经适当途径进入生物体并积累到一定数量。对防护剂来说，杀虫剂经人的皮肤或经昆虫体壁进入，由于人和昆虫皮肤和表皮结构性能不同，药剂穿透就会有速率上的差别；对熏蒸剂来说，由于人和昆虫的呼吸机制有所不同，生物效应也应有差别。但相比来说，熏蒸剂的选择比是很小的，几乎对储藏物害虫有效的熏蒸剂，对人都是剧毒气体。

2. 杀虫剂在生物体内代谢有差别　　杀虫剂进入虫体后，一部分以原来的结构式排出体外，有相当一部分则代谢为其他化合物。如果在人体内主要代谢途径是降活，而在昆虫体内主要代谢途径是增活，这种杀虫剂具有高度选择性。

马拉硫磷进入哺乳动物体内后，较快地在羧酸酯酶的作用下降解为对胆碱酯酶活性抑制能力小得多的马拉硫磷酸。在昆虫体内主要途径是在微粒体多功能氧化酶系的作用下激活为抑制胆碱酯酶活性更强的氧化马拉硫磷，从而表现出明显的选择性。

3. 生物体靶标酶的差别　　杀虫剂进入生物体后，并不是对所有生物器官、组织和生理过程都具有生物活性，只是对某种或某些酶起作用。这种（类）酶称为杀虫剂的靶标酶。有些杀虫剂的靶标酶只存在于虫体内，而高等动物体内根本就不存在，所以这类杀虫剂选择性特别强。有些靶标酶虽然高等动物和昆虫体内都存在，但其结构上存在差异，这些差异也会表现出选择性。例如，乙酰胆碱酯酶在人体和虫体内都存在，在人体中这种酶的阴离子与酯动部位的距离为 $0.43\sim0.47$nm，而在虫体内阴离子与酯动部位的距离为 $0.50\sim0.55$nm。杀螟硫磷苯基上甲基与磷原子的距离为 $0.52\sim0.62$nm，与虫体内阴离子与酯动部位的距离接近，杀螟硫磷易于附着于昆虫的乙酰胆碱酯酶上，表现出较大的生物活性。

二、选用高纯度的杀虫剂

杀虫剂在生产制造中除生成杀虫所需的活性成分（或称有效成分）外，还有一些不能或不易去除的杂质，杀虫剂原药中活性成分的百分比含量称为纯度。杂质对害虫毒力很小，甚至没有毒力，有时它还带有异味，如马拉硫磷等有机磷杀虫剂的蒜臭味，这些异味主要都是由杂质造成的。不但如此，有些杂质对哺乳动物的毒性，甚至超过了有效成分。因此，在防治储粮害虫时，应选用由高纯度原药配制的杀虫剂。

马拉硫磷是一种应用比较广泛的储粮防护剂。其原药中的杂质主要是一些磷酸酯的类似物。这些杂质对大白鼠急性口投 LD_{50} 值比马拉硫磷小，纯度为 92.2% 的马拉硫磷，杂质含量大，大白鼠口投 LD_{50} 值为 1580mg/kg，表现出较大的毒效。而纯度高（98.2%）的马拉硫磷，大白鼠口投 LD_{50} 值大，为 8000mg/kg，毒效小。而为了保证杀虫效果和对非防治对象的安全，规定选用高纯度马拉硫磷作为粮食防护剂。

三、选用适宜残效期的杀虫剂

粮食防护剂施入粮堆后，将逐渐降解。其降解速率，常以半衰期表示。半衰期即杀虫剂的量降解一半所需的时间。杀虫剂在土壤中的半衰期，有机氯类为 $2\sim4$ 年，有机磷为 $0.02\sim0.2$ 年。药剂在粮食中的半衰期，由于不受日光直接照射等原因的直接影响，半衰期要长一些，在低温、低水分储粮上更长一些。据澳大利亚资料介绍，一些储粮防护剂在储粮上的半衰期如表 6-5 所示。

表 6-5　几种储粮防护剂在粮食上的半衰期（粮食温度 30℃，相对湿度 50%）

药剂种类	半衰期/周	药剂种类	半衰期/周
马拉硫磷	8	右顺灭虫菊酯	24
杀螟硫磷	14	右反灭虫菊酯	38
甲基毒死蜱	19	苯醚菊酯	38
虫螨磷	70	除虫菊酯	34

　　如何选用适宜半衰期的杀虫剂作为粮食防护剂，从防护效果来看，半衰期越长，效果越好，因为半衰期长，表明不易降解，残效期长，能长期保持对害虫的有效浓度。然而，正因为不易降解，必然较长期地保留在粮食中，容易造成粮食污染。因此，应该根据粮食储存期限、粮食中最高残留极限要求及拌入粮堆的剂量要求，选用适宜半衰期的杀虫剂。

四、杀虫剂的混合应用

　　不同杀虫剂混用后，有些是互不干扰，各自发挥其杀虫作用，这种现象叫独立作用；有些是相互抵消一部分杀虫作用，这种现象叫拮抗作用；有些混用后杀虫效果超过了各自单独使用时杀虫使用的总和，这种现象叫增效作用。一种对昆虫毒力很小，甚至没有毒力的化合物，当与另一种杀虫剂混用后，其毒力较两者单独作用时各自作用的和还要高，前者称为后者的增效剂，如增效醚（又叫氧化胡椒基丁醚）是除虫菊及拟除虫菊的增效剂。

　　一些杀虫剂混用后不仅可以起到增效作用，还可以针对不同的防护对象发挥各自的特点。例如，谷蠹对防虫磷耐受力较强，而凯安保（以溴氰菊酯为有效成分）则对谷蠹效果好，二者混用后防虫谱就加大了，目前我国用于储粮保护的保粮安即依此原理得到应用。另一个成功混合应用的药剂例子是保粮磷。

思　考　题

1. 储粮化药剂应具有哪些特点？
2. 影响粉剂药效的因素有哪些？
3. 液剂的哪些性质影响药效的发挥？
4. 影响熏蒸剂药效的物理性质有哪些？
5. 试述储粮害虫对储粮化学药剂的抗药性，并试分析说明抗性的成因。
6. 温度对药效的影响表现在哪些方面？
7. 说明环境中气体成分与熏蒸剂药效的关系。
8. 仓房条件对储粮防护剂和熏蒸剂的应用效果是如何影响的？
9. 从哪些方面通过改进施药技术提高化学防治效果？
10. 说明科学使用储粮化学药剂的途径。

主要参考文献

国家粮食局行政管理司. 2001. 储粮新技术教程. 北京：中国商业出版社

黄伯俊. 1993. 农药毒理-毒性手册. 北京：人民卫生出版社

华南农学院. 1980. 植物化学保护. 北京：农业出版社

李佳丽，王殿轩，崔运祥，等. 2016. 实仓与模拟熏蒸完全致死磷化氢抗性锈赤扁谷盗试验研究. 粮食与饲料
　　工业，（5）：12-15

梁权. 1994. 迎接害虫磷化氢抗性的挑战. 粮食储藏，023（001），3-7

刘合存，王殿轩，王法林，等. 2011. 补充施药保持磷化氢浓度熏蒸抗性书虱实仓试验. 粮食储藏，（1）：13-15

农业部农药检定所. 1991. 新编农药手册. 北京：农业出版社

钱普 B R，戴特 C E. 1984. 联合国粮农组织关于贮粮害虫对农药的敏感性的全球调查报告. 北京：中国对外
　　翻译出版公司

王殿轩，曹阳. 1999. 磷化氢熏蒸杀虫技术. 成都：成都科技大学出版社

王殿轩，吴若旻，张晓琳，等. 2010. 不同磷化氢抗性的米象对多杀菌素的敏感性比较. 中国粮油学报，25（5）：

88-91

王殿轩，原锴，武增强，等.2004.锈赤扁谷盗与其他几种储粮害虫对磷化氢的耐受性比较.郑州工程学院学报，25（1）：6-10

王继婷，王殿轩，李佳丽，等.2016.谷蠹的磷化氢抗性及其完全致死浓度与时间研究.河南工业大学学报（自然科学版），37（1）：20-26

王佩祥.1997.储粮化学药剂应用.北京：中国商业出版社

吴泽宜.1981.农药词汇.北京：科学出版社

张宗炳.1965.昆虫毒理学（上册）.北京：科学出版社

郑州粮食学院.1987.储粮害虫防治.北京：中国商业出版社

朱建民，王殿轩，孙颖，等.2011.实仓熏蒸磷化氢高抗性赤拟谷盗的研究.河南工业大学学报（自然科学版），32（2）：32-35

Aulicky R，Stejskal V，Frydova B. 2019. Field validation of phosphine efficacy on the first recorded resistant strains of *Sitophilus granarius* and *Tribolium castaneum* from the Czech Republic. Journal of Stored Products Research，（81）：107-113

Banks H J. 1986. Sorption and desorption of fumigants on grains: mathematical descriptions. *In*：Champ B R，Highley E. Pesticides and Humid Tropical Grain Storage Systems. Canberra：Australian Centre for International Agricultural Research：179-193

Bhadriraju S，David W. 1995. Hagstrum Integrated Management of Insects in Stored Products Marcel Dekker，Inc.

Collins P J，Daglish G J，Pavic H，et al. 2005. Response of mixed-age cultures of phosphine-resistant and susceptible populations of lesser grain borer，*Rhyzopertha dominica*，to phosphine at a range of concentration and exposure periods. Journal of Stored Products Research，41：373-385

Dauterman W C. 1982. The role of hydrolases in insecticide metabolism and the toxicological significance of the metabolites. Clinical Toxicology，19（6-7）：623-635

Holloway J C，Falk M G，Emery R N，et al. 2016. Resistance to phosphine in *Sitophilus oryzae* in Australia：A national analysis of trends and frequencies over time and geographical spread. Journal of Stored Products Research，69：129-137

Horsey W J. 1953. The effect of acute alcoholic intoxication on the blood-brain barrier. Journal of Neuropathology & Experimental Neurology，12（4）：368

Jagadeesan R，Fotheringham A，Ebert P R，et al. 2013. Rapid genome wide mapping of phosphine resistance loci by a simple regional averaging analysis in the red flour beetle，*Tribolium castaneum*. BMC Genomics，14（1）：1-12

Mau Y S，Collins P J，Daglish G J，et al. 2012. The *rph1* gene is a common contributor to the evolution of phosphine resistance in independent field isolates of *Rhyzopertha dominica*. PLoS One，7（2）：1-13

Musgrave A J，Monro H A U，Upitis E. 1961. Apparent effect on the mycetomal microorganisms of repeated exposure of the host insect，*Sitophilus granarius*（L.）（Coleoptera），to methyl bromide fumigation. Canadian Journal of Microbiology，7（2）：280-281

Nayak M K，Collins P J，Holloway J K，et al. 2013. Strong resistance to phosphine in the rusty grain beetle，*Cryptolestes ferrugineus*（Stephens）（Coleoptera：Laemophloeidae）：its characterization，a rapid assay for diagnosis and its distribution in Australia. Pest Management Science，69：48-53

Nguyen T T，Collins P J，Duong T M，et al. 2016. Genetic conservation of phosphine resistance in the rice weevil *Sitophilus oryzae*（L.）. The Journal of Heredity，107：228-237

Nguyen T T，Collins P J，Ebert P R. 2015. Inheritance and characterization of strong resistance to phosphine in *Sitophilus oryzae*（L.）. PLoS One，10（4）：1-14

Reichmuth C. 1983. The Susceptibility of Adult *Sitophilus granarius* to Phosphine Depending on the Shape of the Fumigation Characteristic [Cereals]. Berlin：Biologische Bundesanstalt fuer Land-und Forstwirtschaft

Reichmuth C. 1985. New aspects of stored product protection with phosphine. Gesunde Pflanzen，101：11-14

Roush R T，Tabashnik B E. 1995.害虫的抗药性. 芮昌辉译. 北京：化学工业出版社

Schlipalius D I，Chen W，Collins P，et al. 2008. Gene interactions constrain the course of evolution of phosphine resistance in the lesser grain borer，*Rhyzopertha dominica*. Heredity，100：506-516

Schlipalius D I，Cheng Q，Reilly P E B，et al. 2002. Genetic linkage analysis of the lesser grain borer *Rhyzopertha dominica* identifies two loci that confer high-level resistance to the fumigant phosphine. Genetics，161：773-782

Schlipalius D I，Tuck A G，Jagadeesan R，et al. 2018. Variant linkage analysis using *de novo* transcriptome sequencing identifies a conserved phosphine resistance gene in insects. Genetics，209：281-290

Schlipalius D I，Valmas N，Tuck A G，et al. 2012. A core metabolic enzyme mediates resistance to phosphine gas. Science，338：807-810

Snelson J T，Semple R L，Halliday D C. 1985. Pesticides and Humid Tropical Grain Storage Systems. Manila：Pesticides and Humid Tropical Grain Storage Systems Seminar

Taylor R W D，Halliday D. 1986. The Geographical Spread of Resistance to Phosphine by Coleopterous Pests of Stored Products. Brighton：British Crop Protection Conference Pests & Diseases

Wayland J H. 1990. 农药毒理学各论. 陈炎磐译. 北京：化学工业出版社

Winks R G，Waterford C J，Russell G F. 1995. Environmental and workspace levels of phosphine produced by SIROFLO

Winks R G. 1984. The toxicity of phosphine to adults of *Tribolium castaneum*（Herbst）：Time as a response factor. Journal of Stored Products Research，18（4）：159-169

Yang J，Park J S，Lee H，et al. 2018. Identification of a phosphine resistance mechanism in *Rhyzopertha dominica* based on transcriptome analysis. Journal of Asia-Pacific Entomology，21：1450-1456

Zettler J L，Halliday W R，Arthur F H. 1989. Phosphine resistance in insects infesting stored peanuts in the southeastern United States. Journal of Economic Entomology，6：1508-1511

第七章 储粮防护剂及其应用

本章提要：

- 我国允许使用的储粮防护剂种类
- 常用储粮防护剂的理化性质、杀虫机理、毒力、药效、毒性
- 硅藻土的物理性质、杀虫机理、毒性、应用
- 空仓杀虫剂的种类及其应用
- 储粮防护剂的使用原则与应用技术

第一节 储粮防护剂的种类与特性

在储粮过程中对于无虫或基本无虫粮可采用施用防护性的化学药剂来防止或减少害虫的感染和发生，这类用于混合于粮食中防止害虫感染和抑制害虫发生的防护物质或化学药剂称为储粮防护剂（grain protectant，contact chemical）。通常储粮防护剂需要有一定的残效期或防护期，一般是通过触杀、胃毒、忌避等进入虫体或作用于害虫。采用的化学防护剂要高效低毒或无毒，并且获得农药管理部门的登记许可。

目前我国批准使用的储粮防护剂有优质马拉硫磷、优质杀螟硫磷、甲基嘧啶硫磷、溴氰菊酯、保粮安、保粮磷、谷虫净等。

一、优质马拉硫磷

用于储粮防护剂的马拉硫磷原药纯度在 97% 以上（化学分析法），为优质马拉硫磷（Malathion），为区别于一般低纯度的马拉硫磷特给出的商品名称叫防虫磷。马拉硫磷是世界上第一个作为储粮防护剂在储粮上应用的化学药剂。澳大利亚较早（1961 年）批准使用，我国于 1981 年批准使用优质马拉硫磷。

马拉硫磷的化学名称是：O,O-二甲基-S-［1,2-双(乙氧羰基)乙基］二硫代硫酸酯。其结构式为

$$\begin{array}{c} CH_3O \\ \\ CH_3O \end{array}\!\!\!\!>\!\!P\overset{\displaystyle S}{\overset{\displaystyle \|}{-}}S-CH-COOC_2H_5 \\ \qquad\qquad\qquad | \\ \qquad\qquad\quad CH_2-COOC_2H_5$$

（一）理化性质

分子式：$C_{10}H_{19}O_6PS_2$。

相对分子质量：330.4。

马拉硫磷的纯品为浅黄色略带有酯类气味的油状液体。熔点为 2.58℃，相对密度为 1.23（25℃），折光率为 1.4985（25℃），在 93.3Pa 下，沸点为 156～157℃；30℃时，蒸气压为 5.33×10^{-3}Pa；挥发度 20℃为 2.26mg/m³，30℃为 5.6mg/m³。25℃时，马拉硫磷的黏度为 36.78×10^{-3}Pa·s。工业品纯度在 97% 以上，脱除蒜臭味的淡棕色液体，微溶于水（溶解度为 145mg/L），能与多种有机溶剂，如甲苯、二甲苯、丙酮、乙醚、乙醇、乙酸乙酯等混溶，但在矿物油中溶解度不大，在石油醚中可溶解 35% 左右。对光稳定性好，对热稳定性差。在中性条件下稳定，

在 pH7 以上或 pH5 以下即迅速分解。其水解速度与温度和酸碱度有关，遇活性炭、铁、锡、铅、铜、铝等物均能促进分解。

优质马拉硫磷具有以下的性能：①药剂本身杂质及代谢降解产物毒性低；②粮食中残留少，易于在清理加工、蒸煮过程中消除；③杀虫谱广，药效高而持久；④不影响粮食的营养和适用感官品质；⑤对种用品质无药害。

马拉硫磷对铁有腐蚀性，因此应储存在玻璃容器或内涂聚氯乙烯或合成树脂的金属包装物中。用硝酸或其他氧化剂氧化时，可生成马拉氧磷[亦称氧化马拉硫磷（Malaoxon）]，毒力增加，稳定性降低。在马拉氧磷的工业品中加入 0.01%～0.1%有机氧化物可增加其稳定性。马拉硫磷在水中或长期置于潮湿空气中能缓慢水解。

（二）杀虫机理、毒力、药效

马拉硫磷是一种有机磷杀虫剂，其杀虫机理是抑制昆虫神经突触上乙酰胆碱酯酶的活性，使乙酰胆碱的神经递质不能正常分解从而使昆虫过度兴奋而死亡。马拉硫磷进入虫体后，在氧化酶（如线粒体多功能氧化酶）的作用下，大部分被活化成对胆碱酯酶抑制活性更强的马拉氧磷，只有少部分降解，提高了杀虫活性，表现出较高的毒力。

优质马拉硫磷是一种高效、低毒、广谱性杀虫剂，对昆虫具有较强的杀虫活性，作用途径主要是触杀和胃毒，也有微弱的熏蒸作用。储粮害虫接触该杀虫剂后一般 1～2d 即可死亡。由于杀虫剂主要附着在粮粒表面，故对隐蔽于粮粒内部的蛀食性害虫，如玉米象和谷蠹的卵、幼虫和蛹无杀伤作用。优质马拉硫磷与植物源杀虫剂混配后杀虫对玉米象和谷蠹的防治效果显著增强。

优质马拉硫磷对锯谷盗、大眼锯谷盗、谷斑皮蠹、烟草甲的防治效果好，对米象、玉米象、赤拟谷盗、杂拟谷盗、锈赤扁谷盗、白腹皮蠹成虫有较好的防治效果，对印度谷螟与粉斑螟的幼虫、小圆皮蠹、四纹豆象、小菌虫的防治效果较差，对谷蠹、澳洲蛛甲、白腹皮蠹幼虫、粗足粉螨的防治效果很差。虫口密度过大，优质马拉硫磷的防治效果较差。

粮食的水分含量越高，酶的活性越高，黏附在粮粒上的药剂分解越快，药效也下降得越快。例如，用优质马拉硫磷以 5mg/kg、10mg/kg、15mg/kg 三个剂量分别处理含水量为 12%、14%、16%的小麦，经 118d 储藏后，对玉米象的药效分别为 100%、90%以上和 17%以下。防护剂在粮食上的沉积量达不到致死浓度时，不但起不到杀虫作用，甚至还会筛选出抗药性。

不同种类的粮食对优质马拉硫磷的分解影响也有一定的差异。对高粱、小麦、玉米三种储粮进行比较，在高粱中分解最快，小麦次之，在玉米中分解最慢。在使用时要根据不同的地区、储存期和粮种等因素决定用药量。

优质马拉硫磷是世界上应用较广泛的储粮防护剂。在澳大利亚自 1961 年开始使用优质马拉硫磷作为储粮防护剂，由于长期使用，1973 年开始发现玉米象对马拉硫磷已经产生了弱抗性，到目前为止几乎所有的储粮害虫均对优质马拉硫磷产生了较高的抗性，并且发现赤拟谷盗等储粮害虫对优质马拉硫磷的抗性和对磷化氢的抗性存在交互作用。抗药性品系可分为两类，一类为专性抗性品系，抗性发生的主要原因是在虫体内主要代谢途径发生了变化，即马拉硫磷在羧酸酯酶作用下，代谢为抑制胆碱酯酶活性较弱的马拉硫磷酸。对这类抗药性品系的害虫，可在马拉硫磷中加入磷酸三苯酯（TPP）。磷酸三苯酯可与虫体内的羧酸酯酶结合，削弱酯酶对马拉硫磷的作用，对药剂起到了增效作用。另一类为抗有机磷杀虫剂品系，即除了对马拉硫磷产生抗药性外，同时也对多种有机磷杀虫剂产生了抗药性。产生这种抗药性的原因主要由于解毒酶的活性增强，在马拉硫磷中加入磷酸三苯酯后其增效作用不明显。据报道，国内使用优质马拉硫磷较多较早的地方，也发现了储粮害虫的抗马拉硫磷品系。初步试验结果表明，增效磷（SV_1）对马拉硫磷也有增效作用。

磷酸三苯酯（TPP）的结构式　　　　增效磷（SV_1）的结构式

（三）毒性

优质马拉硫磷对哺乳动物的毒性较低，亚急性毒性很小，90d 最大无作用剂量为 1000mg/kg；慢性试验证明，用含 1000mg/kg 优质马拉硫磷工业品的饲料饲喂大白鼠 92 周，大白鼠体重增加正常。但优质马拉硫磷对蜜蜂和鱼类的毒性很强，对低等水生生物和鸟类的毒性中等；在全世界，经过 40 多年的生产性应用，尚未见有对陆生和水生生态系统不良影响的报道。

优质马拉硫磷经口进入人和哺乳动物体内后，在羧酸酯酶的作用下，大部分被酶降解为无毒的马拉硫磷单酸，继而被降解为马拉硫磷双酸。

马拉硫磷单酸结构式　　　　　　马拉硫磷双酸结构式

同时，在磷酸酯酶的作用下，还会发生 P—S—C 键断裂，形成一些毒性较小的降解物。马拉硫磷在哺乳动物体内的降解速度很快。马拉硫磷在哺乳动物体内的另一条代谢途径与在昆虫体内的代谢途径相似，即氧化为马拉氧磷，使马拉硫磷的毒性增高。但这条代谢途径是次要途径，因此马拉硫磷对哺乳动物的毒性较小。

马拉硫磷对高等动物的毒性主要是由杂质引起的。纯度越高，杂质越少，毒性越低。不同原药纯度的马拉硫磷对高等动物的毒性见表 7-1。为了保证杀虫效果，保障对人和高等动物安全，用于配制储粮防护剂的优质马拉硫磷原药纯度必须在 97%以上。

表 7-1　不同原药纯度的马拉硫磷对大白鼠和小白鼠的口投 LD_{50}（mg/kg）

原药纯度	大白鼠	小白鼠
85%	1 054	—
95%	1 574	1 850
97%	5 696	—
99.3%	9 500	3 000
99.7%	12 500	3 600

注："—"表示无数据

（四）使用范围

优质马拉硫磷在规定的使用剂量范围内不会对种子的发芽力产生不良影响，也不会对植株的生长、发育以至最终产量产生不良影响。作为储粮防护剂，优质马拉硫磷可用于各种原粮、种子粮的防虫，也可用作空仓和器材杀虫，但不得在成品粮中使用。

（五）使用剂量

优质马拉硫磷用于各种原粮的使用剂量一般为 10～20mg/kg，即折合原油 10～21mg/kg，或用 70%乳油 14.3～28.6mg/kg，最高不得超过 30mg/kg。用于种子粮防虫，或用于防治谷蠹的感染时，需要适当提高用药量，一般为 20～30mg/kg，即折合原油 21～31mg/kg，或用 70%乳油 29～43mg/kg。选用的原则是南方地区选高限，北方地区选低限；粮食保护期长的选高限，保护期短的选低限；储粮条件差的（如农户）选高限，储粮条件好的选低限。

优质马拉硫磷也可以用于包装粮防治害虫或空仓和器材杀虫，用药量均按 100%有效成分计算为 $0.5～1.0g/m^2$。折合用 70%乳油 $0.72～1.5g/m^2$。

（六）残留动态及卫生标准

储粮上喷洒过防护剂后，随着时间的推移，残留在粮食上的药量会越来越低，因而可根据各种农药毒性的高低制定出最后一次施药与加工使用之间的安全间隔期。所谓安全间隔期就是指在粮食上最后一次施药后需要多长时间才能进行加工或食用的时间间隔。

优质马拉硫磷在原粮中的残留卫生标准我国定为 8mg/kg，与联合国粮食及农业组织和世界卫生组织推荐的标准一致。

马拉硫磷在温度较高时稳定性降低。在一般情况下，粮温每升高 10℃，马拉硫磷的分解速度增加 1.5～2 倍。因此，南方储粮中使用优质马拉硫磷时用药量要适当增加。

优质马拉硫磷在粮食中降解较快，在正常的粮情和储藏条件下，半衰期为 2～3 个月。一般情况下，用 21mg/kg 以下剂量处理的粮食，经过 3 个月以上的储存期；或以 30mg/kg 以下剂量处理的粮食，经过 4 个月以上的储存期，其残留量均可达到卫生标准。如果采用砻糠载体法（后面介绍）施药，药剂主要集中在砻糠上，施过药的粮食只要经风吹或过筛去除砻糠等杂质后，即可加工食用，不必考虑安全间隔期。

二、优质杀螟硫磷

作为储粮防护剂的优质杀螟硫磷中杀螟硫磷（Fenitrothion）原药纯度在 93%以上，为避免将纯度较低的农用杀螟硫磷误用，储粮上用的优质杀螟硫磷商品名叫杀虫松。

杀螟硫磷于 1958 年由捷克首先研制成功。我国于 1962 年试制，1968 年开始投产，1992 年 7 月 8 日由原商业部发文在储粮中推广使用。特将优质杀螟硫磷的商品名称改为"杀虫松"。

杀螟硫磷的化学名称是：O,O-二甲基-O-(3-甲基-4-硝基苯基)硫代磷酸酯。其结构式为

$$CH_3O\text{—}\underset{CH_3O}{\overset{\overset{S}{\|}}{P}}\text{—}O\text{—}\underset{CH_3}{\overset{}{C_6H_3}}\text{—}NO_2$$

（一）理化性质

分子式：$C_9H_{12}O_5NPS$。

相对分子质量：227.24。

杀螟硫磷原药为棕黄色油状液体，略有蒜臭味。沸点为 140～150℃/13.3Pa。在 20℃时，蒸气压为 $7.998×10^{-4}Pa$，相对密度为 1.3227（25℃），折光率为 1.5528（25℃）。不溶于水，在脂肪烃中溶解度不大，可溶于苯、二甲苯、乙醇、丙酮等有机溶剂。杀螟硫磷在常温下对日

光稳定，在中性介质和弱酸介质中稳定，遇碱易分解失效，遇铁、铜、铅、锡也易引起分解。因此不能用金属容器盛装。蒸馏时可引起异构化，使药效降低。

（二）杀虫机理、毒力、药效

杀螟硫磷也是一种有机磷杀虫剂，具有触杀和胃毒作用。杀螟硫磷的杀虫机理与马拉硫磷一样，能抑制昆虫神经突触上的乙酰胆碱酯酶活性，从而使昆虫死亡。

优质杀螟硫磷药效优于优质马拉硫磷。在小麦中用优质杀螟硫磷防治玉米象，其 LD_{50} 和 LD_{95} 分别为 0.14mg/kg 和 0.21mg/kg，而优质马拉硫磷的 LD_{50} 和 LD_{95} 分别为 0.33mg/kg 和 0.52mg/kg。由此可见，优质杀螟硫磷防治玉米象的药效是防虫磷的 2 倍以上。优质杀螟硫磷对其他储粮害虫的击倒力也比优质马拉硫磷高（表 7-2）。优质杀螟硫磷对药材甲触杀的 LD_{50} 为 0.59μg/cm^2。

表 7-2　优质杀螟硫磷和优质马拉硫磷不同剂量对几种储粮害虫成虫的击倒率（%，药膜法）

虫种	优质杀螟硫磷			优质马拉硫磷		
	0.01%	0.1%	1.0%	0.01%	0.1%	1.0%
玉米象	100	100	100	1.9	95.3	100
赤拟谷盗	100	100	100	25.7	98	100
锯谷盗	100	100	100	3.8	100	100
长角扁谷盗	100	100	100	100	100	100

试验结果表明，优质杀螟硫磷对谷象、锯谷盗、锈赤扁谷盗的防治效果最好，最低有效剂量为 0.25～0.5mg/kg；对玉米象的最低有效剂量为 0.5～0.75mg/kg；对米象和赤拟谷盗的最低有效剂量为 1～2mg/kg；而对谷蠹的最低有效剂量则为 15～20mg/kg。粮食水分的含量对优质杀螟硫磷药效的影响与优质马拉硫磷基本一样，即水分含量越高，优质杀螟硫磷越容易分解。试验结果表明，经过一段时间的储存后，虽然优质杀螟硫磷的防治效果也随着储粮水分的增大而减弱，但在含水量 12%、14%、16% 的小麦上，分别用 5mg/kg、10mg/kg、15mg/kg 的剂量，优质杀螟硫磷对玉米象和赤拟谷盗的防治效果都优于优质马拉硫磷。

高温高湿环境对优质杀螟硫磷药效的稳定性影响较优质马拉硫磷大，因而在温湿度高的地区，优质杀螟硫磷的用药量应适当加大。

（三）毒性

国产优质杀螟硫磷原药的纯度为 93%（气相色谱分析法），对试验动物的口服毒性：雌雄小白鼠的 LD_{50} 分别为 1080mg/kg 和 794mg/kg；雌雄大白鼠 LD_{50} 分别为 584mg/kg 和 501mg/kg，由此可见，优质杀螟硫磷属于低毒农药。

优质杀螟硫磷中的杂质——杀螟氧磷的毒性很高，该杂质主要是优质杀螟硫磷在储藏过程中产生的氧化产物，但杀螟氧磷不稳定，易分解。其他杂质的毒性不大，数量也不多，对人和高等动物不会产生不良影响。

用国产优质杀螟硫磷对小白鼠皮试 LD_{50} 小于 3000mg/kg，无致畸、致癌、致突变作用，也无迟发性神经毒性。毒性试验和杂质分析结果表明，国产优质杀螟硫磷与国外产品基本一致。

（四）使用范围

优质杀螟硫磷可作为储粮防护剂，用于小麦、稻谷、玉米等各种原粮和种子粮防虫，也可用于空仓杀虫、器材杀虫和打防虫线，但不得用于各种成品粮。

（五）使用剂量

作为粮食防护剂，在各种原粮上的使用剂量一般为 5～15mg/kg，折合 65%优质杀螟硫磷乳油 7.7～23mg/kg。最高不超过 20mg/kg。

用于防治谷蠹时，其用药量应提高到 20mg/kg，折合 65%优质杀螟硫磷乳油 31mg/kg。用于空仓杀虫时，其用药量为 0.5g/m²，折合 65%优质杀螟硫磷乳油 0.8g/m²。

（六）残留动态及卫生标准

优质杀螟硫磷在粮食中的降解也比较快，但比优质马拉硫磷稍稳定。

杀螟硫磷在原粮上的残留标准我国定为 5mg/kg。联合国粮食及农业组织和世界卫生组织推荐的残留标准为：原粮 10mg/kg，面粉 3mg/kg，大米 1mg/kg，糠麸 20mg/kg。

三、甲基嘧啶硫磷

甲基嘧啶硫磷（pirimiphos-methyl）用于储粮防护剂的商品名称叫保安定。甲基嘧啶硫磷是英国卜内门化学工业有限公司研制生产的一种有机磷杀虫剂，已被联合国粮食及农业组织和世界卫生组织推荐为储粮防护剂。英国捷利康（后改为先正达）公司开始在我国农业部（现为农业农村部）以"安得利"为商品名正式登记，1996 年又将其改名为"保安定"在我国农业部重新登记。国家卫生部（现为国家卫生健康委员会）也制定了甲基嘧啶硫磷在储粮上的残留标准。原国家粮食储备局于 1996 年 1 月 22 日发文批准使用。国内已将甲基嘧啶硫磷列入 GB/T 22498—2008《粮油储藏　防护剂使用准则》和 GB/T 29890—2013《粮油储藏技术规范》及粮食储藏的技术人员、管理人员相关的教科书和培训资料。目前登记的有 55%的乳油，另外 5%和 2%粉剂正在登记。

甲基嘧啶硫磷又名甲基嘧啶磷，商品名有虫螨磷、安得利。其化学名称为 O-2-二乙氨基-6-甲基嘧啶-4-基-O, O-二甲基硫代磷酸酯。其结构式是

（一）理化性质

分子式：$C_{11}H_{20}N_3O_3PS$。

相对分子质量：305.3。

纯甲基嘧啶硫磷为棕褐色液体，在 25℃时，蒸气压为 1.33×10^{-2}Pa，相对密度为 1.520，折光率为 1.527。熔点为 15℃，水中溶解度 30℃时约为 3mg/L，可与醇、酮、酯、芳香烃等大多数有机溶剂混溶。在常温下稳定，50℃时半衰期约 3 个月，超过 100℃时很快分解。在强酸和强碱中水解，不腐蚀黄铜、不锈钢、尼龙、聚乙烯和铝，稍腐蚀裸露钢铁和马口铁。

（二）杀虫机理、毒力、药效

甲基嘧啶硫磷是一种有机磷杀虫剂，其杀虫机理是抑制昆虫神经突触上乙酰胆碱酯酶的活性，从而使昆虫死亡。甲基嘧啶硫磷具有触杀、胃毒和一定的熏蒸作用，是一种广谱性杀

虫剂。甲基嘧啶硫磷对甲虫和蛾类都有较好的防治效果，对螨类的防治效果更好，故名"虫螨磷"。

甲基嘧啶硫磷的残效期较长，用25%乳油以4mg/kg的剂量拌入小麦、大麦，经过1个月、2个月、3个月后其残留量分别为3.19mg/kg、2.74mg/kg和2.63mg/kg。到第6个月时，取出粮食，投入赤拟谷盗、锯谷盗、谷象、锈赤扁谷盗4种试虫，在粮食中暴露4d后上述4种储粮害虫的死亡率分别达到100%、99%、100%和100%。55%甲基嘧啶硫磷乳油按10mg/kg以上的剂量进行拌粮使用，对米象、谷蠹、赤拟谷盗的防治效果显著，并且可以有效抑制上述三种主要储粮害虫子代的发展。另外，可以将2%甲基嘧啶硫磷和溴氰菊酯混合成粉剂，可以降低甲基嘧啶硫磷的使用量。2%甲基嘧啶硫磷·溴氰菊酯粉剂按有效浓度不低于4mg/kg的有效浓度使用，对米象、谷蠹和赤拟谷盗的成虫有非常明显的防治效果。FAO和WHO规定：甲基嘧啶硫磷用于袋装粮食防治甲虫、米象和玉米象、赤拟谷盗、杂拟谷盗、螨类推荐有效成分剂量为250~500mg/m²；对于与小粒谷物混合用推荐剂量为4mg/kg。甲基嘧啶硫磷与几种有机磷杀虫剂对储粮害虫的最低有效剂量见表7-3。

表 7-3　甲基嘧啶硫磷与几种有机磷杀虫剂对储粮害虫的最低有效剂量（mg/kg）

虫种	甲基嘧啶硫磷	优质马拉硫磷	优质杀螟硫磷
谷象	0.25~0.5	1~3	0.25~0.5
米象	0.5~0.75	2~3	1~2
玉米象	0.25~0.5	1~2	0.5~0.75
锯谷盗	0.1~0.25	<0.5	0.25~0.5
锈赤扁谷盗	0.25~0.5	2~3	0.25~0.5
谷蠹	<7.5	>20	12.5~15
赤拟谷盗	0.5~0.75	4~5	1~2

从表7-3中可以看到，甲基嘧啶硫磷用于防治谷象和锈赤扁谷盗的最低使用剂量与优质杀螟硫磷一样，但用于防治其他储粮害虫的最低剂量比优质杀螟硫磷都低；甲基嘧啶硫磷的杀虫效果明显优于优质杀螟硫磷。

粮食水分的高低对甲基嘧啶硫磷的药效也有一定的影响，其影响规律也和其他有机磷一样，粮食水分增高时其降解速度较快，但与优质马拉硫磷相比影响较小。

环境温度对甲基嘧啶硫磷的稳定性影响较小。据报道，在5~10℃的低温条件下，甲基嘧啶硫磷对杂拟谷盗的有效防治剂量为232mg/kg，而优质杀螟硫磷和优质马拉硫磷分别为465mg/kg和1395mg/kg。在我国不同地区不同气候条件下的实仓实验结果也表明，甲基嘧啶硫磷对储粮害虫的药效受温度影响比优质杀螟硫磷和优质马拉硫磷都小。

（三）毒性

甲基嘧啶硫磷对哺乳动物的毒性较小。对雌豚鼠、雄兔、雌猫和雄狗的口服急性毒性LD_{50}值分别为1000~2000mg/kg、1150~2300mg/kg、575~1150mg/kg和1500mg/kg。对鸟类的毒性较大，如对黄雀、鹌鹑和母鸡的口服急性毒性LD_{50}分别为200~400mg/kg、140mg/kg和30~60mg/kg。对大白鼠和小白鼠的口服急性毒性LD_{50}分别为2050mg/kg和1180mg/kg。

甲基嘧啶硫磷对哺乳动物的慢性毒性较小。饲料中90d无作用剂量：大白鼠为8mg/kg，狗为20mg/kg。将狗置于甲基嘧啶硫磷饱和蒸汽中3周，每周接触5d，每天接触6h，未发现有害影响。

甲基嘧啶硫磷的工业品中含有多种杂质，但动物试验表明，所有杂质的毒性都低于甲基嘧啶硫磷，故对甲基嘧啶硫磷的应用无不良影响。

（四）使用范围

甲基嘧啶硫磷可作为储粮防护剂，用于小麦、稻谷、玉米等各种原粮和种子粮的防虫，也可用于空仓杀虫、器材杀虫或打防虫线，但不得用于各种成品粮。

用甲基嘧啶硫磷处理过的种子粮，对发芽率无不良影响。田间调查的结果也表明，甲基嘧啶硫磷对种用品质无不良影响。

（五）使用剂量

作为储粮防护剂，甲基嘧啶硫磷的用药量一般为 5～10mg/kg，折合 50%保安定乳油 10～20mg/kg；空仓和器材杀虫一般为 0.5g/m²。农户应用时剂量可再提高 50%。55%甲基嘧啶硫磷乳油按 10mg/kg 以上的剂量使用，对米象、谷蠹、赤拟谷盗的防治效果显著，并且可以有效抑制上述三种主要储粮害虫子代的发展。5%甲基嘧啶硫磷粉剂按有效浓度不低于 5mg/kg 的有效浓度使用，对米象、谷蠹和赤拟谷盗的成虫防治效果非常明显，并且可以有效抑制其子代的发展。而且对储粮螨类也具有较好的防治效果，也可以用于仓房门窗等处布置防虫线。

（六）残留动态及卫生标准

甲基嘧啶硫磷在谷物上的最大残留标准我国定为 5mg/kg。甲基嘧啶硫磷在粮食中的残留非常稳定。以 20mg/kg 处理稻谷，在 30℃实验室条件下，经过 5 个月的储藏试验，测得其半衰期为 3.7 个月。甲基嘧啶硫磷在原粮中残留期虽长，但经加工蒸煮后残留可以去除殆尽。实验结果表明，经加工后，大米中残留可去除掉 95%，做成米饭后完全分解；小麦加工后面粉中的残留稍高，但已去除 80%以上。用保安定处理的储粮在熟食中不会有甲基嘧啶硫磷残留，食用是安全的。应用 1%甲基嘧啶硫磷-溴氰菊酯的微胶囊剂浓度为 5mg/kg、8mg/kg 在稻谷上残留甲基嘧啶硫磷小于 1mg/kg、溴氰菊酯小于 0.1mg/kg，符合国家食品卫生标准。早稻谷、小麦和玉米分别施用 2%甲基嘧啶硫磷粉剂，对照药剂为防虫磷，实际施药浓度为甲基嘧啶硫磷 5mg/kg、10mg/kg、15mg/kg，优质马拉硫磷 15mg/kg，在施药后 0 个月、1 个月、3 个月、6 个月、9 个月、12 个月共 6 次取均样测定原粮中农药的残留量。结果表明经过一年的储藏，粮食上残留的甲基嘧啶硫磷浓度为 1.60～7.54mg/kg，符合食品中残留量稻谷、小麦、玉米、花生油＜10mg/kg 的有关规定，使用是安全的。

四、溴氰菊酯

溴氰菊酯（deltamethrin）用作粮食防护剂的商品名叫凯安保（K-obiol），1992 年 7 月 8 日由原商业部发文推广使用。

溴氰菊酯是一种拟除虫菊酯类杀虫剂，1974 年首次合成，随后法国 Roussel Uolaf 公司在工业上合成了溴氰菊酯，并以敌杀死、凯素灵、凯安保等剂型供应市场。敌杀死和凯素灵分别用于农业和卫生害虫的防治，凯安保用于储粮害虫的防治。

溴氰菊酯的化学名称是：（S）-α-氰基-3-苯氧基苄基-(1R，3R)-3-(2,2-二溴乙烯基)-2,2-二甲基环丙烷羧酸酯。其结构式是

（一）理化性质

分子式：$C_{22}H_{19}Br_2NO_3$。

相对分子质量：505.2。

溴氰菊酯的纯品为白色无味斜方形针状结晶体，熔点为 98～101℃，在 25℃时蒸气压为 $1.99×10^{-6}Pa$。水中溶解度极低，在 20℃的水中溶解度为 0.002mg/L。易溶于丙酮、乙醇、苯、二甲苯、环己酮、二噁烷、四氢呋喃等有机溶剂。在酸性及中性溶液中比较稳定，在无机酸存在的条件下加热，短时间内看不到溴氰菊酯有水解现象发生；在碱性溶液或漂白粉溶液中很容易分解失效。对热和光极为稳定，放在玻璃瓶中暴露在光和空气中，在 40℃下储存 2 年无降解现象，因而有"光稳定菊酯"之称。

（二）杀虫机理、毒力、药效

溴氰菊酯是目前杀虫活性最高的拟除虫菊酯杀虫剂，它具有杀虫谱广、用药量少、作用速度快、药效持续时间长等特点。溴氰菊酯对害虫以触杀为主。溴氰菊酯是杀虫剂中毒力最高的一种，对害虫的毒效可达马拉硫磷的 550 倍。具有触杀和胃毒作用，触杀作用迅速，击倒力强，没有熏蒸和内吸作用，在高浓度下对一些害虫有驱避作用。

溴氰菊酯引起昆虫中毒的症状为兴奋、击倒、麻痹，直至死亡。溴氰菊酯杀虫剂的靶标是钠离子通道，干扰钠离子通道的门控动力学，在膜去极化期间减缓失活，延长钠离子电流，引起重复后放和神经传导的阻断。

死亡阶段的原因比较复杂。除了神经传导受阻外，还有其他作用，如虫体失水、组织坏死，还可能产生神经胺或异戊胺或酪胺等神经毒素和 Ca^{2+}-ATP 酶的抑制。

溴氰菊酯是一种毒力很强的拟除虫菊酯杀虫剂，与其他拟除虫菊酯及马拉硫磷相比，其毒力很强，尤其是对谷蠹有特效（表 7-4）。

表 7-4　几种杀虫剂对谷蠹和玉米象 KD_{50} 的相对毒力比较（滤纸药膜法测定）

药剂	相对毒力*	
	谷蠹	玉米象
溴氰菊酯	3144.3	46.4
杀灭菊酯	145	1.5
生物苄呋菊酯	118	1
二氯苯醚菊酯	137	0.9
生物苯醚菊酯	52	0.4
右旋反灭菊酯	118.4	0.98
西维因	11	<0.1
优质杀螟硫磷	4.4	9.8
甲基嘧啶硫磷	3.9	5.3
优质马拉硫磷	1	1

* 相对毒力＝防虫磷 KD_{50}/测定药剂 KD_{50}

凯安保的有效杀虫成分是溴氰菊酯，凯安保乳油的主要成分及含量是：溴氰菊酯 2.5%、增效醚 25%，其余为乳化剂和溶剂。溴氰菊酯加入一定量的增效醚对害虫的防治具有明显的增效作用。

商品凯安保的有效剂量是用溴氰菊酯的有效剂量来表示的。凯安保配方中的增效醚对高等动物的毒性很小。虽然凯安保和凯素灵、敌杀死中的有效成分都是溴氰菊酯，三种商品中的溴氰菊酯含量都是 2.5%，但凯安保中配有对人和高等动物毒性很小的增效醚，其中的乳化剂和溶剂质量也高，因而凯安保可作为粮食防护剂；市场上销售的凯素灵和敌杀死中的乳化剂和溶剂都是低质量的，不能作为粮食防护剂，只能作为卫生用杀虫剂和农业用杀虫剂。

凯安保对谷蠹的防治有特效，试验表明，保持 8～12 个月无虫水平所需要的用药量谷蠹只需要 0.1mg/kg 的剂量，但玉米象需要用 1mg/kg 的剂量，米象、赤拟谷盗、谷斑皮蠹需要 0.9mg/kg 的剂量，杂拟谷盗成虫需要 1.5mg/kg 的剂量。凯安保规定用药量对螨类和书虱的防治效果不明显（图 7-1）。按照国家标准，溴氰菊酯粮堆有效剂量为 0.4～0.75mg/kg，最高不得超过 1mg/kg，最高剂量不超过 1mg/kg。

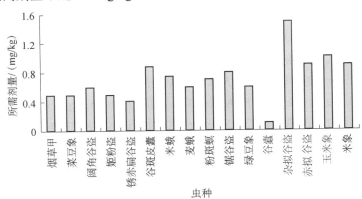

图 7-1　使害虫 100% 死亡并保持 8～12 个月所需溴氰菊酯的使用剂量

（三）毒性

根据世界卫生组织毒性剂量分级，溴氰菊酯属于中等毒性。

用芝麻油作为溶剂的纯品溴氰菊酯，对雌雄大白鼠的急性口投 LD_{50} 分别为 138.7mg/kg 和 128.5mg/kg。用芝麻油作为溶剂的溴氰菊酯工业品对雌雄大白鼠的急性口投 LD_{50} 分别为 139mg/kg 和 129mg/kg；对雌雄小白鼠的急性口投 LD_{50} 分别为 34mg/kg 和 33mg/kg；大白兔急性经皮 LD_{50} 大于 2000mg/kg。2.5% 乳油对大白鼠急性口服 LD_{50} 为 537.3mg/kg，对大白兔急性经皮 LD_{50} 为 1782mg/kg。

溴氰菊酯原药与制剂对眼睛、皮肤等有轻微至中度刺激作用。

用溴氰菊酯工业品对大白鼠进行亚急性吸入毒性试验，在 430mg/m³ 的浓度中无死亡现象出现；用 25g/L 的溴氰菊酯乳油进行试验，其最小致死浓度为 13 980mg/m³。

用大白鼠、小白鼠和狗进行两年的慢性试验结果表明，溴氰菊酯的无作用剂量分别为 100mg/kg、50mg/kg 和 40mg/kg。经过多年的实验室试验和生产应用，未见溴氰菊酯对动物致畸、致癌、致突变的报道。

溴氰菊酯对家蚕、蜜蜂、鱼类的毒性大，但在池塘、水田等富含有机质的水域中，易被有机胶粒吸附，因此对鱼类及其他水生生物的实际毒性大为降低。溴氰菊酯对鸟类毒性低，野鸡口服 LD_{50} 为 4640mg/kg。

（四）使用范围

溴氰菊酯可配制成为 2.5%的凯安保乳油，用作储粮防护剂。凯安保可用于小麦、稻谷、玉米等各种原粮防治储粮害虫，也可用于空仓杀虫、器材杀虫和打防虫线，但不得用于各种成品粮。目前的试验还未发现凯安保对种子粮的种用品质有任何不良影响。

（五）使用剂量

凯安保的用药量以有效成分溴氰菊酯进行计算，各种原粮的用药量一般为 0.4～0.75mg/kg，折合 2.5%凯安保乳油 16～30ml/t 粮，最高不超过 1mg/kg，折合 2.5%凯安保乳油 40ml/t 粮。

对空仓和麻袋表面杀虫，使用剂量为 2.5%凯安保乳油 0.4～0.8ml/m²。

（六）残留动态及卫生标准

用药量为 0.75mg/kg 以下者，其安全保护期不得少于 4 个月；用药量为 0.75～1mg/kg 者，其安全保护期不得少于 10 个月。超过安全间隔期以后才能加工供应。

世界卫生组织和联合国粮食及农业组织核定，溴氰菊酯每天每人最高摄入量（ADI）不得超过 0.01mg/kg，在这一剂量以下进入人体的溴氰菊酯很快被排出体外。根据这一剂量折算，原粮中的残留标准定为 1mg/kg，麸皮为 5mg/kg，面粉为 0.1mg/kg。

我国卫生标准定为：溴氰菊酯≤0.5mg/kg（以原粮计），增效醚≤10mg/kg（以原粮计）。

五、保粮安

保粮安（也称溴马合剂）是优质马拉硫磷和凯安保配合剂的商品名称，其主要成分为：优质马拉硫磷 69.3%、溴氰菊酯 0.7%、增效醚 7%，其余的为乳化剂和溶剂。由于优质马拉硫磷和溴氰菊酯两种有效成分之和为 70%，这种混配而成的杀虫剂称为 70%保粮安。保粮安于1992 年 7 月 8 日由原商业部发文推广使用。

因为谷蠹和玉米象是我国储粮中常见的主要害虫，优质马拉硫磷对谷蠹防治效果很差，对玉米象的防治效果较好；而溴氰菊酯防治谷蠹有特效，对玉米象防治效果一般，因此将优质马拉硫磷和凯安保混配制成保粮安，可以充分发挥这两种杀虫剂的药效。

（一）理化性质

保粮安是由优质马拉硫磷和凯安保混配而成，两种药剂之间没有发生化学反应，其理化性质就是这两种药剂各自的理化性质。

（二）杀虫机理、药效

保粮安的杀虫机理包括两种药剂各自的杀虫机理及其增效作用。

优质马拉硫磷和凯安保两种药剂混配后，充分发挥了两种药剂的优点，提高了防治各种害虫的效果，降低了药剂的使用剂量，减少了单一药剂在粮食上的残留量，解决了防虫磷和凯安保单独使用时对谷蠹和玉米象防治效果差的问题。

（三）毒性

经有关单位对大白鼠和小白鼠的毒性试验结果表明，优质马拉硫磷和凯安保混配成保粮安对哺乳动物无增毒作用。

（四）使用范围

保粮安可用于小麦、稻谷、玉米等各种原粮防治储粮害虫，也可用于空仓杀虫、器材杀虫和打防虫线，但不得用于各种成品粮。目前，未发现保粮安对种子粮种用品质有任何不良影响。

（五）使用剂量

保粮安的用药量为 10～20mg/kg，折合 70%保粮安乳油 14.3～28.6mg/kg。用于包装粮表面和空仓杀虫一般用药量为 $0.5g/m^2$，折合 70%保粮安乳油 $0.7g/m^2$。

（六）残留动态及卫生标准

用药量为 10mg/kg 以下者，其安全间隔期应在 3 个月以上；用药量为 10～15mg/kg 者，其安全间隔期应在 6 个月以上；用药量为 15～20mg/kg 者，其安全间隔期应在 8 个月以上。必要时也可按规定进行残留分析，达到规定标准后方可食用。

保粮安的卫生残留标准见优质马拉硫磷和凯安保的标准。

六、保粮磷

保粮磷（亦称杀溴合剂）主要杀虫活性成分是优质杀螟硫磷和溴氰菊酯，通过微胶囊化技术运用高分子材料将杀虫有效成分包成几十微米的微胶囊体。1997 年 1 月 2 日由原国家粮食储备局储运管理司发文推广使用。

保粮磷的配方是：优质杀螟硫磷 1%、溴氰菊酯 0.01%，其余为填充剂。由于两种有效成分占 1.01%，称为 1.01%保粮磷。

（一）理化性质

保粮磷是由优质杀螟硫磷和溴氰菊酯混配而成，两种药剂之间没有发生化学反应，其理化性质就是这两种药剂各自的理化性质。

（二）杀虫机理、药效

杀虫机理包括优质杀螟硫磷和溴氰菊酯两种药剂各自杀虫机理及其协同增效作用。

通过试验和生产应用表明，将优质杀螟硫磷通过微胶化技术处理加工而成的储粮防护剂，其微粒为 10～50μm，原油被囊壁包裹，异味被屏蔽，并具有缓释持效等功能。两种药剂混配后，充分发挥了两种药剂的各自优点，提高了防治各种害虫的效果，降低了用药量，减少了单一药剂在粮食上的残留。

大量的试验结果证明，优质杀螟硫磷微胶囊化后的效果比未胶囊化的优质杀螟硫磷药效好；而用 1.01%保粮磷微胶囊又优于优质杀螟硫磷微胶囊。从表 7-5 中可以看出，1.01%保粮磷以 2.5mg/kg 的剂量拌入小麦，在 1 年期间对玉米象、赤拟谷盗和谷蠹能分别达到 100%、94%和 100%的杀虫效果，以 5mg/kg 的剂量拌入小麦，在 1 年期间对玉米象、赤拟谷盗和谷蠹都能达到 100%的杀虫效果。

表 7-5　优质杀螟硫磷（喷雾法）、优质杀螟硫磷微胶囊与 1.01%保粮磷微胶囊
的药效比较（害虫死亡率%）

试虫	优质杀螟硫磷（喷雾法）10mg/kg（12 个月）	优质杀螟硫磷微胶囊 8mg/kg（14 个月）	保粮磷微胶囊 2.5mg/kg（12 个月）	保粮磷微胶囊 5mg/kg（12 个月）
玉米象	100	100	100	100
赤拟谷盗	—	—	94	100
杂拟谷盗	19	75	—	—
谷蠹	—	50	100	100

（三）毒性

经有关单位进行的毒性试验结果表明，用优质杀螟硫磷和溴氰菊酯混配而成的保粮磷对高等动物无增毒作用。优质杀螟硫磷和溴氰菊酯的毒性见有关部分。

（四）使用范围

保粮磷可用于小麦、稻谷、玉米等各种原粮和种子粮防治储粮害虫，也可用于空仓杀虫、器材杀虫和打防虫线，但不得用于各种成品粮。

（五）使用剂量

1.01%保粮磷为粉剂，规格有 10kg/袋和 100g/袋两种，前者适用于国库，后者适用于农户。使用时将保粮磷按 400g/t 粮的剂量拌入粮食，此剂量折合优质杀螟硫磷 4g/t 粮和溴氰菊酯 0.04g/t 粮，防治有效期可达 1 年以上。

（六）残留动态及卫生标准

保粮磷粉剂容易在粮食加工过程中清除，因此不存在安全间隔期问题。

卫生残留标准见优质杀螟硫磷和溴氰菊酯药剂的标准。

七、谷虫净

（一）主要特点

谷虫净是以多种亚热带天然植物性物质为主，加入少量的溴氰菊酯混配制成的粗粉状剂型，它集植物性药剂和化学药剂的优点于一体。

该剂型是将植物性药剂与化学药剂按一定的比例进行合理混配，提高了药效，降低了化学药剂的用量，减少了熏蒸剂的使用次数，降低了害虫抗药性选择压。

对人畜毒性低，使用安全。

具有芳香的气味，用后对储粮的品质无任何影响，不会出现令人难以接受的异味。

对害虫具有触杀、胃毒、拒食和驱避作用。杀虫谱广，作用迅速，防治效果好，尤其是对谷蠹的防治效果更佳。

对储粮的防护期长。

（二）使用范围

谷虫净可用于小麦、稻谷、玉米等各种原粮和种子粮防治储粮害虫，可直接拌入粮食中，特别适用于农户或小批量储粮的使用；但不得用于成品粮。

（三）使用剂量

按 1～1.5g/kg 的剂量直接拌入粮食中，其药效可达 10～12 个月。

（四）残留动态及卫生标准

安全间隔期为 30d，溴氰菊酯残留量远低于国标规定的最高允许的残留量。

第二节　目前研究中的防护剂

一、双氧威

双氧威是一种具有昆虫生长调节活性的氨基甲酸酯类杀虫剂，属于昆虫生长调节剂，通用名为 fenoxycarb，化学名称为 2-(4-苯氧基苯氧基)乙基氨基甲酸乙酯。又名苯氧威、苯醚威。一般是 5%苯氧威粉剂。目前双氧威作为一种储粮防护剂于 1983 年在美国注册应用，目前在我国还没有注册应用。

双氧威的结构式是

（一）理化性质

分子式：$C_{17}H_{19}NO_4$。

相对分子质量：301.34。

双氧威的纯品为白色结晶。能溶于丙酮、氯仿、甲醇、异丙醇、乙酸乙酯、乙醚、甲苯等多种有机溶剂，溶解度＞250g/kg；稍溶于正己烷，溶解度为 5g/L；难溶于水，溶解度为 6mg/kg。分配系数为 20 000。对光稳定，pH 为 6.5～10 及温度为 10～38℃时稳定。

（二）杀虫机理、药效

具氨基甲酸酯基团，但其杀虫作用为非神经性，对大多数昆虫表现出强烈的保幼激素活性，可使卵不孵化，抑制成虫期变态及幼虫期蜕皮，造成幼虫后期或蛹期死亡，有时该药剂还会抑制成虫或幼虫的生长和出现早熟。其特点为杀虫谱广，兼具胃毒和触杀作用；高效、低毒；残效期长，对环境无污染；能有效防治抗生害虫，对天敌安全。对储藏物昆虫，如米象、玉米象、赤拟谷盗、杂拟谷盗和谷蠹均有一定的抑制作用，尤其是在 5～25mg/L 的剂量下能很好地抑制各种害虫 F_1 及 F_2 代的发生，尤其对于磷化氢抗性的谷蠹具有较好的防治效果。对烟草甲也有很好的防治效果。

（三）毒性

双氧威和其他昆虫生长调节剂一样，具有高效低毒的特点。对哺乳动物的毒性很低，对大白鼠的急性口服 LD_{50} 值为 16 800mg/kg，急性经皮 LD_{50} 值＞2000mg/kg，4h 的急性吸入 LD_{50} 值＞480mg/L，且对眼睛和皮肤没有刺激性。

（四）使用范围

双氧威不仅作用于小麦、稻谷、玉米各种原粮和种子粮防治储粮害虫，还可以用于烟草甲、木材害虫白蚁等其他储藏物害虫的防治。

（五）使用剂量

按 5～10mg/kg 的剂量直接拌入粮食中，其药效可达 18 个月以上，在美国居民区内用双氧威 0.25g（有效成分）/ m² 防治蟑螂，喷药后 24h 在居民区的厨房、浴盆和住房墙壁上，已经检测不到有双氧威的残留，这就保证了对环境的安全。以 10～20mg/kg 的浓度处理烟叶 10 个月后，对烟草甲和烟草粉螟的防治效果达到 100%。

（六）残留动态及卫生标准

含 5～10mg/L 双氧威的糙米，对麦蛾、谷蠹、赤拟谷盗等多种储粮害虫的持效期可长达 18 个月之久，而马拉硫磷在同样情况下，仅能维持 6～9 个月。双氧威在储粮中的拌入量很少，虽较稳定，但不致出现残毒问题。以 10mg/L 双氧威处理的小麦储藏 1 年后的测定结果为：麸皮中含双氧威 0.0025%，粗面粉中含 0.0005%，细面粉中含 0.0003%，面粉中含 0.0001%，残留量极低，这样的拌入量也不会影响种子的发芽。

二、烯虫酯

烯虫酯（methoprene）是属于昆虫保幼激素类似物的高效昆虫生长调节剂，在昆虫生理活动调控方面，与天然保幼激素极其相似，可调控昆虫体内激素分泌，控制昆虫的生长发育，阻止昆虫卵的胚胎发育，增加幼虫的蜕皮次数，形成超龄幼虫或中间体，使成虫产生不孕现象，引发昆虫各生长期的反常，从而破坏昆虫的正常生命周期而使其死亡。目前我国还没有注册应用。

烯虫酯的化学名称是：(EE)-(RS)-11-甲氧基-3,7,11-三甲基十二碳-2,4-烯酸异丙酯。其结构式为

烯虫酯最早是由美国环境保护局于 1975 年登记为美国环境保护局的常规化学农药，1982 年 2 月重新将烯虫酯分类为生化农药。20 世纪 70 年代中期，美国 Zoecon 和 Wellmark 公司首次成功研发了商业性的生物安全型杀虫剂——保幼激素类似物烯虫酯。

（一）理化性质

分子式：$C_{19}H_{34}O_3$。

相对分子质量：310.47。

原药为琥珀色或淡黄色液体，密度为 0.9261g/ml（20℃），沸点为 135～136℃/0.06mmHg[①]，熔点为 164℃，在水中溶解度较小，为 1.4mg/L，可与有机溶剂混溶。折射率为 1.462，储存条件为 0～6℃。

① 1mmHg≈133.32Pa

（二）杀虫机理、毒力、药效

烯虫酯是一种昆虫保幼激素类生物化学杀虫剂，它不能直接杀死昆虫，而是作为一种生长调节剂，调控昆虫体内激素分泌，可阻止昆虫卵的胚胎发育，干扰昆虫蜕皮过程，使幼虫增加蜕皮次数，可使成虫产生不孕现象，引起昆虫各期的反常现象，破坏了昆虫的生命周期，从而导致昆虫死亡，或通过不育或使卵不孵化减少子代种群数量，故作用缓慢，不能迅速控制暴发性害虫的危害，这限制了其在农业上的应用。

烯虫酯具有极高的保幼激素活性，尤其对双翅目、鞘翅目昆虫活性更为突出，它的活性与天然保幼激素相比，对伊蚊活性高 1000 倍，对大黄粉甲活性高 130 倍，与有机磷杀虫剂相比，对家蝇的生物活性较甲基 1605 高 100 倍。

现有数据表明，烯虫酯能在昆虫体内分解，在太阳光照下也能迅速降解，烯虫酯及代谢产物对环境无污染，对人及畜、鱼类、鸟类等非目标水生（除河口无脊椎动物外）、陆生动物无不良影响，不存在慢性致癌作用。

（三）毒性

烯虫酯原药大鼠急性经口 $LD_{50} > 34\,600mg/kg$ 体重。制剂对眼睛有刺激作用。属低毒农药。

（四）使用范围

烯虫酯从 1975 年开始作为卫生害虫防治应用，最先用于水泽地带杀死蚊子幼虫，防治以蚊虫为媒介的诸多传染病，取得了很大的社会效益。随后，联合国粮食及农业组织和世界贸易组织评价其为对公众健康无害药剂，1988 年开始用于防治储粮害虫。美国在 1988 最早使用烯虫酯作为储粮害虫药剂，并对烯虫酯应用于储粮免于检测残留量限制。随后，许多国家都开始使用烯虫酯作为储粮害虫药剂。

烯虫酯可以高效控制多种有害昆虫，对鳞翅目、双翅目、鞘翅目、半翅目昆虫有效，可用于防治烟草螟、烟草甲等烟草仓储害虫，谷蠹、书虱等储粮害虫，蚊、蝇、蛾、蚂蚁、跳蚤等卫生害虫。烯虫酯还可用于馆藏文书、养殖场粪便、堤坝洞穴、农作物生长等方面的害虫，如白蚁、家蝇等的防治。

（五）使用剂量

防治危害贮存烟叶的烟草甲，用 41%可溶性粉剂 40 000 倍液，直接喷在烟叶上。为确保喷雾均匀，完全覆盖烟叶，可使用定量稀释或专用的多向超低量喷雾器械。

（六）残留动态及卫生标准

由于烯虫酯是共轭双烯酯，在有氧、光照、温度等因素影响下易发生变质或降解。烯虫酯的半衰期仅为 24h。为了延长药物存留时间，出现了液体缓释微型胶囊的商业雏形，这种设计使得药物作用时间延长至 4~7d。

三、定虫隆

定虫隆（chlorfluazuron）是一种苯甲酰基脲类几丁质合成抑制剂，能抑制昆虫的几丁质合成，阻断蜕皮过程，导致昆虫蜕皮困难、取食量下降，从而导致昆虫死亡或不育。

定虫隆的化学名称是 1-[3,5-二氯-4-(3-氯-5-三氟甲基-2-吡啶氧基)苯基]-3-(2,6-二氟苯甲酰基）脲。其结构式为定虫隆是一种昆虫生长调节剂类杀虫剂，1982 年由日本石原产业公司开发，现在已在许多国家登记注册用于农林害虫防治。

（一）理化性质

分子式：$C_{20}H_9Cl_3F_5N_3O_3$。

相对分子质量：540.65。

纯品为黄白色无味结晶粉末。制剂外观为棕色油状液体，在常温下稳定。熔点为 228℃（分解），蒸气压小于 $10^{-8}Pa$（20℃）。相对密度为 1.4977（20℃）。难溶于水，易溶于酮类、芳烃及醇类。溶解度（20℃）：水中为 0.016mg/L，丙酮中为 52.1g/L，甲苯中为 6.5g/L。

（二）杀虫机理、毒力、药效

定虫隆杀虫机理是抑制昆虫几丁质合成，阻碍昆虫正常蜕皮，使卵的孵化、幼虫蜕皮及蛹发育畸形，成虫羽化受阻。定虫隆兼有胃毒、触杀作用，以胃毒作用为主，兼有较强的触杀作用，渗透性较差，无内吸作用。对害虫药效高，但药效缓慢。

定虫隆是广谱性杀虫剂，对鳞翅目、双翅目、直翅目、膜翅目、鞘翅目害虫有效，对蔬菜上的昆虫有卓效，还可用于防治甘蓝、棉花、茶树、果树上的多种害虫。对多种益虫安全。

（三）毒性

大鼠急性经口 LD_{50} 为 8500mg/kg，小鼠为 7000mg/kg，大鼠急性经皮 LD_{50} 为 1000mg/kg；大鼠急性吸入 LC_{50} 为 1846mg/m³。对家兔眼睛、皮肤无刺激性。豚鼠致敏试验阴性。大鼠亚急性经口无作用剂量每天为 3mg/kg，家兔亚急性经皮无作用剂量为每天 1000mg/kg；大鼠慢性经口无作用剂量为 50mg/kg。未发现致畸、致癌、致突变作用。鲤鱼 LC_{50} 为 300mg/L（96h）。对鸟类、蜜蜂安全。

（四）使用范围

定虫隆可有效地防治棉花、大豆，玉米、果树、马铃薯、茶、烟叶、森林、公共卫生等的鳞翅目、直翅目、鞘翅目、膜翅目、双翅目等害虫，是一种广谱、高效、低毒的农药。

（五）使用剂量

作为粮食防护剂，用定虫隆处理小麦，当使用剂量为 0.5mg/L 时，定虫隆能抑制储粮害虫，如谷蠹、米象、锯谷盗和赤拟谷盗的第一代、第二代的繁殖，具有良好的防治效果。由于定虫隆能有效地防治包括米象（隐蔽性储粮甲虫）在内的害虫，加之其用药量极少（0.5mg/kg），因而对防治储粮甲虫，定虫隆具有良好的抑制能力。

（六）残留动态及卫生标准

经多次大田试验表明，定虫隆持效可达 10～14d。

采用液相串联质谱检测方法，田间试验定虫隆在花菜中的残留消解半衰期为 2.6d。

四、惰性粉

惰性粉（inert dust）是一大类不具有化学活性的粉状物质，如高岭土、草木灰、硅藻土等的细粉状态物。惰性粉不仅可以作为化学杀虫剂的载体和稀释剂，也可直接与谷物拌和用于防治储粮害虫。用草木灰压盖储粮防虫是一种古老的方法。中国古代有："三伏日，晒极干，带热收，先以稻灰铺缸底，复以灰盖之，不蛀"的叙述。这可能是利用惰性粉防治储粮害虫的最早记载。利用海水或淡水硅藻土防治储粮害虫，是近些年发展起来的储粮害虫防治新技术。在惰性粉中，以利用硅藻土细粉防治储粮害虫的效果较好。

硅藻土（diatomaceous earth，DE）是新生代生活的藻类植物沉积的化石，其主要成分是无定形的二氧化硅。活的藻类植物是微小的单细胞生物，生长在海水、淡水、污水、泥浆中。活的植物分泌氧化硅，死后腐烂成为硅藻土保留下来。

在发达国家和发展中国家，许多种类的硅藻土已大量商业化地用作储藏物害虫及螨类的防护剂。

（一）物理特性

在多数硅藻土中，包含着不同形状和大小的种类。海水硅藻土包含平形硅藻类，淡水硅藻土包含扁平形和圆形硅藻类。硅藻土的毒力与硅藻类形态学等物理特性密切相关。

硅藻土具有吸收剂的性能，不同种类的硅藻土对油的吸收能力有差异。例如，淡水中的硅藻土 Dicalite IG 3 对油的吸收能力是 1.4～1.6g/g，Insecto 硅藻土的吸收能力为 1.75g/g，Harper Valley 硅藻土的吸收能力为 1.5g/g。硅藻土对油的吸收能力是影响杀虫效果的重要因素。

（二）杀虫机理

硅藻土的杀虫机理有以下几种解释：①惰性粉堵塞呼吸孔致使昆虫窒息死亡；②黏附在表皮上的粉粒摩擦表皮，增大失水量；③惰性粉吸收昆虫表皮的水分；④昆虫和螨死于摄取粉粒；⑤惰性粉吸收节肢动物上表皮层的类脂，致使表皮过度失水，即过度的失水或脱水导致节肢动物死亡。

硅藻土对储藏物害虫烟草甲、药材甲、谷蠹、长角扁谷盗、锯谷盗、黑粉虫、谷象、米象、赤拟谷盗、杂拟谷盗、皮蠹属、斑皮蠹属、麦蛾、地中海粉螟和印度谷螟等种类都有一定的致死作用。

当硅藻土被用于处理粮食表面、粮仓的表面时，表现出降低卵的孵化率的作用。例如，把赤拟谷盗、米象、谷蠹的卵暴露在 0.5g/kg 硅藻土粉处理过的粮食中，其孵化率降低，未处理害虫卵的孵化率在 94%～100%，处理过的卵孵化率为 0～52%。

不同种类的害虫对硅藻土的敏感性不同。谷蠹和杂拟谷盗成虫与其他种类害虫相比对硅藻土不敏感。在一定条件下用 1g/kg 的淡水硅藻土处理小麦，对锈赤扁谷盗、锯谷盗、米象、杂拟谷盗和谷蠹的 LT_{90} 分别为 2.5d、6.1d、3.5d、13.2d 和 63.1d。使用 Harper Vallex 硅藻土处理小麦，7d 杀死锈赤扁谷盗、米象、杂拟谷盗和谷蠹 90%个体所需的剂量（LD_{90}）分别为 0.73g/kg、0.33g/kg、0.72g/kg、2.35g/kg 和 8.14g/kg。印度谷螟的 1 龄幼虫暴露在 Harper Vallex 硅藻土中 90%的抑制剂量为 0.41g/kg。同样剂量下，延长处理时间可提高害虫致死率，杂拟谷盗和谷蠹暴露 14d，可以使 LC_{90} 值分别降到 0.92g/kg 和 3.91g/kg。近年来国内使用硅藻土情况总体上是对书虱的防治效果较差。

（三）残留

晶体 SiO_2 已鉴定为人类致癌物，原有几种硅藻土生产商转产几乎不含或无晶体 SiO_2 的硅藻土。大多数硅藻土含有的晶体 SiO_2 成分小于 4%。用户应了解含有一定晶体 SiO_2 硅藻土具有致病特性，应要求厂家提供有关确切信息。

新型硅藻土对哺乳动物低毒（白兔口投 $LD_{50} > 5000mg/kg$ 体重），其稳定性好，施用粮食中后防护期较长。硅藻土不会造成毒性残留，昆虫一般不会对惰性粉产生抗性。用惰性粉处理的谷物在加工之前的清理过程中大部分能被除去。新型硅藻土制剂不会影响小麦的制粉、烘焙、发酵特性。无定形 SiO_2 构成的硅藻土不会对人或动物有致癌的物质。

（四）使用范围

硅藻土粉既能够用作粮食防护剂，也能用于空仓杀虫和仓储器材、设施的杀虫。一些杀虫剂与惰性粉混合使用，对昆虫会产生协同作用。惰性粉尤其是硅藻土添加到谷物中，不会改变粮食的水分。

（五）硅藻土作为防护剂的问题

对于粮食加工业使用硅藻土的一些缺陷主要包括：①降低了粮食的散落性；②降低了谷物的容重；③产生了粉状环境；④粮粒表面粘有惰性粉颗粒；⑤在加工厂清理时，对除尘设施不好，将在厂区产生粉尘环境。

第三节　空仓及器材用杀虫剂

空仓杀虫剂，习惯上也称空仓消毒剂。主要是指用于对空仓、包装器材、运输工具、铺垫物、装具、粮油加工厂及其车间等杀虫、防虫和喷布防虫线的化学药剂。空仓杀虫是粮食仓储工作的重要环节。长期的实践经验证明，粮食入仓前对空仓杀虫处理认真者，害虫感染率明显降低，否则，害虫的感染率明显增加。

对空仓杀虫剂的毒性要求没有防护剂高，因此除了批准用于储粮防护剂的化学药剂和熏蒸剂可用作空仓杀虫剂外，敌百虫、敌百虫烟剂、敌敌畏、增效敌敌畏、辛硫磷等也可用于空仓杀虫剂。

常用的储粮防护剂和下面介绍的空仓杀虫剂都属于高效低毒或中毒杀虫剂，加之空仓杀虫剂不直接与储粮接触，施药时按介绍的方法进行，就不会对粮食形成污染，因而，其残留可以不予考虑。

储粮防护剂的一些特性前面已经做了介绍，此处只介绍敌百虫和辛硫磷。

一、敌百虫

敌百虫（trichlorphon）的化学名称是 O,O-二甲基-2,2,2-三氯-1-羟基磷酸酯。结构式为

$$CH_3O \underset{CH_3O}{\overset{}{\diagdown}} P \overset{O}{\underset{\|}{}} \overset{OH}{\underset{|}{}} CH - CCl_3$$

（一）理化性质

分子式：$C_4H_8PCl_3O_4$。

相对分子质量：257.45（实际为双分子，理论相对分子质量为 514.9）。

敌百虫纯品为白色结晶粉末，熔点为 83～84℃，沸点 100℃/13.33Pa，20℃时，蒸气压为

$1.04×10^{-3}$Pa，挥发度为 $0.11g/m^3$，密度为 $1.73g/cm^3$（20℃），折光率为 1.3439（10%水溶液，20℃）。工业产品有氯醛味。25℃时在下列各种溶剂中的溶解度分别为：水为 154g/L，三氯乙烷为 750g/L，乙醚为 170g/L，苯为 152g/L，微溶于二乙醚和四氯化碳，不溶于石油醚。

敌百虫在室温下稳定，高温下遇水分解。在酸性介质中稳定，如在 35℃、pH 6.0 介质中，转变 50%敌百虫需要 89h。酸式水解发生去甲基反应转化为去甲基敌百虫。

在碱性溶液中可迅速脱去氯化氢而转化为毒性更大的敌敌畏，并由于不稳定而很快分解失效。在 pH 为 8 的介质中，50%转化为敌敌畏需要 63min，在 70℃、pH 8 条件下，30min 就可以转变为敌敌畏（54%）及其降解物（46%）。因此，敌百虫应该随用随配，不要以溶液的形式储存，以免失效。

（二）杀虫机理、药效

敌百虫是一种具有胃毒和触杀作用的广谱性有机磷杀虫剂，其作用机制是抑制神经突触上的胆碱酯酶，其生物活性不强，但进入虫体后，可转变为生物活性很强的敌敌畏，表现出较高的毒力。

敌百虫对锯谷盗、米象、拟谷盗、蛾类均有较高的毒力，如浓度为 0.001%时在 72h 内能有效地防治锯谷盗。

（三）毒性

敌百虫在哺乳动物体内很快被吸收，并被较快地代谢为低毒性及无毒性化合物，随尿排出体外。试验证明，以 25mg/kg 的剂量饲喂母牛，24h 后血液中几乎检测不到敌百虫。

从对哺乳动物急性试验、亚急性试验的结果来看，敌百虫属于毒性较低的杀虫剂。敌百虫对雌雄大白鼠的口投急性 LD_{50} 分别为 640mg/kg 和 354mg/kg，对狗的口投急性 LD_{50} 为 420mg/kg；但对家禽的毒性较大。在慢性试验中发现，用敌百虫以 100mg/kg、200mg/kg 和 400mg/kg 的剂量饲养大白鼠 1 年半，100mg/kg 雌大白鼠组、200mg/kg 雄大白鼠组血清和红细胞的胆碱酯酶活力有轻微抑制；400mg/kg 组胆碱酯酶活力被明显抑制，且雄大白鼠脾和肝重量比对照组轻，雌大白鼠卵巢和乳腺有病变。

（四）应用

敌百虫有 50%、80%乳油，2.5%粉剂，20%的烟剂，块状固体等剂型。

敌百虫可用于空仓、运输工具、包装器材和垫糠的杀虫。使用剂量和方法是：用 0.5%～1%水溶液每千克喷 10～20m^2。也可制成 2%的烟剂。制成的烟剂点燃时要求只冒白色烟云，不能产生黑烟，使白色仓壁变色。

二、辛硫磷

辛硫磷（phoxim）也叫肟硫磷、腈肟磷、倍腈松。化学名称为 O,O-二乙基(α-氰基苯甲醛肟基)硫逐磷酸酯或 O,O-二乙基(苯乙腈酮肟基)硫逐磷酸酯。

结构式为

（一）理化性质

纯品为浅黄色油状液体，密度为 1.176g/ml（20℃）。沸点为 120℃，熔点为 5～6℃。20℃时溶解度：水中 7mg/L，二氯甲烷中＞500g/kg，异丙烷中＞600g/kg，难溶于石油醚。室温下工业品为浅红色油状物，在中性或酸性介质中稳定，在碱性介质中容易分解。高温下易分解，光解速度快。

（二）杀虫机理和毒力

辛硫磷是一种具有触杀和胃毒作用的有机磷广谱性杀虫剂，具有抑制乙酰胆碱酯酶的生物活性。在虫体内可转变为生物活性更高的氧化辛硫磷。辛硫磷和氧化辛硫磷在虫体内不易降解，因此对害虫的毒力很大。

据实验报道，以 5mg/kg、10mg/kg、20mg/kg 的剂量拌入稻谷、玉米、小麦和高粱中，就可以有效地防治锯谷盗、长角扁谷盗、脊胸露尾甲、咖啡豆象的成幼虫及蛾类幼虫。

（三）毒性

辛硫磷对大白鼠的最大无作用剂量为 25mg/kg。

辛硫磷的亚急性毒性也较小。试验结果表明，用含 500mg/kg 辛硫磷的饲料饲喂大白鼠 3～6 个月，受试大白鼠与对照组比较，生化指标和组织病理检查均无显著差异。

辛硫磷的急性毒性也很小。辛硫磷对小白鼠的口投 LD_{50}：雄性为 1470～1935mg/kg，雌性为 2370mg/kg。对大白鼠的口投 LD_{50}：雄性为 2170～5110mg/kg，雌性为 1976mg/kg。对雌性猫和狗的口投 LD_{50} 为 250～500mg/kg。对雌性大白兔的口投 LD_{50} 为 250～375mg/kg。

（四）应用

辛硫磷可用于空仓、加工厂、器材和运输工具的杀虫。辛硫磷有 40% 和 50% 乳油，使用前将辛硫磷乳油配制成 0.2% 的乳液，每千克可喷洒 20～40m²。对于木质或多孔性表面，可适当增加喷洒剂量。

第四节　储粮防护剂的应用技术

一、防护剂的使用原则

储粮防护剂的应用剂型很多，有乳油、超低剂量喷雾剂、粉剂或可湿性粉剂。使用好储粮防护剂，应做到用药量少、残效期长、残留量低、防护效果好。使用储粮防护剂过程中应该符合以下原则。

（一）防护剂的使用不应该影响粮食的安全储藏

储粮防护剂大体可分为液剂和粉剂两大类。

粉剂一般可根据防护剂的使用说明要求的剂量或自己的具体情况直接拌入粮食。粉剂的拌入量可影响粮食的一些物理特性，如增大粮食的静止角、降低粮食的散落性、降低谷物的容重等，加工时需要进行清理，因而在保证能有效预防害虫发生的原则下，应尽量减少使用剂量。

液剂可采用机械喷雾法或超低剂量喷雾法。后者使用剂量特别低，不存在加水量过多的问题。前者在使用过程中要加入一定量的水，在操作过程中要谨慎。对于所用的喷雾器来说，加水量越大在粮食中越容易喷洒均匀，但加水量过大会影响粮食的储藏安全。因此，一般情况下防护剂的加水量不能超过粮食重量的1‰。

（二）使用防护剂的储粮必须是安全水分粮和基本无虫粮

储粮防护剂在高水分粮中降解较快，残效期会大大缩短，所以使用防护剂的储粮必须符合安全水分的要求。

储粮防护剂是用来预防储粮害虫发生和从外部侵入的，在害虫大量发生的情况下难以奏效，因此使用防护剂的储粮必须是基本无虫粮。在储粮害虫大量发生时必须用熏蒸剂杀虫后，再用防护剂进行保护。

（三）要根据发生害虫的种类选用防护剂

不同种类的防护剂，其防护的对象也有所不同。优质马拉硫磷对锯谷盗、大眼锯谷盗、谷斑皮蠹、烟草甲的防治效果好，对米象、玉米象、赤拟谷盗、杂拟谷盗、锈赤扁谷盗、白腹皮蠹成虫的防治效果较好，对谷蠹、粗足粉螨效果很差。而凯安保对谷蠹的防治有特效，对玉米象、米象、赤拟谷盗、谷斑皮蠹、杂拟谷盗效果较差；对螨类和书虱的防治效果不明显。要根据当地发生的主要虫种合理选择防护剂。

（四）要根据地区和粮食保护期合理选用防护剂

防护剂的降解速度和粮食的温度密切相关。一般情况下，温度越高降解速度越快，因此，在选择用量时，其原则是高温高湿地区选择高限剂量，低温低湿地区选择低限剂量。

随着时间的推移，粮食中的防护剂会逐渐降解，使用者应该根据粮食需要保护的时间长短和所使用防护剂的半衰期合理选择用药量。其原则是储存期长的粮食选择高限剂量，储存期短的粮食选择低限剂量。

另外，要根据仓房或储粮的环境选择用药量，储粮条件差的（如农户）选高限，储粮条件好的选低限。

二、防护剂的施药方法

（一）机械喷雾法

具有入库机械化装置的大型粮库，可在皮带或刮板式输送机上安装专用的喷雾设备——电动喷雾机，入库时可边入粮边喷施药液。喷雾机的喷药量要与粮食的流量相匹配，喷雾量应控制在加水稀释后药液总量不超过粮食重量的0.1%。喷头应设置在背风并靠近输送机带上的粮流面上，以便减少药液被风吹造成的损失。

对于已入库的粮堆也可以用喷雾法进行表面施药，然后人工搅拌。

（二）超低剂量喷雾法

使用超低剂量喷雾器将药液不加稀释或加少量水直接喷洒。这种方法适合于无机械化入仓条件的仓房，或已入仓粮堆的表层施药。这种施药方法不增加粮食水分或很少增加粮食水分，有利于粮食的安全储藏。另外，无水高浓度的防护剂性能稳定，其药效维持的时间也较长。在施药过程中如果应用的喷雾器质量好，喷出的雾滴很细，还有利于在粮食或其他被防护物上均匀分布。

（三）砻糠载体法

砻糠载体法是以砻糠作为载体，把储粮防护剂喷洒在砻糠中，然后将载有杀虫剂的砻糠拌入准备好的储粮中，对储粮进行保护的一种施药方法。

碎糠载体法的特点之一是药效持久。粮粒内的酶有促进防护剂降解的作用。由于碎糠本身是无生命体，采用碎糠载体法施药，可减少酶对药剂的分解作用。同时，药剂集中分布在药糠上，抑制了微生物的繁殖，减少了微生物对药剂的分解作用。这样，可以使防护剂在较长的时间内发挥作用。

减轻防护剂对粮食的污染。药剂主要附着在载体上，不直接与粮食接触，采用此法施药，黏附到粮食上的药剂量很少，使消费者食用更安全。不必考虑安全间隔期，只要将粮食过风过筛或在加工过程中清理杂质时将药糠除去，随时都可以供加工供食用。采用这种施药方法，药剂不会像直接喷雾或喷粉时因计算有误而产生过量，也不会因施药操作失误使药剂分布不均匀形成局部残留过高而污染粮食。

碎糠载体法的特点之二是操作安全、方便。采用载体法施药时，由于药剂附着在载体上，只要戴手套将药糠均匀地撒到粮堆中就可以了，不需要购置其他很高级的施药工具。施药过程中药剂也不会像喷雾或喷粉那样有雾滴或粉尘飞扬，对操作人员安全。

操作方法：选用干燥洁净的碎糠，按粮食重量 0.1% 的比例，在施药前几天将碎糠薄摊在室内地面，用超低剂量喷雾器就整堆粮食所需的总药剂量喷洒到碎糠上去（不要加水），阴干后备用。使用时可根据具体情况进行表面拌粮、隔层拌粮、回字形拌粮或进行底层铺垫等。

碎糠载体的粒度大小对杀虫剂的降解有一定影响。从有利于延长保护期和缩小药糠体积考虑，以选用粒度为 2mm 左右的药糠为好。

药糠储藏稳定性较差，配好的药糠长期储存后药效会降低，应随用随配，用多少配多少。

（四）粉剂拌粮法

有些防护剂可先配制成不同含量的粉剂，然后将粉剂拌入储粮或用于打防虫线。

粉剂的常见制作方法有直接粉碎法、母粉法和浸渍法。

直接粉碎法是按配制粉剂所需要的浓度，将原药和填充料混合后，用机器粉碎到一定的细度，达到非常均匀的程度即为成品。常用的填充物料有陶土、滑石粉等。使用的填充料必须是洁净的、粒度大小适当的。

母粉法即先配制成高浓度的母粉，运到使用地区后再与一定细度的填充料混合均匀，即成为需要浓度的粉剂。用此方法配制粉剂，既能保证细度又能减少药剂的运费，更重要的是高浓度的母粉降解速度慢、失效慢，容易保存较长的时间。

浸渍法即将原药溶解于溶剂中，与一定细度的填充料搅拌均匀，待有机溶剂挥发后，即可使用。此法配制成的粉剂称为浸渍粉剂或孕粉，常用于实验室的少量加工。

粉剂质量的高低与粉剂的制作方法、粉剂中原药的分布状况、填充料的理化性质、粉粒中药粒的细度等有关。

粉剂配好后，可在专用的场地将粉剂均匀地拌入粮食中，也可边入仓边撒药。使用时可根据具体情况进行表面覆盖拌粮、隔层拌粮、回字形拌粮或进行底层铺垫等。

另外，保粮磷和谷虫净也是厂家已经配好的粉剂，使用方法同上。

三、防护剂的施药方式

防护剂的施药方式可分为表面施药法、隔层施药法、回字形施药法、底层施药法和打防虫线等。

（一）表层施药法

表层施药法也称为表面覆盖法，是指按粮堆表面30cm厚的量计算用药量，将防护剂均匀喷洒在粮食的表面，并将粮堆表层30cm的粮食搅拌均匀。适用于已经入仓储藏期间的粮食。

先将药剂拌入粮食中，然后将拌有防护剂的粮食在粮堆表面覆盖30cm。用这种方法是由于防护剂只对储粮起保护作用，在虫口密度高时只能用熏蒸剂进行处理。用熏蒸剂处理以后，害虫的侵入一般是从上部进行的。同时在粮食存放一段时间，特别是气温比较高时，害虫主要活动在粮层表面约30cm的部位。因此，用此法既可保护储粮不感染害虫，也可减少药剂的用量，同时也减少了药剂对粮食和环境的污染。

（二）隔层施药法

隔层施药法是指粮食入库时，将防护剂每隔一定的高度，喷洒（撒）一层防护剂，最后在表面也喷洒（撒）一层防护剂。一般施药间隔可控制在每30cm施一层防护剂。此法比表面施药法用药量大，但比全仓拌药法用药量要少。它适用于条件较差的仓房。

（三）回字形施药法

回字形施药法是指将防护剂施在粮堆的表层、底层和四周，对整个粮堆的6个面进行保护。它适用于条件较差的仓房和农户。

（四）底层施药法

底层施药法是指将防护剂施在粮堆的底部，预防储粮害虫从底部发生。这种施药方法对仓房底部不好、裂缝多的仓房更为重要。

对于条件特别差的仓房和农户，也可采用全仓施药法。

（五）打防虫线

为了预防储粮害虫从仓房的门窗或其他明显的孔洞进入仓房，在上述部位喷洒（撒）一些防护剂的方法，称为打防虫线。通常采用的方法是将防护剂喷洒在可吸附药剂的材料（如海绵）上，然后将其放置在仓房门口。为了延长防护剂的防护期，也可将砻糠载体装入布袋中，放置在上述部位。

四、硅藻土的应用技术

硅藻土作为米类防虫物质的使用方法与粉类化学防护和一些植物源防防虫粉使用技术相似，可以用于固体物面如空仓处理，更多是拌粮防虫。

（一）空仓处理

处理空仓（如仓库、货栈、立筒仓和房式仓），首先应该计算需要处理的全部表面（如地面、墙、顶棚），硅藻土推荐剂量为5g/m^2。

（二）粮仓设备和运输工具表面处理

粮食输送设备往往因内部剩有粮食残余而藏有害虫，用硅藻土处理这些设备可能隐藏害虫的部位，可起到杀虫作用。

（三）拌粮处理

一般使用硅藻土处理入仓平整后的粮堆表层，处理粮食深度为30～60cm。可采用将米先撒于粮面，再用工具拌和均匀。也可通过调整粮食流量，在进入刮板输送机和皮带输送机之前加入硅藻土。粮面可用喷粉机施用硅藻土。施用过程中要注意呼吸防尘保护，避免硅藻土与皮肤接触。

（四）惰性粉气溶胶防虫技术

固体小颗粒分散并悬浮于气体介质中即形成胶体分散体系，简称气溶胶。固体颗粒为分散相，分散介质主要为空气。惰性粉气溶胶防虫技术就是利用惰性粉这一物理特性，采用一定技术手段将惰性粉喷施至一定空间内形成气溶胶分散至空间，或通过气流将气溶胶施至粮堆间隙进行防虫杀虫的技术。例如，利用喷粉机，将惰性粉快速喷入安装有固定横向风网系统的机械通风道内，通过吸出式风机使惰性粉经通风道穿过粮堆并均匀分布。

使用惰性粉气溶胶防虫技术风机与通风系统的连接方式为吸出式。粮堆单位面积通风量横向通风系统每平方米大于 $0.015m^3/s$，竖向通风系统中每平方米大于 $0.0025m^3/s$。喷粉机喷管出口风速应大于 25m/s，喷粉机向粮堆空间或通风道口喷粉的速度为 4～20kg/h。按粮食总重量计算用粉量见表 7-6。人员需进入惰性粉处理后的粮仓内作业时，采用粉尘监测仪检测仓内粉尘浓度，仓内粉尘浓度超过 GBZ 2.1—2007《工作场所有害因素职业接触限值第 1 部分：化学有害因素》中惰性粉接触限值要求 $5mg/m^3$ 时，或者正在进行施粉操作时，操作人员应佩戴好防尘口罩、防风镜、工作服和手套等个人劳动保护用具。

表 7-6　惰性粉气溶胶防虫处理推荐用粉量

储粮害虫种类	用粉量/（g/t）
扁谷盗类	4～8
米象、玉米象、锯谷盗、长头谷盗等	8～12
赤拟谷盗、杂拟谷盗	12～20
谷蠹、蛾类、皮蠹类	20～50

五、防护剂施药注意事项

在配药和喷雾时，要戴防毒口罩和橡皮手套，穿长袖衣服。预防药液沾染皮肤或吸入呼吸道。撒药糠时要戴防毒面罩和手套。在仓内施药时要敞开仓库的门窗，每一人次在仓内连续操作不宜超过 2h，每天不宜超过 2 次。休息和施药完毕后，要用肥皂将手、脸彻底洗净，才能喝水、吃饭等。防护用品用完后，要及时认真清洗，妥善保管。当发现中毒时应立即采取急救措施，中毒人员应立即离开现场，至空气新鲜处，脱去药剂污染的衣物，用肥皂洗去皮肤上的药液。情况严重时，应及时送医院治疗。防护剂的残液或载体不得倒入河流、池塘或下水道中，以免污染环境。

思　考　题

1. 什么是储粮防护剂？理想的储粮防护剂应该具备哪些特点？
2. 我国已批准使用的储粮防护剂有哪些种类？按照杀虫剂的化学成分分类，各属于什么类型的杀虫剂？
3. 什么是防虫磷？其杀虫机理是什么？
4. 什么是杀虫松？其杀虫机理是什么？
5. 什么是保安定？其杀虫机理是什么？
6. 什么是凯安保？它与溴氰菊酯有何区别？其杀虫机理是什么？与敌杀死和凯素灵有何区别？
7. 保粮安的配方是什么？它有何使用特点？

8. 保粮磷的配方是什么？它有何使用特点？

9. 什么是储粮防护剂的安全间隔期？

10. 什么是砻糠载体施药法？这种施药法的特点是什么？

11. 常用的空仓杀虫剂有哪些？

12. 什么是表面施药法、隔层施药法、回字形施药法、底层施药法？各有何特点？

13. 硅藻土杀虫剂作用机理是什么？

14. 硅藻土作为储粮防护剂的优缺点？

15. 简述防护剂的使用原则。

主要参考文献

华南农学院. 1983. 植物化学保护. 北京：中国农业出版社

李福军，赵会义. 2016. 粮食储藏横向通风技术. 北京：科学出版社

李希平，任翠珠. 1993. 杀虫剂. 北京：化学工业出版社

农业部农药检定所. 1998. 新编农药手册（续集）. 北京：中国农业出版社

王佩祥. 1997. 储粮化学药剂应用. 北京：中国商业出版社

郑州粮食学院. 1987. 储粮害虫防治. 北京：中国商业出版社

周继汤. 1999. 新编农药使用手册. 哈尔滨：黑龙江科学技术出版社

Subramanyam B H，Hagstrum D W. 2000. Alternatives to Pesticides in Stored-Product IPM. Boston：Kluwer Academic Publishers

第八章　储粮熏蒸剂及其应用

本章提要：

- 常用储粮熏蒸剂磷化氢、敌敌畏、二氧化碳的性质与特点
- 常用熏蒸剂的应用技术及安全防护
- 熏蒸剂的杀虫机理、对害虫的药效及对人的毒性
- 研究开发中的熏蒸剂简介

第一节　熏蒸剂发展概况

用熏蒸剂（fumigant）熏蒸储藏物可以在不移动商品的情况下，达到消除及控制害虫的目的。进行储粮熏蒸杀虫有时甚至不需要专门的设备、电力或人力等，通常是储藏物保护中防治害虫最经济、简便、有效的方法。人们希望熏蒸剂应具有的主要性能如下。

（1）对害虫的杀灭效果好，对人及高等动物的毒性低，即高效低毒。

（2）在保护对象上的有害残留低，即药害要小、有害残留少。

（3）价格低廉，易于获得，易于运输、储存、管理，使用操作简便。

（4）对金属及织物无害（不影响储藏场所建筑和器材）、不易燃爆、在一定水分含量下商品不易溶解。

（5）空间挥发性、扩散性和在商品堆中穿透性好。

迄今，已发现和使用过的熏蒸剂在自身性能、使用过程或者使用后，基本都存在这样或那样的不良性能，主要如下。

（1）具有腐蚀性的气体侵蚀仓房结构或仓储器材，如磷化氢腐蚀铜质等器材。

（2）反应性的物质形成不可逆的化合物，从而造成残毒或污染，或出现可见的污斑，或产生难闻的气味。

（3）具有生理活性的化合物对植物或种子造成药害。

（4）因化学不稳定性极易燃炸而不易操作使用，需要操作中严加防护。

（5）对人或高等动物有不可避免或不能容忍的毒性等，如因残留物的毒性而被限制使用。

（6）环境污染问题，如溴甲烷对臭氧层的破坏作用。

一、熏蒸剂及其发展简况

熏蒸剂是指在特定的温度和压力下能以足够的气体状态经一定时间致死有害生物的化学品。熏蒸剂杀死害虫主要是通过呼吸系统进入虫体，导致害虫中毒死亡。储藏物害虫防治中采用化学药剂进行熏蒸杀虫具有许多优点，如杀虫效果彻底、杀虫效果快速、不需要移动商品即可杀死其中（甚至粮粒内部）的害虫等，通过熏蒸几乎可对任何密闭场所进行杀虫处理，如建筑物及建筑材料、工厂、仓库，甚至是运动中的密闭容器（如集装箱、飞行器等）。采用熏蒸杀虫防治储藏物害虫是最为有效的防治手段之一，同时也具有较好的可操作性、经济性等。

早在公元前 11 世纪的西周时期，中国已用牡鞠、嘉草、莽草等植物杀虫剂熏杀粮食害虫。自 1854 年法国最早使用二硫化碳熏蒸防治谷象后，逐渐产生了近 40 种化学熏蒸剂。半个多世纪以来，许多科研工作者对熏蒸剂研究开发做了大量的工作。从 20 世纪 60 年代开始，联合国粮食及农业组织/世界卫生组织农药残留联席会议（Joint Meeting of Pesticide Residues，JMPR）和国际食品法典农药残留委员会（Codex Committee on Pesticide Residues，CCPR）每年都开会对农药进行审议。几十年来，向世界推荐了大批农药，但推荐的熏蒸剂却寥寥无几。国际上开发曾用或在用的防治储粮害虫的熏蒸剂主要包括磷化氢、硫酰氟、氢氰酸、溴甲烷、氯化苦、二硫化碳、四氯化碳、二溴乙烷、二氧化碳、环氧乙烷、二氯乙烷、敌敌畏等。但由于可操作性、杀虫活性、经济性、残留物毒性和环境安全性等原因，许多药剂已停止或限制使用。由于世界经济发展和科学技术的进步，人们关于化学药剂对人类的毒性和对环境影响的认识逐步提高，农药的卫生标准也日趋严格，对那些毒性大，或对毒性有争议的熏蒸剂正在逐步淘汰或减少用量。当前各主要产粮大国用于谷物杀虫的熏蒸剂也只有为数不多且面临着挑战的少数种类。到 20 世纪 90 年代，国际上用于防治储粮害虫的熏蒸剂主要是磷化氢。

溴甲烷自 20 世纪 40 年代以来就一直被各国广泛使用。曾被广泛用于储藏物、检疫、土壤等熏蒸杀灭有害生物，具有良好的杀虫性能。由于它具有诸多优点，深受人们的喜爱；又因为它引发出了诸多环境和土壤问题，而备受争议。溴甲烷被排放到环境中后可以破坏大气中的臭氧层，被列为一种消耗臭氧层的物质。臭氧层被大量消耗后，吸收紫外辐射的能力大大减弱，导致到达地球表面的紫外线 B 明显增加，给人类健康和生态环境带来多方面的危害。联合国开发计划署、联合国工业发展组织和世界银行对于替代和取消溴甲烷的使用制定了时间表。中国政府已于 2003 年 4 月批准《蒙特利尔议定书》的哥本哈根修正案。按照该议定书，中国应在 2015 年前除检疫熏蒸外完全淘汰溴甲烷。中国粮食仓储行业已于 2016 年提前停止使用溴甲烷熏蒸储粮。《蒙特利尔议定书》和美国《清洁空气法案》允许在没有可替代技术的特殊情况下豁免使用溴甲烷。超过 90%的特殊豁免是用于种植前的土壤熏蒸，剩下特殊豁免是用于产后非检疫贸易商品，主要用于面粉厂和粮食加工厂。《蒙特利尔议定书》中对植物检疫和货物装船前的熏蒸处理可以豁免使用溴甲烷。

敌敌畏是一种有机磷农药，是在第二次世界大战后开发的一类药剂，国际上对敌敌畏毒性的关注已有几十年。早在 1981 年，敌敌畏就是美国环境保护局考虑禁止的 13 种有毒农药之一。敌敌畏为广谱性杀虫、杀螨剂，具有触杀、胃毒和熏蒸作用。英国政府早已禁止出售约 50 种杀虫剂，原因是它们含有可能导致人类癌症和神经紊乱的敌敌畏。这一决定是根据英国杀虫剂顾问委员会的意见做出的。该委员会认为，不能排除长期接触敌敌畏导致皮肤癌、肝癌和乳腺癌的可能性。这项决定涉及约 50 种常被居民家庭用于杀灭苍蝇、飞蛾、黄蜂和蟑螂等昆虫的杀虫剂。有关企业已经推出不含敌敌畏的替代产品。敌敌畏向粮堆内的扩散性差，又易被粮食吸附，曾经用于粮面上空间熏蒸，现只适用于空仓、加工厂、包装器材、铺垫材料等的杀虫处理。我国储粮场所敌敌畏限于空仓和器材杀虫使用。

氯化苦是一种有警戒性的熏蒸剂，可以杀虫、杀菌、杀鼠，可用于木材防腐、房层、船舶消毒等，土壤、植物种子消毒等。氯化苦曾可用于处理谷物和植物产品，但不可熏蒸成品粮、花生仁、芝麻、棉籽、种子粮（安全水分以内的豆类除外）和发芽用大麦。氯化苦熏蒸温度在20℃以上。此剂为有高度刺激性的催泪毒剂，常以很小比例加入其他熏蒸剂充当报警剂。氯化苦同时具有杀菌和杀真菌性。对金属有腐蚀作用，应注意金属表面和设备的保护。氯化苦可强烈刺激眼睛，会造成肺损伤。认为与被熏蒸物品的反应生成物的残余会有无机硝酸盐和亚硝胺。1917 年法国首先使用，1934 年日本开始禁止用于米谷中，其原因就是其化学结构中有亚硝基，可能有致癌作用。我国现储粮技术规范中已禁止储粮采用氯化苦熏蒸粮食。

氰化氢（氢氰酸）主要应用于电镀业（镀铜、镀金、镀银）、采矿业（提取金银）、船舱、仓库的烟熏灭鼠，制造各种树脂单体，如丙烯酸树脂、甲基丙烯酸树脂等行业。氢氰酸是现代最早广泛使用的熏蒸剂之一，对于许多的贮藏品和粮食、谷物等是常用的熏蒸剂。1877 年开始氢氰酸被用作熏蒸剂，1886 年美国加利福尼亚州的人们在帐篷中用氢氰酸熏蒸树木防治介壳虫。氢氰酸在 20 世纪 50 年代是我国应用的主要熏蒸剂，因其毒性过大等原因被磷化氢替代。氰化氢曾广泛用于熏蒸仓储建筑结构如面粉厂，后为使用更为方便的溴甲烷替代，继而溴甲烷又因对大气臭氧层破坏被淘汰。在法国、德国、瑞典、新加坡等国家，氢氰酸仍获准用于处理飞行器或建筑物。氰化氢在水中的溶解度很高，会给水分大的物品带来损害。它溶于水后为一种稀酸，这种酸不仅会使这些被处理的物品变得难吃，人食用后还可能有危险，而且它还有引起烧伤、枯萎或褪色等作用。其对人和高等动物是一种烈性速效毒药，可能对植物造成药害，用于种子安全，但不推荐用于鲜果和蔬菜。氰化氢常压下吸附能力很强，对一些物品的钻透力不强。

二硫化碳是一种广泛性的酶抑制剂，具有细胞毒作用，可破坏细胞的正常代谢，干扰脂蛋白代谢而造成血管病变、神经病变及全身主要脏器的损害。法国于 1869 年用它来防治葡萄根瘤蚜，是应用昆虫学历史上的一个里程碑。二硫化碳曾用于处理谷物，易燃烧或爆炸。二硫化碳低浓度时没有警戒性，可以通过皮肤吸收。在储粮熏蒸上，该药剂已停用多年，最近为了在某些情况下替代溴甲烷而在进行重新评价。二硫化碳的化学反应活性较低，但在平流层中通过光化学反应，易被氧化成 SO_2，导致酸雨的形成。因此，二硫化碳对大气环境所造成的危害是不容忽视的。

环氧乙烷是继甲醛之后出现的第 2 代化学消毒剂，至今仍为最好的冷消毒剂之一，也是目前四大低温灭菌技术（低温等离子体、低温甲醛蒸气、环氧乙烷、戊二醛）最重要的一员。环氧乙烷作为熏蒸剂曾用于粮食、食物和某些植物产品杀虫灭菌，广泛用于低温消毒医疗用品和仪器，以及食品和调料的防腐。实用浓度对许多细菌、真菌和病毒具有毒杀作用，对植物有剧毒，影响种子发芽。环氧乙烷极易燃烧，常和二氧化碳等气体配合使用。有资料报道，环氧乙烷有烃基化和诱发突变的特性，对人有潜在的致癌作用。对害虫的毒力大约属于中等程度。我国储粮规范所列化学药剂中没有包括环氧乙烷。

二、我国熏蒸剂使用发展趋势

1949～1953 年，防治储粮害虫应用的熏蒸药剂主要是氯化苦，其次是氢氰酸。到 1953 年，我国开始使用二氯乙烷和磷化锌。磷化锌开始用于杀鼠，后来经研究开发用磷化锌加酸生成磷化氢，用于实仓储粮熏蒸。到 1956 年又开发应用了溴甲烷。到 20 世纪 60 年代初，开始使用二硫化碳和磷化铝。二硫化碳主要是在四川省使用，而磷化铝很快普及全国。

磷化铝的大量使用，使操作不便、技术要求高的二氯乙烷、氢氰酸、溴甲烷等熏蒸剂用量逐渐减少，除溴甲烷用于进出口货物熏蒸和少量特殊情况下的熏蒸外，20 世纪 60 年代初二氯乙烷和氢氰酸就自动停止使用，到 20 世纪 70 年代二硫化碳在四川省也停止了使用。

中国自 20 世纪 60 年代开始使用磷化铝后，磷化氢熏蒸剂已成为储粮熏蒸剂中的王牌，磷化铝在我国成为当家药剂。在磷化氢的应用过程中，人们为了降低防治保管费用，20 世纪 60 年代许多地方开始研制磷化氢的另一个发生物——磷化钙，20 世纪 70 年代初磷化钙一度年使用量达到 1000 多吨。由于磷化钙的成分复杂，在使用中常常发生一些事故，现已停止生产使用磷化钙。

　　从 20 世纪 60 年代磷化铝出现至今，全国磷化铝的年使用量先是逐年增加，由 20 世纪 60 年代的每年几百吨，到 20 世纪 90 年代增加到每年 4000 余吨。1998 年后国家大规模建设气密性能较好的大型仓房，再加上近些年的仓储管理、准低温和低温储粮应用、部分充氮气调杀虫技术应用等，储粮中害虫发生频次减少，磷化铝（磷化氢）的应用需求也在相应减少。目前，我国允许用于储粮应用的熏蒸剂有磷化氢、硫酰氟。敌敌畏仅限于空仓和器材杀虫。

　　化学杀虫剂虽然给害虫防治带来了许多方便并挽回了许多损失，但由于害虫抗药性的发展、化学药剂这样或那样的缺点，已有许多药剂被淘汰或正在或将要被淘汰。人们也寄望于研究开发出新的药剂，然而事情并非想象的那样简单。据报道，人们经过筛选约 20 000 种化合物才能得出一种具有商业价值的化学药剂。而将一个新的药剂推向市场需耗资 6000 万～1.5 亿美元，从初步筛选到商业化应用要耗时 7～10 年。人们目前可供应用的物质资源是有限的，其中具有生物活性（有杀虫作用）的数量更少，有生物活性又具有优良熏蒸杀虫剂性能的物质更是奇少。可以说，目前人们还没有找到一种理想的熏蒸剂，新熏蒸剂研究开发前景并不乐观。

　　在老的熏蒸剂逐步被淘汰，新的熏蒸剂开发难度很大的情况下，熏蒸剂的应用和发展面临危机。特别是 20 世纪 80 年代后，世界各地陆续发现一些主要害虫对磷化氢有抗性的品系，引起人们的关注和担心。普遍认为，储粮害虫对熏蒸剂抗性的发展，是对储粮防治工作的严重威胁。国际上许多专家学者把研究工作的重点转移到熏蒸剂上，特别是转移到熏蒸剂的害虫毒理、抗性机理和应用技术的研究上，以达到保护现有熏蒸剂的目的。

第二节　熏蒸剂特性

一、磷化氢

（一）主要理化性质

　　磷化氢（phosphine，hydrogen phosphide，phosphuretted hydrogen）分子式为 PH_3，相对分子质量为 34，沸点为 -87.5℃，气体相对密度为 1.184，蒸气压 30℃时为 $42×10^6Pa$，在 1 个大气压 30℃时由 $1g/m^3$ 换算为百万分浓度（ml/m^3）的换算系数为 730。

　　1. 气味　　纯净的磷化氢是无色无味的剧毒气体，但在伴随金属磷化物释放磷化氢气体的同时往往带有乙炔味或大蒜味（如少量的乙炔），使其暂时有一定的警戒作用。在许多情况下，当其浓度低于 $0.3ml/m^3$ 的卫生标准时，这种气味也可成为检查磷化氢存在的参考指标。磷化氢可以通过分馏法纯化。采用分子筛，能够将其中的乙炔除去，并证明采用气相色谱法可将磷化氢纯化为无臭的气体。值得注意的是，在某熏蒸条件下，空间仍有磷化氢的有效浓度时这种特殊的气味也可能消失，很可能这种气味是某种比磷化氢本身更快、更易被吸收的杂质造成的。由此提示，即使没有特殊气味也不一定没有磷化氢存在，这在常规熏蒸开仓放气和清渣时尤其值得注意。

　　2. 溶解性　　磷化氢微溶于冷水，不溶于热水，在水中的溶解度为 0.26。易溶于乙醇和乙醚。所以，在使用磷化氢前后，操作人员应忌酒和忌食油腻食物。

　　3. 燃爆性　　纯品磷化氢在常压下比较稳定。在空气中，当磷化氢的浓度超过 1.7% 或 $26g/m^3$ 时就形成了燃爆混合比，加之双膦（P_2H_4）的存在即可自燃，产生白色烟雾（五氧化二磷），其反应式如下：

$$PH_3 + O_2 \longrightarrow P_2O_5 + H_2O$$

$$PH_3 + O_2 \longrightarrow P_2O_5 + H_2O + Q（发火）$$

$$P_2O_5 + H_2O \longrightarrow H_3PO_4（烟雾）$$

有研究人员推测为磷化氢的氧化机理为游离基连锁反应，具体步骤如下。

链增长阶段：

$$O_2 + PH_2 \longrightarrow HPO + OH$$

$$OH + PH_3 \longrightarrow PH_2 + H_2O$$

$$O_2 + PH_2 \longrightarrow PH + HO_2$$

$$O_2 + PH \longrightarrow HPO + O$$

分支阶段：

$$O + PH_3 \longrightarrow PH_2 + OH$$

终止阶段：

$$O + O_2 + M \longrightarrow O_3 + M$$

$$游离基 + 屏蔽基团 \longrightarrow 化合物$$

次级反应：

$$HPO + O_2 \longrightarrow HPO_3$$

$$HPO_3 + H_2O \longrightarrow H_3PO_4$$

据报道，在降低压力且温度超过 100℃时，磷化氢会自发地燃烧，特别是在干燥的空气中更易发生。磷化氢的燃爆受其浓度、气体成分、空气流速、光线、温度、压力、火源等因素影响。实验证明，磷化氢因紫外线、原子辐射和有机原子团的发生而转化为 PH_2 原子团。该原子团与烯类化合物形成有机磷化氢，并与磷化氢在空气中的爆炸有关。上述反应是连续的，在没有有效的终止作用时，只要有起始的少量 PH_2，即可连续进行。据报道，燃爆下限在一个大气压、含水汽 0.39%的条件下，随温度升高而下限降低。在 20℃、30℃和 40℃条件下分别为 $31.0g/m^3$、$30.1g/m^3$ 和 $29.1g/m^3$。在影响磷化氢燃爆的复杂因素中起主要作用的是火源、气体成分和气体流速；在静止状态下，磷化氢与任何比例的空气混合在自然压力、45℃以下的阳光直射及在 50℃以下的温度环境中是安全的；在有火源存在的情况下，磷化氢最低燃爆极限浓度为 0.28%。在试验的气体流速为 10～15m/s 时，磷化铝水解自燃产生的磷化氢混合气不燃爆。如果与空气以 1∶1～1∶5 的比例混合时发生燃爆，当比值增到 1∶8 时则不发生燃爆。在使用磷化氢熏蒸时，一定要控制磷化铝的反应速度，使产生的磷化氢气体迅速扩散，避免局部浓度过高。

一般认为磷化氢不能用于减压熏蒸，但近几年的研究有所突破。磷化氢燃爆特性的实验证明，当大气压为 1470Pa 时，它的最低燃爆浓度占大气体积的 1.67%，相当于 25g/L 左右。这个浓度远远超过在防治实践中所用浓度；如果在环流熏蒸中因风扇或气泵的运转而使大气压力降低到 1470Pa，引起磷化氢燃爆的危险性不大。

4. 腐蚀性 磷化氢对一般金属的腐蚀性较小，容易与铜或铜合金如青铜等金属作用，这种结果导致金属被腐蚀，在金属表面留下明显痕迹，如：

$$2PH_3 + 3Cu \longrightarrow Cu_3P_2（黑色）\downarrow + 3H_2 \uparrow$$

在有氨气存在的情况下，这种反应会更加强烈（有时氨可由所用药剂配方如磷化铝片剂中的某些成分分解释放出，这在仓外投药水法发生时因氨易溶于水而可避免）。同时也发现在邻近沿海地区，空气中含有水和盐分也会进一步增强这种反应。因此，使用磷化氢熏蒸加工厂、仓库时，应将铜质机械部件、仪表等采用移出或涂油、罩塑料薄膜密封等措施保护起来。

黄铜、银、金、钢、镀锌钢、铅和焊锡等一系列金属是最容易被腐蚀的，其腐蚀性因相对湿度、磷化氢的浓度、空气中氧的含量和温度的增加，以及磷化氢处理的次数而加剧。在探索腐蚀阻化剂的研究中发现，将重铬酸钾饱和溶液涂在金属表面，能够很有效地延缓腐蚀速度。

5. 磷化氢与硝酸银的反应 磷化氢能与硝酸银作用，生成黑色磷化银，反应式如下：

$$PH_3 + 3AgNO_3 \longrightarrow Ag_3P\downarrow + 3HNO_3$$

用蘸有硝酸银溶液的试纸检测熏蒸环境或粮堆中有无磷化氢的存在。例如，将蘸有5%～10%硝酸银溶液的滤纸条置入空间，5～7s内滤纸条由黄变为黑色，表示磷化氢的浓度大约为0.007g/m³。或者用硝酸银溶液处理过的硅胶粉制成检测管，用以测定粮堆内的磷化氢气体浓度。

需要说明的是，在有硫化氢存在时，含有硝酸银溶液的试纸也会变色，在进行磷化氢检测时应注意其干扰。

6. 磷化氢的分解 熏蒸后通风散气，磷化氢进入大气后降解，在紫外线的照射下在水汽中与氧作用生成磷的低氧酸。溶于水中的少量磷化氢可逐渐降解为磷、氢和磷的低氧化合物。

（二）磷化氢对被熏蒸物的影响

磷化氢在大多数种类的粮食上只有轻微的吸附，且吸附的大部分在通风散气后很容易除去。据报道，磷化氢对农产品的反应残留物都是无害残留。由于粮食是植物的种子，它也是一种生命体，是一种代谢水平微弱的生化封闭系统，因此磷化氢熏杀害虫的同时，也会对粮食有一定的影响。但是这方面的研究较少。一般认为在常规剂量和安全水分下磷化氢对种子的发芽没有实质上的影响，但可能会稍微减小发芽势。有明显的迹象说明，对高水分粮，磷化氢可能会降低其发芽的能力。磷化氢一般对食品食用品质无不良影响，对种用品质无药害，不影响一种杂交白玉米的发芽力，但影响其产量。

磷化氢抑制谷粒的呼吸，被抑制的程度因含水量的高低而异，在较低水分（小于18%）时影响较小。在呼吸受抑制的过程中，过氧化氢酶和呼吸酶都受到影响。对于种子，如果水分高于25%，则磷化氢将使种子失去发芽力。

经磷化氢熏蒸处理发现，其呼吸抑制率随磷化氢剂量的增加而增大，随处理时间的延长而增大，随种子含水量增加而增大。进一步的研究发现，磷化氢对种子呼吸的抑制与种子的含水量呈正相关，即种子含水量越高，对磷化氢的吸收量越大，呼吸率也越大。可见水是磷化氢被吸收和进行抑制反应的介质。

在实际磷化氢熏蒸中，处于安全水分以下的粮食，磷化氢不会影响粮食的发芽。但是粮食水分高于17%时，不宜用磷化氢熏蒸。一般情况下，还应避免高浓度磷化氢的长时间熏蒸。尽管磷化氢熏蒸在防止粮食品质劣变方面有一定的作用，但是这一方面还需进一步的深入研究，完善有关理论和技术。

（三）磷化氢对人的毒性

磷化氢是剧毒气体，对人的毒性主要作用于神经系统，抑制神经中枢，刺激肺部，引起肺水肿和使心脏扩大。其中，以神经系统受害最早且最严重，还会影响到呼吸系统、心血管系统和肝脏。长期接触磷化氢，会出现人体染色体重排，移位先出现在G环淋巴细胞，造血系统癌症明显增多。磷化氢主要是由呼吸道吸入中毒，不能通过皮肤进行吸收。吸入磷化氢气体或误服或吸入磷化物粉末亦可引起中毒。如长期和低浓度的磷化氢接触可引起慢性中毒。磷化氢对高等动物有积累毒性。吸入磷化氢后可引起的中毒症状如下。

轻度中毒：头痛、失眠、乏力、鼻干、咽干、胸闷、咳嗽、恶心、呕吐、食欲减退、腹痛、腹胀、窦性心动过缓、低热等。

中度中毒：除以上表现外，还伴有下列情况，即嗜睡、抽搐、肌肉震颤、呼吸困难、肝脏损害或轻度心肌损害等。

重度中毒：除以上表现外，还出现昏迷、惊厥、肺水肿、呼吸衰竭、明显心肌损害、严重肝损害等。由于积水引起的胸痛（肺水肿）可引起人死亡。在浓度为 2.8mg/L（2000ml/m³）的空气中非常短的时间内人就可死亡。

磷化氢中毒有一定的潜伏期，一般在 24h 内；偶有长达 2～3d 的，在此期间应密切观察。

GBZ 2.1—2019《工作场所有害因素职业接触限值 第 1 部分：化学有害因素》中对磷化氢的时间加权平均容许浓度（permissible concentration-time weighted average，PC-TWA）和短时间接触容许浓度（permissible concentration-short term exposure limit，PC-STEL）表述为"—"，未做规定。在一定时间和条件下可接触的磷化氢浓度值称为时间加权平均值（TLV-TWA）0.3ml/m³（0.0004g/m³）的卫生标准是基于每天工作 8h，每周工作 40h（5d）而确定的（德国为 0.1ml/m³）。尽管这里所说的是平均浓度，但也是上限浓度。在操作中的目标应是将其视为可接受的最大程度。

美国和其他一些国家规定了接触磷化氢的短期接触极限值（threshold limit value-short term exposure limit，TLV-STEL），每天不超过 4 次暴露，且两次接触时间间隔在 60min 以上的浓度是 1ml/m³（0.0013g/m³）。

（四）磷化氢的应用

1. 磷化氢的使用范围　　磷化氢适于熏蒸长期储存的干燥物品，主要用于实仓熏蒸，可熏蒸各种粮食、油料、成品粮。熏蒸种子粮时，水分不得超过以下规定：粳稻（14%）、大麦（13.5%）、玉米（13.5%）、大豆（13%）、籼稻（12.5%）、小麦（12.5%）、高粱（12.5%）、荞麦（12.5%）、绿豆（12.5%）、棉籽（11%）、花生仁（9%）、菜籽（8%）、芝麻（7.5%）。

国外有的资料报道，磷化氢熏蒸粮食时对粮食安全水分（在通常条件下适于长期储存的水分）的要求是：大豆（15.0%）、可可豆（7.0%）、棉籽（10.0%）、花生仁（7.0%）、玉米（13.5%）、稻谷（15.0%）、大米（13.0%）、高粱（13.5%）、小麦（13.5%）、豇豆（15.0%）、粟（16.0%）、棕果（13.5%）。

磷化氢也可用于熏蒸器材、空仓和加工厂等。

2. 磷化氢的安全浓度　　在有磷化氢气体的环境中有可能吸入过量毒气的人员必须戴防毒面具，现今大多数国家对磷化氢毒气浓度的卫生要求为 0.3ml/m³（*V/V*），在超过这个标准的环境中工作时必须戴预防性防毒面具。

3. 磷化氢中毒急救　　在磷化氢操作中如发生人员中毒，应及时抢救。首先要将中毒人员转移到新鲜空气处，脱掉污染衣服，清洗皮肤特别是暴露部分，注意保暖。

误服中毒者用 1：5000 高锰酸钾溶液洗胃，无洗胃条件时，可用硫酸铜催吐，即每 5～10min 饮 1%硫酸铜溶液一汤匙，至呕吐为止；或饮用大量水后再刺激咽喉引吐。

可用 50%葡萄糖静脉注射或用 10%葡萄糖缓慢静脉注射，输液量不宜过大；可服用硫酸镁泻剂，忌食油脂类食物或蓖麻油泻剂。咳嗽、胸闷时可内服镇咳药物及氨茶碱。肺水肿、抽搐、呼吸衰竭等要进行对症治疗，禁用吗啡类药物。

如中毒较重时，要及时住院治疗，治疗可参照 GBZ 11—2014《职业性急性磷化氢中毒的诊断》的标准。

4. 磷化氢气体浓度检测　　为了保证杀虫效果，尤其在长期密闭的中后期，应做好对磷化氢气体的浓度检测工作，以保证粮堆各部位总是维持有效的磷化氢杀虫浓度。这对于避免熏蒸失败，更进一步说，对于避免害虫对磷化氢抗药性的发展具有更重要的意义。为保障施药人员的人身安全，在熏蒸密闭期内应对仓房（堆垛）周围进行有无漏气的检测。特别是用塑料薄膜密闭的仓内上部空间，因为这关系到操作人员进仓查粮时是否安全。在开仓放气后进仓清查前也应对仓内的磷化氢气体进行检测。检测磷化氢浓度的方法有试纸法、检测管法和检测仪测定法等。

1）磷化氢气体检测仪　　磷化氢气体检测仪是采用对磷化氢气体敏感的传感器，感知磷化氢气体的浓度值，并以电流的形式输出相应的电流值，把此微弱信号放大，转换成数字信号，由液晶显示其即时磷化氢气体浓度值。

磷化氢气体检测仪的特点是携带方便，可连续工作，分次使用费用低，快速准确，操作简便等，是当前应用较为普遍的技术之一。

2）磷化氢浓度在线检测　　在待熏蒸粮仓粮堆设置气体取样端、气体取样管、取样气泵、气体传感器、气体浓度显示装置等，即时启动控制系统，对环境中的磷化氢浓度进行检测。该技术装置在我国智能化粮库建设中开始得到应用。

3）硝酸银试纸显色检查法　　用干净的白色滤纸条，放在 5%的硝酸银溶液中浸湿，在需要检查处所挥动，如在 5～7s，滤纸出现黄色，表明空间的磷化氢浓度在 0.007mg/L。随着磷化氢浓度的升高，滤纸的颜色会由黄色棕褐色以致变为黑色。此法只适于做定性检查。

4）磷化氢气体硅胶检测管　　硅胶检测管是一根两端密封的细长玻璃管，上面标有刻度（可测定范围从 0.01～1.8mg/L），管内装有指示剂层和保护剂层。

指示剂可用硅胶做载体浸润硝酸银和硫酸铜溶液，干燥后装入玻璃管中。保护剂为少量玻璃粉和棉花，用以固定指示剂的位置。

取气工具是用 50ml 的玻璃注射器，如取粮堆内气体，在注射器嘴上套接一个三通开关即可。取气的方法是：三通开关的三个开口，一个接注射器，一个连接预先置入粮堆的橡胶管或塑料管（进气口），另一个为排气口。取气时，把排气口关闭进行抽气，把进气口关闭进行排气，如此反复数次，待把原有空气完全排除后，再准确地抽取粮堆内气体 50ml，把三通关闭。

测定时，先把硅胶管两端锯断，将管上有箭头一端插入橡胶管口内，以 200s 的时间将 50ml 气体均匀地注入硅胶管中。指示剂与磷化氢气体作用，产生黑色的变色柱段，变色柱端的刻度即为磷化氢气体浓度。

可以用一种手动泵代替注射器抽取气体。有时也有用注射器直接连接采气口取气的。

5）红外分析仪　　可根据磷化氢气体对红外线产生的效应，测定气体浓度。吸收量与受气体浓度影响的红外线的路径长度成正比。可在实地用来进行现场分析，分析磷化氢所用的波长为 10.1μm，可分析的最低浓度为 1.0ml/m³，最大浓度近似值为 1000ml/m³。

在磷化氢浓度测定时也可用气相色谱法进行，即将从待测环境中取得的气样注入气相色谱仪中测定分析磷化氢浓度。

5. 磷化氢的残留　　磷化氢熏蒸粮食后，会有一部分残留在粮粒上，这些残留物有两类。一类为挥发性残留，主要是由粮食的物理吸附作用造成，这些残留物经过熏蒸后的通风散气，即可明显下降。多位学者先后采用磷化氢气体消耗推算法和放射性痕量法研究了商品对磷化氢的吸附，基本上肯定了绝大部分是物理吸附。

研究结果证明，非化学吸附的磷化氢残留和降解与多种因素有关。残留量的高低与用药量和处理时间呈正相关，二者比较，则用药量的影响更大。处理时间短、用药量低、温度较高、残留少。其残留有一个高峰期。熏蒸期间在浓度增加过程中的降解速度比浓度下降过程中造成的残留多。在熏蒸剂的分布基本均匀后，最高残留量是在出现最高浓度后，磷化氢的降解速度与温度呈正相关，只有在温度低于-18℃时，在大豆和小麦中残留的磷化氢才接近稳定。此外，通过实验证明了一个值得注意的结果：磷化氢的降解速度不受通风的影响。可行的是在熏蒸后延长散气的时铜盐等的催化

另一类为非挥发性残留，如用放射性磷元素的磷化氢处理小麦、小麦粉、油菜籽和亚麻籽后，证明有一部分磷化氢已转变成非挥发性残留物。非挥发性残留物主要是磷的低氧酸盐，即次磷酸和亚磷酸盐。另外，还有可能与有粮食化学成分结合的非水溶性化合物。在正常的熏蒸浓度下，纯磷化氢与空气的混合物，其浓度是稳定的，但并不能认为由于表面吸附或磷化氢出现于生物物质时，不会受到大气的氧化。氧化的主要路径为

$$PH_3 + O_2 \xrightarrow{\text{铜盐等的催化}} H_3PO_2$$

在室温下，经推算中间产物可能是膦化氧（PH_3O），或者是羟胺类似物 PH_2OH。磷化氢甚至在-115℃的温度下，也可分解为聚合氢化物$[(PH)_x]$。磷化氢的氧化明显地要在水溶液中进行。在适当的条件下，磷化氢可使某些有机化合物还原，特别是芳香族的硝基化合物。

非挥发性残留是由化学吸附作用造成的，不会随通风时间的延长而降低。这些残留物主要分布在粮粒的外层组织（麸皮、米糠）中。据檀先昌（1994）报道，用磷化氢熏蒸粮食，随着熏蒸次数的增多，非挥发性残留积累也增多。在接近生产的试验条件下，第一次熏蒸的粮食中的非挥发性残留最高。

依据 GB 2763—2019《食品安全国家标准 食品中农药最大残留限量》中对谷物中磷化氢残留标准，稻谷、麦类、旱粮类、杂粮类、成品粮中的磷化氢最大残留限量为 0.05mg/kg。

磷化氢在粮食中的残留分析方法，按照相关食品安全国家标准中"磷化物"的分析法进行。

（五）产生磷化氢的药剂

1. 磷化铝 磷化铝制剂有很多优点，在我国自 20 世纪 60 年代初期应用以来，一直是储粮害虫化学防治中最主要的熏蒸剂。磷化铝的分子式为 AlP，相对分子质量为 58，是由赤磷与铝粉在高温下合成。磷化铝原粉是一种浅灰绿色粉末，暴露在空气中能吸收空气中的水蒸气，或与水反应，分解产生磷化氢气体，其化学反应式为

$$AlP + 3H_2O \longrightarrow Al(OH)_3 + PH_3\uparrow$$

磷化铝的剂型主要有以下几种。

1）粉剂 商品粉剂其实就是磷化铝原粉，它含真正的磷化铝为 80%～90%，其余为杂质（10%～20%）。有的还含有氨基甲酸铵，氨基甲酸铵有极强的吸湿分解能力，在空气中分解生成二氧化碳和氨气，对产品有稳定作用，可以减缓磷化铝的反应速度，并能防止磷化氢燃爆。二氧化碳可以刺激昆虫呼吸，提高杀虫效果。其化学反应式为

$$AlP + NH_4COONH_2 + 3H_2O \longrightarrow Al(OH)_3 + PH_3\uparrow + CO_2\uparrow + 2NH_3\uparrow$$

2）片剂 片剂是把磷化铝原粉加进助剂压制而成，一般是直径为 20mm，厚度为 5mm的圆形片。因为加进了助剂，磷化铝的含量相对下降。片剂中磷化铝的含量为 56%～57%，杂质（氧化铝等）为 8.5%～9.5%。助剂有三种：氨基甲酸铵 28%，石蜡 4%，硬脂酸镁 2.5%。

氨基甲酸铵的作用同在粉剂中一样；石蜡和硬脂酸镁是黏合剂，便于压片成型。片剂每片重 3g 或略重于 3g，即含磷化铝 1.68g，完全反应可释放约 1g 磷化氢。

3）丸剂　　丸剂的组成成分同片剂，只是每丸重量为 0.6g。

4）缓释剂　　将磷化铝片剂装入用聚乙烯薄膜制成的包装袋中，利用聚乙烯薄膜对磷化氢气体和水汽的阻隔与通透性控制磷化铝的分解速度，使磷化氢气体缓慢释放出。可以根据粮食水分、空气相对湿度、环境温度等情况选择所用聚乙烯薄膜的厚度和产品种类，以使密闭环境中的磷化氢浓度在所要求的时间内保持有效。

利用阻气性较好的铝箔对磷化铝制剂进行密封小包装，使之在存放期间磷化铝不能吸收水分而放出磷化氢气体。在使用时，可用针刺小孔，使水汽进入和磷化氢气体放出。此方法尤其适用于小包装货物的分别熏蒸处理。

在袋装磷化铝中加入比磷化铝吸水性强的物质，后者可以在磷化铝吸水分解之前将水分吸收，使得制剂在储存、运输和施药开始等过程中不致有太多的磷化氢气体放出，从而有利于操作安全。例如，在磷化铝制剂中加入沸石，可以使磷化铝释放磷化氢的时间延迟 30min 左右。

有的地方为了提高磷化铝在密封条件可能不太好的农家储粮熏蒸使用时的安全性，控制磷化铝释放磷化氢的速度，以取得预期的效果，在磷化铝片剂外再附一层石蜡，这更有利于熏蒸的方便性。

将磷化铝粉装入用透气的塑料非编织物制成的袋囊中，使用时直接将其放入粮堆表面或内部。由于这一形式类似于香囊，也有人称之为香囊剂。我国有的厂家生产的袋装粉剂每袋重 34g 左右，可产生 10g 磷化氢气体。

国外有将磷化铝粉剂药袋连在一起成袋毯剂使用的。每块袋毯剂由透气的塑料非编织物组成，长达 5m，内装两排共 100 个 Detia Gas-Ex-B 熏蒸袋，可释放 1.13kg 磷化氢。每张袋毯剂卷成卷放在气密性金属罐中，操作时只需将熏蒸袋毯取出，在粮面上铺开即可，药剂吸收空气和粮食中的水分释放出磷化氢。这种技术已成功地用于船舱、钢板仓、立筒水泥仓、散装房仓和用塑料篷布覆盖的地下仓。用药剂量为每吨粮食 0.5g 磷化氢（地下仓，澳大利亚）和 28g（散装袋，德国）之间。根据当时具体情况，暴露时间应在 8～20d。

2. 磷化镁　　分子式为 Mg_3P_2，相对分子质量为 134.9。

据国外资料报道，通过对商用磷化镁片剂和磷化铝片剂的水解情况对比，磷化镁片剂比磷化铝片剂的水解速度快，水解作用更完全。在相同熏蒸条件下，应用磷化镁经 30h 可达到用磷化铝时 60h 后的浓度水平。国外有商品名为 Degesch FUMI-STRIP™ 的磷化镁片剂，每片可释放出 33g 磷化氢气体。其特点是释放磷化氢的速度比磷化铝片剂快，此剂型在 30℃、50% 相对湿度条件下，7h 可达 100ml/m³ 的磷化氢浓度，而磷化铝片剂在同样条件下则需要 11h。

二、硫酰氟

硫酰氟于 1956 年以商品名 Vikane 在美国登记并用于建筑物和木材熏蒸，但当时未被授权用于食品的熏蒸处理。直至 2004 年，美国环境保护局历史上首次批准硫酰氟可用于食品行业，硫酰氟商品 ProFume 被应用于面粉厂、食品加工和粮食仓储熏蒸领域。此后，欧盟成员进一步扩大对硫酰氟的登记使用。我国于 20 世纪 70 年代开发出硫酰氟农药注册商品——熏灭净。目前，硫酰氟被应用于植物检疫、卫生检疫、农林仓储、建筑等行业的熏蒸灭虫，被认为是溴甲烷的重要替代品之一。

（一）硫酰氟的主要理化性质

分子式为 SO_2F_2，相对分子质量为 102.06，无色，无味，不纯产品微带硫黄气味；熔点为 -120℃，沸点为-55.2℃，气态相对密度（空气=1）为 2.88。在空气中不燃烧，蒸发潜热为 169.9kJ/kg，在水中溶解度为 0.078g/100g（25℃）。对酸性稳定，在水中缓慢分解，遇 pH 7.5 的碱性溶液会迅速分解，遇热稳定，40℃以上分解。

（二）硫酰氟的药效

硫酰氟是广谱性的熏蒸杀虫剂，也是杀鼠剂。在较低的温度（-6～0℃）下仍能发挥良好的杀虫作用。对赤拟谷盗、黑皮蠹、烟草甲、谷象、麦蛾、粉蠹等害虫有良好效果。在美国硫酰氟作为防治白蚁的特效熏蒸剂，尤其是对昆虫胚后期虫态，杀虫时间比溴甲烷短，用药量较溴甲烷溴低，散气时间比溴甲烷快。

硫酰氟熏蒸对主要中药材仓储害虫具有良好的防治效果。采用 $10g/m^3$ 的硫酰氟在 24℃条件下熏蒸 48h，对药材甲、锯谷盗的成虫和幼虫均具有理想的杀灭效果。片烟垛熏蒸使用 $15g/m^3$、$20g/m^3$ 和 $25g/m^3$ 的硫酰氟，熏蒸 240h，均可 100%地杀灭各虫态烟草甲。硫酰氟对 4 种虫态烟草螟均具有很高的熏杀活性，用 $15g/m^3$ 硫酰氟分别熏杀幼虫、蛹及成虫12h，试虫的校正死亡率均为 100.00%，以 $15g/m^3$ 硫酰氟熏杀卵48h，卵的校正死亡率为 93.46%。此外，分别用 $36g/m^3$、$48g/m^3$、$72g/m^3$ 和 $92g/m^3$ 的硫酰氟熏蒸 24h，可完全杀死糙米中的玉米象、玉米中的赤拟谷盗、小麦粉中的扁谷盗、烟叶中的烟草甲。

在储藏籼稻的实仓中，采用 $20g/m^3$ 的硫酰氟环流24h、熏蒸 5d 的试验表明，硫酰氟熏蒸对玉米象、米象、谷蠹、赤拟谷盗、书虱 5 种 7 个品系储粮害虫具有很好的杀灭效果和抑制作用，并且反映硫酰氟熏蒸对磷化氢抗性害虫和敏感害虫没有明显的不同效果，同时硫酰氟熏蒸对稻谷品质没有表现出负面影响。

硫酰氟化学性质稳定，可安全地用于室内一般物料的熏蒸处理。在温度 26.7℃下，剂量 $48g/m^3$ 时对以下材料无腐蚀、无残留气味、无色泽影响，如黄铜、不锈钢、铝、锌、银、尼龙、涤纶、人造丝、羊毛、棉花、毛料、彩色纸样、小羊皮革、照相机、工艺品等，而溴甲烷对铝有腐蚀作用。$50～150g/m^3$ 的硫酰氟对纸张、棉布、软缎等熏蒸处理 3d，经有关单位测定，对强度、白度、色泽等指标均无影响。分别对大豆、绿豆、黑豆、黄瓜、茄子、大白菜等 10 多种种子，以硫酰氟 $70g/m^3$ 及 $100g/m^3$ 的剂量，熏蒸处理 3d，证实硫酰氟对上述种子发芽率没有影响。此外，对紫穗槐、洋槐等林木种子，硫酰氟熏蒸处理 3～5d，发芽率也无影响。硫酰氟对葡萄苗的叶片易产生药害。在 20～60g/m^3 的处理中，葡萄苗叶片均全部干枯，但葡萄的芽耐药性较强。

（三）硫酰氟的熏蒸应用范围

由于硫酰氟具有扩散渗透性强、广谱杀虫、用药量省、残留量低、杀虫速度快、散气时间短、低温使用方便、对发芽率没有影响和毒性较低等特点，越来越广泛地应用于仓库、货船、集装箱和建筑物、水库堤坝、白蚁防治及园林越冬害虫、活树蛀干性害虫的防治。对木材、棉花、烟草、中药材、竹木器、工艺品、杂货、衣料、图书资料、文物档案等类害虫均有良好的防治效果。

（四）使用剂量和最大残留限量

在储粮应用方面，GB/T 22497—2008《粮油储藏熏蒸剂使用准则》规定同一批粮食中不得重复使用高剂量硫酰氟（≥20g/m³）。

硫酰氟熏蒸后可以降解为硫酸和无机氟化物，24h 通风之后，熏蒸物品上可存在少量残留物。美国环境保护局（EPA）、国际食品法典委员会（CAC）、欧盟以及日本将树生坚果包括杏仁、开心果和胡桃，采后熏蒸的最大残留限量设定为 3.0mg/kg、10mg/kg 和 3.0mg/kg。但美国环境保护局对氟化物重新评估后，认为现行的氟化物残留量限制并不安全，应逐步减少和取消使用硫酰氟（EPA，2009）。我国在 GB 2763—2019《食品安全国家标准食品中农药最大残留限量》中对小麦、稻谷、干果、坚果的最大残留量限定为 0.1mg/kg、0.05mg/kg、0.06mg/kg、3mg/kg。

（五）对人的毒性

硫酰氟主要抑制人的神经系统和呼吸系统，吸入是进入人体的主要途径，中毒症状主要取决于接触的浓度和时间，严重者甚至中毒死亡。因此，国内外相继制定了硫酰氟的接触限量标准。我国 GBZ 2.1—2019《工作场所有害因素职业接触限值 第 1 部分：化学有害因素》规定了工作场所空气中硫酰氟时间加权平均容许浓度（permissible concentration-time weighted average，PC-TWA）为 20mg/m³，短时间接触容许浓度（permissible cocentration-short term exposure limit，PC-STEL）为 40mg/m³。

（六）对环境的影响

有报道称，硫酰氟是一种温室气体，1kg 硫酰氟排放到大气中对全球变暖的效果是 1kg 二氧化碳的 4000～5000 倍，实际上每年的硫酰氟排放量远远低于由车辆、工厂排出的二氧化碳。

三、敌敌畏[①]

敌敌畏（dichlorvos，DDVP），化学名称 O,O-二甲基-O-（2,2-二氯乙烯基）磷酸酯。结构式为

$$\begin{array}{c} CH_3O \\ \diagdown \\ \diagup \\ CH_3O \end{array} P \!-\! O \!-\! CH \!=\! Cl_2$$

（一）理化性质

分子式为 $C_4H_7O_4PCl_2$，相对分子质量为 220.98。

敌敌畏的纯品为无色油状液体，工业品为棕黄色液体，略带芳香味。相对密度为 1.415（25℃），沸点为 74℃（1mmHg），挥发性较强，在不同温度下，其挥发度见表 8-1。

表 8-1　敌敌畏在不同温度下的蒸气压和挥发度

温度/℃	蒸气压/mmHg	挥发度/（mg/m³）
10	4.5×10^{-2}	56.5
20	1.2×10^{-2}	145
30	3.0×10^{-2}	350
40	7.0×10^{-2}	800

① 敌敌畏仅作为用于空仓、器材等的杀虫剂

敌敌畏难溶于水，在水中的溶解度为 1%，能溶于多种有机溶剂中，如苯、甲苯等。

敌敌畏乳油较稳定，有水则极易水解。当敌敌畏溶液呈酸性时，水解还不很快，在中性环境中半衰期只有半小时，在碱性介质中水解更快。高温能加快敌敌畏分解，温度越高，水解越快，在沸腾状态下，经 1h 完全分解。水解产物为无毒的磷酸二甲酯和二氯乙醛，无杀虫作用。

（二）杀虫机理

敌敌畏的杀虫机理是抑制了虫体内的乙酰胆碱酯酶的活性，从而引起其神经传导障碍而死亡。

（三）药效

敌敌畏具有较好的熏蒸作用，也有触杀和胃毒作用。它对某些昆虫的触杀毒力比敌百虫大 7 倍多，作用特点是迅速、击倒力强，但残效期短。

据广东省粮食科学研究所报道，用 80%乳油，每立方米空间用量为 250mg，在 20℃时，经 12h 密闭，可杀死玉米象、谷象、赤拟谷盗、黑菌虫、长角谷盗、锯谷盗、麦蛾、地中海螟等害虫，效果可达 100%。

（四）对人的毒性

敌敌畏对高等动物的毒性要大于敌百虫，对白鼠口服 LD_{50} 为 56～80mg/kg，大白鼠经皮 LD_{50} 为 75～107mg/kg，属中毒农药。它可以通过呼吸道、皮肤和口腔引起中毒，对血液中胆碱酯酶活性有抑制作用。

联合国粮食及农业组织与世界卫生组织规定，敌敌畏对人每日允许摄入量为 0.004mg/kg 体重。我国国家卫生健康委员会规定车间空气中敌敌畏的最高允许浓度为 0.3mg/m³。

（五）使用范围

敌敌畏适用于空仓、加工厂、包装器材、铺垫材料等的杀虫处理。

用药量为：空仓、器材等杀虫为 0.2～0.3g/m³。施药后密闭 2～5d。

（六）注意事项

（1）施药时，必须穿工作服、戴风镜、橡胶手套及有机磷防毒口罩，或用双层纱布口罩，在中间加浸有 5%～10%小苏打溶液的纱布，以防中毒。

（2）施药过程中，发现头痛、头晕、呕吐等症状，必须立即离开现场，注意休息。

（3）如药液沾染皮肤，立即用水冲洗。施药后，用肥皂洗手、洗脸。

（4）不得与碱性物质混合，以防分解失效。使用时应随配随用，不可放置过久。

四、二氧化碳

二氧化碳（carbon dioxide）作为熏蒸剂已在不少国家开始应用：二氧化碳最大的优点是对储粮可以杀虫、防虫、抑菌、防霉，延续粮食品质劣变，处理过的粮食无残毒，所以有人称二氧化碳为无残毒的熏蒸剂。

（一）理化性质

二氧化碳分子式为 CO_2，相对分子质量为 44，是一种无色、无味、不可燃的气体。二氧化碳气源可为液体（维持其自身的蒸气压，即在 30℃时蒸气压力为 58.3kg/cm²），或温度降到 -78.5℃以下而为固体"干冰"。沸点为-78.5℃，气体相对密度为 1.51（空气=1），液体相对密度为 0.96，在水中的溶解度为每 100ml 25℃水中溶解 0.145g；60℃水中溶解 0.058g。

（二）熏蒸效果

1. 杀虫效果　　储粮害虫在其生长发育、繁殖后代的生命活动中，需要吸入大量的氧气和排出二氧化碳气体，因此二氧化碳是对害虫生命活动不利的气体。二氧化碳浓度升高，会直接影响害虫的生理代谢和生命，二氧化碳含量达到一定程度，可以抑制和杀灭储粮害虫。二氧化碳具有一定生物活性，其浓度达到一定程度时，就是氧浓度较高（19%～20%）时也能使害虫100%的中毒死亡。

有资料报道，当二氧化碳浓度达到15%时，对储粮害虫已有防治效果。当二氧化碳在熏蒸设施内的各部位浓度都达到35%以上，环境温度在25℃以上，密闭时间在15d以上，可杀死全部害虫。而后做好储粮熏蒸后的防护工作，储粮在一年内不会遭到害虫的危害。

2. 保质效果　　二氧化碳对处理的粮食有一定的保质作用，保质效果与二氧化碳浓度、粮食品种、粮食水分和储粮温度有关。二氧化碳浓度越高，保质效果越好，特别是二氧化碳浓度大于98%时，效果最为显著。

3. 抑菌效果　　二氧化碳对粮食中主要霉菌有较好的抑制作用，但不能致死。二氧化碳的抑菌效果与其浓度、粮食品种、粮食原始带菌量、菌相、粮食含水量和储粮温度等有关。二氧化碳浓度越高，抑菌效果越好；在相同的二氧化碳浓度下，水分越高，抑菌效果越差；环境湿度越低，抑菌效果越好；原粮的抑菌效果比成品粮好。二氧化碳适合处理安全水分的粮食，不然启封后不易再长期保管。

（三）对人和粮食的有害影响

1. 对人的影响　　正常情况下空气中的二氧化碳浓度为0.03%，许多国家的卫生标准是0.5%以下（含0.5%）。二氧化碳的浓度达2%～5%时，人可感觉到呼吸次数增加；浓度达到5%～10%时，感到呼吸费力；浓度在10%时，可以忍耐数分钟；如在12%～15%的浓度中会引起昏迷；如浓度达到25%以上，数小时内可导致死亡。

从暴露在高浓度二氧化碳中抢救过来的人员，一般会完全恢复健康，不会有后遗症。

2. 对粮食品质的影响　　目前国内外就二氧化碳熏蒸的干燥谷物，熏蒸后对粮食质量无不良影响的报道较多，还未有二氧化碳熏蒸会影响质量的报道。但对植物种子来说，因影响种用品质的因素较多，如二氧化碳、氧气的浓度，粮食水分，密闭时间等，要谨慎使用。

（四）使用范围

二氧化碳除种用粮和发芽用粮外，可用于原粮、成品粮、油料和粮油副产品的熏蒸杀虫。试验和实践证明，二氧化碳熏蒸有利于保持粮食原始品质。

在下列条件下，可选择应用二氧化碳熏蒸杀虫：①谷物市场不接受用磷化氢、氯化苦和溴甲烷熏蒸过的粮食；②要求杀虫处理后粮食无农药残留；③熏蒸环境与作业区和居民区邻近。

用二氧化碳熏蒸必须符合下列条件：①该批粮食储存期在15d以上，即要保持15d以上的密闭期；②不是种用粮和发芽用粮。

二氧化碳熏蒸的最低浓度要保持在35%以上，环境温度为25℃以上时，密闭时间为15d以上。提高二氧化碳的浓度，可缩短杀死成虫、幼虫时间，要杀死各虫期害虫，必须延长密闭时间。二氧化碳浓度达100%时，在一定时间内对害虫的致死率反而降低。这是由于在高浓度下，害虫会立即处于昏迷状态，关闭气门，二氧化碳吸入量减少；但随着时间的延长，害虫还是会中毒死亡。

粮食对二氧化碳有吸附作用。有些粮种吸附量很大，要注意保持粮堆内各部位的有效浓度。一般二氧化碳熏蒸有效浓度保持在 40%以上。二氧化碳的使用量一般是 2～3.5kg/t 粮。

（五）安全防护

二氧化碳与其他药剂不同，要做好下列防护。

（1）二氧化碳漏气在自由空间一般不会达到危险的浓度，但与熏蒸设施联通的地下室或低洼处二氧化碳可能会达到危险浓度，要特别注意。

（2）进入高二氧化碳环境，不能戴一般防毒面具，应戴生氧面具或供氧装置。

（3）装二氧化碳的罐、钢瓶和输送管道，在充气时温度非常低，接触皮肤会导致"冷灼伤"，所以接触冷源时要戴手套。

（4）二氧化碳熏蒸放气后，由于粮食的解吸作用，在一段时间内仓内二氧化碳浓度一直较高，应引起注意，避免意外。

（5）所有作业过程，都必须是多人完成，不得少于 2 人。

五、研究开发中的储藏物熏蒸剂

（一）甲酸乙酯（$HCOOC_2H_5$）

甲酸乙酯（ethyl formate，EtF）多年来用于干果的熏蒸。在许多植物中自然存在，有些食品（干果）中也有。室内研究发现甲酸乙酯杀虫效果快，在谷物中可快速降解，但在粮食中吸附量也很大。甲酸乙酯是一种老熏蒸剂，作为溴甲烷的替代物而被重新研究。它所需熏蒸时间短（<2d），被登记作为食品添加剂，在一些食品中自然存在的浓度为 0.05～1.0mg/m³，它在熏蒸后通常被降解而不是解吸，其降解产物也是食品中自然存在的物质，所以甲酸乙酯对粮食品质和发芽无不良影响，是一种对环境友好的绿色熏蒸剂。对熏蒸种子的品质及发芽率无影响，对人的毒性相对磷化氢较小。CSIRO 与 BOC 公司联合开发的由甲酸乙酯与二氧化碳配制的熏蒸剂 VAPORMATE™ 已经在澳大利亚注册使用。

1. 主要理化性质　　甲酸乙酯的分子式为 $C_3H_6O_2$，具有特有的朗姆酒气味，相对分子质量为 74.1，沸点为 54.3℃，20℃时的相对密度（水=1）为 0.92。溶于水，易水解为酸和醇，能与乙醇、苯和乙醚混溶。与硝酸盐反应，不能与强烈氧化剂、强碱和强酸相溶。遇热不稳定，属于高度易燃液体，自燃温度为 455℃，在空气中燃爆浓度为 2.8%～16.0%。

2. 熏蒸效果　　25℃，30%～50%相对湿度条件下，甲酸乙酯杀死米象末龄幼虫和早期蛹的 Ct 值为 660（mg·h）/L。甲酸乙酯的杀虫效果随温度、相对湿度或二氧化碳水平升高而增加，水汽和二氧化碳可以作为甲酸乙酯的增效物质，混合使用可降低剂量、降低燃烧性和降低残留。Haritos 等（2006）报道，使用甲酸乙酯剂量 12.5g/m³ 熏蒸，赤拟谷盗、米象、谷蠹的死亡率分别为 3%、82%、91%，但混合 5%的二氧化碳后，这三种虫的死亡率上升至 99.5%、100%和 100%。而且甲酸乙酯对更高浓度的二氧化碳没有拮抗作用。Allen 和 Desmarchelier（2000）报道，在温度 25℃、75%相对湿度条件下，使用甲酸乙酯剂量 70g/m³ 和 7%二氧化碳混合，可完全杀死书虱、锯谷盗、谷蠹、米象和赤拟谷盗，但对谷斑皮蠹防治无效。甲酸乙酯 70g/m³ 与二氧化碳 50%混用可在 30min 内快速杀死 3 种受试甲虫和 3 种书虱。Damcevski 和 Annis（2000）报道，在温度为 16℃、24℃和 29℃时，使用甲酸乙酯 90g/m³，熏蒸 24h 可以完全杀死各虫态谷蠹和赤拟谷盗及米象成虫，但非成虫阶段的米象有存活。Damcevski 等（2010）使用该制剂，剂量为 63g/m³ 和 76g/m³，密闭 24h，可有效防治谷蠹和赤拟谷盗。

在容积为 260m³ 的大麦和小麦半密封仓内，使用甲酸乙酯 26g/m³ 混合 128g/m³ 二氧化碳进行熏蒸，可完全致死各虫态的灰豆象、赤拟谷盗、谷蠹、玉米象、锯谷盗、扁谷盗、书虱，最后甲酸乙酯会降到自然水平，对种子的萌发没有影响。Haritos 等（2006）用 50t 的筒仓试验，在温度 28～30℃ 和 10.7%～11.7% 相对湿度下，用甲酸乙酯和二氧化碳混合熏蒸，磷化氢抗性品系的各虫态谷蠹、赤拟谷盗、米象均可 100% 致死。甲酸乙酯剂量 12g/m³，24h 在空仓中可 100% 致死米象；实仓中因降解和吸附剂量要高，在剂量达 270g/m³，48h 可杀死各虫态99% 以上。使用剂量达 90g/t，采用 4% 的水溶液处理，密封 24h 可有效杀死米象、赤拟谷盗和谷蠹。安全浓度为 100ml/m³。在装 52kg 小麦的 75L 的聚氯乙烯桶中，应用 5ml（剂量80mg/L，刚好低于 84mg/L 的燃烧极限），无论从顶部用药还是从底部用药，甲酸乙酯在未能运动到另一头时就已经被粮食吸附和降解。在同样的装置中进行环流，每小时换气 1 次，10min 可均匀分布于整个熏蒸装置。由于粮食吸附，不能完全杀死在该装置中的试虫。为了增大 Ct 值，采用加倍用药或同剂量下二次施药或在环流条件下控制气体释入（10ml 药剂用 4h），所有受试害虫在 48h 完全死亡。甲酸乙酯的残留也均匀分布，且衰减到了小于0.5mg/kg。Ren 和 Mahon（2003）报道，如果用液体甲酸乙酯替代敌敌畏和磷化氢在非密闭农舍对小麦、高粱、蚕豆进行杀虫处理，甲酸乙酯在 10℃ 下的残留量显著高于 20℃，但最终都会降解到自然水平。

3. 对人的危害　　甲酸乙酯对人类和其他动物的眼睛、皮肤、黏膜及呼吸系统具有刺激性，也是中枢神经系统抑制剂。美国职业安全与健康复审委员会（OSHA）限制甲酸乙酯在工作环境中允许的最高浓度为 100ml/m³（300mg/m³）。高浓度的甲酸乙酯可以导致人的昏迷。同时也应注意甲酸乙酯高浓度时易燃易爆的问题。

（二）臭氧

臭氧是一种强氧化剂，广泛用于抑制真菌生长和降解真菌毒素。臭氧作为谷物粮食熏蒸剂具有两大优势：一是易于产生，二是易分解、无残留。臭氧由电解产生，避免了一般产后杀虫剂存在的操作、存储和处理等一系列问题。臭氧熏蒸后可在 20～50min 分解为氧分子，无任何残留。所以，使用臭氧防治储藏物害虫也日渐受到人们的关注。

臭氧对玉米象、杂拟谷盗、印度谷螟有较好的毒杀效果。Mahroof 和 Amoah（2018）报道，臭氧浓度为 200ml/m³，密闭 12h 以上，可完全杀死粮堆表面以下 5cm 的米象成虫，但很难完全杀死大眼锯谷盗和烟草甲，且对粮堆表面 15cm 以下的害虫防治效果不佳。主要原因是粮食对臭氧的消耗使其分解为氧气，导致粮堆内部的臭氧浓度很低。为了解决这个问题必须持续充气或定点熏蒸。Walker 等（2006）发明了一种利用臭氧熏蒸谷物的方法和装置，可以保证臭氧熏蒸时能长时间维持在高浓度范围。该发明专利是在谷仓底部加装一个风扇，使臭氧气流在仓内流动时维持在 50～100ml/m³。顶部装有气体臭氧发生器和浓度监测器，确保臭氧维持在 100ml/m³。如果臭氧发生器不能在顶部维持到 100ml/m³，风扇会降低转速以减少抽力。仓底抽气情况下气体通过侧面管道进入仓顶部空间实现循环。这项技术能显著提升臭氧熏蒸效果。Ozograin 公司研发了一种使臭氧穿透到粮堆内部的方法，使用此方法熏蒸 3d，可达到害虫防治效果（Falcon，2015）。Jian 等（2016）对此方法进行了验证，使用臭氧以 100g/h 的速度连续熏蒸 72h，粮堆表面的锈赤扁谷盗、玉米象、赤拟谷盗、谷蠹的成虫可完全被杀死，但不能完全杀死粮堆内部害虫。

（三）氧硫化碳（COS）

氧硫化碳（carbonyl sulfide）是大气中自然存在的化学物质，是地球硫循环的重要部分，一般浓度在（0.5 ± 0.05）×10^{-9}。也就是说，人类总是暴露在低浓度的氧硫化碳气体中。氧硫化碳在粮食中的存在浓度为 $0.05\sim0.1mg/kg$。

氧硫化碳已于 1993 年在澳大利亚注册专利用于熏蒸储藏物中的害虫和螨类。此药剂有较好的穿透性和对许多害虫有较好的毒杀作用。用氧硫化碳处理大麦用量 $17g/m^3$，油籽 $15g/m^3$。用后气体分布良好，6h 后浓度变化 8%。7d 后处理的大麦仓中平均浓度为 $13g/m^3$，油籽仓中为 $12g/m^3$。熏蒸 7d，试验的 6 种甲虫、3 种书虱、一种蛾类幼虫和一种皮蠹幼虫全部被杀死。

Plarre（2000）报道用氧硫化碳 $18g/m^3$，熏蒸 120h 或用量 $32g/m^3$ 熏蒸 72h，可防治各虫态谷象。$50g/m^3$ 以内密闭 $1\sim5d$ 可以有效杀死多种害虫，通常采用剂量 $20g/m^3$ 以内密闭 5d 较好。在熏蒸后用 0.4kW 风机通风散气 $2\sim4h$，可使粮食中氧硫化碳低于澳大利亚规定的最高残留标准 $0.2mg/kg$，实仓熏蒸表明用氧硫化碳处理的粮食中的残留与没有用氧硫化碳熏蒸的对照仓无明显区别。

用氧硫化碳处理过的粮食对制作的面包、面条、糕点没有影响，对大麦发芽、麦芽汁、啤酒、油、粕残留均不超标。氧硫化碳在硫化氢（浓度在 0.1% 以上）存在时会对铜有腐蚀作用，对钢、铁、塑料、纸等有破坏作用。

（四）氰和氢氰酸

氰（cyanogen）是一种不损害臭氧的可作为溴甲烷替代品的熏蒸剂，别名乙二腈、二氰。氰是碳和氮两种元素的化合物，化学式为（CN）$_2$，结构式为 $N\equiv C—C\equiv N$。是无色带苦杏仁味的剧毒气体，其毒性与 HCN 相似。它的优点是具有很好的钻透能力，药效强，所需熏蒸时间短。氰主要用于防治土壤虫害、病害、线虫、杂草及其他寄生虫。氰也可以用于熏蒸木材，可以杀死木材中的钻蛀害虫、线虫和病原菌。近期的研究表明，用 $30g/m^3$ 熏蒸 18h，可以杀死于各虫态的谷象。

氢氰酸最早在美国用于熏蒸树木防治介壳虫。20 世纪 50 年代曾是我国使用的主要熏蒸剂，因毒性过大和经济方便性等原因被磷化氢替代。氢氰酸曾广泛用于熏蒸仓储建筑结构如面粉厂，后被使用更为方便的溴甲烷替代。目前美国、韩国、法国、德国、捷克、瑞士等国已经将不同制剂的氢氰酸用于熏蒸杀虫。Aulicky 等（2015）报道，氢氰酸对赤拟谷盗卵的熏蒸效果比磷化氢更好。氢氰酸曾用于熏蒸成品粮、原粮、烟草，而且对建筑木材的害虫，如家天牛、光肩星天牛、松材线虫的熏蒸效果理想。

氢氰酸在水中的溶解度很高，会给水分高的物质带来损害。它溶于水后为一种稀酸，这种酸不仅会使这些被处理的物品变得难吃，人食用后还可能有危险，而且它还有引起烧伤、枯萎或褪色等作用。对人和高等动物是一种烈性速效毒药，可能对植物造成药害，用于种子安全，但不推荐用于鲜果和蔬菜。氢氰酸常压下吸附能力很强，对一些物品的渗透力不强。氢氰酸对人体的慢性影响表现为神经衰弱综合征，如头晕、头痛、乏力、胸部压迫感、肌肉疼痛、腹痛等，并可产生眼和上呼吸道刺激症状。皮肤长期接触后，可引发皮疹，表现为斑疹、丘疹、极痒等。

第三节　熏蒸杀虫应用技术

一、熏蒸剂的剂量与浓度

熏蒸剂的剂量（dosage）是指密闭环境内单位容积或单位货物重量所用熏蒸剂的数量。采用其他药剂发生熏蒸剂气体时，也在说明药剂名称剂型的情况下单位容积或货物所用熏蒸气体发生物的数量。例如，采用磷化铝发生磷化氢时，可以用每立方米容积所用磷化铝片剂的重量（kg/m³），或每吨粮食所用磷化铝片剂的重量（kg/t）；如采用磷化氢气体计量，以用每立方米容积所用磷化氢的重量（kg/m³），或每吨粮食所用磷化氢的重量（kg/t）。

熏蒸剂的浓度（concentration）则是指密闭环境内单位容积熏蒸剂的数量或容积，如磷化氢浓度用 g/m³ 或 ml/m³。

在应用中，施药和计算用药剂量时通常是以单位体积熏蒸容积或单位重量的商品体积（或数量）为依据的，在熏蒸密闭期间杀虫气体的状态和水平则以浓度表示。

受密封条件、粮食吸附、施药方法、发生过程等因素影响，所用药剂剂量或熏蒸剂剂量与环境中检测浓度常不一致。通常在设定了熏蒸剂目标浓度后，还需要根据现场情况确定一个实际操作的用药剂量。通过目标浓度计算求出其施药剂量近似值，浓度值可以从单位体积重量换算成容积百万分比（如 ml/m³），反之也是这样。

根据气体摩尔体积，在 0℃和 760mmHg 压力下，1mol 物质的重量所占体积为 22.4L。同样数量气体在其他温度和压力下的数值，可通过绝对温度和压力下的体积进行订正。

将每立方米克数（g/m³）或每升毫克数（mg/L）的熏剂浓度换算成体积百万分比（ml/m³）的过程如下。

用气体相对分子质量除给定值，再乘以 22.4，得到每升空气中熏蒸剂气体的容积数。

用 1000 乘得到的这个数字得容积百万分比浓度（ml/m³）。

例：换算 1g 磷化氢的气体 $= 1 \times 22.4/34 = 0.659L$

1g/m³ 的磷化氢体积比浓度 $= 0.659 \times 10^3 = 659 ml/m^3$

在一个大气压，温度为 t℃时 1g/m³ 的磷化氢容积比浓度则为

$$[（273 + t）/273] 22.4/34 \times 10^3 （ml/m^3）$$

把气体容积的百万分比浓度（ml/m³）换算成每立方米熏蒸剂克数（g/m³）或每升毫克数（mg/L）如下：

用 1000 除百万分比，得出每升空气中气体立方厘米数。

用该气体的相对分子质量乘这个数字，然后除以 22.4。

例：在设定所需磷化氢浓度后，所用磷化铝片剂的计算示例如下：

设所需磷化氢浓度为 200ml/m³，理论上每立方米所需磷化氢的克数为

$$200 \div 700 = 0.29 g/m^3$$

这里，700 为磷化氢由重量体积比浓度转换为体积与体积比浓度时的换算系数，一般 20～30℃时为 710～730，这里按 700 计算一是为了计算方便，二是使结果稍偏高一些，有利于浓度的保证。

56%的磷化铝片剂理论上每 3g 产生 1g 磷化氢，故所需单位体积内理论上磷化铝片剂的剂量则为

$$0.29 \times 3 = 0.87 g/m^3$$

磷化氢有效浓度（valid phosphine concentration）是在一定的环境条件和熏蒸时间内杀死目标有害生物的最低磷化氢浓度。磷化氢熏蒸的成功是将密闭环境中耐药力最强的虫种虫态全部杀死，如果在密闭环境中存在浓度分布不够均匀，在熏蒸过程中应控制环境中浓度最低点在有效浓度以上，并密闭足够的时间。在施药后的熏蒸前期密闭环境内磷化氢达到有效浓度以后才能有效杀死害虫。密闭环境中维持有效磷化氢浓度达到设定浓度及以上的最短熏蒸时间即为有效密闭时间（effective exposure time）。

二、气体扩散施药技术

气体扩散施药技术即将一定剂型、剂量的药剂施入熏蒸环境后，不采用任何辅助措施，完全靠熏蒸气体的自身分子热运动进行扩散分布的熏蒸方式。所采用的药剂可以是经一定反应后生成的气体，也可以是由固体或液体直接挥发的气体，也可用直接施入的气体。包括熏蒸药剂施用密闭环境后，液剂或固体药剂直接释放出的熏蒸剂气体可以借助浓度差或气体分压差进行扩散，钢瓶装压缩气体可借其内部压力辅助熏蒸剂气体快速扩散，也包括释放至密闭环境和粮堆的熏蒸剂气体借助粮堆或空间的微气流进行扩散。

下面介绍磷化氢气体扩散施药的几种类型。

1. 补充施药熏蒸　　在磷化氢浓度偏低时通过补充施药以维持有效浓度继续密闭熏蒸的过程称为补充施药熏蒸（fumigation with supplemented dosage），也称为间歇施药熏蒸。在低剂量用药的范围内，将总的用药量在熏蒸处理期内分两次或两次以上并间隔一定时间施入密闭环境的熏蒸过程，称为间歇施药熏蒸。

采用磷化铝产生磷化氢熏蒸时，开始施入适量的药剂，以使粮堆内保持一定的磷化氢浓度，杀死比较敏感的成虫和幼虫。对于难以杀死的卵和蛹，则待其孵化为幼虫和羽化为成虫后再将其杀死，可以收到彻底杀虫的效果。在此过程中要进行长时间密闭。具体为第一次施入一定剂量的磷化铝片剂，检测磷化氢浓度将到有效浓度或设定浓度下限时，再第二次施药；如害虫没能完全杀死，再经上述间隔后施药。

比较科学的间歇投药熏蒸应该是在磷化氢浓度指导下进行，即保证熏蒸环境内的磷化氢气体浓度不低于 $100 ml/m^3$（约 $0.14 g/m^3$），在此基础上密封时间在 $15 \sim 20 d$ 及以上。对于处理具有比较高抗性的害虫时，密闭时间必要时还要进一步延长或浓度适当提高。在磷化氢浓度指导下进行间歇熏蒸，可以避免在仓房密封性能不太好时仅凭时间间隔投药的盲目性。对于密封性较好的仓，凭经验上的间隔时间投药可能会保证熏蒸期间磷化氢浓度始终有效；对于气密性不太好的仓房，很可能会在第一次投药后不久、第二次投药前的一段时间，仓内的磷化氢浓度已经下降到不能有效杀死害虫的浓度。

间歇施药熏蒸时，应对粮堆实施有效密封，以利于低浓度磷化氢气体的保持。进仓施药时，尤其第二次、第三次施药时要特别注意安全防护。从对操作人员安全的角度和磷化氢的作用特性来说，不宜进入已施药但尚未通风散气的熏蒸环境中，尤其是进入粮面密闭的仓房空间进行作业。进行间歇施药熏蒸时，以进行仓外施药为好。

仓外施药时，可用磷化氢发生器向仓内施药，也可借助钢瓶装的磷化氢气体施药，也可借助仓房已有的通风道（及风机）施药；或在仓内布置可以进行仓外投药的施药管道。

2. 缓释熏蒸　　利用物理或化学手段控制药剂缓慢释放磷化氢以利有效浓度维持的熏蒸方法叫作缓释熏蒸（slow-releasing fumigation）。这里是指利用聚乙烯薄膜袋等对水汽和磷化氢气体的通透与阻隔作用，控制磷化铝的分解反应速度和磷化氢的释放速度，以助于磷化氢气体在粮堆内能够较长时间保持的方法。其特点是由于延缓控制了磷化铝制剂的分解，可以长时间在粮堆内保持有效的磷化氢浓度，可杀死较易杀死的成虫和幼虫，也可使卵和蛹变为相应的幼虫和成虫，再将其杀死。在操作过程中，由于薄膜袋内的氧气含量相对少，磷化氢浓度也不致过高，避免了磷化氢燃爆问题。

聚乙烯薄膜缓释熏蒸的具体操作方法是：将磷化铝 4～6 片装入厚度 0.04～0.07mm 的聚乙烯塑料薄膜袋（规格 8cm×10cm）内，扎紧袋口，然后将药袋埋入粮堆，埋入深度为 0.2～0.3m。施药点距离为散装粮间隔 1.5～2m，包装粮间距为 3～4m。施药量一般散装粮用磷化铝片剂 2～3g/m³，包装粮用 1～2g/m³。

所选用聚乙烯薄膜的厚度可根据粮食的水分和粮食的保管时期等而定。粮食水分高或保管时间长时应选厚一些的薄膜，水分低或保管时间短时可用薄的薄膜。例如，稻谷水分 13.5% 以上时用 0.06～0.08mm 厚的薄膜；水分在 13.5% 以下时可用 0.04mm 或 0.02mm 厚的薄膜。

聚乙烯薄膜缓释熏蒸应在具有很好的气密性熏蒸环境中进行，一般包装粮要用聚氯乙烯薄膜六面封，散装仓储粮至少要进行单面封。

3. 低氧熏蒸　　通过密闭或其他降氧手段使熏蒸环境中氧气浓度低于 12% 的条件下进行的磷化氢熏蒸叫低氧熏蒸（phosphine fumigation in low-concentration oxygen），也有称为"双低"熏蒸。其是低氧与低剂量相结合的综合防治措施，是根据一定程度的低氧或一定浓度范围的二氧化碳对磷化氢熏蒸杀虫有增效作用而设计的。

Kashi 等（1975）报道了二氧化碳对磷化氢的增效作用，发现当空气中的二氧化碳浓度上升到 4% 时，可加大害虫对磷化氢的吸收量，提高杀虫效果。在试验的磷化氢浓度下，空气中含二氧化碳为 4%～19% 时，可使谷象对磷化氢的吸收量增加 22.5%～66.5%；杂拟谷盗增加 31.3%～110.4%，使杀虫效果增加 3 倍或更多。

研究发现，只有当二氧化碳与磷化氢同时存在于害虫的生存环境中时，增效作用才可表现出来，如果在用磷化氢处理前或处理后，提高二氧化碳的浓度，则增效作用不明显。梁权等（1980）研究了气调对磷化氢熏蒸杀虫的增效作用，通过较好地密封粮堆经自然缺氧可以降低大气中的氧浓度，使二氧化碳的浓度相对升高，并可达到对磷化氢增效的浓度范围，对磷化氢熏蒸杀虫起到增效作用。并指出低氧的显著增效起始氧气浓度为 12%，二氧化碳的最佳增效浓度是 4%～8%。

利用调节气体成分熏蒸不仅可以降低用药量，提高药效，还可以作为防治抗性储粮害虫的熏蒸对策。双低熏蒸时的药效与剂量及密封性能的好坏，与密闭时间的长短、粮食水分、相对湿度、温度、气体组分、害虫虫种、虫口密度等都有很大的关系。其中，双低储粮时密闭时间一般情况下都是比较长的，通常在一个月以上。如果夏季粮食高温入库，立即进行密闭，粮堆中氧气浓度降到 5% 以下，也可不再施药，只要保持密闭和足够长的时间，低氧也可达到防治害虫的目的。

低氧熏蒸的具体操作方法是：先将粮堆用薄膜严格密封，检测粮堆中的氧气或二氧化碳浓度，当氧气浓度降到 12% 以下或二氧化碳浓度升到 4% 以上时，再开始施药。磷化铝用量按粮堆内用片剂每立方米 1～2g 计算。粮温高，害虫密度大，氧气浓度高，剂量应大一些；二氧化碳浓度高时，剂量可相对小一些。例如，当温度为 31～35℃，粮食水分 11%～12%，氧气浓度在 10%～12%，二氧化碳浓度为 5%～6%，磷化铝片剂用量 0.5～1g/m³；或氧气浓度 18%～20%，二氧化碳浓度 5%～6%，磷化铝用量 1.5g/m³，小麦、玉米等粮食中的害虫均可被有效防治。

磷化铝可用小布袋分装,每袋用磷化铝片剂药量15~20g,将药袋均匀施放在密闭粮堆的上层表面或埋入粮堆。深层粮堆可借助探管施药。较好的施药方法是通过导气管进行仓外投药,这样可以更好地保持粮堆的低氧或低温状态。

低氧储粮磷化氢熏蒸要求比较好的气密性。对于散装粮,至少要一面密封,或进行五面或六面密封。密封前要将粮面平整,再在粮面上铺一层麻袋等以防结露,然后再密封。在密闭和熏蒸过程中,要经常检查粮堆内的气体浓度、温度、害虫发生情况、查漏及防止薄膜内发生结露,必要时要测定粮堆内的磷化氢浓度。在双低储藏或熏蒸过程中,要掌握适当的处理时机。如果处理时间晚、粮堆密封不严、用药量太小、施药方法不当等,粮堆内的某些耐药虫种或虫态就可能残存下来。残存的害虫如继续与不能致死但仍然存在的磷化氢气体长时间接触,就会使害虫对磷化氢的适应能力增加,进一步使害虫对磷化氢的抗性得到发展。采用双低熏蒸,尽可能在粮食入库后害虫尚未大量发生以前及时进行,操作中剂量要合理,施药要均匀,密封要严格,使磷化氢较好地均匀分布到粮堆的各部位并保持足够的密闭时间,力求将粮堆内害虫一次性全部杀死。

4. 磷化铝施药技术

1)表面施药

(1)器皿施药法:在房式仓熏蒸中,粮堆高度在3m以下时可在粮面施药。药剂要放在不能燃烧的器皿内,如铁盘、铝盘或瓷盘等。器皿间距1.3m左右,每点片剂、丸剂不超过150g,粉剂不超过100g。片剂、丸剂不得重叠堆积;粉剂要均匀薄摊,厚度不超过0.5cm。

粮面施药操作比较方便,但由于这种方法是把药剂放在粮面上,在磷化铝分解释放出磷化氢这一放热反应的微小上升气流和仓内温度不均的作用下,使得粮堆上方磷化氢浓度高,容易漏出仓房;由于磷化氢向粮堆运动相对量小,气体钻透到粮堆下部的时间过长,从而粮堆中、下部磷化氢浓度较低,有时达不到有效杀虫浓度,杀虫效果差。

(2)小药袋施药法:在熏蒸包装粮时,可以将磷化铝用布袋等透气性材料分装,分别投放在粮垛上和堆垛的侧面包缝上,并系上一段细绳以便清渣时操作。尤其是放在侧面包缝的药包,可以避免或减少磷化铝吸水汽放热后形成上升气流,从而使更多的磷化氢气体有利于向粮堆运动。熏蒸散装粮时,可用钩杆将小药袋埋入粮食表层内,以利于磷化氢气体向粮堆中运动。

(3)袋毯剂表面施药:在国外,有时是将磷化铝袋毯剂(多个透气包装纸袋联起来成类似小毯的制剂)施于粮面,利用粮堆和仓内的气体对流使磷化氢得以分布全仓。

对于高的筒仓,将袋毯剂施于粮面后,可借助小型风机进行仓内气流的循环,促使在表面产生的磷化氢气体向粮堆运动和分布。

Boland和Ripp(1984)报道在筒仓外部的上部和底部之间安装一涂黑的管道,利用太阳能促进外接管道和仓内气体的对流或流动,促使表面袋毯剂中释放出的磷化氢气体分布到粮堆中。

Banks等(1988)曾介绍在粮面上施药磷化铝后再辅以二氧化碳从顶部施入,借助二氧化碳的下沉运动使磷化氢向粮堆分布。Carmi等(1994)报道在高度达40m的筒仓中,粮面施入磷化铝后以干冰辅助磷化氢气体扩散,磷化氢和二氧化碳均得到了较好分布。

2)埋藏施药

(1)小布袋埋藏法:粮堆高度超过2m,一般应采取埋藏施药方法,将粉剂装入小布袋内埋入粮堆,埋入深度为50~80cm。每点片剂、丸剂不超过30g,粉剂不超过20g。小布袋长

18cm，宽 10cm 左右。药袋埋入时袋口绳头应露出粮面，以便熏蒸后取出药袋。

（2）探管施药法：在磷化铝施药中使用探管可以提高磷化氢的钻透和扩散范围和速度。据测定，3m 高的粮堆采用探管辅助熏蒸，粮堆底部检出磷化氢的时间比不用探管时可延长有效浓度 3～5d，说明使用探管将药剂施于粮内可以延长磷化氢气体在粮堆中的滞留时间。

3）仓外施药法　　仓外施药熏蒸即在施药过程中施药人员不需进入仓房或密闭环境内即可完成作业。可实现仓外投药熏蒸的方法主要有仓外磷化氢发生器施药、钢瓶将磷化氢施药、预置投药管道施药等。预置投药管道施药的方法为：底层预埋横向投药管道，使磷化氢源自粮堆底层，在磷化氢自身的扩散和微气流的作用下，由发生部位向中、上部扩散运动，以解决面层施药时的中、下部熏蒸气体不易达到所需浓度的问题。利用仓外磷化氢发生器、钢瓶装磷化氢气体等仓外投药方法参见环流熏蒸技术中相关施药方法。

三、环流熏蒸技术

环流熏蒸（recirculation fumigation）是指利用环流熏蒸设备强制熏蒸气体循环，促使熏蒸气体在粮堆内快速均匀分布的熏蒸。包括整仓环流熏蒸、膜下竖向环流熏蒸和膜下横向环流熏蒸。整仓环流熏蒸（entire warehouse recirculation fumigation）是借助于环流风机和环流管道等，使所发生的磷化氢气体竖向通过粮堆、仓内空间及相应环流装置进行熏蒸的方式。膜下竖向环流熏蒸（vertical recirculation fumigation under plastic sheeting）是将仓内粮堆表层用塑料薄膜覆盖密封，利用置于塑料薄膜下的回流管道等装置进行竖向环流的熏蒸方式。膜下横向环流熏蒸（lateral recirculation fumigation under plastic sheeting）是利用横向通风系统、环流管道和熏蒸设备，使磷化氢气体在覆膜密闭粮堆内部横向循环流动并均匀分布的熏蒸方式。

环流熏蒸杀虫技术的研究与应用始于 20 世纪初期。最早进行环流熏蒸的药剂是氢氰酸。20 世纪 20～30 年代，美国、法国等用溴甲烷进行环流熏蒸杀虫，后来其方法不断得到改进，使之更具有商业应用价值。南美许多国家和地区大量使用环流熏蒸方法进行杀虫。也有学者研究了有关粮堆中气流的准确测定方法和环流熏蒸系统的设计资料，从而促进了环流熏蒸理论和应用的研究。20 世纪 70 年代后期，利用低风量的风机和通风管道系统进行使用磷化氢的商业熏蒸，相关技术获得专利。

以往国内外用于环流熏蒸的杀虫药剂主要有溴甲烷、氯化苦、氢氰酸、二氯乙烯、二硫化碳、四氯化碳、磷化氢等。其中以溴甲烷环流熏蒸应用较多，由于熏蒸剂之间性质的差异，它们与磷化氢环流熏蒸的技术参数不同。磷化氢气体在一定的流动状态下，气体紊流容易导致燃爆，具有一定的危险性。磷化氢气体有爆炸的危险而不能用风机进行环流，国内的有关教科书以及 FAO 选编的有关文集中也都明确写明：产生磷化氢气体的药剂，都不能进行环流或经受强力分布，或采用循环熏蒸或用机械通风方法处理，强调了用磷化氢气体进行环流处理的危险性。后来有人对磷化氢气体的燃爆性重新进行了研究，明确指出在一定的安全防护条件下，磷化氢熏蒸可以进行环流处理。

（1）采用极低的环流速度，如每天的气体交换次数不超过两次。

（2）小功率的风机，其风扇边缘的线速小于 40m/s 和管道作业的压力降小于 1000Pa。

20 世纪 70 年代，我国一些地方也进行了以磷化氢为熏蒸药剂的小风量环流熏蒸方式的探索，取得了良好的进展，但由于当时检测手段不配套，试验结果没有进一步研究、总结和推广。这些研究和应用证明了采用磷化氢环流熏蒸在一定条件下是可行的。1998 年开始，国家利用国债资金 337 亿元分三批在我国 31 个省（自治区、直辖市）建设国家粮食储备库 5000

多万吨（1000多亿斤）。通过1998年编制500亿斤粮库建设通用仓型设计图集的推广使用，包括机械通风、磷化氢环流熏蒸、粮情检测、谷物冷却在内的"四合一"技术得到大规模应用。

1. 磷化氢环流熏蒸的系统组成　　环流熏蒸是指在仓外或仓内配置环流导气管，通过环流管道把风机、毒气扩散部分（粮堆和仓房）连接成一个闭合环流熏蒸回路，熏蒸药剂在气封闭的状态下借助环流风机所产生的动力，促使熏蒸毒气在粮堆内循环，强行使毒气快速分布，达到分布均匀完全杀死害虫的目的。环流熏蒸系统利用仓底通风系统，将磷化氢气体不断注入仓内，通过设在仓檐墙的环流熏蒸管道和设备，使熏蒸气体通过粮堆后形成循环，以促进磷化氢在粮堆中的均匀分布，达到杀虫的目的。该系统主要由施药装置、环流熏蒸装置、磷化氢气体浓度检测装置组成。

磷化氢环流熏蒸从环流管道安装位置和形式可分为仓外固定式环流管道、仓外移动式环流管道、仓内膜下环流管道等。

1）环流管道　　仓外环流管道主要是环流熏蒸系统中的管道和风机安装在仓房外的形式。根据风机和管道布置的形式又可进一步分为固定式环流管道和移动式环流管道与风机。

固定式环流管道（与风机）是环流管道固定在仓外墙壁上，风机位于环流管道的主管（回流管外），从由风机出口的主管分别通过支管与仓房的通风地槽或通风道相连，在各分支管上分别设有风量检测孔和风量调节阀，用以调节平衡各分支管道中的气体流量。

移动式环流管道是指环流管道的一部分安装在仓墙上，而大部分管道和风机则为移动式，为即用即安装的工作方式，可以做到一机多用，节省设备投资。移动式环流熏蒸中所用的风机通常为增加了一定附加功能的环流分配器，该环流分配器除了设于其中的环流风机外，还有便于气体分配的机箱体、气体分配器，便于流量调节与控制的流量计（有的用压力表）和配套阀门，以及施药孔和自动控制系统等。

仓内环流管道是指环流管道的一部分安装在仓内，而环流风机一般设在仓外的设置形式。这种形式中所设的环流管道固定在仓内，装粮后出粮前一般不能再行移动，比较适合于房式仓的膜下环流熏蒸。而实行膜下环流熏蒸后，对仓房上部的气密要求也相对宽松一些。

2）环流风机　　在磷化氢环流熏蒸中，风机是促使仓内熏蒸气体强烈运动进而均匀分布的动力源，为了防止磷化氢气体燃爆，必须采用小风量环流，这是进行安全环流熏蒸的一个关键。

用于磷化氢环流熏蒸的风机单位通风量根据国内环流熏蒸经验，单位通风量为$0.40\sim 0.46\mathrm{m}^3/(\mathrm{h}\cdot\mathrm{t})$，足以维持毒气的均匀分布。对于特大型立筒仓来说，由于截面较小，单位通风量取小值，则气流穿过粮层的表观风速并不小，因此该值可取至$0.2\mathrm{m}^3/(\mathrm{h}\cdot\mathrm{t})$，仍能维持毒气环流与均匀分布；否则环流管要选粗的，以免管内风速超标。

配置小功率防爆风机是安全进行环流熏蒸的一个关键。国内以前一些试验的环流风机参数为：风量$300\mathrm{m}^3/\mathrm{h}$，风压980Pa，功率0.25kW或0.37kW；风量$800\mathrm{m}^3/\mathrm{h}$，风压500Pa，功率0.37kW；风量$250\mathrm{m}^3/\mathrm{h}$，风压1765Pa，功率0.37kW；风量$150\mathrm{m}^3/\mathrm{h}$，风压600Pa，功率0.25kW。风量$180\mathrm{m}^3/\mathrm{h}$，风压490Pa，功率0.35kW。

为避免形成高浓度和低压力的情况，风机工作方式应使熏蒸气体能在仓内分布速度快、在尽量短的时间内分布均匀、仓内各部位都能达到和保持有效等。风机安装的部位要使熏蒸气体先进入粮堆，然后再经过风机环流。严防磷化氢气体浓度过高而引起燃爆。

总之，采用小风量、低剂量环流熏蒸和风机正确的工作方式，对防止磷化氢燃爆、促进气体有效均匀分布具有重要作用，在具体操作时应给予足够的重视。

GB/T 17913《粮食仓库磷化氢环流熏蒸装备》中要求，环流熏蒸中的风机要采用具有防泄漏、防爆（不含电机）和抗磷化氢腐蚀性能的粮食熏蒸专用离心风机。环流风机的主要规格参数应满足如下条件。

（1）功率≤1kW；风压≤1000Pa；风量≤1000m³/h。

（2）环流风机应保证粮堆气体交换次数：2～10次/d。

（3）环流风机叶片边缘线速度＜40m/s。

（4）环流风机与固定环流管路配套使用时，其电机应采取防雨、防晒措施。

3）施药装置　采用磷化氢环流熏蒸时，所用气体可以使用在仓外已备好或发生好的气体，也可使用磷化铝片剂在仓内或环流管道内或通风口处潮解发生，或将磷化铝施于粮堆表面。在我国新建大型房式仓和浅圆仓的熏蒸工艺要求中，所设计的磷化氢来源为磷化氢发生器发生磷化氢再混合以二氧化碳气体，或者采用钢瓶装磷化氢和二氧化碳气体，以及与之相配套使用的辅助仪表和连接管道，也可以在保证安全使用的前提下采用其他施药方式。按GB/T 17913《粮食仓库磷化氢环流熏蒸装备》，磷化氢环流熏蒸装备中的施药装置是将磷化氢液化熏蒸剂或仓外直接产生的磷化氢熏蒸剂输送到环流管路的装置。

4）检测装置　是检测熏蒸过程中粮堆和施药环境中磷化氢气体浓度的装置。该装置由气体取样装置、检测仪和报警仪组成。

2. 环流熏蒸及施药方式　磷化氢环流熏蒸及施药方式要根据储粮情况、设施配套情况、仓房及其环境情况来确定。例如，采用仓外磷化氢发生器施药，或磷化氢钢瓶施药装置，或粮面上磷化铝。粮面施药时不宜进行膜下环流熏蒸。采用其他施药方法进行磷化氢环流熏蒸，确保熏蒸操作和熏蒸环境的安全。

3. 磷化氢环流熏蒸的基本要求

1）气密性要求　对于熏蒸仓房气密性的要求在世界上还没有统一的标准，不同国家的应用技术资料中的提法也不一样。我国规定，平房仓的气密性要符合GB/T 25229的相应要求。浅圆仓和立筒仓空仓测试仓内压力从500Pa下降至250Pa的时间不少于60s。进行帐幕熏蒸时，采用五面或六面封的密封方式，或膜下熏蒸时以负压测定气密性。压力从-500Pa回升到-250Pa的时间不少于90s。

2）安全性要求　磷化氢环流熏蒸的安全性要求主要是防燃爆。在环流熏蒸操作中为了防止磷化氢的燃爆，风机叶片的线速度不得大于40m/s，风机及环流管道中的压力及其变化不能大于1000Pa。在一般条件下，磷化氢燃爆的下限浓度为26g/m³，因此毒气进入风机的临界浓度不得超过1.7%。为了防止燃爆，GB/T 17913《粮食仓库磷化氢环流熏蒸装备》规定来源于磷化氢发生器和钢瓶装磷化氢与二氧化碳混合气的气源中，磷化氢所占的比例不大于2%（1%～2%和2∶98）。

3）剂量、浓度和密闭时间的要求　在密闭期间环境内磷化氢气体浓度得到有效的保持，杀虫效果才会好。如果投药后在还未达到预定的密闭时间，毒气浓度已降到有效浓度以下，熏蒸杀虫效果肯定不佳。在此情况下，应及时检查仓房漏气情况并加以补救，进而补充熏蒸气体。磷化氢环流熏蒸中所用的药剂量或剂量不应是一个固定值，应根据不同粮温、发生害虫种类、害虫密度、害虫发生状况、害虫抗性程度等确定应达保持的最低磷化氢浓度，并在保持浓度的基础上设定熏蒸时间（表8-2）。粮食中害虫密度较大或呈明显发展状态时采用较高的磷化氢浓度，熏蒸密封时间可根据粮食储存时间、害虫死亡情况等适当延长。

　　当有强抗性谷蠹集中发生并导致粮堆发热，或粮食中发生强抗性米象和锈赤扁谷盗时，采用不低于 300ml/m³ 的磷化氢浓度。对于储粮中书虱大量发生时宜采取长时间的熏蒸杀虫处理，磷化氢浓度在 300ml/m³ 以上。

表 8-2　不同温度下不同害虫种（类）及不同密闭时间的推荐磷化氢最低浓度（ml/m³）

代表性害虫的属或种	温度/℃	密闭 14d 以上	密闭 21d 以上	密闭 28d 以上
A 组害虫：玉米象、长头谷盗、杂拟谷盗及其他敏感害虫	>25	200	150	100
	20～25	250	200	150
	15～20	—	250	200
B 组害虫：蛾类、谷蠹、米象、螨类、赤拟谷盗、米扁虫及其他抗性虫种	>25	300	250	200
	20～25	350	300	250
	15～20	—	350	300
C 组害虫：扁谷盗（属）、书虱及其他强抗性虫种	>25	—	300	300
	20～25	—	350	300
	15～20	—	400	350

注："温度"为害虫发生部位的最低粮温；"—"表示无数据

　　根据设定的熏蒸中的磷化氢浓度，并考虑粮食吸附、仓房泄漏、粮堆温度、粮食水分、粮食种类等因素，参照表 8-3 选定单位用药量。需要补充施药时，按实际测定最低浓度与设定目标浓度差值依照表 8-3 确定补充用药量。

　　采用产生磷化氢的其他药剂形式时，可参照表 8-3 计算用药量。

表 8-3　初次施药时的磷化铝片剂（或丸剂）单位用药量

设定浓度/（ml/m³）	粮食种类	单位用药量/（g/m³）
100～300	小麦	1.5～3
	玉米	2～3
	稻谷	2～3.5
300～400	小麦	3～3.5
	玉米	3～4
	稻谷	4～4.5

　　4）均匀性要求　　常规熏蒸仓内表面投药时，由于磷化氢气体容易向空间扩散，常导致空间浓度过高，而粮堆内有的部位浓度过于偏低，使得仓内最高最低浓度相差甚大，即气体分布的均匀性特别不好。即使在使用磷化铝熏蒸中采用探管或埋藏法，粮堆中的气体分布也不容易达到较好的均匀性。在这样的熏蒸过程中，仓内磷化氢最低与最高浓度的比值不应小于 0.25，这就要求在熏蒸过程中对仓内可能会出现最高和最低浓度的部位都要进行浓度检测。这里用 0.25 的临界比值确定大致的分布均匀性，暗示着在密闭环境中没有浓度过高的（药剂无效利用的）区域，也没有可能使害虫存活的浓度过低的区域。

　　在环流熏蒸中，在投药剂量充分的前提下，仓内最低、最高浓度比值小于或接近 0.6 时，应及时开动环流风机进行强力环流以促使气体分布均匀。根据目前新建粮库的实际环流熏蒸的应用情况看，一般当仓内磷化氢气体环流均匀后，最高最低浓度的差别也是很小的。例如，山东宁阳国家粮食储备库进行了平房仓散装小麦的磷化氢环流熏蒸试验，结果表明粮堆内磷化氢浓度在投药开机 18h 后趋于均匀。最低浓度与最高浓度比为 0.75；25h 后，比值为 0.57，这些均高于国外资料推荐的一般熏蒸中所指出的浓度均匀性标准，即大于 0.25。43h 以后的浓度测定结果也高于该值。可见磷化氢环流熏蒸系统促进磷化氢气体在粮堆内的分布效果良好。

　　5）工况要求　　环流熏蒸一般是在系统中有一部分借助机械通风管道来进行的，所以熏蒸系统应能够与机械通风系统相匹配。在工作状态下，系统不得有熏蒸气体泄漏，在管道的负压段也不应有外界空气的进入。

　　6）防腐蚀要求　　磷化氢环流熏蒸系统设备应防磷化氢腐蚀，如选用抗磷化氢腐蚀的离心风机、耐磷化氢腐蚀的减压释放装置（减压表）等。

　　4. 熏蒸过程中的效果检查　　熏蒸是在密闭环境中进行的，对于其中杀死害虫的效果如果在散气后检查，则可能会因有害虫存活而耽误完全杀虫的时机。在熏蒸前设置试虫虫笼，以监测熏蒸中的杀虫效果，据此确定是否结束熏蒸或散气更有助于取得成功的熏蒸。尤其是对于已有强抗性害虫时，应采用试虫虫笼指导熏蒸时间。试虫虫笼应透气且能防止害虫逃逸。试虫虫笼的设置位置设在方便取出的粮面上或薄膜下，取出的部位对正常密封影响小，设置的试虫虫笼数量不少于 3 个。试虫虫笼中的害虫可从待熏蒸的粮堆中筛取。应选取活动正常的成虫个体。每个虫笼中的害虫数量不少于 30 头，其内应放置适当的饲料。随着现代电子技术、信息技术的发展，通过视频图像监测了解熏蒸过程中的害虫死亡效果的技术也在研发中。

　　5. 其他熏蒸剂的环流熏蒸　　除磷化氢、溴甲烷外，其他一些在环流条件下使用安全的熏蒸剂也可进行适当条件下的环流熏蒸，如氢氰酸、二硫化碳等。

四、气流熏蒸技术

　　气流熏蒸技术（flow-through technique）也称塞若气流法（SIROFLO®），主要用于密闭不好或难以密闭的筒仓熏蒸，此方法也在房式仓等其他仓型进行了大量的试验，取得了成功。SIROFLO®是一种非常简单的、连续的熏蒸系统，磷化氢气体来源于钢瓶装气体，或者是磷化氢气体发生器。磷化氢气体可定量地与空气混合，形成气流从筒仓的底部进入仓内，在熏蒸的全过程中，在整个仓房内形成供入气体，形成正压气流，有防止仓外空气进入的作用，干扰熏蒸时仓内微气流的影响，对密封性不好造成的磷化氢气体损失进行及时补充。SIROFLO®技术是澳大利亚式的、不好密封和仓顶开放的筒仓熏蒸最有效的方法。

　　SIROFLO®应用技术特点：①在不密封或密封不好的情况下可进行熏蒸；②无金属磷化物的残渣，可满足市场消费者提出的无药剂残留的要求；③对操作人员安全，与其他一些熏蒸方法相比对环境安全；④操作极为方便；⑤杀虫谱广，也可有效防治磷化氢抗性害虫品系；⑥与应用防护剂和磷化铝混粮法相比成本低；⑦应用安全，不会燃爆，可以控制熏蒸的全过程，在熏蒸期间可以随意、随时调整磷化氢浓度和熏蒸时间；⑧应用时使气体均匀地分布于整个粮堆。

五、混合熏蒸技术

　　混合熏蒸是使用两种或两种以上的熏蒸剂进行的熏蒸，其目的在于充分发挥不同熏蒸剂的杀虫特点，或弥补其中药剂的某些性能方面的不足，如毒理机制不同的药剂可以避免单一应用时害虫已有的耐药力，降低易燃物质潜在的燃爆危险，增加毒气穿透性，提高药剂在粮堆内的分布均匀性和延长滞留时间，提高杀虫效果并降低残留量等。磷化氢和二氧化碳混合熏蒸具有上述特点，且二者混合使用后可以克服各自的一些缺点和不足，发挥各自的优点，是有重要应用价值的混合应用技术。采用发生器等将磷化氢与二氧化碳混配以施用混合气体进行的熏蒸，在行业中特称为磷化氢二氧化碳混合熏蒸（fumigation mixed phosphine with carbon dioxide）。

　　二氧化碳能促使昆虫气门开启并加速开闭率及改变通风速率，早在 20 世纪二三十年代就得到证明。磷化氢熏蒸时低浓度的二氧化碳可提高磷化氢对谷象和赤拟谷盗成虫的毒效，在4%～64%的二氧化碳浓度下，害虫对磷化氢的吸收量增加。尤其近几年，其应用技术得到了很大发展，不仅很好地解决了生产实践中的害虫防治问题，而且在储粮害虫抗药性治理上也起到了很大的作用。

1. 增效机理　　Rajendran 和 Muthu（1989）报道：对 1～2 日龄赤拟谷盗的蛹处理 24h，单用 10%二氧化碳处理，害虫死亡率不到 11%；单用 0.01mg/L 磷化氢处理，害虫死亡率也只有 19%；在上述两气体各自剂量不变的情况下，混合处理 24h，害虫的死亡率可达 72%。可见，磷化氢和二氧化碳混合气体对害虫的生物作用，不是各自原来效果的简单相加，而是有明显的增效作用。

二氧化碳对磷化氢的增效机理，从物理原因讲是二氧化碳刺激昆虫呼吸，提高了熏蒸剂进入虫体的量。例如，谷象和杂拟谷盗在 5%的二氧化碳中，呼吸率比正常大气中增加 20%；二氧化碳浓度超过 5%，害虫呼吸率几乎不再增加，但害虫对磷化氢的吸收还会增加。

磷化氢和二氧化碳混合熏蒸增效的生理原因尚未有满意的解释。可能磷化氢通过虫体内微粒体多功能氧化酶的作用，氧化为磷的低氧酸，生物活性下降。这个酶系除了细胞色素 P450 外，还通过脱氢酶供给电子。二氧化碳影响生物氧化过程，影响电子传递，从而影响磷化氢氧化，二氧化碳对磷化氢起增效作用。

磷化氢与二氧化碳混合熏蒸时，由于二氧化碳来源于钢瓶气化，具有一定的正压作用，有助于磷化氢气体向粮堆的钻透，提高钻透扩散的范围和速度，使得毒气能在较短的时间内在粮堆内均匀分布，并可延长有毒气体在粮堆内的滞留时间。

综上所述，二氧化碳和磷化氢混合熏蒸可以提高药效的主要原因如下。

（1）二氧化碳的应用增大了磷化氢在粮堆中的扩散范围和钻透深度，更有利于杀虫气体的均匀分布。

（2）二氧化碳的混用也促进了磷化氢在粮堆中的扩散速度，可以使磷化氢气体在较短的时间内达到有效杀虫浓度。

（3）二氧化碳的伴入可刺激害虫呼吸，增大磷化氢进入害虫虫体的量，同样也提高了害虫死亡的速度。

（4）二氧化碳的介入可相对减少粮食等对磷化氢的吸着，从而有更多的磷化氢气体存在于空间，有利于杀虫。同时，磷化氢在粮堆中保持有效浓度的滞留时间也得到延长。

以上诸点，在仓房密闭条件不太理想的情况下，更显示出其优越性。尤其是仓外投药时，可更方便地补充熏蒸气体。

2. 磷化氢与二氧化碳混合熏蒸的应用

1）应用范围及有关要求　　磷化氢与二氧化碳气体混合熏蒸主要用于实仓熏蒸，也可熏蒸空仓、器材和加工厂。可熏蒸各种粮食、油料及其加工产品。

对被熏蒸物水分的要求同磷化氢单独熏蒸。常规（粮堆）熏蒸时，磷化铝片剂用药量每立方米 1.5g 左右，二氧化碳浓度 5%～8%，密闭时间在 7d 以上，最低粮温应高于 10℃。长期密闭（粮堆）混合熏蒸磷化铝片剂用药剂量为 0.8～1.2g/m³，二氧化碳浓度 5%～8%，施药后密闭时间应在 45d 以上，最低粮温应在 10℃以上。无论常规熏蒸还是长期密闭熏蒸，由于磷化氢的用药量都大为降低，熏蒸后放气时间也可相应缩短。

2）仓外混合熏蒸操作中要注意的问题　　进行仓外发生磷化氢并使用钢瓶装二氧化碳混合熏蒸时，要解决以下两个关键问题。

（1）同步进仓：磷化氢与二氧化碳混合熏蒸时，要求两种气体同步混合进仓。两种气体同步混合进仓不仅有助于消除磷化氢着火燃爆的危险，而且能提高杀虫效果。据报道，先用16%的二氧化碳处理24h，通风10min，再用0.009mg/m³的磷化氢处理24h，谷象和杂拟谷盗的死亡率分别为8.0%和18.4%；两种气体互换处理，两害虫的死亡率也都不超过44%；如用两种气体同时混合处理，则死亡率分别达到88.3%和98.0%。

（2）防止结露：在混合熏蒸操作过程中要防止粮堆表面结露。进行混合熏蒸时所采用的施药方式一般为仓外投药，如使用钢瓶装二氧化碳气源或磷化氢和二氧化碳混合钢瓶气源。由于压缩气体本身具有的潜热，在它们由液态变为气态的过程中要吸收热量，使气态气体温度比较低。低温气体进仓后会造成出气口处局部粮温降低，产生温差而导致结露。因此，仓外施药混合熏蒸时，要求混合气体出气口的温度与粮温温差不超过5℃，尤其导气管出气口与粮堆直接接触或相近时更要注意控制。

六、真空熏蒸技术

在把熏蒸剂施入熏蒸空间前，须将其中的绝大部分空气排出。因此，需要一个特制的熏蒸室，通常是钢制的，能够经受一个大气压力的外界压力。这个装置还包括一只抽气机，能够在较短时间（10～15min）内抽出熏蒸室里的空气，还装有阀门和导管，用于导入和排出熏蒸剂。

减压熏蒸的主要目的是加快和增进熏蒸剂穿入所处理的物品。真空熏蒸最初是在氢氰酸作主要熏蒸剂时为防治害虫而研创的方法。溴甲烷和磷化氢问世后，由于它们对许多物质都有更强的渗透力，因此减压熏蒸对处理某些商品不那么重要了。今天，这项技术主要用于植物检疫工作，用于熏蒸烟叶及其他物品。例如，压缩成包的黄麻和压紧的椰枣，在平常大气压力下，熏蒸剂难以渗入这些物品。某些食品制造业也采用这种方法熏蒸包装谷物和精制食品。

由于减压熏蒸处理可在几个小时内完成，而在大气压力下熏蒸则需12～24h，所以在货物需要迅速周转（如港口）的情况下，可推荐采用这种方法。

有两种主要的减压熏蒸方法，即持续不断的真空熏蒸和逐渐恢复正常压力的真空方法。选择哪一种方法，在一定程度上取决于要处理的物资。例如，水果、蔬菜和生长中的植物，如果在低于250mmHg的压力下超过几分钟，通常会完全毁坏。种子、谷物、杂粮和干植物产品，一般经得住这些低压。

装满物品的熏蒸室内的压力，降到25～150mmHg，然后导入熏蒸剂，通常只引起压力稍微上升。不再改变装置内的压力，直到熏蒸完毕。熏蒸过程可能持续1.5～4h，熏蒸完毕即让空气进入，恢复大气压力。然后把熏蒸剂/空气混合气体排出。空气导入和排出的操作过程可反复若干次，这个过程称为"空气洗涤"，直到认为安全时才开门卸货。这个方法在全世界广泛用于熏蒸烟叶、谷物、面粉和粗粉。甚至在采取这种真空熏蒸法时，气体分布也可能不完全均匀，因此一些熏蒸室装配循环系统，另一些则安装风扇。

在造成初始低压后，可采取几种不同方式恢复熏蒸室内的压力，这些方法可概述如下。

1）逐渐恢复大气压力　　充入需要的熏蒸剂剂量后，慢慢导入空气，在长达3h的熏蒸过程中，2h后达到略低于一个大气压力的压力。

2）延缓恢复大气压力　　充入熏蒸剂后，真空状态持续约45min，然后把空气迅速导入熏蒸室内。

3）立即恢复大气压力　　在充入熏蒸剂后，打开通到熏蒸室的一个或一个以上的阀门，这个系统内侵迅速恢复大气压力。这个方法过去被称作解除真空法或消除真空法。

4）同时导入空气和熏蒸剂　　采用这项技术，要配备计量仪器，从而在导入熏蒸剂的同时导入空气，以使熏蒸和空气的比例保持不变，直到导入全部药剂。

在采用上述任何一种方式进行的熏蒸完毕时，要实行空气洗涤，如前面论述持续真空技术法时所述。

用藏有大谷盗幼虫的压缩的黄麻包做了一系列的实验，已经查明，从昆虫死亡率来看，这 4 种方法的相对效力和以上的排列次序是一样的。按效力来说，持续真空技术居中间位置，仅次于第二种方法。

七、硫酰氟熏蒸

（一）硫酰氟的施药技术

仓房要预先进行气密性处理，仅留几个施药孔。将装有硫酰氟的钢瓶置于室外，通过减压阀及导气耐高压软管（内径 9mm）连接至仓内施药出气点。在每个施药出气点附近设置轴流风机，风机吹风方向为对向施药出气点 45° 倾角向上，开始施药即从仓外接通置于库房内地面上的风机电源，启动风机以促进气体快速扩散到库房空间，并促使其空间分布。施药工作全部结束，应用硫酰氟检测仪检测熏蒸仓房是否漏气。

硫酰氟熏蒸也可借助磷化氢环流系统进行环流熏蒸，采用硫酰氟钢瓶施药，整仓环流或膜下环流熏蒸。如仓房体积是 5300m³，可按 15g/m³ 的设定浓度将 8 瓶（80kg），硫酰氟按约 12kg/h 的速度从进气口通入磷化氢环流系统，在通气的过程中保持环流风机开启。

（二）硫酰氟浓度

1. 浓度检测　　通常在施药当天和以后每天定时以及结束前用硫酰氟检测仪检测记录浓度，至少应对熏蒸空间内 3 个浓度取样点位，每点位分上、中、下 3 层，以了解硫酰氟气体是否在密闭场所均匀分布、是否有泄漏、是否在规定的时间内达到熏蒸杀虫所要求的最低有效浓度。然后，根据检测结果判定熏蒸效果，以及决定是否需要补充投药量或延长熏蒸时间。

2. 检测仪器　　现场使用的检测设备，按检测技术分，主要有热导分析、电化学、红外检测等检测设备。国产的常见的有 JSA8 型硫酰氟检测报警仪［量程为 0～10 000mg/kg，精度 ≤±3%（F.S）］。国外的常见有 SF-ExplorIR 硫酰氟红外分析仪［量程为（0～100）×10⁻⁶，适用于硫酰氟残留量的测定］和 SF-ContainIR 硫酰氟红外分析仪［量程为（0～6000）×10⁻⁶，适用于硫酰氟熏蒸浓度实时测定］。

3. 残留检测　　硫酰氟的残留检测可用 SF-ExplorIR 硫酰氟红外分析仪进行简便测定，也可以使用气相色谱法进行更准确的测定，检测后根据 GB 2763—2019《食品国家安全标准 食品中农药最大残留限量》中规定的硫酰氟在谷物类的最大残留限量来进行比较，判断残留是否超标。

八、敌敌畏熏蒸

1. 悬挂法　　即在仓房或厂房的高处（约 3m 高）拉起绳索，行距 1.5m。将浸有敌敌畏原油的布条或纸条，均匀地悬挂在绳索上。

2. 喷雾法　　用 80%乳油，加水 100～200 倍稀释后，搅拌均匀，用喷雾器进行喷洒，然后密闭 3d，散气 24h，再进行清扫。器材铺垫物料消毒，可用 80%乳油加水 10～20 倍稀释后进行喷洒处理。

3. 缓释法　　敌虫块是用敌敌畏和塑料树脂等原料制成的缓释剂型，敌敌畏含量为

20%～24%。与一般的敌敌畏施药方法相比，敌虫块除具有熏蒸作用外，还具有较好的触杀和胃毒作用，敌虫块可使其中的有效成分缓慢释放到空间，可以延长杀虫残效期。

使用时将敌虫块的包装打开，将其悬挂于仓（室）内空间离地面 2m（或离顶 0.5～1m）处，大约 20min 即可开始挥发，药效可保持 3～6 个月。

九、熏蒸中的安全防护

（一）使用金属磷化物的注意事项

（1）禁止在夜间或大风大雨天气进行熏蒸或放气。用磷化铝熏蒸要严防粮仓漏雨或帐幕内结露，以免水滴滴入药内引起火灾。

（2）用磷化铝熏蒸前应切断仓内电源，进仓人员不准穿带铁钉的鞋，使用的金属器皿要严防撞击，以免产生火花，引起燃烧爆炸。

（3）熏蒸粮油种子时，要注意水分及气温的影响。粮油种子的水分应在安全水分以内，如果气温超过 28℃，熏蒸时间不宜过长，否则会影响种子发芽率。

（4）装磷化铝容器应在室外开启。开启磷化铝药瓶盖时，有时会出现燃爆情况。此时，只要轻轻摇动药瓶，火即熄灭。熏蒸操作时，严禁水滴或汗滴滴入药剂中。磷化铝熏蒸发生燃烧时，应用干沙灭火，或用二氧化碳灭火机灭火，紧急时可用散粮压盖灭火，严禁用水浇灭火；如粮食、器材在施药后数小时内发生燃烧时，应立即打开门窗，戴好防毒面具进仓抢救。如在施药数天后发生燃烧，要注意仓内缺氧。磷化锌熏蒸发生冒火时，可用水或小苏打灭火。

（5）熏蒸放气后，应将盛药器皿搬出，运到距水源 50m 外的偏僻处，将药渣、残液深埋。

（6）熏蒸后的粮食、油料必须经充分通风散气后，才能出仓。

（7）熏蒸施药后应检查仓房或熏蒸场所是否有磷化氢漏气现象，如有漏气，应进行必要的补救工作。

（二）使用药剂人员的安全防护措施

（1）熏蒸工作必须经单位负责人员批准。由技术熟练、有组织能力的技术人员负责指挥，由经过训练、了解药剂性能、掌握熏蒸技术和防毒面具使用方法的人员参加操作。大型熏蒸前，应通知当地卫生、消防部门做好应急准备。

（2）经常参加熏蒸工作的人员，每年应定期进行健康检查。凡有心脏病、肝炎、肺病、贫血、精神不正常、神经过敏、高血压、皮肤病、皮肤破伤风者，怀孕期、哺乳期、月经期的妇女，未满 18 岁的少年，以及戴上防毒面具不能工作经医生诊断认为不适应接触毒气工作的人员，均不得参加施药或接触毒气工作。

（3）熏蒸相关人员应意识到该作业的安全风险，熟知磷化氢的无色、无味、剧毒、易于燃爆等特性，高度防范磷化氢熏蒸操作中存在的燃爆、中毒、因密闭缺氧等风险。熏蒸作业的负责人应具有相应的储粮害虫防治专业技能，掌握磷化氢熏蒸基本理论知识，受过磷化氢熏蒸操作培训，能组织和指导磷化铝或磷化氢施药熏蒸作业。熏蒸操作人员应受过熏蒸技术与操作使用培训，经过自给开路式压缩空气呼吸器使用培训并考核合格，能熟练操作有关熏蒸设备和器具。

（4）熏蒸过程中接触毒气的时间，每次不得超过 30min，每人每天累计一般不超过 1h。工作完了应适当休息。施药人员在工作中如有头昏、刺眼、流泪、咳嗽和其他不适感觉，应立即停止工作，并适当休息。不要在有毒气的粮仓内勉强操作。

（5）熏蒸施药时，必须有专人负责清点进出仓人数，确实查明进仓人员已全部出仓后，方可封门。实施熏蒸及散气操作应 2 人以上，并配备至少 1 名负责安全、防护的人员。

（6）分药、施药、检查、处理残渣和开仓散气等与药剂接触工作，要两人以上操作。

（7）粮仓（囤、垛）熏蒸密闭后到彻底散气前，无特殊情况，不允许人员进入。人员必须进入时，一定要采取必要的防护措施，防止发生中毒或缺氧窒息事故。

（8）熏蒸前后禁止饮酒。用磷化氢熏蒸后，禁止喝牛奶、吃鸡蛋及其他含油脂食物。

（9）接触毒气人员在工作完毕后应洗澡，更换衣服及鞋袜。换下的污染衣物应送到空旷无人的地方散发毒气后，方可携入室内。

（10）发生人员中毒时，应立即送医院诊治。

（三）使用药剂时对环境的安全防护措施

（1）在粮食仓库院内不得制造化学药剂。

（2）被熏蒸的粮仓（包括露天储粮囤、垛），必须严格密闭，防止毒气外漏。楼房仓上下及仓外四周，必须保留一定的安全距离（磷化氢 20m）。在此范围内从施药到彻底放气前，不能住人及饲养家禽家畜。熏蒸前要会同有关部门动员居民暂离现场，并把家禽、家畜一同带走。不具备熏蒸条件的粮仓，一律不要熏蒸。

（3）常规熏蒸从施药开始到处理完残渣残液为止，要在距粮仓 10～20m 的四周设警戒线，立明显标志牌，阻止行人靠近，并在投药后 24h 内有专人值班放哨，注意检测观察有无漏毒、冒烟、燃爆等现象。放哨人员必须熟悉业务并备有完好防毒面具、消防器材报警联络信号。

（4）熏蒸放气后，应将残渣立即运到离水源较远（最少 100m 以外）的僻静地方，挖坑深埋，熏蒸用器材及装药布袋等应清洗干净后妥善保存备用，不得改作他用。

（四）药剂的收发、运输、储存及管理

（1）熏蒸剂应统一存放符合规定要求的场所。储存药剂要有专用库房。库房应建在离办公、居住区和其他建筑较远的地方，并要坚固、干燥、不漏雨、能通风，备有消防器材。要建立定期检查盘点、经常通风、禁止在药库内吸烟、饮食和存放其他物品等管理制度。

（2）领用熏蒸药剂，必须严格批准手续。领用和保管药剂，必须选派工作认真负责、了解药剂性能的人员。药剂进库要及时登记，做到收有账，付有据，药、账相符。用剩下的熏蒸剂如使用单位无专用药库，应退回原发药单位保管，严禁随意乱放。

（3）装卸、运输、储存药剂时，药箱、药桶、药瓶不要倒放，药轻拿轻放，防止滚动、撞击。发现装具破漏，要及时采取措施，妥善处理。运输药剂要选派了解药剂性能人员携带有效防毒面具押运，途中押运人员不能远离药剂，以防丢失和破漏。并要防止药剂遭受水湿、雨淋和阳光直射。

（五）自给开路式压缩空气呼吸器及其使用

防毒面具是化学药剂熏蒸工作中的主要安全防护用具，能够预防有毒气体从呼吸道进入人体内和刺激眼睛。所有磷化氢熏蒸、散气和残渣处理操作都应佩戴自给开路式压缩空气呼吸器，两人以上方可实施。采用磷化氢发生器施药或钢瓶施药装置仓操作时，操作人员应佩戴防护器具站在上风处。发生人员中毒按 GBZ 11—2002《职业性急性磷化氢中毒诊断标准》的要求处理。

自给开路式压缩空气呼吸器应按照产品说明书操作使用与维护，在使用前对整套系统进行全面检查，确保安全、有效。自给开路式压缩空气呼吸器要符合 GB/T 16556—2007《自给开路式压缩空气呼吸器》的有效要求。使用前检查呼吸器配件是否完整，压力表和报警器是否正常。安装时先将气瓶阀门连接减压器阀门，连接供气阀和面罩，再将减压总成中压管末端与供气阀快速连接。操作时背上空气呼吸器，系上腰带，戴上面具，将气瓶阀门打开，深吸一口气方可进入作业区。使用自给开路式压缩空气呼吸器过程中发出警报信号后，应尽快撤离熏蒸现场。压力表固定在空气呼吸器的肩带处，随时可以观察压力表来判断瓶内气体剩余量。要等瓶头阀关闭后，管路的剩余空气释放完，再拔开快速接头。

思　考　题

1. 说明与磷化氢熏蒸杀应用有关的主要性质。
2. 影响磷化氢毒力的因素有哪些？
3. 如何控制磷化氢有效熏蒸杀虫的基本条件？
4. 磷化氢的杀虫机理是什么？
5. 采用磷化氢或磷化氢发生物熏蒸时要注意哪些安全条件？
6. 磷化氢熏蒸应如何掌握气体浓度和密闭时间？
7. 如何进行熏蒸中的安全防护？
8. 试比较分析本书中所介绍熏蒸技术的各自特点。
9. 试说明环流熏蒸的特点。
10. 何谓混合熏蒸？其特点是什么？
11. 如何检查熏蒸过程中致死害虫的效果？
12. 自给开路式压缩空气呼吸器的操作要点及注意事项是什么？

主要参考文献

国家粮食局行政管理司. 2001. 储粮新技术教程. 北京：中国商业出版社

华南农学院. 1980. 植物化学保护. 北京：农业出版社

黄伯俊. 1993. 农药毒理毒性手册. 北京：人民卫生出版社

联合国粮农组织. 1988. 植物保护生产与保护文集（54）防治害虫熏蒸法手册. 北京：中国农业科技出版社

梁权，商志添，孙庆坤，等. 1980. 气调对磷化氢熏蒸杀虫的增效作用及其应用技术途径的探讨. 粮食贮藏，
　　（01）：1-11，17

门罗 H A U. 1975. 熏蒸防治害虫手册. 罗马：联合国粮食及农业组织

农业部农药检定所. 1991. 新编农药手册. 北京：农业出版社

钱普. 1984. 联合国粮农组织关于贮粮害虫对农药的敏感性的全球调查报告. 北京：中国对外翻译出版公司

檀先昌. 1994. 储粮害虫化学防治常用药剂在粮食中的残留及其卫生学评价. 粮食储藏，（Z1）：43-56

王殿轩，曹阳. 1999. 磷化氢熏蒸杀虫技术. 成都：成都科技大学出版社

王佩祥. 1997. 储粮化学药剂. 北京：中国商业出版社

吴泽宜. 1981. 农药词汇. 北京：科学出版社

张宗炳. 1965. 昆虫毒理学（上册）. 北京：科学出版社

郑州粮食学院. 1987. 储粮害虫防治. 北京：中国商业出版社

Roush R T，Tabashnik B E. 1995. 害虫的抗药性. 芮昌辉译. 北京：化学工业出版社

Wayland J H. 1990. 农药毒理学各论. 陈炎磐译. 北京：化学工业出版社

Allen S E，Desmarchelier J M. 2000. Ethyl formate as a fast fumigant for disinfestations of sampling equipment at
　　grain export terminals. In：Wright E J，Webb M C，Highley E. Proceedings of the Australian Postharvest Technical
　　Conference 2000. Canberra：CSIRO Entomology

Aulicky R，Stejskal V，Dlouhy M，et al. 2015. Validation of hydrogen cyanide fumigation in flour mills to control
　　the confused flour beetle. Czech Journal of Food Sciences，33（2）：174-179

Banks H J, McCabe J B. 1988. Uptake of carbon dioxide by concrete and implications of this process for grain storage. Journal of Stored Products Research, 24 (3): 183-189

Boland F B, Ripp B E. 1984. Phosphine fumigations in silo bins. Developments in Agricultural Engineering, 5: 425-430

Carmi Y, Golani Y, Frandji H, et al. 1994. The feasibility of increasing the penetration of phosphine in concrete silos by means of carbon dioxide. Proceeding of 6th International Working Conference on Stored-product Protection

Damcevski K A, Annis P C. 2000. The Response of three stored product insect species to ethyl formate vapour at different temperatures. *In*: Wright E J, Webb M C, Highley E. Proceedings of the Australian Postharvest Technical Conference 2000. Canberra: CSIRO Entomology

Damcevski K A, Dojchinov G, Woodman J D, et al. 2010. Effcacy of vaporised ethyl formate/carbon dioxide formulation against stored-grain insects: effect of fumigant concentration, exposure time and two grain temperatures. Pest Management Science, 66 (4): 432-438

EPA. 2009. EPA Proposes to Withdraw Sulfuryl Fluoride Tolerances. Pesticide Registration Review. USEPA

Haritos V S. 2005. A new fumigant for stored grain. Australian Grain, 6 (8): 21-24

Haritos V S, Damcevski K A, Dojchinov G. 2003. Toxicological and regulatory information supporting the registration of VAPORMATE as a grain fumigant for farm storages. *In*: Wright E J, Webb M C, Highley E. Proceedings of the Australian Postharvest Technical Conference. Canberra: CSIRO SGRL: 25-27

Haritos V S, Damcevski K A, Dojchinov G. 2006. Improved efficacy of ethyl formate against stored grain insects by combination with carbon dioxide in a "dynamic" application. Pest Manage Science, 62: 325-333

Ho S H, Koh L, Ma Y, et al. 1996. The oil of garlic, *Allium sativum* L. (Amaryllidaceae), as a potential grain protectant against *Tribolium castaneum* (Herbst) and *Sitophilus zeamais* Motsch. Postharvest Biology & Technology, 9 (1): 41-48

Jian F, Chelladurai V, Fields P G, et al. 2016. Mortality of stored-grain insects in stored wheat (*Triticum* sp.) fumigated with ozone. *In*: Proceedings of the 10th International Conference on Controlled Atmosphere and Fumigation (CAF) in Stored Products. Winnipeg: CAF Permanent Committee Secretariat: 137-141

Kashi K P, Bond E J. 1975. The toxic action of phosphine: Role of carbon dioxide on the toxicity of phosphine to *Sitophilus granarius* (L.) and *Tribolium confusum* DuVal. Journal of Stored Products Research, 11 (1): 9-15

Mahon D, Ren Y L, Burrill P R. 2003. Seed store disinfestations with VAPORMATE [EF +CO_2]. *In*: Wright E J, Webb M C, Highley E. Stored Grain in Australia. Proceedings of the Australian Postharvest Technical Conference. Canberra: CSIRO SGRL

Mahroof R, Amoah B. 2018. Toxic effects of ozone on selected stored product insects and germ quality of germinating seeds. *In*: 12th International Working Conference on Stored Product Protection (IWCSPP): 591-595

Rajendran S, Muthu M. 1989. The toxic action of phosphine in combination with some alkyl halide fumigants and carbon dioxide against the eggs of *Tribolium castaneum*. Journal of Stored Products Research, 25 (4): 225-230

Ren Y, Mahon D. 2003. Field trials on ethyl formate for fumigation of on-farm storage. *In*: Wright E J, Webb M C, Highley E. Proceedings of the Australian Postharvest Technical Conference. Canberra: CSIRO SGRL: 25-27

Stejskal V, Aulicky R, Jonas A, et al. 2018. Bluefume (HCN) and EDNR as fumigation alternatives to methy bromide for control of primary stored product pests. Julius-Kühn-Archiv, (463): 604-608

Subramanyam B, Hagstrum D W. 1995. Integrated Management of Insects in Stored Products Marcel Dekker, Inc.

Tripathi A K, Prajapati V, Verma N, et al. 2002. Bioactivities of the leaf essential oil of curcuma longa on three species of stored product beetles (Coleoptera). Journal of Economic Entomology, 95 (1): 183-189

UNEP. 1994. Report of Methyl Bromide Technical Options Committee

Walker R, Taylor C B, Johnson L F, et al. 2005-5-26. Method and apparatus for ozination of grain. US2005112209

Wright E J, Ren Y L, Mahon D. 2002. Field trials on ethyl formate for on-farm storage fumigation. *In*: Proceedings of 2002 Annual International Research Conference on Methyl Bromide alternatives and Emissions Reductions: 55

第九章

气 调 防 治

本章提要：

- 气调防治原理
- 气调防治技术
- 影响气调防治效果的因素

第一节　气调防治概述

一、气调防治的概念

　　气调储藏是调节或控制密闭环境中的气体浓度以达到保持粮食品质和控制有害生物的过程，其中以杀虫为目的的调节或控制过程称为气调防治或气调杀虫，简称气调。气调包括调节气体（modified atmosphere，MA）气调和控制气体（controlled atmosphere，CA）气调两种过程模式。调节气体气调是指调节某气体至一定浓度水平并保持环境密闭的过程，在此密闭过程中一般不再补充充入的气体或施加降低氧气的操作，如初始调节某气体至一定浓度后，该气体浓度在粮食吸附、呼吸、密闭等条件影响下随之变化。控制气体气调则是在密闭环境中调节某气体浓度到一定水平，并在整个密闭气调过程中控制该气体保持这一浓度水平及以上水平的过程。气调主要包括向密闭环境中充入二氧化碳、充入氮气、降低或消耗氧气浓度等。正常大气的组成如表 9-1 所示（除特别说明外，本章所指的气体浓度均为容积百分比）。

表 9-1　正常大气中各种气体所占的比例

气体	容积百分比/%	质量百分比/%	相对分子质量
氮	78.084	75.52	28.0134
氧	20.948	23.15	31.9988
氩	0.934	1.28	39.948
二氧化碳	0.033	0.05	44.0099

　　害虫呼吸活动是维持其正常生命的基本条件，即害虫必须与环境中空气进行气体交换。环境大气中任何一种气体成分比例的变化都会对害虫有直接影响。人为控制和改变害虫生活环境大气组成，从而达到抑制害虫发生、发展，甚至杀死害虫的目的，气调防治有着长期的研究和应用实践。

　　早期气调储藏研究多在降低环境中氧气含量，如将粮食密闭起来，利用粮食、微生物和害虫呼吸作用消耗环境中氧气，达到抑制害虫危害的目的，后来发展到利用脱氧剂辅助降氧。现代储粮中应用较多的是充入高浓度氮气、高浓度二氧化碳、燃烧降低氧气浓度等调节环境中气体浓度，或控制害虫生长，或延缓储粮品质变化。

　　气调储藏有许多优点，也有一些的不足之处。表 9-2 列出了气调储藏的某些优缺点。

表 9-2 气调储藏的主要优点和不足

优点	不足
对商品无有害残留	气密性要求高，密闭费用增加
操作中无毒气伤害	无警戒气味
无环境污染破坏性	密闭时间要求很长
低氧抑制呼吸，利于保持品质	不适合温度、水分高的粮食
害虫产生抗性风险低	非活动虫态要求更长时间

　　除密闭缺氧气调外，通常应用较多的是充氮气调和充二氧化碳气调，其优点和不足对比如表 9-3 所示。

表 9-3 气调防治中充氮气和充二氧化碳的优缺点

气体	优点	缺点
氮气	环境中化学性质稳定	温度低于 25℃时处理时间较长
	对工作人员无临界值要求	浓度 98%以上才能保证杀虫效果
	相同容积下使用经济性较好	缺乏低氧警戒性
二氧化碳	浓度>35%有效	具水溶性和弱酸腐蚀性
	低于 25℃杀虫效果比氮气快	处理和环境安全浓度监测要求高
	高压下可快速杀虫	浓度 0.5%以上超过安全临界值
	可用大型钢制容器存储	温室效应气体

二、气调防治原理

（一）氮气气调杀虫原理

　　氮气是一种非活性气体，本身对害虫没有杀虫活性。在储藏环境中增加氮气浓度，主要是置换和取代其中的氧气，当氧气浓度降低到一定水平时，对害虫会造成呼吸抑制和有害影响。当环境中氧气浓度降低到 12%时，明显抑制大多数害虫危害；当氧气浓度降低到 8%时，多数害虫的生长发育和繁殖受到抑制；当氧气浓度降低到 4%以下时，害虫可在两周内死亡；氧气浓度降低到 2%以下时，害虫可在数天内死亡。氮气气调主要是缺氧窒息致死害虫，氧气浓度越低，致死害虫时间越短。其他一些惰性气体，如氩气和氦气也有相似效果。氩气和氦气气体价格较贵，商业应用较少。

（二）二氧化碳气调杀虫原理

　　当环境中二氧化碳浓度大于 35%时，不管是否存在氧气，都可致死害虫。纯二氧化碳并不比有一些氧气存在的条件下杀虫更好。温度 0~40℃时，二氧化碳浓度为 60%与 90%对米象的致死时间相似；对有些虫种，二氧化碳浓度为 90%时比 60%时致死害虫更快。二氧化碳气调杀虫浓度和时间见表 9-4。

表 9-4 二氧化碳气调杀虫浓度和时间

二氧化碳浓度/%	害虫致死时间/d
80	8.5
60	11

续表

二氧化碳浓度/%	害虫致死时间/d
40	17
20	21～120 或 121 以上

关于二氧化碳气调下致死害虫的直接原因尚不完全清楚。有人认为其毒理归因于脱水和作为能量代谢底物甘油三酯的缺乏。细胞水平的酸化（acidification）也可能导致生理机能破坏，乃至死亡。

在缺氧情况下，粉斑螟体内葡萄糖水平下降，在高浓度二氧化碳中，其葡萄糖水平却保持不变。在高浓度二氧化碳中，其苹果酸水平增加，在低氧情况下却有降低；在两种情况下粉斑螟体内柠檬酸水平都减少。这些结果指向二氧化碳气调对三羧酸循环过程有抑制作用。

对陆生昆虫而言，乳酸发酵是在缺氧条件下最重要的提供能量的方式。当一些昆虫暴露在纯氮或缺氧环境中一段时间后，虫体内乳酸水平显著提高。例如，将粉斑螟蛹暴露在10%氧气、20%～89%二氧化碳且其余为氮气的环境中，24h后血淋巴中的乳酸含量随着二氧化碳浓度的增加而增加。在氮气环境中，当氧气浓度降至3%以下时，乳酸水平迅速提高。在氮气中，氧气浓度高于4%时，致死害虫的时间延长。

当把谷象蛹暴露在纯氮气或纯二氧化碳气体中时，最初24h乳酸水平增加迅速。随着暴露时间延长，乳酸生成停止，新陈代谢过程受到抑制。暴露24h以后甚至直至21d时，暴露在二氧化碳中蛹体内乳酸的水平大约是暴露在氮气中的1/3，长时间暴露在二氧化碳中时虫体内乳酸水平低于在氮中的水平。

谷象蛹暴露在高氮气中时细胞酸化中毒是由单纯的乳酸大量聚积所致，乳酸含量相对较高。在高浓度二氧化碳中谷象蛹体内细胞酸化。酸中毒包括了碳酸和乳酸的共同作用，因碳酸的存在，乳酸含量相对较低。在99%氮气、1%氧气中粉斑螟蛹体内的丙酮酸和乳酸水平都有所升高，乳酸含量比暴露在空气中高出4倍，也比暴露在纯氮气中高出2倍（Friedlander，1984）。结果提示，氧气存在对乳酸含量有重要影响，也对高浓度二氧化碳中细胞酸中毒程度有一定影响。与高浓度氮气气调相比，高浓度二氧化碳导致细胞酸中毒和新陈代谢抑制是使害虫较快致死的主要原因。

三、影响气调防治效果的因素

气调防治的效果除了与气体浓度和暴露时间有关外，还受其他一些因素的影响，如环境气密性、害虫种类与虫期、环境温度和相对湿度等。

（一）环境气密性影响

气调环境的气密性是气调防治的关键因素之一。一般情况下，气调要求环境气密性比熏蒸时的气密性要求高。气密性通常通过测定气调环境压力半衰期来衡量。相同气密条件下，初始测试压力不同时，测得的压力半衰期会有差异，一般初始压力较大时，压力半衰期较小。据报道，德国推荐气调储藏的气密性要求为500Pa压力半衰期大于30s；澳大利亚推荐的要求是500Pa压力半衰期要大于3min。密闭环境内容积大小对气密性要求也有差别，Navarro（2000）建议气调气密性要求：在250Pa压力条件下，容积小于500m³时空仓半衰期为3min，实仓为1.5min；容积小于2000m³时空仓半衰期为4min，实仓为2min；容积为2000～15 000m³时空仓半衰期为6min，实仓为3min。GB/T 25229—2010《粮食储藏 平房仓气密性要求》中关于气密性等级的规定见表 9-5 和表 9-6。

表 9-5　平房仓的气密性等级

用途	气密性等级	压力差变化范围/Pa	压力半衰期（t）
气调仓	一级	250～500	$t \geqslant 5\text{min}$
	二级	250～500	$4\text{min} \leqslant t < 5\text{min}$
	三级	250～500	$2\text{min} \leqslant t < 4\text{min}$

表 9-6　平房仓内薄膜密封的粮堆气密性等级

用途	气密性等级	压力差变化范围/Pa	压力半衰期（t）
气调储粮	一级	−300～−150	$t \geqslant 5\text{min}$
	二级	−300～−150	$2.5\text{min} \leqslant t < 5\text{min}$
	三级	−300～−150	$1.5\text{min} \leqslant t < 2.5\text{min}$

（二）害虫的种类与虫期

通常，鞘翅目储藏物昆虫的前期蛹对气调的忍耐力最强，其次是卵、高龄幼虫、低龄幼虫和成虫。在常见的储藏物害虫中，象虫（Sitophilus spp.）的蛹对各种气调处理忍耐力最强。例如，10℃时，在 98%的 N_2 和 2%的 O_2 条件条件下，象虫的蛹可以存活 10 周以上，而成虫在 2.5 周后即全部被杀死。

储藏物中的蛾类通常要比象虫对气调更加敏感。但滞育期的印度谷螟幼虫对各种气调的忍耐力比正常发育的幼虫和成虫要高。例如，在 10℃时，用 60%的 CO_2 处理，滞育的印度谷蛾幼虫和象虫蛹的忍耐力基本相同。人们还发现，储藏物螨类的休眠体对气调表现出较高的忍耐力。

研究发现，用 CO_2 对成虫的亚致死处理会导致其出现麻醉状态，如用 90%的 CO_2 处理谷象成虫 4h，在处理后的 40min 内，害虫处于麻醉状态。而用 98%的 N_2 和 2%的 O_2 处理，则成虫并没有出现麻醉现象。已有研究证实，在含有 2% O_2 的 N_2 环境中，不能阻止印度谷蛾的取食；但在 40%的 CO_2 条件下，可以阻止其取食，而 30%的 CO_2 却不能。

有研究报道，气调可诱发储藏物害虫对气调的抗性。有人在低氧或高二氧化碳气体浓度的条件下，对象虫（Sitophilus spp.）进行了 7～10 代的筛选，结果发现它们对 CO_2 的抗性水平提高到 3 倍。赤拟谷盗成虫经过 40 代低氧条件筛选，发现其抗性水平发展到 5 倍。在 35%的 CO_2、1%的 O_2，其余为 N_2 的条件下，对嗜卷书虱进行了 30 代的筛选，结果发现该虫的抗性水平提高到 5.6 倍。用 40%、65%和 90%的 CO_2 对米象的蛹进行了 7 代筛选，结果发现其抗性水平并没有任何提高。所有抗性品系成功的筛选都是在较高的湿度条件下进行的，而这样的条件在实际储藏中一般不会发生。因此，在实际应用条件下害虫忍耐力和抗性水平未必会得到发展。

（三）温度的影响

温度是影响气调防治效果的重要因素之一。一般在 5℃或 10℃以上时，致死害虫时间随温度升高而缩短。用 98%氮气杀死谷象，10℃时暴露时间约 80d，20℃时 35d，30℃时约 14d；40℃时仅需 1～2d。用 60%二氧化碳杀死谷象，5℃时约为 50d，20℃时 21d，0℃时 10d 左右，40℃时仅需 1～2d。与二氧化碳相比，氮气处理所需致死时间更长一些，特别是温度较低情况下，如低于 20℃时需要致死暴露时间比二氧化碳更长。

（四）相对湿度的影响

环境相对湿度对气调防治效果影响显著。在相同的气体条件下，不同相对湿度所需暴露时间相差很大。通常相对湿度越低，防治效果越好（表 9-7），较低的相对湿度可以明显缩短致死害虫的暴露时间。在使用气调技术防治储藏物害虫时，应尽可能降低环境中的相对湿度。

表 9-7 在 20℃和不同相对湿度条件下不同气调处理后锈赤扁谷盗成虫的死亡率（%）

气体组成			相对湿度		
CO_2	O_2	N_2	61.6%	73.8%	82.4%
68.6	0.2	31.2	49	44	28
80.1	0.2	19.7	77	79	75
89.7	0.1	10.2	99	84	80
69.6	4.0	26.4	73	48	57
79.3	3.5	17.2	73	80	50
91.3	3.5	5.2	97	80	77
68.0	7.5	24.5	73	65	71
78.7	9.3	12.0	60	53	49
91.1	7.5	1.4	81	85	81

注：数据来自 Rameshbabu 等（1991）

第二节 气调防治技术的应用

一、二氧化碳气调

采用二氧化碳气调应用时，充入二氧化碳要以有利于气体快速分布和分布均匀为原则。二氧化碳气体相对密度比空气大，一般是将二氧化碳从底部充入粮堆。一种方法是把密封粮堆下部的进气管与二氧化碳钢瓶或二氧化碳发生器送气管连通接牢，同时把密封粮堆顶部的排气口全部打开。打开钢瓶上的控制阀门，慢慢地向粮堆内充加二氧化碳。由于二氧化碳气体相对密度大于空气，当粮堆下部充入二氧化碳后，下层空气即自下而上逐渐上升到顶部，不断地由上部排气孔排出。当测定到顶部排气孔处的二氧化碳浓度在 45%以上时，即可停止充气，密封进、出气口，密闭粮堆。

另一种方法是把密封粮堆下部的进气管与二氧化碳钢瓶或二氧化碳发生器送气管连接，顶部的排气口与真空泵或风机连接。首先开启真空泵或风机，将粮堆抽为负压后，再打开二氧化碳钢瓶的阀门，慢慢向粮堆充气，及时打开粮堆顶部的排气口。当测定顶部排气孔处的二氧化碳浓度在 45%以上，或粮堆内达到 75%以上时，即停止充气。

一般粮堆中的二氧化碳浓度维持在 35%以上，粮温 25℃以上，密闭时间 15d 以上便可达到较好的气调杀虫效果。

近年有报道，利用高压二氧化碳气体气调可以大大缩短处理时间。在 1～3.7MPa 二氧化碳气体压力下，大部分害虫可在几小时内被彻底杀死。例如，在 3.7MPa 压力下处理 20min，3MPa 压力下处理 1h，或 2MPa 压力下处理 3h，除了土耳其扁谷盗和大眼锯谷盗外，试验害虫死亡率几乎 100%。3MPa 压力下处理 1h 后仅有少量大眼锯谷盗存活。高压气调需要的压力室造价较高，主要用于处理一些高价值商品，如调料、药草、可可豆和干果等。

2000 年后，我国四川绵阳、上海、江苏南京、安徽六安、江西九江等地建造了第一批二氧化碳气调储粮示范仓，总仓容达 21.5 万吨，从仓房密封、气体供给、杀虫试验、工艺流程等方面进行了实践应用。

在我国示范建造的二氧化碳气调储粮杀虫仓外气体配送系统由二氧化碳液体贮罐、气体蒸发器、减压装置、气体平衡罐、送气管道等组成。二氧化碳气调供气系统包括二氧化碳贮运设备、汽化器、安全阀、减压阀、输气管道及相应的压力表、流量计等。

1. 整仓充二氧化碳气调　　整仓充二氧化碳气调时仓房的气密性保障是基本前提。在粮仓建设时严格规范施工，确保仓房内墙面、仓壁与墙身、地坪连接处密封处理效果。仓房气密性应符合 LS/T 1213《二氧化碳气调储粮技术规程》的要求，或参照 GB/T 25229《粮油储藏平房仓气密性要求》进行气密性改造。

在气密性符合要求的情况下，利用供配气系统、循环智能通风控制系统、二氧化碳自动检测系统、压力调节装置，将二氧化碳气体集中输入气调仓房，强制循环系统使仓内二氧化碳气体浓度均匀达到浓度（图 9-1）。

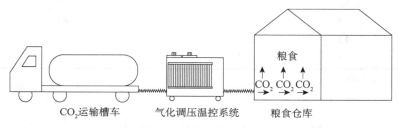

图 9-1　整仓充二氧化碳气调工艺流程（刘旭光等，2019）

2. 密封粮堆充二氧化碳气调　　密封粮堆充二氧化碳气调时，采用置换充气法向密封粮堆充入二氧化碳。在塑料帐幕上部设置排气孔，充气口位于粮堆的下部。先将顶部排气孔打开，直接从下部管口接上二氧化碳钢瓶，由于二氧化碳气体比空气重，当粮堆下部充入二氧化碳时，粮堆原有空气便会自下而上逐渐被挤向上方，从帐幕上部的排气孔排走。

一般在帐幕鼓起时，粮堆中二氧化碳浓度即达 70% 以上，可关闭钢瓶阀门，停止充气，并立即密封进气口和排气口。密封粮堆充气也可采取先抽真空再充二氧化碳的真空充气法。此法不必在粮堆密封帐幕顶部留排气孔，先将真空泵与密封粮堆连接，直接抽真空至 5000Pa 以上，如无泄露现象，即可卸下真空泵，立即接上二氧化碳钢瓶，打开阀门，使气流均匀扩散，直至表面薄膜膨起即可停止充气，立即密封粮堆。二氧化碳用量一般为每 10t 散装粮充入 10kg，处理包装粮时根据粮堆孔隙度的不同酌增 40% 左右。

3. 小包装二氧化碳气调　　小包装二氧化碳气调也称为胶实包装储藏，又称"冬眠"密封包装储藏。一般做法是当塑料袋装粮密封后，充入二氧化碳，在 24～32h 能形成袋内负压状态，粮食胶着成硬块状，由粮粒吸附袋内二氧化碳造成负压所致。充入的气体成分组成可为二氧化碳 97%、氮 1.45、氢 0.1%、氧 0.6%。

进行小包装二氧化碳气调要充分保证包装袋的密封性，二氧化碳小包装气调的包装袋不仅要保证不漏气，而且要经受较高的负压。一般粮堆密封所用单一薄膜不能满足要求，应选用气密性更高、强度较好的复合薄膜，如聚酯/聚乙烯复合膜。充入二氧化碳的量要适中，二氧化碳太多，粮食吸附不完则达不到胶实状态，充入量太少也达不到气调效果。

二、氮气气调

（一）氮气气调方法

　　一般情况下，向密闭环境充入氮气，利用氮气置换密闭环境中的空气，使氮气浓度达98%以上，氧气含量达到2%以下，暴露时间13～15d，可有效地控制粮堆内的害虫。生产实践中，对于储粮虫口密度在"一般虫粮"以上等级时，维持氮气浓度98%以上不小于28d。氮气气调通常有直接充氮和利用制氮设备富集氮两种方式。

　　1. 充氮气调　　直接充氮气调是利用真空泵等机械设备，把密封粮堆内空气基本抽尽，再充入适量氮气，使粮堆处于高氮缺氧状态。首先将由密封粮堆中引出的导气管与真空泵进气口连接，开启真空泵抽空粮堆内气体。当粮堆内真空度达到80kPa时，充入氮气，直至密闭粮堆内外气压平衡为止。通常，充氮气浓度达95%以上，粮堆内其余5%左右气体中的氧气，会随粮堆内生物体的呼吸消耗而逐渐降低，甚至达到缺氧状态（图9-2）。

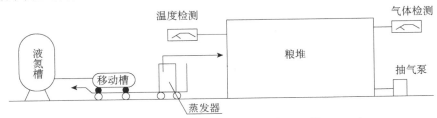

图 9-2　液氮储粮工艺流程图（苏肇侃和郑万勤，1985）

　　2. 制氮气调　　利用以制氮设备为主的现场制氮系统充氮气调。现场制氮气调杀虫系统由制氮设备、输气管道、进仓管道、控制阀、粮堆内分配管道、环流风机等组成（图9-3）。

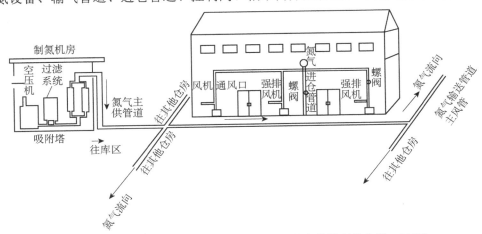

图 9-3　制氮气调储粮供气系统组成（中国储备粮管理总公司，2017）

　　常用制氮设备有变压吸附制氮（PSA）设备和膜分离制氮设备。氮气来源方式还有压缩罐装气体、深冷分离制氮等。

　　1）变压吸附制氮　　变压吸附制氮以空气为原料、碳分子筛作为吸附剂，利用碳分子筛对氧分子的吸附速度远大于对氮分子吸附的特性，在高压条件下用吸附剂吸附压缩空气中氧分子，在低压条件下对吸附剂解吸再生，释放已被吸附的氧分子，完成氧氮分离。变压吸附制氮具有工艺流程简单、自动化程度高、产气快、能耗低、产品纯、设备维护方便、适应性较强等特点。也有5Å沸石分子筛富氮工艺，加压时吸附氮气，排除氧气，实现氧氮分离，减压时排出并收集氮气。

目前我国采用分子筛富氮脱氧工艺的设备占氮氧分离设备总量的90%左右，在制氮、制氧领域内使用较多的是碳分子筛。碳分子筛是一种兼具活性炭和分子筛某些特性的碳基吸附剂，有许多很小的微孔组成，孔径分布在0.3～1nm。较小分子直径的气体（氧气）扩散较快，较多进入分子筛固相，气相中可以得到氮气的富集成分。

变压吸附法通常使用两塔并联，交替进行加压吸附和解压再生，从而获得连续的氮气流（图9-4）。美国、法国、德国等在气调中制氮均采用新型碳分子筛变压吸附空气分离制氮装置。我国在20世纪70年代试制成功分子筛富氮设备，并投入实仓气调储粮应用，富氮浓度可达98%～99.5%。20世纪90年代后期，一些企业对原有分子筛富氮设备进行改进，提高了富氮效率和可操作性，使分子筛富氮储粮杀虫应用技术有了长足进步。变压吸附制氮系统包括空压机、空气储气罐、冷干机、三级过滤器、活性炭除油装置、吸附塔、氮气储气罐、流量计、检测装置、控制系统、阀门、连接管道等。

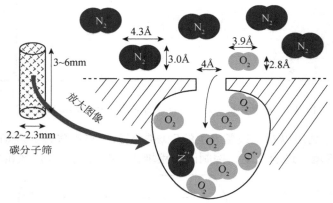

图 9-4　变压吸附制氮原理（仿江阴派格机械设备有限公司图）

固定式分子筛富氮工艺流程例如图9-5所示，由空气压缩部分（空气压缩机、干燥设备、精密过滤设备、空气缓冲罐）和制氮主机部分（氮气吸附塔、氮气储罐等）组成。

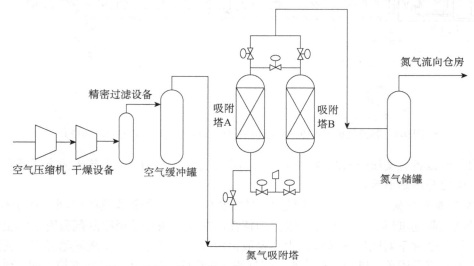

图 9-5　固定式分子筛富氮工艺流程（刘硕，2017）

在制氮主机部分，净化后的空气经由两路分别进入两个吸附塔（塔 A 和塔 B），通过制氮机上气动阀门的自动切换进行交替吸附与解吸，这个过程将空气中的大部分氮与少部分氧进行分离，并将富氧空气排空。氮气在塔顶富集由管路输送到后级氮气储罐，并经流量计后进入用气点。

现代化的分子筛制氮机均配备了空气净化系统，是由冷干机、三支精度不同的过滤器及一支除油器组成，通过冷冻除湿及过滤器由粗到精地将压缩空气中的液态水、油、尘埃过滤干净，使得进入粮堆内的氮气洁净干燥。这种方法安全经济，易于操作和控制，应用较为广泛。

2）膜分离制氮　　膜分离制氮是利用中空纤维膜将氮气从大气中分离而富集氮气。中空纤维膜是一种具有分子级分离过滤作用的介质。当两种或两种以上的气体混合物通过高分子中空纤维膜时，会出现不同气体在膜中相对渗透率不同的现象。根据这一特性，可将气体分为"快气"和"慢气"。膜分离制氮利用各气体组分在中空纤维膜丝中的溶解扩散速率不同，在膜两侧分压差的作用下导致其渗透通过中空纤维膜壁的速率不同而分离。当空气混合气体通过中空纤维膜时，在中空纤维膜两侧压差的作用下，"快气"如氧气、二氧化碳和水汽会迅速渗透过纤维壁，以接近大气压的低压从膜件侧面的排气口排出。"慢气"如氮气在流动状态下不会迅速渗透过纤维壁，而流向纤维束的另一端，进入膜件端头的产品集气管内，从而达到混合气体分离的目的（图 9-6）。膜分离制氮无阀门切换和吸附剂再生过程，是一个静态、连续的分离过程。膜分离制氮系统包括空压机、空气储气罐、三级过滤器、活性炭除油装置、加热器、中空纤维膜、流量计、检测装置、控制系统、阀门、连接管道等。与变压吸附制氮相比，膜分离制氮系统整机一体化、可移动使用。图 9-7 是一种粮库使用的膜分离制氮机。

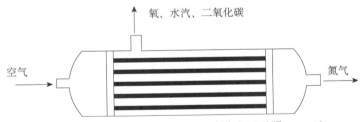

图 9-6　膜分离制氮原理示意图（余化和冯天照，2012）

（彩图）

图 9-7　膜分离制氮机

膜分离制氮工艺流程如图 9-8 所示，包括空气压缩机、空气预处理装置、膜分离装置和氮气缓冲罐等组成。空气压缩机为制氮装置提供足够气源，空气压缩机排气压力和排气量以膜组件的工况要求为依据。空气预处理装置用于除去压缩空气中的油和水分及大于 0.1μm 的微尘颗粒，减轻后续膜组件的负担，具有除油过滤和空气干燥两个功能。膜分离装置将压缩空气经过滤后，经膜装置分离成氮气和富氧。氮气达到品质要求后进入缓冲罐备用。膜分离过程的富氧废气通过富氧排放口排出。氮气缓冲罐用于氮气的暂时存储和气体缓冲。

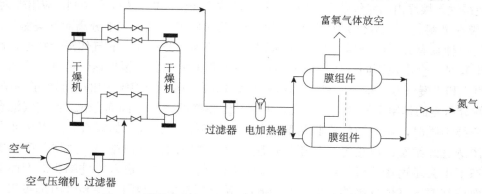

图 9-8　膜分离制氮工艺流程（余化和冯天照，2012）

3）膜分离制氮与碳分子筛制氮比较　　膜分离制氮与碳分子筛制氮相比，由于中空纤维膜十分容易被压缩气源中的油分和尘埃所堵塞，使用一定时间后会出现产氮能力下降的现象，细菌的侵入也会加速膜分解。制氮机中碳分子筛因有再生过程，对气源要求不像膜分离条件严格（表 9-8）。膜分离制氮机要求气源温度为 45～50℃，需要安装加热器，温度高会加速膜老化；而碳分子筛可在常温下工作。

表 9-8　膜分离制氮和变压吸附制氮主要特点的一般比较

比较内容	变压吸附制氮	膜分离制氮
分离介质	碳分子筛	中空纤维
原理	加压吸附，减压解吸	溶解—扩散
耗能部件	空压机	空压机
氮产量/（Nm³/h）	20～3000	1～2000
压力/MPa	0.5～0.7	0.8～1.2
氮气储罐	需要	不需要
露点/℃	-40	-70～-40
电耗/（kW/Nm³）	0.25	0.5
启动时间/min	30	5
维修、保养部件	过滤器芯、电磁阀、气动阀，有一定故障率和维修量	过滤器芯，甚少维修和保养
介质寿命/年	8	10
制氮机机械噪声	<75dB	<30dB
工艺流程	空压机、储气罐、过滤器、冷干机、吸附塔、缓存罐	空压机、储气罐、过滤器、膜组件

续表

比较内容	变压吸附制氮	膜分离制氮
设备投资	较小	较大
外形尺寸	较大	较小
氮气纯度范围/%	95~99.99	95~99.9
增容	困难	容易
固定式	多用，配机房、管网	少用
移动式	少用	配移动平台
配电	固定一处	多仓大功率配置

（二）氮气气调充气方式

在密闭环境中进行充氮气调时，通常有三种充气方式：上充下排连续充气、上充下排结合尾气回收利用、上充下排结合环流降氧。

1. 上充下排连续充气　先利用设置的管道从粮堆上部充气，当粮面密封薄膜鼓起时，从粮堆下风道口排气，持续充气，排气浓度达到93%~95%时，停止充气，开启环流风机，均匀粮堆内氮气浓度，当检测点浓度差≤2%时，停止环流。重复上述过程，使粮堆氮气浓度达到98%以上。若使用气囊密封粮面进行充氮气调则继续充气，待气囊隆起时停止充气，让粮堆内氮气自然均匀扩散，或开启环流风机，均匀粮堆内氮气浓度。待气囊消失后再次启动充气，重复上述操作，直至整仓氮气浓度达到98%以上。充氮杀虫期间每天检测氮气浓度，当氮气浓度低于98%时及时补气，维持时间不低于30d。

2. 上充下排结合尾气回收利用　从粮堆上部充气，当粮面薄膜鼓起时，从粮堆下风道口排气，持续充气，若排气浓度达到85%以上时，将排出的尾气通过氮气输送管道引入另外仓房，直至整仓氮气浓度达到98%以上，维持时间不低于30d（图9-9）。

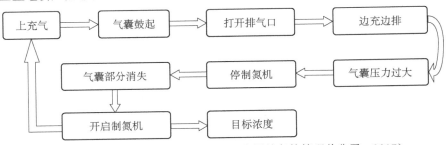

图9-9　膜下粮堆充氮气调工艺流程（中国储备粮管理总公司，2017）

3. 上充下排结合环流降氧　上充下排结合环流降氧方式一般用于膜分离制氮设备氮气气调。从粮堆上部充气，粮堆下风道口不排气，薄膜鼓起后，将制氮设备的空气源采集口与机械通风口相连，抽取粮堆和气囊内的富氮空气，制氮设备将富氮空气中的氮和氧分离，氮气通过进仓管道充入粮面气囊（图9-10）。气囊消失时，停止环流；重复上述过程，粮堆内的氮气浓度达到目标浓度后继续充气，使气囊隆起。维持仓内氮气浓度达到98%以上的时间不低于30d。

（彩图）

图 9-10　膜下粮堆充氮气调时的粮面气囊

（三）氮气浓度检测

在长时间气调过程中，检测、控制有效的氮气气调浓度是保证杀虫效果的关键。高大平房仓整仓氮气气调的仓房，一般沿着粮堆对角线设置 10 个氮气浓度检测点。其中 9 个检测点设置在每个对角线的两端距离仓房墙角 50cm、对角线的中部，分别位于粮堆的表面以下 50cm、粮堆中部、粮堆的底部距离地面 50cm 处。另一个检测点位于粮堆表面中部距离大约 1m 处（图 9-11）。可采用氮气浓度检测仪检测氮气浓度，也可用氧气浓度检测仪检测环境中氧气浓度并相应换算。

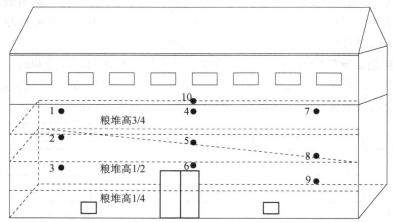

图 9-11　高大平房仓氮气浓度检测点设置（中国储备粮管理总公司，2017）

在仓房立方体大对角线的两角部位（1、2、3 和 7、8、9）及中部（4、5、6）3 个位置
分别按 3 层设检测点。第一层为粮堆堆高上 3/4 处，第二层为粮堆高度 1/2 处，第三层为
粮堆堆高下 1/4 处；粮面上在气囊内（如有时）设 1 个点（10）

对于浅圆仓一般设置 10 个氮气浓度检测点。粮食入仓后分两层布置检测点，第一层在粮面下 1m 处共布置 5 个点，分别为东面、西面离墙 1～2m 各一点；南面、北面的半径中点各一点；圆心一点；第二层在扦样最深处共布置 4 个点，分别为东面、西面的半径中点各一点；南面、北面离墙 1～2m 各一点；空间浓度检测点设在粮面中心上方 1m 位置，共计 10 个检测点（图 9-12）。

气体取样管采用管径 4mm 的耐压软质 PVC 管，埋入粮堆的气体取样管应带取样头，仓外取样箱设布管图，做好穿墙 PVC 管的气密处理。

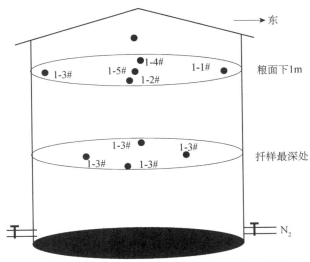

图 9-12　浅圆仓氮气浓度检测点设置（中国储备粮管理总公司，2017）

现代化的气调储粮仓房均配置有气体浓度监测系统。气体浓度监测系统主要由气体采集、气体管路控制、气体浓度测量、数据传输和监控微机等部分组成，采用先进的检测和自控技术，实现粮仓气体浓度的全自动测量和数据处理（图 9-13）。

（四）氮气气调期间的检查

在气调处理期间，一般半个月入仓检查一次。工作人员佩戴空气呼吸器入仓检查气囊是否漏气、气囊鼓起、气囊内有无结露等情况，并在检查门附近从通风口中取出预先放置的虫笼，检查虫笼内试虫存活情况，分析害虫防治效果。检查过程需按有关规程进行。

（彩图）

图 9-13　气体浓度监测系统

三、缺氧气调

这里，缺氧气调是指利于粮堆本身的呼吸作用或人工辅助的方法，降低粮堆内的氧气含量，使之达到缺氧抑虫、杀虫的目的。

（一）自然缺氧

自然缺氧是在密封的环境中，利用粮食及粮堆中微生物和害虫等生物的呼吸作用，逐渐消耗粮堆中的氧气，同时提高二氧化碳的含量，使粮堆达到缺氧的目的。

储藏中的粮食都是生命体，都有正常的呼吸作用，这是自然缺氧的基础。不同的粮食品种，其呼吸强度也不同，降氧速率也不同。在实施自然缺氧时，要了解和掌握储存粮种的降氧能力。降氧能力高的粮种，可以采用自然缺氧的方法；而降氧能力低的粮种，采用其他的气调方法。实验表明，稻谷、小麦、玉米、大豆等粮种都具有很好的自然降氧能力，通常它们的降氧能力依次为：玉米>小麦>稻谷>大豆。薯干、面粉等由于其呼吸率很低，很难达到自然缺氧的目的。

粮食本身的状态，如新陈度、含水量、粮温、有无害虫等与降氧速率也有很大的关系。

新收获的粮食，由于其代谢旺盛、呼吸强度很高，其降氧效果就好。例如，小麦的自然缺氧，最好是采用新收获两周以内的粮食。随着储存期的延长，其呼吸强度便会逐渐降低。储存几年以后的粮食，很难达到自然缺氧的效果。

水分高，降氧快。这除了和粮食本身的生理状况有关外，可能还与微生物的活动有关。粮食水分是影响微生物活动的最主要因素，随着粮食水分的增加，微生物的代谢活动也开始加强。粮食水分的增加，同时也意味着储存风险的增加。特别是在粮堆密闭良好的情况下，容易出现结露、放热现象，在采用自然缺氧技术时必须注意。

粮温高，降氧快。温度提高，会增加粮食、害虫及微生物的呼吸强度。通常在20℃以下自然降氧的速率比较缓慢，随着粮温的增高，降氧速率明显加快。自然降氧最好在粮温较高的季节进行。

有虫粮，降氧快。一般害虫的呼吸强度要比粮食大10万倍以上，有虫粮食降氧速率快。虫口密度越大，降氧越快。

必须指出的是，粮食水分高、温度高、害虫多等都是影响储粮安全的主要因素，在利用这些条件快速降氧的同时，应进行全面的分析，权衡利弊，慎重采用。

（二）微生物辅助降氧

微生物辅助降氧是利用某些微生物呼吸量大的特点，辅助低水分粮、陈粮及成品粮等呼吸强度低的粮食快速降氧的一种方法。一般以酵母菌、糖化菌为菌种，采用三级扩大培养，一级试管斜面培养，二级以稻壳和麸皮为原料，进行曲盘培养，三级为培养箱培养。在培养箱与粮堆间设置通气管，进行气体交换。当粮堆内的氧气浓度降低到气调要求后，拆除培养箱，密封好粮堆，保持缺氧状态。

（三）脱氧剂降氧

脱氧剂降氧是指在密封环境中加入脱氧剂，通过脱氧剂与环境中的氧气发生作用，除去氧气使之达到缺氧目的的气调技术。

脱氧剂脱氧具有安全、无毒、无污染、脱氧速度快等优点，但使用成本较高。

脱氧剂是指能同空气中的游离氧发生化学反应，以除去氧的一类化学制剂。目前使用的脱氧剂主要有铁型脱氧剂、硫酸盐脱氧剂和碱性糖制剂三类。在粮食储藏气调中使用的主要是铁型脱氧剂，其成分以还原铁粉为主剂，以填充剂（如活性炭）为载体，加入催化剂（如金属卤化物）按一定比例配制而成。

使用脱氧剂降氧时，应做好粮堆的密闭工作。使用时将脱氧剂分别装于透气的纸袋内，每袋装1kg左右，均匀地散布在粮堆表层和四周，然后严格密闭粮堆。

影响脱氧剂脱氧效果的主要因素有粮温、粮食水分、相对湿度及剂量等。一般情况下，粮温高、水分大的粮堆脱氧速率快于粮温和水分低的粮堆。

四、气调杀虫时的气密处理

（一）气密性测试

良好的气密性是保证气调杀虫成功最为关键的环节。国际上对气密性评价指标是以施用压力衰减到一半所需的时间来表示的，一般称其为"压力半衰期""压力半衰时间"或"压力半衰水平"等，即以充气后仓内压力衰减一半所用的时间来表示仓的气密性。

一般情况下，整体仓房的气密性检测采用正压气密检测法，薄膜密封粮堆的气密性检测采用负压气密检测法（图9-14）。在测试气密性时，压力不宜加太大，只需比检验压力高50～100Pa即可，否则容易破坏仓体密闭处理。

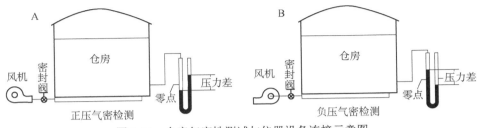

图9-14　仓房气密性测试与仪器设备连接示意图

（二）仓房漏气部位检测

如果仓房的气密性没有达到要求，就应该进一步找出仓房漏气部位，采取措施修补完好，再检测其气密性，直至达到要求。仓房漏气部位检测方法有很多，可根据仓房情况及测试条件，选择不同的方式进行。目前常用的查漏方法是肥皂泡检漏法和听声检漏法。

1. 肥皂泡检漏法　　肥皂泡检漏法用风机向仓内压入空气，使仓内外压力差保持在300～500Pa。将2%肥皂水或其他家用洗涤剂与水混合液用喷雾器或喷枪喷洒到仓房表面（主要是门窗及周边接缝处），漏气的地方可以观察到气泡，需做气密处理。这种检测法尤其适用于微小甚至是极微小缝隙或孔洞的检测，如环流设备、环流管道、闸阀门的连接处、通风口盖板处、仓内部件与墙面及塑料薄膜的连接处等漏气部位。

2. 听声检漏法　　向仓内压入空气（或从仓内抽出空气），使仓内外压力差达到600～650Pa，关闭阀门、停止风机，保持环境的清净，用耳朵贴近门窗及其他可能漏气部位，如听到"吱吱"风声，说明该处明显漏气，需做气密处理。听声时需使仓内外压力差保持300Pa以上，采用声音放大器或在仓内听声可提高查漏效果。

（三）仓房的密封与处理

用于仓房气密性处理的材料要求满足以下几点要求：①具有良好的柔韧性、延展性；②能够抵御低温和高温的影响，不易变化和老化；③用于室外密封处理的材料要能抗紫外线辐射；④具有良好黏附力，对粮食无毒、无污染；⑤具有较强的抗腐蚀能力，不与各种气体发生反应；⑥具有良好的耐磨性能；⑦易于施工，修补、施工周期短；⑧价格合理，使用期达10年以上。

仓房的漏气部位一般发生在墙体、仓门窗、工艺孔洞、地坪和板缝等处。仓房一般通过有形孔和无形缝漏气。有形孔主要包括面积较大的门窗、盖板类和闸阀类孔洞等。无形缝主要包括不同墙壁面相交面、各种设施构件连接缝、墙体和地坪缝隙等。

对墙体密闭处理时，首先将需要处理的墙面基层清理干净，对墙体牢固处使用角磨机清理，对墙体开裂处开槽打胶处理，然后刷涂密闭底涂料，干燥后再使用建筑密闭涂料刷涂2～3遍。对仓房地面密闭处理时，先将地面基层清理干净，在开裂处开槽打胶处理再刷涂密闭底涂，干燥后使用建筑密闭涂料刷涂2～3遍。对墙体拐角密闭处理时，先使用气泵将拐角槽内灰尘、杂质清理干净，清除明显颗粒再刷涂密闭底涂料。对拐角槽内裂缝处使用硅酮密封胶密闭填充处理；若开裂较大，再使用抗裂砂浆填充修复，然后在外层刷涂建筑密闭涂料。对工艺孔洞密闭处理时，先清理孔洞周边和内部，对不平整处使用防水抗裂砂浆进行修复，再在基层表面喷涂密闭底涂料，在工艺孔洞内使用硅酮密封胶填充。

（四）粮堆密封

气调储藏要求仓房具有高度的气密性，当仓房屋面部分达不到气密要求时，要考虑粮面密封。密封需要使用气密性较强的塑料薄膜。常用的气密性较好的塑料薄膜见表 9-9。

表 9-9　粮面密封常用塑料薄膜及主要参数

项目	PVC	PE	PA/PE	茂金属丝尼龙膜
幅度/m	2～16	2～8	2～4	2～16
厚度/nm	0.14	0.08～0.12	0.08～0.12	0.08～0.12
密度/（g/cm³）	1.35	1.0	1.0	0.95
氧气透过率/[ml/（m²·24h）]	2500	580	56	56
抗张强度/（kg/m²）	39.2	4	128	128
单位重量的面积/（m²/kg）	5.29	12.5	12.5	12.5
参考价格/（万元/t）	1.48～1.65	1.6	2.3～2.5	2.2～2.35

注：PVC 为聚氯乙烯；PE 为聚乙烯；PA/PE 为五层共挤尼龙复合薄膜

1. 一面封　一般采用固定式塑料槽管密封法，借助密封专用胶条用塑料薄膜密封将整个仓房粮堆表面密封起来（图 9-15）。这种方法适用于仓房建筑结构好，墙壁、地坪防潮性能、密封性能好的仓房。

2. 气囊密闭　气囊密闭是在粮堆一面封基础上发展而来的。气囊密闭时需在仓内装粮线处安装专用双层密封槽管，选用一张比粮堆平面长宽各大 2～4m 的大薄膜，然后用密封专用胶条将薄膜压入粮面四周双槽密封内，将整个粮面密封（图 9-16）；充气

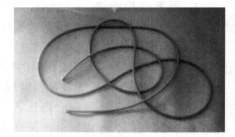

图 9-15　密封专用胶条

后会在粮面上形成一个气囊物将粮堆密闭起来。这种方式适用于墙体、地坪气密性能较好的仓房。

进行粮面密封时，常常需要对薄膜进行连接与补漏。薄膜的黏接方法通常有热合法和黏合法。热合法用于大薄膜的黏接，黏合法用于薄膜破损修补、薄膜与仓墙或地坪的黏接以及薄膜间的连接。

3. 五面封　五面封指除仓房地坪外，对粮堆四周和粮面均用薄膜密封（图 9-17）。这种方法适用于地坪干燥、墙壁防潮性能差的仓房和仓内堆垛储藏的粮食进行气调杀虫处理。

（彩图）

图 9-16　密封后的粮面

（彩图）

图 9-17　对包装粮堆垛进行五面封

4. 六面封　　　六面封适用于地坪需铺垫器材的仓房和成品粮堆垛储藏进行气调杀虫处理。这种方式只比"五面封"多一个底面薄膜。一般做法是散粮入仓前先铺底膜，并与四周的薄膜下端黏合，入粮后做粮面密封。若包装粮堆垛储藏，则先在垛底铺好薄膜，堆垛码好后再把帐幕罩到堆垛上，帐幕罩的下端与底面薄膜热合或黏合牢固即可。六面封与一面封、五面封密封形式相比，具有更高的气密程度，可将密封系统内外的气体交换率降到最低。

传统密封多采用整仓密闭，对门窗、工艺孔洞、通风口等进行密封处理，由于仓顶多采用拱板浇筑，很难保证气密性较好，而且对其进行气密处理难度较大。

整仓密闭由于仓内体积较大，气调储藏时需要充入的氮气量相对较多，达到设置的氮气浓度的时间要长，成本较高。对粮堆采用一面封、五面封或六面封等密封形式较好地解决了仓顶气密性问题，而且气调充气时可以根据薄膜鼓起程度、压力值、计算用气量等多种因素考虑充入氮气量。

五、气调杀虫处理的安全防护

进行气调处理杀虫或气调储粮之前，应按照有虫仓、无虫仓、不同储粮种类制定不同的气调方案，严格气调处理作业审批制度，明确作业流程和人员管理细则，指定专人负责气调作业，全面做好安全防护措施，并制定切实可行的安全应急预案。所有参与气调处理的工作人员事先应该经过专门培训，熟悉气调处理的专业知识。进行气调处理杀虫或气调储粮期间，进仓作业时需要先检测仓内环境中的氧气含量。当仓内环境中的氧气浓度达到19.5%以上时方可入仓。当仓内环境中的氧气浓度低于19.5%时，入仓人员应佩戴好正压式空气呼吸器（图9-18）或长管呼吸器等防护用具。所佩戴的空气呼吸器有效使用时间不应小于30min。空气呼吸器的压力表应具有夜视功能，并配置1台与空气呼吸器配套的充气泵。

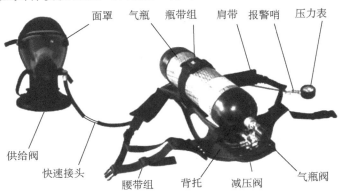

图9-18　正压式空气呼吸器（马小轩，2017）

气调作业过程，必须多人配合完成，不可单人操作。入仓时需要3人以上配合，其中，至少2人以上同时入仓，留1人在入仓门口注意观察仓内人员工作情况，一旦有紧急情况发生便于及时救援。在气调仓进入口附近设置醒目的安全警示标识。

进行二氧化碳气调处理时，在自由空间一般不会达到危险的二氧化碳浓度，但与气调设施连通的地下室或低洼处二氧化碳可能会达到危险浓度，应特别注意。装有二氧化碳的罐、钢瓶和输气管道，在充气时温度非常低，接触皮肤会导致"冷灼伤"，所以接触冷源时要戴防护手套。二氧化碳气调结束散气后，由于粮食的解吸作用，在一段时间内，仓内二氧化碳浓度一直较高，应引起注意，避免发生意外。发生突发事件时应立即切断气源，手边应有应付突发事件的用具、装置，并有与消防、医生、救护车等联系的方式、方法。

六、智能氮气气调技术应用

随着现代通信技术的快速发展和智慧粮库的建设，基于对充氮气调应用过程的规范化管理，氮气气调智能化也迅速发展起来。中国储备粮管理总公司 2011 年提出直属库总仓容 80% 的气调粮库实现智能化管理。按照中国储备粮管理总公司《氮气气调储粮技术规程》要求，氮气气调智能化系统主要以智能化控制方式进行充氮，实现气调储藏、气调防虫和气调杀虫三项气调工艺。气调杀虫主要对于虫口密度达到一般虫粮及以上等级时，维持粮堆内氮气浓度在 98% 以上不低于 28d。氮气气调智能化系统框架采用模块化技术设计，综合利用智能传感技术、通信技术、自动控制技术、视频监控技术等手段，对制氮车间、制氮设备机组、氮气输气管道、固定环流装置、阀门控制组、供电电缆及数据采集进行了智能化改造升级。该系统按照预先设置的目标氮气浓度、充氮量，即可自动完成充氮工作，对气调仓进行氮气浓度实时在线监测与分析，实现氮气制备、充气、环流、补气、散气等作业过程远程无线自动控制的功能，并定时自动检测、保存相关数据。氮气气调智能化系统一般包括智能控制硬件和智能控制软件。

智能控制硬件由计算机、控制电柜、电动阀门、氮氧分析仪、强排风机、气体取样管路、通信设备等组成。智能控制软件为实现氮气气调作业的信号检测和分析、参数设置、设备控制、数据存储与传输、故障报警等功能而编写的所有程序、流程、规则和相关文档的集合。氮气气调智能化系统还可通过手机将系统启动或者关闭情况及时发送给相关人员，以便于实时了解氮气气调进程，并可通过设置不同权限实现远程手机控制。氮气气调智能化系统一般都设计有拓展功能，并与智能通风、粮情检测等系统相互协调兼容。

思 考 题

1. 什么叫气调防治？试述气调防治储藏物害虫的原理。
2. 气调防治有哪些优缺点？
3. 常用的气调防治技术有哪些？
4. 试分析影响气调防治效果的因素。
5. 氮气和二氧化碳在气调防治中的优缺点有哪些？
6. 影响气调防治效果的因素哪些？
7. 二氧化碳气调处理方式有哪些？
8. 氮气气调方式有哪些？
9. 简述变压吸附制氮的原理。
10. 简述膜分离制氮的原理。
11. 如何设置氮气浓度检测点？
12. 什么是压力半衰期？
13. 如何测试仓房气密性？
14. 用于仓房气密性处理的材料需要满足哪些要求？
15. 粮堆密封方式有哪些？

16. 简述气调杀虫处理的安全防护措施。
17. 什么是氮气气调智能化？

主要参考文献

李宝升，李岩峰，凌才青，等. 2015. 气调储粮技术的发展与应用研究. 粮食加工，40（5）：71-74，77

刘硕. 2017. 浅谈变压吸附与深冷制氮工艺的选择. 山东化工，46（7）：145-150

刘旭光，朱华锦，洪文奎，等. 2019. 二氧化碳气调储粮新工艺试验. 粮食储藏，48（3）：6-9

马小轩. 2017. 特种设备管理的常见误区和消除对策. 设备管理与维修，6：33-34

苏肇侃，郑万勤. 1985. 液氮储粮工艺及设备简介. 粮油仓储科技通讯，2：18-19

王进军，赵志模，李隆术. 2001. 嗜卷书虱抗气调品系的选育及其适合度研究. 昆虫学报，44（1）：67-71

王明洁，蔡婷婷，鞠兴荣，等. 2015. 不同氮气浓度、温度条件下锈赤扁谷盗未成熟阶段各虫态的发育. 粮食
　储藏，44（2）：6-11

徐娥. 2012. 膜分离制氮装置的安全应用. 煤矿安全，43（12）：108-109

余化，冯天照. 2012. 制氮工艺技术的比较与选择. 化肥设计，50（1）：13-19

中国储备粮管理总公司. 2017. 氮气储粮技术实用操作手册. 成都：四川科学技术出版社

LS/T 1213—2008. 二氧化碳气调储粮技术规程

Q/ZCLT8—2009. 氮气气调储粮技术规程（试行）

Friedlander A. 1984. Biochemical reflections on a non-chemical control method: the effect of controlled atmosphere on the biochemical processes in stored products insects. In Proceedings of 3rd International Working Conference of Stored-Product，471-480

Iturralde-García R D，Borboa-Flores J，Cinco-Moroyoqui F J，et al. 2016. Effect of controlled atmospheres on the insect *Callosobruchus maculatus* Fab. in stored chickpea. Journal of Stored Products Research，69（1）：78-85

Jayas D S，Jeyamkondan S. 2002. Modifiied atmosphere storage of grains meats fruits and vegetables. Biosystems Engineering，82（3）：235-251

Kumar S，Mohapatra D，Kotwaliwale N，et al. 2017. Vacuum hermetic fumigation：a review. Journal of Stored Products Research，71（1）：47-56

Navarro S，Calderon M. 1980. Integrated approach to the use of controlled atmospheres for insect control in grain storage. *In*：Shejbal J. Controlled Atmosphere Storage of Grains

Rameshbabu M，Jayas D S，White N D G. 1991. Mortality of *Cryptolestes ferrugineus*（Stephens）adults and eggs in elevated carbon dioxide and depleted oxygen atmospheres. Journal of Stored Product Research，27（3）：163-170

Small G J. 2007. A comparison between the impact of sulfuryl fluoride and methyl bromide fumigations on stored-product insect populations in UK flour mills. Journal of Stored Products Research，43（4）：410-416

Subramanyam B，Hagstrum D W. 2000. Alternatives to Pesticides in Stored-Product IPM. Boston：Kluwer Academic Publishers

Wong-Corral F J，Castañé C，Riudavets J. 2013. Lethal effects of CO_2-modified atmospheres for the control of three Bruchidae species. Journal of Stored Products Research，55（1）：62-67

第十章　杀虫剂的毒力与药效

本章提要：
- 杀虫剂的毒力概念与内容
- 杀虫剂毒力测定的要求与方法
- 毒力测定结果和统计与分析
- 储粮熏蒸剂及防护剂毒力与抗药性测定
- 杀虫剂的药效试验

第一节　杀虫剂的毒力概念与内容

一、基本概念

杀虫剂的毒力测定就是在标准条件下，利用生物对药剂的反应，来判断或鉴别一类化合物或某种杀虫剂的毒力和效能的基本方法。其目的是精确测定出杀虫剂对生物的毒力（毒性）、作用方式和作用程度，以"量"的方式分析其毒力的大小。

杀虫剂的毒力是指某杀虫剂本身对生物直接作用的性质和程度，是单一因子的作用结果。其反映出来的性质则是多方面的，如某杀虫剂作用的性质可以是熏蒸、触杀，也可以是胃毒；可以是对神经系统起作用，也可以是对呼吸系统起作用。作用的快慢或中毒死亡多少，则是某杀虫剂的影响程度，如浓度低、中毒快、死亡率高等表明对生物的中毒影响程度大；反之，则影响程度小。

衡量某杀虫剂毒力大小通常用致死中量（LD_{50}）作标准。基数值的大小即表示该药剂对害虫作用程度的大小。LD_{50}值小者对害虫的作用程度大。LD_{50}值的大小需要通过在室内人为控制的恒定条件下进行毒力测定后得到。室内毒力测定的结果并不反映实际防治的情况，在综合因素影响下的杀死害虫的实际效果（另）称为药效。毒力与药效不同但又有联系，前者可作为实际防治中用药量的参考，后者则是室内毒力测定的进一步发展。药效也可为在室内毒力测定中控制或模拟某环境条件提供参考，二者相辅相成，相互补充。

室内毒力测定对生产和科研具有一定的指导作用。例如，在寻找新杀虫剂时，必须从一系列化合物中筛选，进行毒力测定比较分析，研究其作用方式、化合物的化学组成及结构变化与毒力的关系规律，为定向研制、筛选高效低毒杀虫剂提供依据。在探索新化学杀虫剂的过程中，需要从成千上万的化合物中筛选出有生物活性及活性很高的化合物，用敏感性的生物害虫进行测定，需要室内培养标准化的虫种，通过筛选试验（screening test），淘汰无活性或活性很低的化合物。毒力测定是解决杀虫剂对害虫毒理作用的先决条件。害虫抗药性研究与测定中也需要大量准确的毒力测定。

二、毒力测定的内容

利用生物对药剂反应所进行的测定内容是比较广泛的，它不仅需要对昆虫做药剂的毒力与药效测定，同时，对任何一种好的药剂，还要测定它对高等动物的毒性程度。

（一）初步毒力测定

通过熏蒸或接触处理昆虫，初步测定出待测物的杀虫效果。

（二）精密毒力测定

对初步已确认有杀虫作用的各种杀虫药剂进一步做速效、残效、渗透力和扩散分布等方面的分析比较，并结合理化分析方法，了解药剂形成毒力与药效的单一和综合因子的关系，以确定合适的药剂加工剂型和施药方式。

（三）精密生物测定

一方面应用化学分析方法测定和分析比较药剂纯度，或有效成分含量对昆虫的作用程度；另一方面通过化学-生物方法测定食用粮食和食品内不同残留量对高等动物中毒情况的影响。

第二节 毒力测定的要求与方法

一、毒力测定的要求

外界环境和供试昆虫的内在条件都能影响杀虫剂的毒力，环境条件的变化，如温度、湿度、光照等对杀虫剂的理化性状和昆虫的生理状态都有影响。而杀虫剂理化性能的变化，能影响对昆虫的毒力；昆虫的生理状态，如发育期、生长期、性别等不同对杀虫剂的耐药力也不同。而我们在毒力测定或抗性测定中，只涉及两个变数，剂量（或浓度）和死亡率。前者是自变量（x），后者是因变量（y）。y 是杀虫剂剂量（或浓度）（x）的函数，可用 $y = f(x)$ 表示，而其他因素应尽可能保持稳定一致。否则，我们测得的死亡率（y）不只是由杀虫剂剂量（x）的改变而引起，还会因上述的测试昆虫的大小、老幼、强弱、性别不一，或发育阶段和环境条件不一，或处理方法不一等许多变量（x_1, x_2, x_3, $\cdots$, x_n）而造成。于是我们测得的剂量对数-死亡概率值的关系就不是 $y = a + bx$，而变成 $y = a + b_1x_1 + b_2x_2 + b_3x_3 + \cdots + b_nx_n$ 的复杂偏回归式。因此，测定抗药性的条件必须划一，才能获得比较稳定可靠的结果。这些条件如下。

（一）昆虫条件

1. 试虫的发育阶段一致 如用以测定的幼虫或若虫应该用同一龄期，而且体重也应基本一致。因为在一般情况下，耐药量随体重增加而增加。例如，用成虫，应日龄基本一致，一般来讲刚羽化的成虫较敏感，应取羽化后 3～5d，寿命较长的种类可取羽化后 5 周以内的成虫。

2. 试虫的性别一致 所用成虫应性别一致，许多测定表明，雄的比雌的敏感，而雄的寿命较短，一般都用雌虫来测定。

3. 试虫的营养一致 为了达到营养条件一致，应该在室内的标准条件下饲养一代，至少也应采集低龄幼虫（或若虫）饲养一段时间，然后用高龄幼虫（或若虫）进行测试，或采集高龄幼虫（或若虫）或蛹羽化后测成虫。尽量避免直接采集成虫作为测定材料。

4. 试虫的世代一致 野外采集来的昆虫，常因世代数不同而呈现不同的敏感度。所以，不能用一年中初代的测试结果与末代相比。

（二）环境条件

需温度一致，因为温度对测试昆虫的活动性、代谢率、体内的生理生化的变化，以及对杀虫剂的穿透性、转化率等都有较大影响。例如，有机磷杀虫剂对储粮害虫的毒力均是正温度系数，即毒力随温度升高而提高。因此，测定前温度和处理后恢复时的温度要一致是极为重要的，一般都在 25℃ 左右。此外，湿度、光照、虫口密度的影响虽然没有上述几方面大，但要注意差别不要太大。

（三）药剂条件

1. 溶剂一致　　　因为不同的溶剂对昆虫表皮的穿透率是不同的，单位时间内进入体内的药剂量也不同，在体内的代谢速率也不同，最后到达作用部位的药剂也就不同，故测得的结果会有差异。

2. 药剂有效成分的含量要一致　　　测试用的杀虫剂要符合质量要求，避免因药剂的规格不一，影响测定结果。有些杀虫剂不稳定，应置于冰箱中，而且不能放置过久。杀虫剂有效成分的含量正确与否直接影响到所得数据的正确性，一般要求其纯度在 95% 以上。

3. 药剂处理的部位要一致　　　如点滴法，可因点滴部位不同，出现不同的毒性；点滴处理的毒性，一般离作用部位远则毒性下降。点滴于足或腹部的末端效果最低。一般点滴于中胸背面或腹面为宜。

二、毒力测定的方法

室内杀虫剂毒力测定，可根据不同药剂对昆虫的作用方式，以及测定药剂对昆虫毒力目的的不同，采用熏蒸作用、触杀作用和胃毒作用测定三种方式。

（一）测定方法

1. 熏蒸作用测定　　　利用熏蒸剂所产生的气体或蒸气，在一定的密闭空间内，任其挥发和扩散，使毒气均匀分布随害虫呼吸而达到测定某熏蒸剂是否有毒杀作用的方法。此方法首先需要自制的若干只立体熏蒸箱（体积大小应适中），或者用大玻璃瓶（1000ml 以上）代替，也可以在模拟仓房条件下的小型熏蒸室内进行。在测定过程中，除了控制密闭等条件外，还要注意避免周围物体对药剂的吸附。

2. 触杀作用测定　　　利用杀虫剂通过体壁进入虫体，测定杀虫剂触杀作用的具体方法有药膜法、滴定法和浸液法。本文重点介绍用来筛选粮食防护剂及测定害虫抗药性的药膜法：①设计处理组数、备好与处理组数相同的滤纸及培养皿；②将滤纸分别垫入各培养皿盖（上盘）中；③将不同浓度（用不同原药及溶剂量配制）但容积数相同的杀虫液均匀滴加到滤纸上，制成滤纸药膜，待溶剂挥发后备用；④将每组 50 头试虫分别放置在培养皿（下盘）中；⑤将放有滤纸药膜的培养皿扣在培养皿底上；⑥倒置整副培养皿，使试虫全部落在药膜上，培养皿底内壁可涂聚四氟乙烯，以免试虫上爬（如试虫无上爬习性，可不涂），测定时期始终接触药膜。

用上述方法形成的药膜，如果放置一段时间后测定其毒力，称残效（膜）法，用来测定杀虫剂的残留（滞留）毒力。

3. 胃毒作用测定　　　利用杀虫剂通过口器、消化道进入虫体，测定杀虫剂胃毒作用的方法。一种方法是将杀虫剂混入饲料中饲喂试虫。带毒食料用杀虫剂粉剂拌入或有机溶剂稀释的油剂、乳油喷在食料上配制。此法测定胃毒作用比较可靠，因为试虫在饲喂过程中不接触带毒食料，排除了触杀作用。另一种方法是将试虫投入带毒饲料中进行毒力测定，此法测出的毒力，包括胃毒作用和触杀作用。用此方法时应在测定结果中扣除触杀毒力，估计出有无胃毒作用及其大小，并结合虫体解剖，观察昆虫内部器官病变情况，判断杀虫剂的胃毒作用。

（二）测定步骤和要求

1. 随机取样　　　随机提取生活在相同条件下的同一种群中的同虫期、同龄害虫个体作为试虫对象。提取数量应在 50 头以上，供试虫应是同一批次的。熏蒸实验时，应把试虫放入虫笼或筛绢袋中。

2. 剂量（或浓度）确定　　测定时，应确定从低到高的几种不同剂量（或浓度）处理供试虫种。一般至少设 5 个不同浓度，并要求在处理后，尽量造成试虫的死亡率在 20%～90%，如果浓度太高，死亡率在 90% 以上，或太低，死亡率在 20% 以下，都失去了测定的意义。考虑到求 LD_{50}（LC_{50}）时，便于绘制直线，应使死亡概率值尽量地落在 4.16～6.28。另外，还要求相邻两组间的浓度大小相差，应为几何级数，或转换为对数的等差数。浓度（剂量）的比值可用下式计算：

$$X = \lg^{-1}\left(\frac{\lg \text{最大浓度} - \lg \text{最小浓度}}{n-1}\right)$$

式中：n 为分组的组数。

3. 设立对照组　　在毒力测定中，对照是十分重要的，因为在实验期间供试昆虫往往有自然死亡的情况，故应该设立对照，以便校正处理组死亡率。对照有三种情况：第一种是不做任何处理的，称为"空白对照"；第二种是与药剂处理所用溶剂、乳化剂完全一样，只是不含药剂，称为"溶剂对照"；第三种是用标准药剂作对照，以比较毒力。这三种对照，并不一定在每次实验中都设立，应根据具体情况和测定要求而定。

4. 施药处理　　每次施药方法要力求一致。处理后，置于合适的温、湿度条件下，要经常记录实验过程中温、湿度的变化，避免大幅度的波动。根据不同虫种和实验目的，确定施药后的处理时间。

5. 检查死虫　　将处理一定时间以后的试虫移出，放到与实验前同样温、湿度条件下进行饲养，连续观察数日，视其是否复苏，直至确认死亡，统计死亡的虫头数。观察的时间随药剂和虫种的不同，以及测定的目的不同而有差别。例如，FAO 推荐，在磷化氢抗药性测定中，以处理后 14d 计算其死亡率为宜；药膜法，以数小时至几十小时为宜；至于半段击倒率标准，FAO 规定，用镊子轻轻向前推动虫体，若虫体不能站立和爬行，则表明已被击倒。

6. 计算数据　　主要计算药剂处理后试虫的死亡率、校正死亡率或击倒率。

7. 重复实验　　各种处理必须有重复。取样的代表性和数量固然很重要，但每组处理的重复次数也很重要。重复次数越多，结果越可靠。这是减少实验误差的一种方法，一般至少重复三次，若增加每组虫头数则可适当减少重复次数。

8. 各项列表　　根据计算要求求得的各项，分别列于实验结果中（表 10-1）。

表 10-1　某杀虫药剂处理害虫的实验结果

编号	浓度/（mg/L）(x')	供试虫数/头 (n)	死亡数/头 (r)	校正死亡率/% (y')	校正死亡概率值 (y)	浓度对数 (x)
1						
2						
3						
4						
5						
6						
7						
对照						

9. 绘制直线　　以"目测法"或"最小二乘法"绘制浓度对数概率值直线，从而求得致死中量（LD$_{50}$）或致死中浓度（LC$_{50}$），并通过该直线或有关数据，求出直线回归式，得到直线坡度 b 值，对直线回归再做卡方检验，确定结论是否与实际相符。

10. 计算标准误及置信限　　计算给出 LD$_{50}$ 或 LC$_{50}$ 的标准误及其置信限。

第三节　毒力测定结果的统计与分析

在药剂毒力测定中，通过毒力实验得到的结果，在未经处理前往往是一些凌乱的数字，必须运用生物统计方法进行整理和简化，从复杂的实验数据中找出具有代表性的统计数值，来表明药剂毒力的大小及其可靠性。本节仅就生物统计在药剂毒力测定中常用的代表值加以简述。

一、毒力测定中的量度与代表数值

测定某杀虫剂对一个群体的毒力时，通常用两个代表数值：均数和标准差（standard deviation，SD）。前者代表集中的趋势，即一个群体的代表数字，表示其共同的表现；后者代表离散程度，即代表各个观察值与均数间的差异程度。

常用的集中性的表示法有三种：算术平均数（arithmetic mean）、中数（medium）和众数（mode）。

算术平均数：各变数的总和除以变数的个数，又称平均数或均数。

中数：各变数值从小到大依次排列，其中间一数值即为中数。

众数：在所有变数值中，次数最多的变数称为众数。

在毒力测定中要用中数，而不用平均数和众数。因变数个数较少，一般不用众数。均数虽然是最常用的集中性代表值，具有较全面的代表性，任何一个数改变时，它就随之改变，但变数中的极端值（即极大值和极小值）对于均数有显著影响。例如，有一组值为 1、3、5、7、12，其均数为 5.6，而中数为 5。由此可见，中数对于全部数值的代表性不如均数，但中数却有一个优点，即极端值（极大和极小值）改变时，对它的影响不大。若用一个群体对杀虫剂的忍受分配曲线来表示，则更为清楚。其忍受分配曲线呈常态分布曲线时，均数、中数、众数三者关系密合见图 10-1A。若是偏左山形，则众数最小，均数最大，中数居中（图 10-1B）。若是偏右山形，则众数最大，均数最小，中数居中（图 10-1C）。由此可见，其分配曲线无论是偏左还是偏右，对中数影响不大。因此，我们在表示或比较杀虫剂的毒力和毒力程度时，通常用半数致死量（即中数）比较，而不用最低或最高致死量。

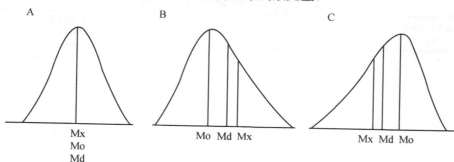

图 10-1　三种集中性量值的关系

Mx 为均数；Mo 为众数；Md 为中数

另外，通过剂量转换成对数，使偏常态分布变成常态分布（详见下节）。此时的中数与均数十分接近，故使求得的半数致死量不仅具有中数的稳定可靠性，而且又可具有均数那样的代表性（在极端值不考虑或少考虑时）。

二、致死中量与直线坡度的意义

半数致死量（median lethal dosage）或致死中量即 LD_{50}，是指一种杀虫剂杀死昆虫群体中一半个体所需的剂量。若用浓度表示则为致死中浓度（median lethal concentration），即 LC_{50}。若用击倒半数个体所需要的量来表示，则为半数击倒量（median knock-down dosage），即 KD_{50}。还有用击倒或杀死半数个体所需要的时间来表示，则为半数击倒时间（median knock-down time），即 KT_{50}，或为半数致死时间（median lethal time），即 LT_{50}。其求法基本相同。

为什么不用最低致死量或最高致死量，而用致死中量呢？理由也很简单，因为假如在 100 个个体中（或一个种群中）对药剂的反应是有差异的，如果碰巧有一个个体对药剂的耐药性极大，那么最高致死剂量就因为这一个个体而大为提高；相反的，也可能其中有一个个体敏感性极大，因而极低剂量的药剂就可以把它杀死，这样，由于这一个个体而使最低致死量大为降低。故在最高、最低两个极端，遇有特殊情况发生时，其指标的数值都受影响，且随取样的改变而改变的可能性比较大，所以用致死中量最稳定、最可靠。

三、剂量-死亡率的关系

昆虫对杀虫剂的耐药力分布曲线，并非真正的常态分布，而是一个有一定偏度的近似常态分布（即具有抗药力较大的个体），如图 10-2 所示。它的累积死亡率与浓度的关系是一条不对称的 S 形曲线，如图 10-3 所示。

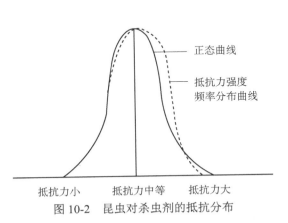

图 10-2 昆虫对杀虫剂的抵抗分布

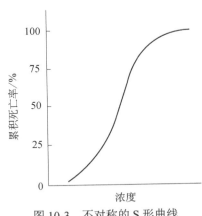

图 10-3 不对称的 S 形曲线

这个偏度使得以后的计算出现困难。至于产生这个偏度的原因，主要由于效应的增加不是与剂量的增加成比例，而是与剂量增加的比例成比例的。也就是说，剂量以几何级数增加时，效应则以算术级数增加，这就是生理学上的 Weber-Fechner 定律。如果把剂量转换为对数，则就可以把原来的几何级数增加规律变为算术级数，于是偏常态分布变为正常态分布［一般称常态分布或正态分布（normal distribution）］。不对称的 S 形累积死亡率-浓度曲线，可因剂量改为对数而使图 10-3 右端的平坦部分缩短，变为图 10-4 的对称的 S 形累积曲线。在进行毒力测定时，一般只用 5～6 个不同的浓度进行处理，用这样几个浓度来做一条 S 形曲线是不够准确的。如果将此 S 形曲线化成直线则就既准确又方便，如把 S 形曲线再通过概率值转变（probit transformation），就可将 S 形曲线"拉"成直线了。这样，我们就可以用直线回归式来代表这条直线。什么叫作概率值转换呢？假定常态分布曲线所包含的面积代表死亡率，整个面积为 100%，投射在底线常态等差点上的各个常态等差就代表不同的死亡率。这样就可以把死亡率的曲线用常态等差来计算，从而化成直线。所谓常态等差（normal equivalent deviation）即

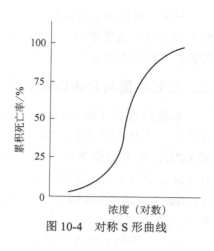

图 10-4　对称 S 形曲线

$$常态等差（NED）=［变值（x）-平均数（\bar{x}）］/ 标准差（S）$$

　　如果变值小于平均数，它的常态等差就为负数，大于平均数则为正数。常态等差有正负，计算起来很不方便。于是 Bliss 提出用概率值（probit）来代换常态曲线的常态等差，即以均数改为 5，也就是常态等差再加上 5，即为概率值。这样原来的 1 就成为 6；-1 就成为 4，其余以此类推，如图 10-5 所示。常态等差-4～4 相当于概率值的 1～9。根据上述的意义，概率值也可以用 P（概率值）$=5+（x-\bar{x}）/S$ 来表示，这样就可消除正负之别。因此，死亡概率值就是把死亡率用横坐标上的数值来表示。例如，50% 的死亡率，其概率值是 5；60% 的死亡率，其概率值是 5.25。Bliss 把死亡率和概率值制成"死亡百分率-概率值转换表"（表 10-2）。我们只要求得死亡率，即可从此表查得其概率值。

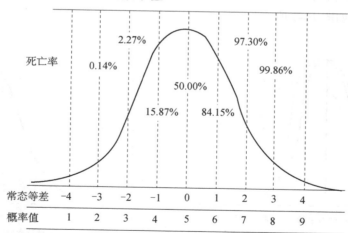

图 10-5　死亡率、常态等差、概率值三者之间的关系

表 10-2　死亡百分率-概率值转换表

死亡率/%	0	1	2	3	4	5	6	7	8	9
00	—	2.67	2.95	3.12	3.25	3.36	3.45	3.52	3.59	3.66
10	3.72	3.77	3.82	3.87	3.92	3.96	4.01	4.05	4.08	4.12
20	4.16	4.19	4.23	4.26	4.29	4.33	4.36	4.39	4.42	4.45
30	4.48	4.50	4.53	4.56	4.59	4.61	4.64	4.67	4.69	4.72

续表

死亡率/%	0	1	2	3	4	5	6	7	8	9
40	4.75	4.77	4.80	4.82	4.85	4.87	4.90	4.92	4.95	4.97
50	5.00	5.03	5.05	5.08	5.10	5.13	5.15	5.18	5.20	5.23
60	5.25	5.28	5.31	5.33	5.36	5.39	5.41	5.44	5.47	5.50
70	5.52	5.55	5.58	5.61	5.64	5.67	5.71	5.74	5.77	5.81
80	5.84	5.88	5.92	5.95	5.99	6.04	6.08	6.13	6.18	6.23
90	6.28	6.34	6.41	6.48	6.55	6.64	6.75	6.88	7.05	7.33

综上所述，把药剂浓度变成对数，即可将不对称的 S 形曲线转变成对称的 S 形曲线，再把死亡率转换成概率值，则可将 S 形曲线化成直线；于是此直线可用回归式 $y=a+bx$ 来表示。其中 y 为死亡概率值，x 为剂量（对数）。

四、死亡率及校正死亡率

死亡率是试虫经杀虫剂处理后死亡的百分率。

$$死亡率（\%）=\frac{死亡个体数}{供试个体数}\times100$$

毒力测定时，在对照组（或浓度为零）中，有时也出现死亡昆虫。这些死亡的昆虫数量用百分率表示，称为自然死亡率。这意味着，各杀虫剂处理组的死亡率包括自然死亡率及真正由杀虫剂处理引起的死亡率。因此，必须对处理组的死亡率进行校正，校正后的死亡率称为校正死亡率。

$$校正死亡率（\%）=\frac{x-y}{y}\times100$$

式中：x 为对照组（未处理组）生存率；y 为处理组生存率；$x-y$ 为杀虫处理的真正死亡率。

校正死亡率公式只适用于自然死亡与杀虫剂处理引起的死亡彼此互不干扰的情况下，如果杀虫剂处理反而阻止了自然死亡，上式不适用。此外，如果自然死亡率极低，只要在处理组中直接减去自然死亡率即可。如果自然死亡率超过 20%，整个试验作废。

五、LD$_{50}$ 的求值方法

目前常用的方法有三种：目测法、最小二乘法（method of least squares）和概率值分析法（method of probit analysis）。分别简述前两种方法，并逐一举例。有关统计的一般知识在此不再复述，请参阅有关生物统计书籍。

（一）目测法

在求 LD$_{50}$ 的各种方法中，实验所设的若干个剂量，应包括昆虫（或高等动物）死亡率在 0～100%，如果用的剂量过大，使死亡率都在 50% 以上，或用的剂量过低，使死亡率都在 50% 以下，这样也就无法绘制直线，也就无法求得 LD$_{50}$。

用"目测法"绘制直线时，应注意使所画的直线上下都要有些点，并使这些点与直线的垂直距离尽量靠近。如表 10-3 的资料为某杀虫剂测定的结果，可得图 10-6，在纵轴上概率值为 5 的一点做一水平线，遇直线上一点 M，再自该点做一垂直线至横轴上，交点 x 的横坐标上的数值即为目测法求得的 lgLC$_{50}$ 值。由对数倒算回来，因已知 lgLC$_{50}$=0.76，故 LC$_{50}$=5.76mg/L。

表 10-3　某杀虫药剂毒力测定结果

编号	浓度/（mg/L） （x'）	供试虫数/头 （n）	死亡数/头 （r）	浓度对数 （x）	校正死亡率/% （y'）	校正死亡 概率值（y）
1	2.6	50	10	0.42	5	3.36
2	3.8	50	16	0.58	19	4.12
3	5.1	50	24	0.71	38	4.69
4	7.7	50	42	0.89	81	5.88
5	10.2	50	44	1.01	86	6.08
对照	0	50	8			

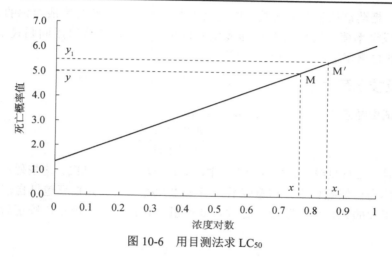

图 10-6　用目测法求 LC_{50}

　　由该直线求直线方程（回归式），从而知其直线坡度 b 值。用解析几何方法，可以求得该直线的直线方程。已知直线上 M 点的坐标为（0.76，5），另任读一点 M′ 则得（0.86，5.5）。于是该直线方程为

$$\frac{y-5}{x-0.76} = \frac{5.5-5.0}{0.86-0.76}$$

　　解后得 $y = 1.2 + 5x$，这里坡度 b 即为 5。

（二）最小二乘法

　　因为实际测得的数值与计算值不可能完全一致，往往有出入。为了使两者尽可能接近，可用最小二乘法的原理来求出最合适的能代表两个变数关系的直线方程式，即求 a 与 b 值时应以 $\sum(y-Y)^2$ 最小为原则。最小二乘法的回归式通过计算获得，较为精确。设（x_1，y_1），（x_2，y_2），…，（x_n，y_n），按下面的公式求

$$y = \bar{y} + b(x - \bar{x})$$

$$b = \left(\sum xy - \bar{y}\sum x\right) / \left(\sum x^2 - \bar{x}\sum x^2\right)$$

$$\bar{x} = \frac{\sum x}{N}$$

$$\bar{y} = \frac{\sum y}{N}$$

　　式中：N 为所用的测定浓度数；x 为浓度对数；y 为死亡概率值。

举例如下，表 10-4 的数据为某一杀虫剂毒力测定的结果。

表 10-4 5 个点的回归计算

浓度对数（x）	实际死亡概率值（y）	xy	x^2
0.15	4.29	0.644	0.0225
0.45	4.61	2.075	0.2025
0.75	4.85	3.638	0.5625
0.93	5.10	4.743	0.8649
1.05	5.33	5.597	1.1025
$\sum x = 3.33$	$\sum y = 24.18$	$\sum xy = 16.697$	$\sum x^2 = 2.7549$

从表 10-4 中求得的各个和数，可以算得平均数点的坐标为

$$\bar{x} = \frac{\sum x}{N} = \frac{3.33}{5} = 0.666$$

$$\bar{y} = \frac{\sum y}{N} = \frac{24.18}{5} = 4.836$$

代入公式：

$$b = \left(\sum xy - \bar{y}\sum x\right) / \left(\sum x^2 - \bar{x}\sum x^2\right)$$
$$= (16.697 - 4.836 \times 3.33) / (2.7549 - 0.666 \times 2.7549)$$
$$= 0.64$$

然后代入公式：

$$y = \bar{y} + b(x - \bar{x}) = 4.84 + 0.64(x - 0.666)$$

最后，代入各 x 值，即可求得相应的 y 值。如下：

$$x_1 = 0.15, \ y_1 = 4.51; \ x_5 = 1.05, \ y_5 = 5.09$$

依此，可绘制上述五点的直线（图 10-7）。至此，从最小二乘法所求得的直线上，可知横坐标上的数值 $\lg LC_{50} = 0.820$，查反对数 $LC_{50} = 6.60 mg/L$。

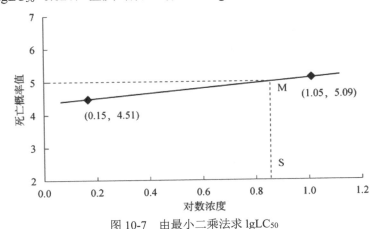

图 10-7 由最小二乘法求 $\lg LC_{50}$

六、卡方检验（χ^2 检验）

无论是目测法还是最小二乘法，由它们所做的直线都必须通过卡方检验，判断求 LC_{50}

（LD_{50}）时所做的直线回归式是否符合实际情况。只有这一直线回归式符合实际情况，结果才有意义。否则，需另做直线，继续尝试到大致相符为止。

为了检验所做直线是否适合，可将表 10-4 中的各浓度对数代入回归式中的 x，得估计死亡概率值，如下：

$$y = 4.84+0.64（x-0.666）$$
$$= 4.84+0.64（0.15-0.666）$$
$$= 4.51$$

依此类推，由 y 值查概率表（表 10-2），相当于概率值 4.51 的估计死亡率为 31%（表 10-5），以符号 p 表示。n 为供试虫数，r 为实际死亡数。由 p 乘以相应的各组供试虫数 n，得估计死亡数 np，二者之差为 $r-np$。$n-r$ 为实际存活数，$n-np$ 为估计存活数，二者之差为 $(-r+np)$。故在同一剂量（浓度）组内，实际频数与理论频数相差的绝对值，在死亡与存活两方面各为 $|r-np|$。具体计算推导如下：

$$\chi^2 = \sum\left\{\frac{(r-np)^2}{np}+\frac{(r-np)^2}{n-np}\right\}$$
$$= \sum\left\{\frac{(r-np)^2}{n}\left(\frac{1}{p}+\frac{1}{1-p}\right)\right\}$$
$$= \sum\frac{(r-np)^2}{np(1-p)}$$

将表 10-4 中各组有关数据代入卡方检验公式中，即得各 χ^2 值。

此处的自由度 N 为剂量（浓度）组别，表 10-4 中有 5 个观察值，所以 Fisher 检验（表 10-6）时，自由度应为 5-1=4。按数理统计规定，凡求得的 χ^2 值，其概率水准 $p>0.05$ 时，即为适合；$p<0.01$ 时，为非常不适合；$0.01 \leq p \leq 0.05$ 时，则为不适合。

χ^2 表示实际值（实际频数）与估计值（估计或理论频数）的相差情况。若两者差数大，则 χ^2 值就大；相差小，则 χ^2 值就小。同时，由 χ^2 检验公式可知，如果实际值 r 与估计值 np 越接近，说明 χ^2 值越小，适合度越大；反之，适合度就越小。

由上例求得的 $\chi^2=3.298$，自由度等于 $n-1$，即 5-1=4，查表 10-6 知概率水准 $p=0.05$ 时 $\chi^2=9.49$（即 $\chi^2_{0.05}=9.49$），显然求得的 χ^2 值 3.298 小于 $\chi^2_{0.05}$，证明上述求得的 LC_{50} 值是符合实际情况的。而且，由 $\chi^2=3.298$ 又可知其概率水准为 0.50～0.70，说明在重复 100 次上述这样的实验中，所求得的 LC_{50} 值有 50～70 次是符合实际情况的。也就是说，这一直线的直线方程（回归式）是符合实际情况的。

七、LD_{50} 的标准误及其置信限

在毒力实验中，不可能将昆虫总体的每一个体逐一加以测定，而只能抽取部分样本进行测定观察。因此，常遇到这样的问题，有时做一次毒力测定，得到一个 LD_{50} 值，第二次在几乎完全相同的实验条件下重复，结果可能得到另一个不同数值（再做第三次又可能出现不同），这就是统计学中所谓"样品差异"。这种从同一总体抽取的任何两个样本，其所得的样本统计值有差异，而且统计值与总体真值之间也必然有差异，主要原因是在一定程度上受到抽样和处理是偶然机会影响的结果。由此可见，单纯求得 LD_{50}，并不代表这一昆虫种群的真正情况，仅是一个估计值。这种估计值在各次实验中产生的误差的大小，都将影响实验结果的可靠性。应用生物统计的方法，可以正确地估计这种误差的大小，并从中获得正确的结论。

表 10-5　χ² 值计算例表

自由度 (N)	对数浓度 (x)	估计死亡概率值 (y)	估计死亡率/% (p)	供试虫数/头 (n)	实际死亡数/头 (r)	估计死亡数/头 (np)	相差 (r−np)	$\dfrac{(r-np)^2}{np(1-p)}$
1	0.15	4.51	31	46	11	14.26	−3.26	1.080
2	0.45	4.70	38	48	17	18.24	−1.24	0.136
3	0.75	4.89	46	50	22	23.00	−1	0.081
4	0.93	5.01	50	52	28	26.00	2	0.308
5	1.05	5.09	54	49	31	26.46	4.54	1.693
∑					109	107.96		$\chi^2=3.298$

表 10-6　Fisher χ² 检验表

df	0.99	0.98	0.95	0.90	0.80	0.70	0.50	0.30	0.20	0.10	0.05	0.02	0.01
							p						
1	0.000 16	0.000 63	0.004	0.016	0.064	0.480	0.455	1.074	1.642	2.706	3.841	5.412	6.635
2	0.020 1	0.404	0.103	0.211	0.446	0.715	1.380	2.048	3.219	4.605	5.991	7.824	9.210
3	0.115 0	0.185	0.352	0.584	1.005	1.424	2.366	3.665	4.642	5.251	7.815	9.837	11.341
4	0.297	0.429	0.711	1.064	0.649	2.195	3.357	4.878	5.989	7.779	9.488	11.668	13.277
5	0.554	0.752	1.145	1.610	2.343	3.000	4.351	6.064	7.289	9.236	11.070	13.388	15.088
6	0.872	1.134	1.635	2.204	3.070	3.828	5.348	7.231	8.558	1.645	12.592	15.033	16.812
7	1.239	1.564	2.167	2.833	3.822	4.671	6.346	8.383	9.803	12.027	14.067	16.622	18.475
8	1.646	2.032	2.733	3.490	4.594	5.527	7.344	9.524	11.030	13.362	15.507	18.163	20.090
9	2.089	2.532	2.825	4.163	5.38	6.393	8.343	10.656	12.242	14.684	16.919	19.675	21.666
10	2.558	3.059	3.94	4.865	6.179	7.267	9.342	11.781	13.442	15.987	18.307	21.161	23.209
11	3.053	3.600	4.575	5.578	6.989	8.148	10.341	12.899	14.621	17.275	19.675	22.618	24.725
12	3.671	4.178	5.226	6.304	7.507	9.034	11.340	14.011	15.812	18.549	21.026	24.054	26.217
13	4.107	4.765	5.892	7.042	8.634	7.926	12.340	15.119	16.985	19.812	22.362	25.472	27.688
14	4.660	5.368	6.571	7.790	9.467	10.821	13.339	16.222	18.151	21.064	23.685	26.873	29.141

续表

| df | \multicolumn{13}{c}{p} |
	0.99	0.98	0.95	0.90	0.80	0.70	0.50	0.30	0.20	0.10	0.05	0.02	0.01
15	5.229	5.985	7.261	8.547	10.307	11.721	14.339	17.322	19.311	22.807	24.996	28.259	30.578
16	5.182	6.614	7.962	9.312	11.152	12.642	15.338	18.418	20.465	23.542	26.296	29.633	32.000
17	6.408	7.255	8.672	10.085	12.002	13.531	16.338	19.511	21.615	24.769	27.587	30.995	33.409
18	7.051	7.906	8.990	10.865	12.857	14.440	17.338	20.601	22.760	25.929	28.869	32.346	34.805
19	7.633	8.567	10.117	11.651	13.716	15.352	18.338	21.689	23.900	27.204	30.144	33.687	35.191
20	8.260	9.237	10.851	12.443	14.578	16.266	19.337	22.775	25.038	28.412	31.410	35.020	37.566
21	8.897	9.915	11.591	13.240	15.445	17.182	29.337	23.858	26.171	29.615	32.671	36.343	38.932
22	9.542	10.600	12.395	14.041	16.314	18.101	21.337	24.939	27.301	30.813	33.924	37.659	40.689
23	10.196	11.293	13.091	14.848	17.187	19.021	22.337	26.028	28.429	32.097	35.172	38.768	41.638
24	10.856	11.912	13.843	15.659	18.062	19.943	23.337	27.096	29.553	33.236	36.425	40.270	42.980
25	11.524	12.697	14.611	16.473	18.94	20.867	24.337	28.172	30.675	34.382	37.652	41.566	44.314
26	12.195	13.409	15.379	17.292	19.820	21.792	25.336	29.246	31.795	35.363	38.885	42.856	45.642
27	12.897	14.125	16.151	18.114	20.703	22.719	26.336	30.310	32.912	36.714	40.113	44.140	46.963
28	13.565	14.847	16.928	18.939	21.588	23.647	27.336	31.391	34.027	37.916	41.337	45.412	48.278
29	14.256	15.574	17.708	19.768	22.475	24.577	28.336	32.461	35.139	39.087	42.557	46.692	49.588
30	14.953	16.306	18.493	20.599	23.364	25.508	29.336	33.530	36.250	40.256	43.775	47.962	50.892

注：查表结果 $p<0.01$ 时，为非常不合适；$p>0.05$ 时，为合适；$0.01 \leq p \leq 0.05$ 时，为不合适

在生物统计上，通常用平均数表示一种群具有同样性质的样本所代表的集中趋势。只要从总体中测得部分样本，就可以从中得到样品的平均数，以此表示估计总体真正存在的平均数。可是，一个样本可以有很多个变数，用平均数作为样本的代表，其代表程度如何，又取决于各个变数的差异程度。如果各个变数没有差异，则平均数完全可以代表总体样本；若各变数间的差异较大，则平均数代表性就小。实际情况就是这样，有时两个样本所求得的两个平均数可能相同，但在这两个样本中所含的变数，其差异程度则是各不相同的。因此，只靠平均数仍不能完全了解样本中各个变数间的差异程度。为此，测定某一样本的变异程度，可以先以每个变数与其平均数相减求出离均差，再通过离均差平方和的平均数开方，即得到一个能表示数据变异程度的最好的统计指标——标准差。其基本公式为

$$S（标准差）=\sqrt{\frac{\sum(x-\bar{x})^2}{n-1}}$$

式中：$\sum(x-\bar{x})^2$ 为差数平方总和；$n-1$ 为自由度；$\bar{x}$ 为平均数；x 为个体变数；n 为项数（样本个体数）。

在实际毒力测定中，从两次样本测定结果的平均数看，有时可能相同，但是通过标准差公式计算，则两次结果的标准差却可能不同。这就说明，标准差越大，变数的变异程度就越大，因此由样本所得到的平均数的可靠性也就较小。

如果测得样本的两个平均数有差异，但并不知道是真正存在的差异，或是由于实验误差所造成的差异，那么要判断这种差异的可靠性，就必须应用另一个统计指标，即标准误。标准误就是平均数的标准差，其计算公式为 $S_{\bar{x}}=\dfrac{S}{\sqrt{n}}$ 或 $S\cdot E=\dfrac{S}{\sqrt{n}}$。

由此公式可知标准误就是样本个体标准差的 $1/\sqrt{n}$ 倍。用标准误可以表示重复同样实验所得各次结果之间的离散或参差程度。标准误越大，说明离散程度越大，精确度越小。反之，标准误越小，精确度越大。显然，$S_{\bar{x}}$ 变异的大小，受各变量标准差的大小及样本个体数的多少两个因素所决定。其中若 n 越大，则 $S_{\bar{x}}$ 越小，那么，有样本所得的结果就越接近于总体的真正结果。

在通过一次测定所得的 LD_{50} 标准误之后，还要求出它可能实际所在范围的置信限。因为一次测定结果的 LD_{50} 只是对于真正结果的一个估计值，离真正结果可能还有一段距离，置信限就是对这一段距离的一个估计范围，这个范围由高限和低限两个数值所组成。可以设想，同样实验多次所得的平均值，应该视为和真正结果是一致的。那么，根据统计学原理，这个平均值加减一定倍数的标准误后所得两个数值，是可以将一定数量的实验结果值包括在其中的。因此，设 $\bar{x}$ 代表各次实验结果的平均值（视为真正结果）；m 代表一次实验结果的估计值（如 $\lg LD_{50}$）；$S\cdot E$ 代表 $\lg LD_{50}$ 标准误；t 代表标准误所乘的一定倍数；则置信限的表示为 $m\pm t\times S\cdot E$。

那么，高限 $m+t\times S\cdot E$ 到低限 $m-t\times S\cdot E$ 之间的数值就称为真正结果 $\bar{x}$ 的置信限。其中，m 和 $S\cdot E$ 可以从一次测定结果的数据内计算出来。t 为置信限可靠程度（即概率水准 p）的概率值。在数理统计上，一般用概率 0.95 的概率值 1.96（即标准误的倍数）作为置信限的可靠标准，即重复 100 次同样测定，其可靠程度为 100 次中有 95 次的测定结果值落在 $m\pm 1.96\times S\cdot E$ 范围内，另有 5 次则落在这个范围之外。一个事件如果有 95% 的可能发生，就认为是显著地可能出现。

　　以表 10-4 为例，为了求 LD_{50} 的标准误及其置信限，首先要根据正态曲线原理，对表 10-4 中的每一个估计死亡概率值 y 进行加权（表 10-7）。如何加权？可直接查表 10-8，得到每一个估计死亡概率值的权重系数，可知概率值为 5 时，权数最大，离此越远则权数越小。也就是说，此处对数剂量及概率值所占的"分量"最重，离此越远，则"分量"越轻。

表 10-7　由死亡概率值加权后求 LD_{50} 的标准误

浓度对数（x）	供试虫数/头（n）	估计死亡概率值（y）	估计死亡概率值权数（w）	nw	nwx	nwx²
0.15	46	4.51	0.581	26.7	4.009	0.601
0.45	48	4.70	0.616	29.6	13.306	5.988
0.75	50	4.89	0.634	31.7	23.775	17.831
0.93	52	5.01	0.637	33.1	30.805	28.649
1.05	49	5.09	0.634	31.1	32.619	34.250
			Σ	152.2	104.514	87.319

表 10-8　计算工作概率值系数和权重系数

期望概率值（y）	工作概率值系数		权重系数	期望概率值（y）	工作概率值系数		权重系数
	y_0	k			y_0	k	
1.6	1.33	8.115	0.005	3.9	3.28	0.0459	0.405
1.7	1.42	5.805	0.006	4.0	3.34	0.0413	0.439
1.8	1.51	4.194	0.008	4.1	3.41	0.0376	0.471
1.9	1.60	3.061	0.011	4.2	3.47	0.0345	0.503
2.0	1.70	2.256	0.015	4.3	3.53	0.0320	0.532
2.1	1.79	0.6800	0.019	4.4	3.58	0.0300	0.558
2.2	1.88	1.2634	0.025	4.5	3.62	0.0284	0.581
2.3	1.97	0.9596	0.031	4.6	3.66	0.0272	0.601
2.4	2.06	0.7362	0.040	4.7	3.70	0.0262	0.616
2.5	2.15	0.5705	0.050	4.8	3.72	0.0256	0.627
2.6	2.23	0.4465	0.062	4.9	3.74	0.0252	0.634
2.7	2.32	0.3530	0.076	5.0	3.75	0.0251	0.637
2.8	2.41	0.2819	0.092	5.1	3.74	0.0252	0.634
2.9	2.49	0.2274	0.110	5.2	3.72	0.0256	0.627
3.0	2.58	0.1852	0.131	5.3	3.68	0.0262	0.616
3.1	2.66	0.1524	0.154	5.4	3.62	0.0272	0.601
3.2	2.74	0.1267	0.180	5.5	3.54	0.0284	0.581
3.3	2.83	0.1063	0.208	5.6	3.42	0.0300	0.558
3.4	2.91	0.0902	0.238	5.7	3.27	0.0320	0.532
3.5	2.98	0.0772	0.269	5.8	3.08	0.0345	0.503
3.6	3.06	0.0668	0.302	5.9	2.83	0.0376	0.471
3.7	3.14	0.0584	0.336	6.0	2.52	0.0413	0.439
3.8	3.21	0.0515	0.370	6.1	2.13	0.0459	0.405

期望概率值（y）	工作概率值系数		权重系数	期望概率值（y）	工作概率值系数		权重系数
	y_0	k			y_0	k	
6.2	1.64	0.0515	0.370	7.4	−36.89	0.4465	0.062
6.3	1.03	0.0584	0.336	7.5	−49.20	0.5705	0.050
6.4	0.26	0.0668	0.302	7.6	−65.68	0.7362	0.040
6.5	−0.71	0.0772	0.269	7.7	−87.93	0.9596	0.031
6.6	−1.92	0.0902	0.238	7.8	−118.22	1.2634	0.025
6.7	−3.46	0.1063	0.208	7.9	−159.79	0.6800	0.019
6.8	−5.41	0.1267	0.180	8.0	−217.3	2.256	0.015
6.9	−7.90	0.1524	0.154	8.1	−297.7	3.061	0.011
7.0	−11.10	0.0852	0.131	8.2	−410.9	4.194	0.008
7.1	−15.23	0.2274	0.110	8.3	−571.9	5.805	0.006
7.2	−20.60	0.2819	0.092	8.4	−802.8	8.115	0.005
7.3	−27.62	0.3530	0.076				

注：根据公式 $y = y_0 + kp$ 求工作概率值，其中 p 为死亡百分率

死亡概率值加权后，得 $\sum nw$、$\sum nwx$ 及 $\sum nwx^2$ 各项值。求 LD_{50} 标准误的方法按下列公式：

$$V_m = \frac{1}{b^2}\left[\frac{1}{\sum nw} + \frac{(m-\overline{x})^2}{\sum nw(\overline{x}-x)^2}\right]$$

V_m 开方，即得 $\lg LD_{50}$ 的标准误 $S \cdot E = \sqrt{V_m}$

式中：m 为 $\lg LD_{50}$（或 $\lg LC_{50}$）；$\overline{x}$ 为平均致死剂量；V_m 为 LD_{50} 的变量；$S \cdot E$ 为 $\lg LD_{50}$ 的标准误；b 为直线方程中的坡度（已知 $b=0.64$）。

为了演算 V_m 公式，必须先求得 $\overline{x}$ 和 $\sum nw(\overline{x}-x)^2$。

$$\overline{x} = \frac{\sum nwx}{\sum nw} = \frac{104.514}{152.2} = 0.687$$

$$\sum nw(x-\overline{x})^2 = \sum nwx^2 - \frac{\left(\sum nwx\right)^2}{\sum nw}$$

$$= 87.319 - \frac{104.514^2}{152.2}$$

$$= 15.550$$

将各值代入公式：

$$V_m = \frac{1}{b^2}\left[\frac{1}{\sum nw} + \frac{(m-\overline{x})^2}{\sum nw(\overline{x}-x)^2}\right]$$

$$= \frac{1}{0.64^2}\left[\frac{1}{152.2} + \frac{(0.820-0.687)^2}{15.550}\right]$$

$$= 0.018\ 818$$

故 $\lg LC_{50}$ 的标准误 $S \cdot E = \sqrt{V_m} = \sqrt{0.018\ 818} = 0.137\ 18$

那么，其可靠范围可以按 t 值表（表 10-9）的概率为 95% 的可靠程度计算出来。在概率=95% 时，t 值表上的数值为 1.96，真正的 $\lg LC_{50}$ 值应在 $1.96 \times S \cdot E$ 上下，即 $1.96 \times 0.137\ 18= 0.269$。

表 10-9　当概率（p）为 0.05 时的 t 与 χ^2 值

自由度	t	χ^2	自由度	t	χ^2
1	12.7	3.84	8	2.31	15.5
2	4.3	5.99	9	2.26	16.9
3	3.18	7.82	10	2.23	18.3
4	2.78	9.49	.	.	.
5	2.57	11.1	.	.	.
6	2.45	12.6	.	.	.
7	2.36	14.1	∞	1.96	

也就是说，真正 $\lg LC_{50}$ 值的置信限（p=0.05 时）是：$\lg LC_{50} \pm 1.96 \times 0.137\ 18$ 或 0.820 ± 0.269，也是介于高限 0.820+0.269 与低限 0.820−0.269 范围内，或 0.551～1.089。由于该范围为对数值，查反对数表，得 LC_{50}=3.556～12.274mg/L，即为 LC_{50} 的置信限。也就是说，是真正结果 $\bar{x}$ 的置信限。因为所获得的 LC_{50} 值，就是试图要反映或代表真正结果的一个估计值。通过最小二乘法原先求得的 LC_{50} 值为 6.60mg/L，那么，根据确定置信限的概率（即可靠程度）为 95% 时，就说明，如果运用最小二乘法求 LC_{50} 值，在重复 100 次的尝试中，就有 95 次的实际结果 LC_{50} 值（6.60mg/L）会落在 3.556～12.274mg/L，另有 5 次的结果落在这个范围之外。

第四节　储粮熏蒸剂及防护剂的毒力与抗药性测定

一、熏蒸剂的抗性测定（基于 FAO 推荐方法的改进方法）

本方法的内容为检查和测定米象、玉米象、谷象、谷蠹、赤拟谷盗、杂拟谷盗、锯谷盗和大眼锯谷盗等储粮害虫对溴甲烷和磷化氢等熏蒸剂的毒力和抗药性。溴甲烷已为淘汰药剂，这里以其为例旨在用其代表以剂量为主导的熏蒸剂，即在 $C^n t = K$ 毒力方程中代表 n 值大于 1 的一类熏蒸剂。

本方法的基础是将害虫的成虫暴露在与大气隔开含有熏蒸剂的气体中。在溴甲烷中的熏蒸时间为 5h，在磷化氢中的熏蒸时间为 20h 或 72h，结束熏蒸后培养 14d 检查确定结果。用已知敏感品系的 LD_{50} 值做参考，来判定抗性系数（倍数）。这里理论上敏感品系应为从未接触过待测试药剂的地理种群或品系。现实中，在待测试虫种敏感品系难以得到的情况下，为了表达待测品系的抗药性水平，这里建议用 FAO 推荐方法中所给出若干种害虫的 LD_{50} 值为参考。对于 FAO 方法中未能列出害虫种类 LD_{50} 值的，应尽量以测试中耐药力最小（LD_{50} 值最小）的品系为参考品系，并说明其用药历史或背景情况。

（一）材料与装置

1. 试虫培养室　　试虫培养能够控制环境温度在 0～60℃，波动范围不超过 1℃；可控制其相对温度在设定范围，相对湿度波动范围不超过 5%。通常采用大型恒温培养箱或生化培养箱或专门的培养（养虫）室。培养室应清洁卫生，无虫螨等感染，并可实施杀虫螨处理。

2. 培养饲料 试虫饲料应采用适宜试虫生长、发育、繁殖的原料和配方。所用饲料可采用 60℃、2h 以上热处理以灭活其中的虫螨，之后调节至适当水分含量。待用饲料应置于密封容器或包装中以防有害生物感染。

3. 培养条件 通常培养试验温度条件为 25～28℃，相对湿度控制在 70% 左右。培养容器可用定性滤纸密封粘贴瓶口封口，严防外界虫螨感染。对于可在玻璃表面爬行的害虫，可在容器内壁环涂聚四氟乙烯以防其逃逸。

4. 熏蒸剂 熏蒸剂采用纯净气源，如溴甲烷可采用市售的安瓿瓶和筒装商品，磷化氢可采用纯磷烷，或采用磷化锌或磷化铝发生磷化氢气体。

5. 熏蒸室 熏蒸室应具有放置足够试虫及容器（虫笼）、可密闭、可密闭状态置入熏蒸剂、可取样检测浓度等功能。采用干燥器（Φ20cm）作为熏蒸室时，应配备带圆孔及配套密封塞盖子。在干燥器密封塞上设有锥形螺纹口，在螺帽下放置一硅橡胶片，用于气体密封、气体注入、针头插入和气体浓度检测。干燥器加盖接触处以医用凡士林密封，也可采用大型广口瓶或锥形瓶作熏蒸室。

6. 试虫容器 试虫容器应具备放置足够的试虫并留一定允许试虫活动的空间，具备气体通过并被试虫吸入、防止逃逸和飞出的功能。通常采用可用筛绢封口的玻璃管，或小型培养皿等。

7. 气体取样器 移取熏蒸剂的气体取样器应为气密性注射器，根据熏蒸室的体积和拟设定浓度（使用熏蒸剂的量）选用注射器规格，一般采用 50ml、100ml、250ml 的气密注射器或取样器。

8. 气体混合 为了使熏蒸气体在熏蒸室内分布均匀，应采取措施对导入熏蒸室的熏蒸气体与空气进行混合。可在熏蒸室内底上放一个长 45mm 的圆柱形磁棒，在熏蒸室外底下放置小低速电动机，电动机竖轴上装一块适宜大小的磁铁，以磁铁带动磁棒搅动熏蒸室内空气促使混合均匀。在工作时可通过一个熏蒸室密封小口分别设置进气管和出气管，连接气体循环泵也可环流均匀熏蒸气体分布，采用气体检测仪配置的循环气泵时，不可同时监测熏蒸室中的气体浓度。

9. 浓度控制 可通过建立标准曲线，注入计算熏蒸剂量保持熏蒸剂浓度，通常用气相色谱检测熏蒸气体，或采用气体检测仪器循环检测熏蒸室中熏蒸气体浓度。必要时，根据检测出的熏蒸室的浓度进行调节控制。

（二）准备工作

1. 磷化氢气源的准备 发生磷化氢的装置包括液槽、集气漏斗、集气管、固定架（图 10-8）。

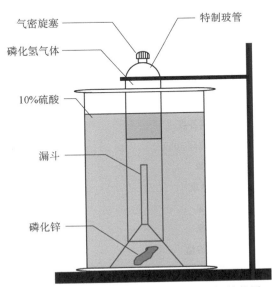

图 10-8 用磷化铝或磷化锌发生磷化氢的装置

需始终保证大液缸内液面高于集气管内液面

液槽中装入适量水（采用磷化铝片剂时）或 5%～10%的稀硫酸溶液（采用磷化锌时），将集气管放入并密封顶部旋塞，通过旋塞中密封垫用注射器抽气，使液体充满集气管。用钢丝钩挂持备好的磷化锌（或磷化品片剂）药包，小心放置于集气漏斗内下方。从药包中产生的气体充入集气管，管中液体排出到液槽中。在反应过程中由于产生气体在集气瓶中取代的液体可由虹吸管吸出，从而可维持气瓶内液体的水平面并使集气管内保持正压。

采用磷化铝片剂所得的混合气体中磷化氢的含量接近 86%，采用磷化锌发生的磷化氢气体含量较高。每批次熏蒸前，应准备充足的熏蒸剂用量。

2. 熏蒸室容积的测定　　必须对每个熏蒸室的容积进行测定才能计算出用药的剂量。每个熏蒸室应在集中且条件相同的条件下进行测定。可采用充水称重法测量容器内容积，测定时要掌握正确的水温，以确保测定体积值的正确性，水在 25℃时占有 1.003ml/g 的体积。

3. 熏蒸前的准备

1) 对待用虫笼进行预熏蒸　　采用培养皿作虫笼时，应对粘于其底部的滤纸粘贴后烘干，与封盖（必要时防试虫飞出）筛绢一起熏蒸，减少可能的吸附对后期气体浓度的影响。

2) 害虫的准备　　每个熏蒸处理浓度下至少应有 2 个平行虫笼。每个用成虫 50 头。试虫笼数量按至少 5 个浓度梯度，另加对照试验。

3) 确定容积计算用量　　在至少选择 5 组浓度系列的基础上，结合表 10-10 给出的一些敏感害虫品系的大致范围浓度计算熏蒸剂最小用量。

表 10-10　FAO 推荐方法中溴甲烷和磷化氢的敏感性害虫的毒力测定数据和抗性鉴别浓度（mg/L）

项目	LC_{50}	$LC_{99.9}$	抗性鉴别浓度
溴甲烷（熏蒸 5h）			
米象	3.6	4.8	6
玉米象	3.2	5.4	6
谷象	5.1	7.5	9
谷蠹	4.0	7.4	7
赤拟谷盗	8.4	11.7	12
杂拟谷盗	8.6	11.2	13
锯谷盗	5.8	8.5	9
大眼锯谷盗	5.8	8.5	9
磷化氢（熏蒸 20h）			
米象	0.011	0.049	0.04
玉米象	0.007	0.013	0.04
谷象	0.013	0.041	0.07
谷蠹	0.008	0.028	0.03
赤拟谷盗	0.009	0.028	0.04
杂拟谷盗	0.011	0.029	0.05
锯谷盗	0.012	0.036	0.05
大眼锯谷盗	0.011	0.034	0.05

（三）熏蒸过程

1. 熏蒸操作

将熏蒸室在 25℃和 70% RH 条件下敞口平衡 24h。用气密注射器从熏蒸剂气源中取出少量磷化氢气体，以清洗注射器内部，并将其在通风柜内排出。再抽取所需要量的熏蒸气体，抽取磷化氢时要慢慢移动柱塞，避免注射器内压力变化过大引起磷化氢自燃。在气瓶中保持一定的液体水平，以使集气瓶中的气体保持正压状态。避免用手握注射器以减小温度影响。准确抽取一定体积气体注入熏蒸室。注入药剂时应记录时间，并立即启动浓度均匀操作。施药后应将熏蒸室放在 25℃的温度环境中，一般时间为 5h（溴甲烷）或 20h（磷化氢）。对于磷化氢还可以增加 40h 熏蒸时间的测试。

在取样的间歇期内，其针头应用硅橡胶块密封。抽取磷化氢后的注射器应用氮气冲洗。

2. 熏蒸后操作

1）结束熏蒸　　在达到要求的熏蒸时间后，应移去熏蒸室密封，取出虫笼并进行通风。所有的虫样都应移到装有适宜饲料的小培养器中，保持在 25℃和 70% RH 的培养室内。

2）检查死亡率　　在结束熏蒸暴露后 14d 检查死亡率。

记录死虫数量。死虫判断标准为毛发触动虫体尾部只有轻微性肢体抽动时按死亡计算。如果对照组也有死亡，则应由 Abbots 公式与其他的试验组进行校正。如果对照组死亡率大于 10 则重新进行试验。

3）分析、计算和报告　　用死亡率的数字在对数坐标纸上作图可通过观察或适当的计算而得剂量-死亡率的关系，可得出 LD_{50} 和 $LD_{99.9}$ 的值（具体计算方法见本章第三节"LD_{50} 的求值方法"部分），或采用 DPS、SAS 或 SPSS 等统计软件进行相应参数的计算。

（四）抗性判定

基于 FAO（1975）推荐磷化氢抗性测定方法，可得到鉴别剂量，即采用抗性鉴别浓度（或鉴别剂量）。此外，还有快速鉴别法和分子鉴别法。

1. 鉴别剂量法　　测定抗性品系的 LD_{50} 和 $LD_{99.9}$ 值的过程与 FAO 改进方法相似，只是为获得满足于适宜死亡率范围而熏蒸剂量适当或大为增加。对于磷化氢的抗性品系也可采用剂量不变增加暴露时间的方式，如从 20h 增加至 40h。

对监测实仓中出现的害虫抗性时，可使用抗性鉴别浓度（或鉴别剂量），这一浓度下可杀死所有敏感的害虫。抗性鉴别浓度的制定是以比 $LC_{99.9}$ 值稍高的浓度为依据的。在表 10-10 中给出了一些抗性鉴别浓度值。

当使用抗性鉴别浓度进行熏蒸剂试验时，可同时使用 3 个接近的浓度，一个是抗性鉴别浓度，一个是小于抗性鉴别浓度而大于 LC_{90} 的浓度，再一个是大于抗性鉴别浓度 1.5～2 倍的浓度。

在害虫推荐方法下的抗性监测中，最理想的是能很快检出种群种存在的一小部分抗性个体。对此至少要选 100 头害虫，分每组 50 头的两组进行检测。

将害虫暴露到抗性鉴别浓度中一段时间，散气后再培养一段时间，如所有害虫死亡，则视为"无抗性检出"；如有未被杀死的害虫，说明可能产生了抗药性，需要做进一步的研究。

当在进行抗性鉴别浓度试验时，如有少量害虫存活，应进行以下工作。

（1）用同样的实际粮仓内的害虫样进行重复试验。如果还出现存活个体，抗性问题值得注意。

（2）将存活个体保留并进一步繁殖，如果害虫真正产生抗性，其后代中大部分个体对抗性鉴别浓度将无反应。

2. 快速鉴别法　　基于磷化氢对储粮害虫产生保护性昏迷，其时间长短与其抗性程度密切相关。将 20 头试虫放入 100～500ml 的击倒熏蒸瓶内密封，将一定体积的磷化氢气体注入瓶内，使瓶内磷化氢气体浓度为 2mg/L。观察试虫反应，当试虫呈痉挛状时认为试虫被击倒，记录下每头试虫被击倒的时间，每品系重复测定 3 次。计算出 KT_{50} 值，判断抗性程度。

3. 分子鉴别法　　基于磷化氢抗性可能是由昆虫两个或两个以上抗性基因决定的遗传机制，可作为辅助鉴别手段，利用随机扩增 DNA 指纹图谱（RAF）方法，构建害虫的遗传指纹图谱，利用该图谱，筛选是否存在决定磷化氢高抗性的基因 *rph*1 和 *rph*2，两个基因单独存在时，则表明为弱抗品系，若两个抗性基因同时出现，抗性等位基因表现纯合体时，则表明为高抗品系。随着基因组学和分子生物学技术的发展，与储粮害虫磷化氢抗性相关新基因将会不断发现，抗性基因鉴别技术也将日趋完善。

二、防护剂的毒力测定（FAO 推荐方法）

本方法描述了米象、玉米象、谷象、谷蠹、赤拟谷盗、杂拟谷盗、锯谷盗和大眼锯谷盗等储粮害虫对马拉硫磷和林丹等粮食防护剂的毒力和抗性检测方法。这些方法在原理上是一致的，FAO 详细的基本资料已经用赤拟谷盗进行实验时列出了。

这种方法依赖于害虫的成虫暴露在充满杀虫剂的滤纸上，反应时间是 5～6h 或者 24h，要根据杀虫剂的毒性速率来决定。

用已知的敏感品系得出基线数据，然后才可能选择鉴别剂量来筛选甲虫的抗性品系。如果在鉴别剂量下有活的成虫，这是一个危险的信号，需要更详细的实验来确定害虫的抗性水平。

（一）设备和材料

1. 昆虫饲养　　在 25℃和 70% RH 条件下饲养害虫，可以用大的能够控制湿度的饲养室，其湿度通过一个开口的盛饱和 $CaCl_2$ 溶液的培养皿来控制。

2. 饲料　　饲料可以放在一个密闭的容器中进行加热消毒 1h，温度在 60℃左右。

饲养容器用滤纸和石蜡封口的小罐和广口瓶是适宜的。在孵卵器中的容器应该被放置在放有白油或液体石蜡的盘子内，其作用是防止螨类的感染。

所有的储粮害虫在试验室培养中都会感染一些疾病。拟谷盗属的害虫对寄生生物 *Farinocystis tribolii* 特别敏感。所有用于存放试虫和饲料的设施都应在 110～120℃的高温烘箱中消毒。平时就应将这些物品放在烘箱中存放。消毒时间应在 0.5～1h，以确保消灭原生动物的孢子，这里用的所有塑料制品应是不受高温影响的聚丙烯尼龙或聚酯类。

使用聚四氟乙烯水悬液，有助于防止除拟谷盗属和谷蠹外的虫种成虫从容器中爬出。在培养容器的内壁顶部 2cm 高的范围内涂聚四氟乙烯以防止虫子集中在密封滤纸上钻透滤纸外逃，所有的容器都应如此处理。

3. 实验室　　保持在 25℃和 70% RH，以及有正常的光线。

4. 试剂　　挥发性的杀虫剂溶剂（或稀释剂）由石油醚和丙酮以 3∶1 混合组成。应用时溶剂要求浸透整个滤纸。

测试用杀虫剂的纯度应在 95%以上。

要用到 1 号的瓦特曼滤纸（7cm 直径）。

　　10ml 的注射器和 1ml 玻璃移液管用于移取溶液和杀虫剂。

　　玻璃环或磨光的金属环（大约 5cm 直径，2.5cm 高）被用来限制害虫行动，使其都在药膜上活动。用铁丝网来限制一些能飞的害虫是必要的。当测试象虫和锯谷盗成虫时，这些环的内侧必须涂聚四氟乙烯。

（二）试虫样本的采集和培养

　　害虫种类的正确鉴别是非常重要的。在完成了鉴定之后才允许进行测试。所有鉴定物被核查是必需的，尤其是残存物，如果对一个样品有任何的疑问应该请专家鉴定。

　　1. 样本的采集　　害虫成虫的样本应该从每种不同的农副产品和被检测到的害虫侵染的栖息地采集。样本必须被分开且贴上标签。通常一种样品要有 100 头虫。直径大约 3cm、高 8cm 的聚碳酸酯的塑料玻璃瓶，并配有打过孔的盖子，用于盛装害虫样品。

　　害虫可用以下方法收集：①用合适的筛子筛农副产品；②从房顶、墙或袋子的表面刷害虫；③用小匙选择少量的产品或残留物；④用吸虫器。

　　害虫应该被分离出来并且加入以 3：3：1 的整粒麦、全麦粉和碎麦粒作为饲料，并加入波纹纸一起放入容器中。这些样品不允许放置在太阳下或暴露在其他极端的环境中，并尽可能快地送到检测中心。

　　2. 害虫侵害的记录资料　　所有的涉及害虫危害的有意义的数据是非常重要的。这些数据从害虫被收集开始记录，包括详细的危害食物的情况、仓库的类型、地理位置和在防治害虫期间所用的杀虫剂。

　　3. 样品的接受　　随农产品一起来的害虫样品应在实验室分离，再饲养于容器中，其培养方法和饲料见表 10-11。饲料量按 2g/每头害虫左右投放到培养瓶中，再将害虫样品放入培养瓶中在适宜的温度（表 10-11）和 70% RH，至少饲养 4d，才可以用来做抗性检测和试验。

　　在一系列浓度下做试验需要 600 头害虫。检测抗性至少 80 头，也可用较少数量的害虫来初步检测一下抗性情况。

　　4. 饲养试虫　　如果可用来做实验的害虫数量不够，应在实验室培养，用下一代试虫来做实验。甲虫的成虫在饲料中最初放置 4d，便可以获得充足的卵，以供培养。

　　下一代成虫的出现时间参见表 10-11，所有的后代在测试前将在 25℃下保持 2 周。供试成虫龄期应为 3～5 周。

表 10-11　害虫种群发展的培养温度、饲料和大约时间

虫种	培养温度/℃	培养饲料	时间/d		
			第一头羽化	羽化高峰	第二代
米象	25	小麦	35	36～43	63
玉米象	25	小麦	35	36～43	63
谷象	25	小麦	34	36～43	63
谷蠹	30	小麦+碎麦（3：1）	35	36～43	63
赤拟谷盗	30	全麦粉+酵母（12：1）	23	26～30	42
杂拟谷盗	30	全麦粉+酵母（12：1）	27	29～32	42
锯谷盗	25	碎麦+燕麦片+酵母（5：5：1）	26	28～32	42
大眼锯谷盗	25	碎麦+燕麦片+酵母（5：5：1）	26	28～32	42

（三）准备工作

1. 杀虫剂准备　　杀虫剂被溶解在溶剂中，这种溶剂可以使主要的有机化合物溶解。所要求的最高剂量见表 10-12。然后用 1/2 倍的系数来对其连续稀释，这些溶液放于冰箱中保存并保持黑暗以减少马拉硫磷的分解。为了使杀虫剂均匀分布在滤纸上，挥发溶剂的量应为 0.5ml 以上。

表 10-12　　马拉硫磷的敏感甲虫实验数据及抗性检测的鉴别剂量

虫种	暴露时间/h	有效剂量/%			鉴别剂量/%
		KD_{50}	KD_{99}	$KD_{99.9}$	
米象	6	0.89	1.38	1.60	1.5
玉米象	6	0.35	0.69	0.85	1.5
谷象	6	0.63	1.25	1.57	1.5
谷蠹	24	0.41	1.42	2.15	2.5
赤拟谷盗	5	0.15	1.32	0.41	0.5
杂拟谷盗	6	0.24	0.43	0.52	0.5
锯谷盗	5	0.28	0.62	0.80	1.0
大眼锯谷盗	5	0.10	0.66	1.20	1.0

2. 滤纸药膜的制备　　做药膜的滤纸先用铅笔标号，然后将滤纸架在三个细的尖物或小的玻璃杯上，用 1ml 移液管吸 0.5ml 稀释的杀虫剂，从滤纸的中心开始用逐渐螺旋形的方法使移液管中的药液均匀分布于滤纸上，干燥 1min 后，放在玻璃盘子的底部，放置在冰箱内以备试验用。每一次实验时应做新的药膜。没有用完的纸必须丢掉。

（四）毒力测定暴露在处理过的滤纸上并记录其反应

　　整个试验包括 5 个浓度组的 3 个重复和一个空白对照组 3 个重复。共需 720～900 头害虫。每个重复用 40～50 头害虫，数 40 头害虫成虫放入每个玻璃瓶中共数 18 组。在所有玻璃瓶一次最多数 10 头害虫，然后重复这个过程，直到每个瓶中放入所要求的数目为止。这样做是为了减少它们之间的差异，尤其是对抗性。害虫随后放入 25℃和 70% RH 的环境中，让其饥饿 1h。18 组害虫随机地分布在实验的滤纸上，滤纸用玻璃或金属圈围住，害虫经暴露时间（表 10-12）之后检查，并且记录总数和击倒数。

　　击倒标准是指用镊子轻轻地去推每一个虫子，不能站立或行走的为击倒。如果在对照组中有被击倒的害虫，则用 Abbott 的公式来计算校正击倒率（或死亡率）。如果在对照组中击倒率超过 10%，需要重新测试。

（五）分析、计算和报道

　　用死亡率的数字在对数坐标纸上作图可通过观察或适当的计算而得剂量-死亡率的关系。LD_{50} 和 $LD_{99.9}$ 的值就是在这条线上确定的，这些值表示了杀虫剂在滤纸上的浓度。

　　用以上步骤可确立参考性敏感品系的基本数据，用这种方法已经获得的一些结果在表 10-12 中给出。由此方法，可以测出抗性种群的 KD_{50} 和 $KD_{99.9}$ 等值。这样可以比较抗性种群和敏感种群的值便可以获得抗性系数。

（六）抗性检测

为了检测出野外的储粮害虫是否具有抗性，用一个能击倒所有敏感种群的剂量来鉴别是非常方便的。浓度的选择是敏感种群回归线上 99.9% 击倒率所对应的剂量。对于马拉硫磷抗性的鉴别剂量见表 10-12。

在通常的抗性检测中，通常只有一小部分个体呈现抗性，为此试虫数量不少于 80 头，分两组，每组 40 头。

对于低抗性的害虫，这样有限的数量是不够多的，因此如果可能应再增加一些害虫，然而如果害虫种群具有高抗性，如从处理失败的地方得到的害虫，测定少量的害虫 10～20 头或更小，就能得出有用的信息。

（七）抗性的确定及进一步的研究

1. 抗性的确定　　未被击倒的害虫的出现可能是因为抗性的缘故或耐药性增大。假定暴露的环境、害虫的生理状态及实验纸都在一致的前提下，一头害虫（共 80 头）未被击倒的概率是 0.08。因此，弄清楚是反应不完全还是真实的抗性出现是非常重要的。可以用下面的方法检测。

（1）通过用新的滤纸药膜对从同一地点收集害虫进行试验，那么偶尔反应不完全的概率在后续实验中将逐渐减小（0.0064、0.000 52、0.000 04）。两头或更多的害虫因为反应不完全而未被击倒的概率将会更小。因此连续出现一部分未击倒的个体，可以认为是具有抗性的。

（2）在鉴别实验中未被击倒的害虫可以保留下来以繁殖后代，如果真的具有抗性，那么，它们后代在鉴别剂量下未被击倒的数量会更多。

2. 进一步研究

（1）定量。所有的杀虫剂和害虫品系，应该做进一步检验，而所有的剂量应该在推荐剂量以上的合理范围内，以此种方法得出的回归直线的形状和斜率，能显示出对种群的抗性水平，全面发展的抗性大小会被剂量范围显示出来。

（2）定性。两种抗马拉硫磷的赤拟谷盗已经广为分布世界各地，一种是只对马拉硫磷具有抗性，另一种是对其他有机磷杀虫剂产生了交互抗性。

在有抗性的地方，搞清楚是哪种类型的抗性非常重要。这可以通过下面的方法确定：只对马拉硫磷产生抗性的赤拟谷盗会被添加三苯磷酸酯的马拉硫磷所杀死，而另一抗性类型的害虫则不能。为了确定赤拟谷盗品系是哪种抗性类型，用涂有马拉硫磷和三苯磷酸酯的混合物（1∶5）的滤纸药膜，在鉴别剂量的水平上处理它们，对这种混合药剂没有反应的赤拟谷盗，则产生了交互抗性。交互抗性的虫子对某一杀虫剂的抗性程度只有用此种物质进一步的实验才能知道。

如果需要同时检测抗性和其类型，可将一组害虫暴露在马拉硫磷中，另一组暴露在混有三苯磷酸酯的马拉硫磷中，进行测定。如果这样做，可以检测出抗性，抗性类型也能同时得到。在处理失败而怀疑有抗性的害虫特别适合于此种方法。

三、储粮害虫抗药性评价

（一）敏感度基数和抗性系数

单求得一个地区的半数致死量是无从推知抗性是否发生的。理论上应以该地区用药第一年的测定结果作比较，事实上难以实现。用其他从未用过该种杀虫剂地区的测定结果作参考，或用室内饲养多年未接触药剂敏感品系的数据作比较则具可操作性。用这些很少用过或未用过药剂的昆虫品系测得的数据称为敏感度基数（baseline data）。

抗性系数（resistance factor，Rf）即抗性品系的半数致死量与敏感品系的半数致死量之比，即

抗性系数＝抗性昆虫的半数致死量/敏感昆虫的半数致死量或待测品系 LD_{50}/敏感品系 LD_{50}

也有人提议用 90% 致死剂量之比来表示抗性系数，但比较少用。

抗性测定时的测试条件要尽量保持一致，即使这样也会存在有一定差异，即使同一品系多次测定的结果也会有误差。一般认为抗性系数大于 5 时才具有经济意义。

（二）LD-p 回归方程 b 值的意义

在抗性评价中，以半数致死量来比较抗性程度不能全面反映两个群体的差异。求得 LD-p 回归方程中的 b 值对此有其必要性。b 值是分散程度的代表数值。因为 $b=1/S$（S 为标准差），所以 b 值又是 LD-p 线的坡度。坡度越大（b 值越大，S 越小），则分散程度越小，也即这一群体对杀虫剂的反应较为均匀。反过来，坡度越小（b 值越小，S 越大），即分散程度越大，也就是说这一群体有更大的异质性，其抗药性之间的差异较大如图 10-9 所示。

半数致死量相同时，通过它的 LD-p 线可以有许多条，每条直线的坡度（b 值）可以不同，坡度平的（图 10-9 中 B），其杀死 90% 虫口的剂量必远大于坡度陡的（图 10-9 中 A）。从遗传学看，群体中含有更多的抗性个体，坡度平的，其抗性高于后者。根据这个原理，有人主张用抗性昆虫的 90% 致死量与敏感品系的 90% 致死量之比来表示抗性指数更好。有的研究结果表明，当抗性上升时，LD_{95} 的增加比例大于 LD_{50} 的增加比例，认为表示抗性时 LD_{95} 比 LD_{50} 更为重要。也有研究结果与之不符者，认为不能只看 LD_{95}，更重要的是要分析毒力回归线的变化情况。

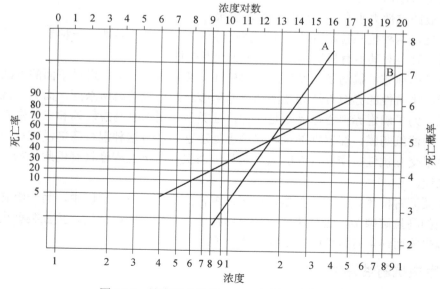

图 10-9　坡度变化示意：LD_{50} 相同，坡度不同

结合同一位点上的两个等位基因相同或不相同的基因型个体情况，抗性的形成可分为两个阶段：第一阶段是出现抗性杂合子（heterozygotes）且不断增多，毒力回归线坡度则逐

渐变平，其 LD_{50} 与敏感群体 LD_{50} 的差数小于 LD_{95} 的差数。第二阶段由杂合子为抗性纯合子（homozygotes）且不断增多，毒力回归线坡度又逐步变陡，并向右移，以至近似平行于敏感群体的毒力回归线，其 LD_{50} 与第一阶段（即杂合子阶段）的 LD_{50} 的差数则大于 LD_{95} 的差异。

用鉴别测定（diagnostic test）也许比用剂量-反应回归的方法更为有效，因为只有在种群为敏感纯合子时，其 LD-p 线才真正呈直线关系。假如我们能获得某个敏感纯合子的昆虫种群对某种杀虫剂的 LD-p 线，则把此 LD-p 线称为敏感度基线（baseline data）。

WHO 和 FAO 建议用一个单独的鉴别剂量（discriminating dose 或 diagnostic dose）来进行检测抗性（也要设置对照）。所谓鉴别剂量，即将敏感度基线延长到死亡率 99.9%（或 99%）的概率值处，划一垂直线与底线相交处的剂量。这两个剂量（即 $LD_{99.9}$ 和 LD_{99}）对敏感的虫种来说几乎是百分之百的死亡，故有时又称区分剂量，意为区分敏感（SS）个体和抗性杂合子（RS）个体的剂量。但检测抗性时的条件或虫态不同，则会出现"抗性"的假象。Brown（1980）提出，在测定条件和虫态一致时，用 $LD_{99.9}$ 反复处理时，每次都出现 20% 存活者，这构成一个危险的信号，表明很可能已产生抗性。此外，WHO 也曾提出用 2 倍的鉴别剂量重复处理 3 次，如连续有存活个体时，也可认为已有产生抗性的信号。经检测测定有存活的个体，则应做进一步的测定，求出其半数致死量，计算抗性系数。若没有存活的个体，说明还未产生抗性，此杀虫剂仍可继续使用。这种检测测定虽然不能像一系列剂量处理那样获得完整的数据和求出半数致死量，但由于简单方便，对及早检测抗性的出现是有重要意义的。不过首先要求获得昆虫对各种杀虫剂的敏感基数后才能应用。

第五节　储粮杀虫剂的药效试验

一、药效试验的内容

杀虫药剂的药效试验就是在储粮仓库或加工厂等实际条件下，对新药剂使用、新方法应用进行各种效应的测定。同时，也是鉴别实际防治效果和评价某药剂能否在生产上使用与推广的重要步骤。药效试验是测定一种杀虫剂在实际应用中多因素影响下的杀虫效果，试验结果对确定一种杀虫剂的实际应用剂量、合适剂型、施用技术、有效期等具有实践上的指导意义。

药效试验的主要内容包括：①对新研制的杀虫药剂进行不同品种间的对比试验，以便评价药剂品种之间的差异程度。②研究新杀虫药剂理化性质及加工剂型与药效的关系。③探索和改进药剂的应用技术，特别是新药剂在大规模推广使用之前，需要对其施药剂量（或浓度）、施药次数、施药方法进行对比试验。了解实际中多因素影响下新药剂、新技术的防治效果，以求获得充分发挥药效的最合理用药量和使用方法。④了解新药剂对保护对象（粮食、油料、器材等）可能产生的影响及其因素。⑤对被处理谷物进行残留量的检测，以便为谷物制定最大残留限量提供可靠依据。

在药效试验中，必须围绕害虫、药剂和环境三方面的基本因素来考虑设计试验项目，试验前应有一个较详细的实施方案，根据不同试验目的，可以从药剂、虫种、粮种、仓型、处理方法与时间等方面列出具体的试验内容。例如，用同一种药剂对同一批虫粮进行不同剂量，或施药方法的对比试验的比较；也可用同一药剂对不同虫粮进行杀虫效果的试验等。根据室内毒力测定所提供的用药剂型、剂量和施药方法先在一个或几个小范围内进行初试，然后逐步扩展到中试，甚至大规模试验、推广。

二、药效试验的步骤和要求

（1）选择不同类型的粮食仓、厂作为药效试验场所。试验时，要有重复组和对照组。

（2）确定药剂种类、用药量、施药方法和处理时间等。

（3）从室内培养的大批昆虫中，随机抽取生理条件一致的昆虫。作为供试对象，熏蒸试验时将试虫放于试虫笼中，每个虫笼中的试虫不少于 30 头。虫笼可用棉布袋或两端开口的塑料管、铁管和钢管，端口用棉布或筛绢封好，以使试虫不能逃脱为原则。或者用仓内粮食中的害虫作为试验对象，但必须事先检查其虫口密度（头/kg 粮食）。对于防护剂，选取生理条件一致的昆虫，按照设计方案确定的密度，混合到试验粮食样品中，混合试虫的粮堆一般为模拟粮堆。或对于待试验粮堆进行虫口密度检查并确定检查结果，在试验过程和结果后分别进行取样，检查对比效果。

（4）对仓温、粮温、粮食水分、发芽率等项目应事先予以测定。待一切准备工作就绪，即可在温湿度合适条件下进行施药。

（5）经药剂处理后的谷物或油料，在一定时间以后除了检查杀虫效果外（死亡率），还应对某品质的主要生化指标进行检测。

（6）进行熏蒸剂药效试验时，对熏蒸环境的密闭要求与有关技术规程中的要求一致。

（7）根据试验项目要求，应详细列表，做好试验记录，事后再进行数据处理和资料的整理分析。

根据《粮食质量安全监管办法》（中华人民共和国国家发展和改革委员会第 42 号令，自 2016 年 10 月 8 日起施行）"粮食经营者必须严格执行储粮药剂使用管理制度、相关标准和技术规范，严格储粮药剂的使用和残渣处理，详细记录施药情况。施用过化学药剂且药剂残效期大于 15 天的粮食，出库时必须检验药剂残留量。储存粮食不得使用国家禁止使用的化学药剂或者超量使用化学药剂"。未获得批准用于粮食的新药剂进行药效试验后，其试验粮食不宜进入正常储备粮流通渠道。

三、熏蒸剂药效试验举例

（一）磷化氢抗性锈赤扁谷盗和其他几种害虫的实仓熏蒸效果比较

1. 仓房与粮情　　熏蒸试验在郑州某粮库的一个高大平房仓进行，仓房长 54m，宽 30m，储粮高度 6m，仓房 500Pa 正压压力半衰期为 43s。储粮品种为加西红春小麦，储量为 7766t，粮食水分为 11.0%，杂质为 1.0%。在仓房的两侧配备有磷化氢环流熏蒸系统，环流风机和部分环流管道为移动式装置。仓内平均温度 18.1℃，其中表层平均温度 25.5℃、上层平均温度 15.7℃、中层和下层的平均温度分别为 15.3℃和 15.9℃。

2. 试虫　　熏蒸中害虫包括直接采集自试验仓的锈赤扁谷盗和嗜卷书虱，以及进行熏蒸效果比较的试虫分别采集自四川某粮库的米象、采自山东省某粮库的赤拟谷盗、采自福建省某粮库的谷蠹，这些品系在实验室培养多代，并采用 FAO 推荐的抗性测定方法测定其抗性。将以上每种试虫 50 头放入直径 10mm、长 70mm 两端开口的玻璃虫笼中放入适当饲料。每个虫种在每个检测时间点设两个平行。在熏蒸过程中按设置时间取出虫笼进行检查，并在适宜条件下培养 14d 后检查害虫最终死亡情况。

3. 施药与磷化氢浓度检测　　　计算整个仓内粮堆和空间容积，按 3g/m³ 的 56%磷化铝片剂计算用药量。采用粮面药盘施药法，施药完毕密封仓房后进行气体环流直到磷化氢浓度分布基本均匀。设置 3 个检测点，检测点的取样端头位于粮面下 50cm，采用磷化氢气体检测仪每天检测 1 次磷化氢浓度。

试验结果为：仓内磷化氢气体第 1 天达到 200ml/m³，第 3 天达到 300ml/m³ 以上，第 7 天达到最高浓度 595ml/m³，其中保持浓度在 200ml/m³ 以上的时间长达 25d。施药后的第 7 天第一次取出虫笼，即时检查米象和赤拟谷盗已全部死亡，培养 14d 后也没有活虫出现。而锈赤扁谷盗、书虱和谷蠹虽然也有大部分死亡，但仍有一定的存活。在熏蒸的第 19 天检查谷蠹全部死亡，后期培养也没有出现活虫。书虱则到第 21 天的培养观察全部死亡，一直到第 27 天检查锈赤扁谷盗才全部死亡，且培养也没有活虫出现。

（二）室内粮堆覆膜磷化氢熏蒸对几种抗性害虫的防治效果评价

1. 粮垛结构　　　试验选择的 3 个粮垛由袋装稻谷堆成，存放在混凝土温室内。稻谷来自江西省，此前未被熏蒸。在试验期间仓内稻谷的温度在 24～28℃，仓房内周围环境的温度在 26～32℃，相对湿度为 70%～90%。每个垛的构造基本相似，不同之处在于熏蒸的覆盖物类型和密封的方式。第一个粮垛直接堆放在混凝土地面，其余五面使用 0.08mm 厚的聚乙烯材料覆盖，侧面与地面通过槽管密封。第二个粮垛六面均采用 0.14mm 厚的聚氯乙烯材料覆盖，材料面之间使用槽管密封。第三个垛同样是六面采用 PVC 塑料密闭，但材料之间是重叠后用夹子夹紧。每个粮垛在密闭前进行害虫检查，粮食含水量和杂质的检测。每个粮垛均有严重的害虫感染。

2. 试虫　　　在粮垛覆盖前，选粮垛一面中间的三个位置，放置磷化氢抗性品系和敏感品系害虫虫笼。每个品系的 2 个虫笼被放在顶部以下 0.3m 及地面上 0.3m、2m 的位置。每个虫笼有 30 头成虫。对照组的 2 个虫笼放在粮垛附近，无熏蒸处理。供试谷蠹包括一个磷化氢敏感系、一个抗性品系及一个采集自温室中的品系。此外，还有一个采集自粮垛的磷化氢抗性锈赤扁谷盗品系。熏蒸结束后，所有虫笼转移至实验室，筛出害虫并在 14d 后检查有无存活。

3. 气密性检测　　　熏蒸前，覆膜粮垛先经过气密性测试。通过对密闭粮垛进行抽真空，使其产生 500Pa 的负压，然后计上升到 250Pa 的时间。第一个和第二个粮垛为 189s 和 360s，而第三个粮垛无法测量负压半衰期。检测后进气口用胶水密封。

4. 施药与浓度检测　　　磷化氢气体通过磷化铝产生，5g/m³ 磷化铝产生 1.67g/m³ 磷化氢。在粮垛密闭后，通过在覆盖侧板上特制的 10 个袖筒，将磷化铝放置在靠近粮垛的地面托盘上。共 19 盘，托盘沿着粮垛四周均匀隔开。袖筒最后夹紧。磷化氢浓度检测是通过粮垛覆盖侧面的小孔，将直径 3mm 的管插入粮堆靠近放虫笼的位置，使用磷化氢检测仪（量程为 0～1000ml/m³），每天定时检测（每天上午 11：00），持续 25d。

通过以上试验测得结果为：磷化氢浓度在第 6 天达到峰值并维持了 3～4d。在第一个粮垛最大浓度为 0.75g/m³，第二个粮垛为 0.83g/m³，第三个粮垛为 0.70g/m³。此后，第一、二、三个粮垛分别在第 12 天、第 11 天、第 8 天下降到 0.2g/m³。

熏蒸期间，每天检查虫笼内的昆虫。熏蒸第 2 天后，谷蠹的敏感品系无存活，而实验室抗性品系和野外抗性品系谷蠹在第 5 天和 15 天后无存活。然而锈赤扁谷盗在熏蒸 21d 后依然有存活。在实验室检查的熏蒸后虫笼中的害虫无存活，而对照虫笼中害虫死亡率低于 5%。此外，7 个月后，3 个粮垛中没有检测到害虫发生。

（三）熏蒸剂药效试验方法小节

熏蒸剂药效试验通常需要摸清粮食储藏情况，需要了解粮食的品种、数量、储藏时间、水分、粮温、堆放形式等，以及仓房的大小、气密条件等。试验所选的试虫采用 FAO 推荐的抗性测定方法测定其抗性，在试验中根据试验需求设置虫笼数量和位置。根据整个仓内粮堆和空间容积计算施药剂量，施药方式依据不同的药剂或不同的试验目的而设计。害虫检查一般为每天或每隔几天检查害虫死亡数，且应经过后期培养确定是否有存活。

四、防护剂药效试验

储粮防护剂主要用于无虫粮或基本无虫粮以防止害虫感染和发生，其药效更适用于在模拟条件下进行，模拟不同害虫种类、害虫密度、感染方式、粮食种类、粮食质量、粮食水分、粮情温度等条件，测定防护剂对害虫的防护期与防虫效果等。

（一）多杀菌素、甲基毒死蜱、甲氧普林单用和两种联用对储藏小麦 5 种害虫的防治效果比较

试虫为谷蠹、米象、赤拟谷盗、锯谷盗、锈赤扁谷盗。米象的培养条件为温度 25℃，相对湿度为 55%，其他试虫在温度 30℃，相对湿度 55%。谷蠹有 3 个品系，分别为甲基毒死蜱抗性品系（QRD788）、甲氧普林抗性品系（QRD551），还有一个拟除虫菊酯抗性品系和前两者混合产生的品系。其他虫种各一个品系，分别为甲基毒死蜱抗性锯谷盗品系（QOS302）、拟除虫菊酯抗性赤拟谷盗品系（QTC279）、马拉硫磷抗性锈赤扁谷盗品系（QCF31）。

试验粮食为无残留的小麦。甲基毒死蜱和甲氧普林为商业剂型，多杀菌素为试验剂型。多杀菌素使用剂量为 1mg/kg，甲基毒死蜱一种注册使用方式是以 5mg/kg 使用 3 个月，一种是以 10mg/kg 使用 9 个月，甲氧普林是以 0.6mg/kg 使用 9 个月。这样就有 9 个处理，即 4 个单独处理和 5 个两种联合处理。对于谷蠹和米象的每一个品系，取 240g 小麦于广口瓶中（1L），共 10 瓶，即一个玻璃瓶一个处理，另一个作为对照。小麦经不同防护剂或不同联合防护剂处理，以每 1kg 小麦 10ml 加入药剂。对照小麦仅放入水。然后每个处理被分三个重复，即将 80g 装入小广口瓶（250ml）。处理和对照均放入 50 头成虫。对赤拟谷盗、锯谷盗和锈赤扁谷盗每一个品系，是取 600g 小麦的广口瓶，共 10 瓶。每个处理分成 3 个重复，即每瓶 190g。剩下 30g 磨成粉，分成 3 组 10g。这些小麦粉加入相关重复处理中，所以每个小麦重复处理为 200g。这 5% 的磨粉是为了提高赤拟谷盗的生殖力。所有的广口瓶盖上滤纸，培养条件为温度 25℃，相对湿度 55%。两周以后，成虫从小麦中筛出，记录死亡数。之后，瓶中的小麦继续保留直到后代孵化。

试验结果为：与多杀菌素有关的施药条件下，谷蠹各品系死亡率为 100% 且后代不能存活。与甲基毒死蜱有关的施用条件下，米象的死亡率在 99.3%～100%。在与甲基毒死蜱联用的条件下赤拟谷盗没有后代存活。使用剂量为 5mg/kg 和 10mg/kg 甲基毒死蜱可完全杀死锈赤扁谷盗。

（二）6 种粮食防护剂单独或联合施用对 3 种储藏物甲虫防治效果比较

试虫为谷蠹、米象和赤拟谷盗，均为马拉硫磷抗性品系。谷蠹和米象在小麦中培养，赤拟谷盗培养在 95% 小麦粉＋5% 的酵母混合物中培养。取 1～3 周的成虫供试。

供试的防护剂为杀螟硫磷、甲基毒死蜱、甲基嘧啶硫磷、虫螨畏、溴氰菊酯、甲氧普林，均为乳油。增效醚用于溴氰菊酯增效。防护剂稀释后以每千克粮食 10ml 的比例加入。试验是为了测试杀螟硫磷、甲基毒死蜱、甲基嘧啶磷单独施用，以及虫螨畏加上甲氧普林和增效溴氰菊酯的药效。通过移液管将药施于广口瓶中粮面。密封广口瓶，用手摇晃后再用机器摇晃 5min。对照粮食仅加入水。每个处理三个重复。小麦和玉米处理之前调节水分含量至11%和13%。处理后的小麦和玉米水分约为12%和14%。玉米处理后储藏36周，条件为温度30℃，相对湿度70%，检测谷蠹。小麦处理并储藏30周以上，温度为30℃，相对湿度为55%，检查谷蠹、米象、赤拟谷盗。处理后每6周检查一次害虫。

粮食样品放入广口瓶中后加上滤纸盖子。每个样品80g，但赤拟谷盗在0周、6周、12周、18周取出的样品是250g，在24周、30周取出样为160kg。50头试虫放入每个样品中2周，在25℃条件下，通过害虫的活动评估死亡率。试虫不能协调活动即被视作死亡，死亡率通过对照死亡率校正。

试验结果为：在与增效溴氰菊酯有关的施药条件下，在小麦30周和玉米36周的储存期内，谷蠹的死亡>99%。有机磷类的防护剂每种处理在6周以后均使谷蠹后代超过50头，而与溴氰菊酯有关的施药条件下，在玉米储存36周可完全抑制谷蠹后代存活。甲氧普林和增效溴氰菊酯对于小麦或玉米中的米象防治无效，储存6周后米象后代存活超过50头。甲氧普林及所有有机磷类防护剂除了杀螟硫磷，在玉米储藏30周内可完全抑制赤拟谷盗后代存活。

（三）防虫灵和几种惰性粉对储粮害虫作用的比较研究

1. 材料 防虫灵：以滑石粉为载体的杀虫松制剂，××厂生产。

滑石粉：市售，95%以上通过200目筛。

硅藻土：国产，研磨后通过200目筛。

小麦：红皮硬质冬小麦，容重785.7g/L，水分11.2%，杂质1.24%。

2. 试虫 玉米象和谷蠹为实验室培养品系，培养条件为温度30℃，相对湿度75%，取羽化后7d的成虫作试虫。

杂拟谷盗的培养条件为温度28℃，相对湿度75%条件下，以全麦粉加酵母粉（5%）培养，取羽化后一周的未分雌雄的成虫供试。

3. 药效测定 取100g小麦于500ml广口瓶中，再将0.5g粉剂撒入其中，转动广口瓶使粉剂与小麦混合均匀，然后放入50头试虫，用纱布封口，在室内条件下持续72h后检查死亡情况，并与对照组比较。实验中每种粉剂每种试虫设置3个重复。

试验结果为：滑石粉处理的玉米象死亡率为（8.7±1.8）%，谷蠹死亡率为（3.3±2.2）%；硅藻土（国产）处理的玉米象为（70.6±2.8）%，谷蠹为（65.0±6.7）%；硅藻土（进口）处理的玉米象为（4.0±0.0）%，谷蠹为（65.0±6.7）%；防虫灵处理的玉米象为（100±0.0）%，谷蠹为（91.7±1.7）%；对照的玉米象死亡率为（1.3±0.9）%，谷蠹为（2.3±1.7）%。

（四）防护剂药效试验方法小节

防护剂的药效试验适宜在模拟条件下进行，通常采用小瓶粮食样品进行试验，即将粮食先装入广口瓶中，然后将计算好剂量的防护剂加入样品中，再手动或用机械方式将药剂与粮食摇匀，这就完成了粮食的拌剂处理。然后，将试虫以一定的虫口密度放入样品瓶中，定期检查害虫死亡情况，以比较不同防护剂对害虫的防护期与防虫效果。

思 考 题

1. 在 25℃，70%相对湿度条件下，用磷化氢气体处理某嗜虫书虱品系 20h，在一系列的浓度下，成虫死亡情况见表 10-13。请用求出 LC_{50} 和 $LC_{99.9}$ 的值。

表 10-13　嗜虫书虱成虫磷化氢毒力结果

序号	浓度/（mg/L）	死虫数	试虫总数
1	0.25	25	150
2	25	42	150
3	0.55	78	150
4	0.70	99	150
5	0.95	131	150
6（对照）	0	2	150

2. 熏蒸剂毒力测定的基本要求有哪些？需要注意哪些问题？
3. 防护剂毒力测定的基本步骤有哪些？
4. 如何评价待测害虫品系的抗性程度？
5. 熏蒸剂药效试验的基本要求有哪些？
6. 进行防护剂药效试验时应注意哪些问题？

主要参考文献

陆群，王殿轩，陈文正，等. 2010. 磷化氢抗性锈赤扁谷盗和其他几种害虫的实仓熏蒸效果. 粮食储藏，39：9-12

唐振华. 1993. 昆虫抗药性及其治理. 北京：农业出版社

王殿轩，曹阳. 1999. 磷化氢熏蒸杀虫技术. 成都：成都科技大学出版社

王殿轩，朱广有，侯泽华. 1995. 防虫灵和几种惰性粉对储粮害虫作用的比较研究. 郑州粮食学院学报，16（4）：33-37

王佩祥. 1997. 储粮化学药剂应用. 2 版. 北京：中国商业出版社

GB/T 17913—1999. 粮食仓库磷化氢环流熏蒸装备

Arthur F H. 2004. Evaluation of a new insecticide formulation（F2）as a protectant of stored wheat, maize, and rice. Journal of Stored Products Research，40：317-330

Daglish G J. 2008. Impact of resistance on the efficacy of binary combinations of spinosad, chlorpyrifos-methyl and s-methoprene against five stored-grain beetles. Journal of Stored Products Research，44：71-76

Daglishi G J. 1998. Efficacy of six grain protectants applied alone or in combination against three species of coleoptera. Journal of Stored Products Research，34：263-268

FAO. 1975. Recommended methods for the detection and measurement of resistance of agricultural pests to pesticides. FAO Plant Protection Bulletin：105-118

Finney D J. 1971. Probit Analysis. 3rd ed. Cambridge：Cambridge University Press

Wang D, Collins P, Gao X W. 2006. Optimising indoor phosphine fumigation of paddy rice bag-stacks under sheeting for control of resistant insects. Journal of Stored Products Research，42：207-217